图 10-15

图 10-16

图 13-2

Source::Generated::GroundTruth

图 13-5

图 16-13

图　18-12

图　18-14

图　18-15

智能系统与技术丛书

PyTorch
计算机视觉实战

目标检测、图像处理与深度学习

Modern Computer Vision with PyTorch

［印］ V·基肖尔·阿耶德瓦拉（V Kishore Ayyadevara）　　著
耶什万斯·雷迪（Yeshwanth Reddy）

汪雄飞　汪荣贵　译

机械工业出版社
CHINA MACHINE PRESS

图书在版编目（CIP）数据

PyTorch 计算机视觉实战：目标检测、图像处理与深度学习 /（印）V·基肖尔·阿耶德瓦拉（V Kishore Ayyadevara），（印）耶什万斯·雷迪（Yeshwanth Reddy）著；汪雄飞，汪荣贵译 . —北京：机械工业出版社，2023.8（2024.11 重印）

（智能系统与技术丛书）

书名原文：Modern Computer Vision with PyTorch

ISBN 978-7-111-73339-3

Ⅰ. ① P… Ⅱ. ① V… ②耶… ③汪… ④汪… Ⅲ. ①机器学习 ②计算机视觉 Ⅳ. ① TP181 ② TP302.7

中国国家版本馆 CIP 数据核字（2023）第 106516 号

机械工业出版社（北京市百万庄大街 22 号　邮政编码 100037）

策划编辑：王春华　　　　　　　责任编辑：王春华

责任校对：郑　婕　　卢志坚　　责任印制：张　博

三河市国英印务有限公司印刷

2024 年 11 月第 1 版第 5 次印刷

186mm×240mm · 35.75 印张 · 1 插页 · 777 千字

标准书号：ISBN 978-7-111-73339-3

定价：149.00 元

电话服务　　　　　　　　网络服务

客服电话：010-88361066　机 工 官 网：www.cmpbook.com

　　　　　010-88379833　机 工 官 博：weibo.com/cmp1952

　　　　　010-68326294　金 书 网：www.golden-book.com

封底无防伪标均为盗版　机工教育服务网：www.cmpedu.com

译者序

　　视觉是人类最珍贵的一种感知能力，我们可以通过视觉感知物体的颜色、形状、距离、运动等多种信息，而让计算机系统具备视觉感知能力一直是计算机与人工智能领域孜孜以求的目标。近几年，随着深度学习突飞猛进的发展，计算机视觉的研究取得了重大突破，基于深度学习的图像分类、目标检测、人脸识别、目标跟踪与行为分析等计算机视觉技术趋于成熟，在智慧城市、安全监控、产品质量检测等多个领域获得了巨大的商业价值，人们对深度学习和计算机视觉的学习热情也日益高涨。计算机视觉内容比较庞杂，涉及多方面的理论和应用技术，经验不足的初学者很容易迷失方向，一本具有一定专业深度且通俗易懂的入门教材对初学者显然是至关重要的。本书从初学者的视角出发，对基于深度学习的现代计算机视觉技术做了比较全面的梳理，形成了一套相对完备的现代计算机视觉知识体系，可以很好地满足初学者的学习需求。

　　本书基于真实数据集，全面系统地阐述现代计算机视觉实用技术、方法和实践，涵盖50多个计算机视觉问题。全书分为四部分：第一部分（第1～3章）介绍神经网络和PyTorch的基础知识，以及如何使用PyTorch构建并训练神经网络，包括缩放数据集、批归一化、超参数调整等；第二部分（第4～10章）介绍如何使用卷积神经网络、迁移学习等技术解决更复杂的视觉相关问题，包括图像分类、目标检测和图像分割等；第三部分（第11～13章）介绍各种图像处理技术，包括自编码器模型和各种类型的GAN模型；第四部分（第14～18章）探讨将计算机视觉技术与NLP、强化学习和OpenCV等技术结合起来解决传统问题的新方法。本书通过大量应用案例、示例代码详细讨论基于深度学习的计算机视觉解决方案实现技术，以及多种典型的神经网络模型的基本结构和训练方法，并结合具体应用场景生动形象地介绍图像样本数据集的获取与处理、深度学习模型的设计与优化、应用系统开发与部署的基本过程，循序渐进地消除读者使用深度学习技术开发计算机视觉应用的认知盲点，使读者能够熟练掌握基于深度学习和PyTorch的现代计算机视觉技术。

　　本书内容丰富新颖，语言文字表述清晰，应用实例讲解详细，图例直观形象，适合作为高等院校人工智能、智能科学与技术、数据科学与大数据技术、计算机科学与技术等相关专业学生的教材或教学辅导书，也可供工程技术人员参考。

　　本书由汪雄飞、汪荣贵共同翻译完成。感谢张前进、江丹、孙旭、尹凯健、王维、张珉、李婧宇、修辉、雷辉、张法正、付炳光、李明熹、董博文、麻可可、李懂、刘兵、王耀、杨伊、陈震、沈俊辉、黄智毅、禤天宇、杨聪、张明瑞、王明奔、周光宏、贾文浩、徐洪龙、张阿文等研究生提供的帮助。

由于时间仓促，译文难免存在不妥之处，敬请读者不吝指正！

译者
2023 年 3 月

前　言

　　人工智能（AI）已经成为一股强大的力量，正在推动一些日常使用的现代应用程序的发展，正在以一种曾经只存在于我们幻想中的方式重塑这个世界。人工智能曾经仅存在于少数实验室，隶属于计算机科学学科。然而，由于优秀理论的爆炸式发展、计算能力的提高和数据的可用性，该领域自 2000 年以来开始呈指数级增长，而且没有任何放缓的迹象。

　　人工智能已经一次又一次地证明，只要拥有正确的算法和足够的数据，它就可以在有限的人工干预下自学任务，并产生与人类判断相匹敌甚至有时超过人类判断的结果。无论你是新手还是运营大型组织的老手，都有充分的理由去了解人工智能的工作原理。神经网络是人工智能算法中最灵活的一类，已被广泛应用于各个领域，包括结构化数据、文本和视觉领域。

　　本书从神经网络的基础开始讲解，涵盖了 50 多个计算机视觉方面的应用。首先，你将使用 NumPy 和 PyTorch 从头开始构建**神经网络**（NN），然后学习调整神经网络超参数的最佳实践。随着学习的深入，你将学习 CNN 以及主要用于图像分类的迁移学习技术，还将了解在构建 NN 模型时需要注意的实际问题。

　　接下来，你将学习多目标检测、图像分割，并使用 R-CNN、Fast R-CNN、Faster R-CNN、SSD、YOLO、U-Net 和 Mask R-CNN 架构等技术实现这些任务，还将学习使用 Detectron2 框架来简化构建神经网络的具体过程，这些神经网络主要用于目标检测和人体姿态估算。之后，你将实现三维目标检测。

　　随后，你将学习自编码器和 GAN，重点是图像处理和生成。这里将使用 VAE、DCGAN、cGAN、Pix2Pix、CycleGAN、StyleGAN2、SRGAN 和风格迁移来实现用于各种任务的图像处理。

　　最后，学习将计算机视觉与其他技术相结合来解决传统问题，包括将 NLP 和计算机视觉进行结合，执行 OCR、图像标题生成、用 transformer 进行目标检测；通过结合强化学习和计算机视觉技术来实现汽车自动驾驶智能体；如何使用 OpenCV 库将一个 NN 模型投入具体的生产过程，以及传统的计算机视觉技术。

目标读者

　　本书是为 PyTorch 初中级读者准备的，目标是使读者熟练掌握基于深度学习和 PyTorch

的计算机视觉技术。对于刚开始学习神经网络的读者而言,本书也很有用。阅读本书需要具备 Python 编程语言和机器学习的基础知识。

主要内容

第 1 章介绍神经网络的工作原理。首先,你将学习与神经网络相关的关键术语。然后,你将了解构建模块的工作细节,并在一个小数据集上从头开始构建神经网络。

第 2 章介绍如何使用 PyTorch。在学习使用 PyTorch 构建神经网络模型的不同方法之前,你将了解创建和操作张量对象的方法。这里仍将使用一个小数据集,以便你了解使用 PyTorch 的细节。

第 3 章结合前面两章涉及的所有内容,帮助你理解各种神经网络超参数对模型准确度的影响。在学完本章后,你将掌握如何在实际数据集上使用神经网络。

第 4 章详细介绍使用普通神经网络面临的挑战,你将了解为何卷积神经网络能克服传统神经网络的各种限制。你将深入了解 CNN 的工作细节,并了解其中的各种组件。然后,你将学习处理图像的最佳实践。本章将使用真实世界的图像,并学习使用 CNN 实现复杂图像分类的工作原理。

第 5 章介绍如何解决现实世界中的图像分类问题。你将了解多种迁移学习架构,并了解它们是如何显著提高图像分类准确度的。然后,使用迁移学习实现人脸关键点检测和对年龄、性别进行估计。

第 6 章提供在实际构建和部署图像分类模型时需要注意的要点。实际上,你将看到在真实数据上进行数据增强和批归一化的优点。此外,还将了解类激活映射为何有助于对 CNN 模型的预测结果进行解释。学完本章后,你就可以解决大多数图像分类问题,并利用前面讨论的模型来处理定制的数据集。

第 7 章奠定目标检测的基础,你将学习用于构建目标检测模型的各种技术。然后,通过一个案例了解基于区域建议的目标检测技术,在这个案例中,你将实现一个用于定位图像中卡车和公交车的模型。

第 8 章首先展示区域建议架构的局限性,介绍解决区域建议架构问题的更多高级架构的工作细节。我们将在相同的数据集(卡车与公交车的目标检测)上实现所有的架构,这样就可以对比每个架构的工作原理。

第 9 章建立在前几章的基础上,帮助你构建模型,以确定各种类别目标和目标实例在图像中的位置和轮廓。我们将针对道路图像和普通家庭图像实现具体的应用。学完本章后,你将能够通过使用 PyTorch 构建模型的方式解决关于图像分类、目标检测 / 分割的问题。

第 10 章总结前几章的学习内容,用几行代码实现对目标的检测和分割,通过构建模型来实现人群计数和图像着色应用。最后，你还将了解如何在真实数据集上进行三维目标检测。

第 11 章为图像修改奠定基础。首先学习用于压缩图像和生成新图像的自编码器。然后学习欺骗模型的对抗性攻击。之后实现图像风格迁移。最后实现一个自编码器来生成深度虚拟图像。

第 12 章首先介绍 GAN 的工作原理，然后学习虚拟人脸图像的生成技术以及如何使用 GAN 生成一些有趣的图像。

第 13 章将图像处理升级到一个新的水平。我们将实现一个 GAN 模型，用于将目标从一个类别转换到另外一个类别，由草图生成图像，并操作定制图像，以便生成特定风格的图像。学完本章后，你就可以组合应用自编码器和 GAN 进行图像处理了。

第 14 章为你学习结合使用计算机视觉技术与其他技术奠定基础。你将学习如何使用小样本和零训练样本完成图像分类。

第 15 章介绍各种自然语言处理技术的工作细节，如词嵌入、LSTM 和 transformer，你将使用 transformer 实现一些应用程序，如图像标题生成、OCR 等。

第 16 章首先介绍强化学习术语和状态价值。在学习深度 Q 学习的过程中，你将了解强化学习和神经网络的结合使用方式。通过学习，你将实现一个玩 Pong 游戏的智能体和一个用于汽车自动驾驶的智能体。

第 17 章介绍将模型部署到生产环境的最佳实践。在将模型迁移到 AWS 公有云之前，你将了解如何在本地服务器上部署模型。

第 18 章详细介绍如何使用 OpenCV 实用程序创建 5 个有趣的应用程序。学完本章后，你将了解辅助深度学习的实用程序，以及在内存或推理速度有相当大限制的场景中可以替代深度学习的实用程序。

学习本书的软硬件要求

本书覆盖的软硬件	操作系统要求
存储空间最低 128GB 内存最低 8GB Intel i5 或更高的处理器 NVIDIA 8 GB 以上显卡——GTX1070 或更好的显卡 网速最低 50Mbit/s	Windows、Linux 和 macOS
Python 3.6 及更高版本	Windows、Linux 和 macOS
PyTorch 1.7	Windows、Linux 和 macOS
Google Colab（可在任何浏览器上运行）	Windows、Linux 和 macOS

请注意，本书中几乎所有的代码都可以使用 Google Colab 运行，通过单击 GitHub 各章

notebook 中的 **Open in Colab** 按钮即可实现。

下载示例代码

可以从 GitHub 上下载本书的示例代码文件，地址是 https://github.com/PacktPublishing/Modern-Computer-Vision-with-PyTorch。代码的更新将会提交到 GitHub。

下载彩色图像

我们还提供了一个 PDF 文件，其中有本书中使用的屏幕截图或图表的彩色图像，你可以从 https://static.packt-cdn.com/downloads/9781839213472_ColorImages.pdf 下载。

CONTENTS

目　　录

第一部分

面向计算机视觉的深度学习基础知识

在第一部分中，我们将学习神经网络的基本构建模块是什么，以及每个模块的作用是什么，以便成功地训练网络。首先简要介绍神经网络的基本理论，然后使用 PyTorch 库构建并训练神经网络。

第一部分由下列几章构成：
- ❏ 第 1 章　人工神经网络基础
- ❏ 第 2 章　PyTorch 基础
- ❏ 第 3 章　使用 PyTorch 构建深度神经网络

第 1 章

人工神经网络基础

人工神经网络（Artificial Neural Network，ANN）是一种受人类大脑运作方式启发而构建的监督学习算法。神经网络与人类大脑中神经元连接和激活的方式比较类似，神经网络接收输入并通过一个函数传递，导致随后的某些神经元被激活，从而产生输出。

有几种标准的 ANN 架构。通用近似定理认为，总是可以找到一个足够大的神经网络结构，它具有正确的权重集，可以准确地预测任何给定输入下的任何输出。这就意味着，对于给定的数据集 / 任务，我们可以创建一个架构，并可以不断调整其权重，直到 ANN 预测出我们希望它预测的内容为止。调整权重直到这种情况发生的过程称为神经网络训练过程。ANN 在大型数据集和自定义架构上能够获得成功的训练，这正是 ANN 能够在解决各种相关任务中获得突出地位的主要原因。

计算机视觉中一个突出的任务是识别图像中出现的物体的类别。ImageNet 是一个识别图像中物体类别的竞赛。分类错误率逐年下降情况如图 1-1 所示。

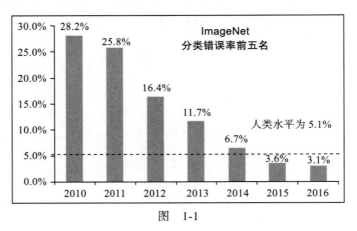

图　1-1

2012 年，使用神经网络（AlexNet）的解决方案赢得了该比赛。正如你从图 1-1 中看到的那样，从 2011 年到 2012 年，通过利用神经网络，错误率显著降低。随着时间的推移，神经网络不断深入和复杂，分类错误也在不断减少，甚至超过了人类的水平。这为我们学习和实现用于解决自定义任务的神经网络提供了坚实的动力。

在本章中，我们将在一个简单的数据集上创建一个非常简单的架构，主要关注 ANN 的各种构建模块（前向、反向传播、学习率）如何帮助调整神经网络权重，以便该神经网络学习从给定的输入预测出预期的输出。我们将首先从数学上学习什么是神经网络，然后从零开始建立一个坚实的基础，接着将学习负责训练神经网络的每个组件，并对它们进行编码。

1.1 比较人工智能与传统机器学习

传统上，系统通过使用程序员编写的复杂算法实现智能。

例如，假设你想识别照片中是否包含狗。对于传统**机器学习**（ML）的设置，ML 从业者或主题专家首先需要确定从图像中提取的特征。然后，他们提取这些特征，并通过一个编写良好的算法来破译给定的特征，从而判断这幅图像是否包含狗。图 1-2 说明了同样的思路。

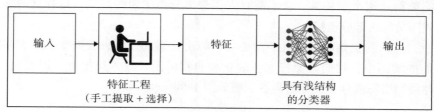

图 1-2

以图 1-3 所示样本为例。

图 1-3

从图 1-3 所示的图片来看，一个简单的规则可能是，如果一个图像包含以三角形对齐的三个黑色圆圈，则它可能被归类为狗。然而，这条规则在应对如图 1-4 所示的有欺骗性的松饼特写时却失效了。

图 1-4

当然，当你近距离观看除了狗脸以外的任何图片时，这条规则也会失效。因此，自然地，我们需要创建能够精确分类多种类型的人为规则数量可能是指数级的，尤其是当图像变得更加复杂的时候。因此，传统方法在非常受限的环境中很有效（比如，拍摄一张护照照片，所有的尺寸都被限制在毫米以内），而在不受约束的环境中，由于每张照片都存在很大差异，效果很差。

我们可以将同样的思路扩展到任何领域，比如文本或结构化数据。在过去，如果有人想通过编程来解决现实世界的任务，那么必须理解关于输入数据的所有内容，并且需要编写尽可能多的规则来覆盖每个场景。这种方法不仅乏味，而且不能保证所有的新场景都会遵循上述规则。

然而，通过利用人工神经网络，我们只需一步就能够做到这一点。

神经网络提供了结合特征提取（手工调整）和使用这些特征进行分类/回归的独特优势，几乎不需要手工特征工程。只需要标记数据（例如，哪些图片是狗，哪些图片不是狗）和神经网络架构这两个子任务。它不需要人类想出分类图像的规则，这样就消除了传统技术强加给程序员的大部分负担。

请注意，这里的主要需求是对于需要一个解决方案的任务，我们要提供大量样本。例如，在前面的案例中，我们需要将大量的狗和非狗的图片输入给模型，以便它学习特征。如何利用神经网络完成分类任务的高级视图如图 1-5 所示。

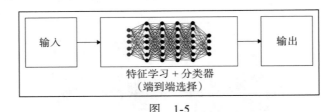

图　1-5

在了解了神经网络比传统计算机视觉方法表现更好的基本原因后，下面我们将更深入地了解神经网络是如何工作的。

1.2　人工神经网络的构建模块

人工神经网络是一系列张量（权重）和数学运算的组合，它们以一种松散的排列方式复制人脑的功能。可以将人工神经网络看作一个数学函数，输入一个或多个张量，输出一个或多个张量。连接这些输入和输出的运算排列称为神经网络的架构——我们可以根据手头的任务对它们进行定制，也就是说，基于这个问题是否包含结构化（表格）数据或非结构化（图像、文本、音频）数据（即输入张量和输出张量的列表）。

人工神经网络由下列模块构成：

❑ **输入层**：该层将自变量作为输入。

❑ **隐藏（中间）层**：该层连接输入层和输出层，并对输入数据进行转换。此外，隐藏层包含**节点**（图 1-6 中的单元 / 圆圈），用于将其输入值修改为更高 / 更低维度的值。可以通过修改中间层节点的各种激活函数来实现更加复杂的表示功能。

❑ **输出层**：该层包含了输入变量期望产生的值。

根据上述内容，神经网络的典型结构如图 1-6 所示。

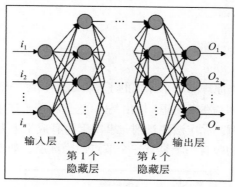

图　1-6

输出层中的节点数量（图 1-6 中的圆圈）取决于手头的任务以及试图预测的是连续变量还是分类变量。如果输出是一个连续变量，则输出层只有一个节点。如果输出具有 m 个可能的类别，那么输出层中将有 m 个节点。我们放大其中一个节点 / 神经元，看看发生了什么。神经元对其输入进行如图 1-7 所示的转换。

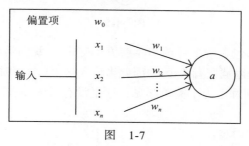

图　1-7

在图 1-7 中，$x_1, x_2, \cdots, x_n$ 是输入变量，w_0 是偏置项（类似于线性回归或逻辑回归中的偏差）。

注意 $w_1, w_2, \cdots, w_n$ 为每个输入变量的权重，w_0 为偏置项。输出值 a 的计算方法如下：

$$a = f\left(w_0 + \sum_{i=1}^{n} w_i x_i\right)$$

这里，函数 f 是激活函数，用于将非线性作用于乘积和上。关于激活函数的更多细节将在 1.3 节中讨论。此外，更高的非线性可以通过拥有多个隐藏层来堆叠大量神经元的方式实现。

在较高的层次上，神经网络是节点的集合，其中每个节点都有一个可调的浮点值，并且节点以图的形式相互连接，以返回由网络架构指定的格式的输出。该网络由三个主要部分组成：输入层、隐藏层和输出层。注意，可以有更多数量（n）的隐藏层存在，术语深度学习指的是具有更多的隐藏层。在神经网络必须理解一些诸如图像识别等复杂事情的时候，通常需要更多的隐藏层。

在理解了神经网络架构的基础上，在下一节中，我们将学习前向传播，它有助于估算网络架构的误差（损失）量。

1.3　实现前向传播

为了对前向传播的工作原理有一个深入的了解，我们训练一个简单的神经网络，其中神经网络的输入是（1，1），对应的（期望）输出是0。这里将基于这个单一的输入－输出对找到神经网络的最优权重。然而，你应该注意到，事实上将有成千上万的数据点用于训练 ANN。

本例中的神经网络架构包含一个具有三个节点的隐藏层，如图 1-8 所示。

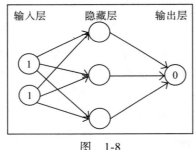

图　1-8

图 1-8 中每个箭头都包含一个可调的浮点值（权重）。我们需要找到 9 个浮点数（第一个隐藏层有 6 个，第二个隐藏层有 3 个），因此当输入是（1，1）时，输出尽可能接近（0）。这就是所谓的神经网络训练。为了简单起见，这里没有引入偏置项，但是基本的运算逻辑是一样的。

下面我们将学习下列内容：

❑ 计算隐藏层的值；

❑ 进行非线性激活；

❑ 估算输出层的值；

❑ 计算与期望值对应的损失值。

1.3.1　计算隐藏层的值

现在为所有的连接分配权重。第一步，为所有连接分配随机值作为权重。一般来说，神经网络在训练开始前使用随机权重进行初始化。同样，为了简单起见，在介绍这个主题时，前向传播和反向传播均不包括偏置项，但是我们将在从头实现前向传播和反向传播时使用它。

现在从 0 和 1 之间的随机初始化权重开始，但请注意，神经网络训练过程后的最终权重不需要限定在一组特定的值之间。图 1-9a 给出了网络中权重的形式化表示，图 1-9b 给出了网络中随机初始化的权重。

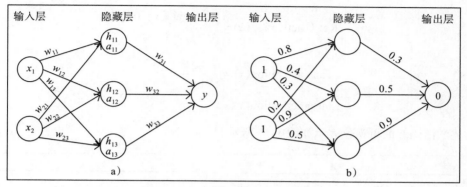

图　1-9

在下一步中，我们将输入与权重相乘，计算出隐藏层中隐藏单元的值。

隐藏层激活前的单元值如下：

$$h_{11} = x_1 \times w_{11} + x_2 \times w_{21} = 1 \times 0.8 + 1 \times 0.2 = 1$$

$$h_{12} = x_1 \times w_{12} + x_2 \times w_{22} = 1 \times 0.4 + 1 \times 0.9 = 1.3$$

$$h_{13} = x_1 \times w_{13} + x_2 \times w_{23} = 1 \times 0.3 + 1 \times 0.5 = 0.8$$

计算出的隐藏层单元值（激活前）也如图 1-10 所示。

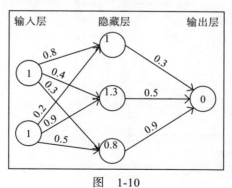

图　1-10

现在，我们将通过非线性激活传递隐藏层的值。注意，如果不在隐藏层中应用非线性激活函数，那么无论存在多少隐藏层，神经网络从输入到输出都将成为一个巨大的线性连接。

1.3.2　应用激活函数

激活函数有助于建模输入和输出之间的复杂关系。

一些常用的激活函数计算公式如下（其中 x 为输入）：

$$\text{Sigmoid activation}(x) = \frac{1}{1+e^{-x}}$$

$$\text{ReLU activation}(x) = \begin{cases} x & \text{如果} x > 0 \\ 0 & \text{如果} x \leqslant 0 \end{cases}$$

$$\text{Tanh activation}(x) = \frac{e^x - e^{-x}}{e^x + e^{-x}}$$

$$\text{Linear activation}(x) = x$$

上述激活函数的可视化表示如图 1-11 所示。

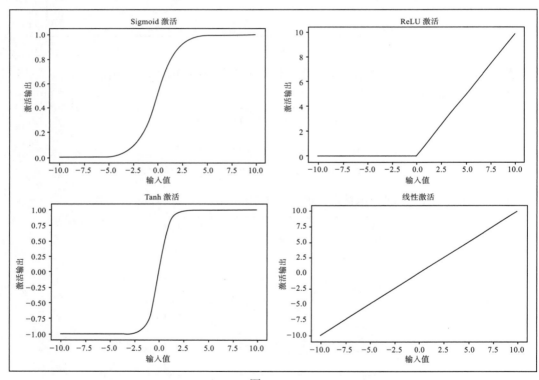

图　1-11

对于示例，我们使用 Sigmoid（逻辑）函数作为激活函数。

对三个隐藏层应用 Sigmoid（逻辑）激活函数 $S(x)$，得到激活后的值如下：

$$a_{11} = S(1.0) = \frac{1}{1+e^{-1}} = 0.73$$

$$a_{12} = S(1.3) = \frac{1}{1+e^{-1.3}} = 0.79$$

$$a_{13} = S(0.8) = \frac{1}{1+e^{-0.8}} = 0.69$$

现在我们获得了激活后的隐藏层的值，下一小节将获得输出层的值。

1.3.3　计算输出层的值

到目前为止，我们已经算出了应用 Sigmoid（S 型）激活后的最终隐藏层值。使用激活后的隐藏层值，以及权重值（在第一次迭代中随机初始化），现在将计算出网络的输出值，如图 1-12 所示。

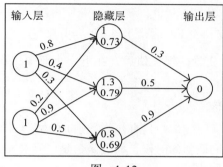

图　1-12

我们使用隐藏层值和权重值的乘积和来计算输出值。另外注意，这里排除了需要在每个单元（节点）上添加的偏置项，只是为了简化目前对前向传播和反向传播工作细节的理解，但将其包含在前向传播和反向传播的编码中：

$$输出节点值(\hat{y}) = 0.73 \times 0.3 + 0.79 \times 0.5 + 0.69 \times 0.9 = 1.235$$

因为我们从一个随机权重集合开始，所以输出节点的值与目标节点的值非常不同。在本例中，差为 1.235（记住，目标为 0）。在下一节中，我们将学习如何计算与当前网络状态相关的损失值。

1.3.4　计算损失值

损失值（或者称为损失函数）是需要在神经网络中进行优化的值。为了正确理解损失值是如何计算的，我们看看如下两种情况：

❑ 分类变量预测；

❑ 连续变量预测。

计算连续变量预测的损失

当变量连续时，损失值通常是实际值和预测值之差平方的平均值，也就是说，我们通过改变与神经网络相关的权重值来尽量减小均方误差。均方误差值的计算公式如下：

$$J_{\theta} = \frac{1}{m} \sum_{i=1}^{m} (y_i - \hat{y}_i)^2$$

$$\hat{y}_i = \eta_\theta(x_i)$$

在上式中，y_i 为实际输出；$\hat{y}_i$ 是神经网络计算出来的预测值（其权重以 θ 的形式存储），其中输入为 x_i，m 为数据集的行数。

> ℹ️ 关键的结论应该是，对于每个唯一的权重集，神经网络将会预测出相应的损失值，我们需要找到损失值为零（或者，在现实场景中，尽可能接近零）的黄金权重集。

在我们的例子中，假设得到的预测结果是连续值。此时，损失函数值为均方误差，计算方法如下：

$$\text{loss}(误差) = 1.235^2 = 1.52$$

在理解了如何计算连续变量的损失值后，在下一小节中，我们将学习如何计算分类变量的损失值。

计算分类变量预测的损失

对于预测变量是离散值（即变量中只有几个类别）的情形，通常使用分类交叉熵损失函数。当预测变量只有两个不同取值的时候，损失函数是二元交叉熵。

二元交叉熵的计算公式如下：

$$-\frac{1}{m}\sum_{i=1}^{m}(y_i\log(p_i) + (1-y_i)\log(1-p_i))$$

y_i 为实际的输出值，p_i 为预测的输出值，m 为数据点总数。

一般的分类交叉熵计算公式如下：

$$-\frac{1}{m}\sum_{j=1}^{C}\sum_{i=1}^{m}y_i\log(p_i)$$

y_i 为输出的实际值，p_i 为输出的预测值，m 为数据点总数，C 为类别总数。

对交叉熵损失进行可视化的一种简单方法是观察预测矩阵本身。假设需要预测图像识别问题中的五个类别——狗、猫、鼠、牛和母鸡。神经网络必须在 softmax 激活的最后一层包含 5 个神经元（下一节将详细介绍 softmax）。因此，模型将预测每个数据点属于每个类别的概率。假设有 5 个图像，那么得到的预测概率如下表所示（每行突出显示的单元格对应于目标类）：

目标（正确类）	预测概率					交叉熵损失	
	狗	猫	牛	母鸡	鼠		
狗	0.88	0.02	0.04	0.04	0.02	−log(0.88)	= 0.128
猫	0.26	0.21	0.17	0.18	0.18	−log(0.21)	= 1.56
牛	0.01	0.01	0.96	0.01	0.01	−log(0.96)	= 0.04
母鸡	0.14	0.09	0.01	0.57	0.19	−log(0.57)	= 0.56
鼠	0.21	0.02	0.05	0.17	0.55	−log(0.55)	= 0.597

注意，每一行的和为 1。在第一行中，当目标为**狗**、预测概率为 0.88 时，相应的损失为 0.128（即对数 0.88 的相反数）。其他损失的计算方法与此相同。如你所见，当正确类别的概率较高时，损失值较小。如你所知，概率的范围在 0 和 1 之间。因此，可能的最小损失可以是 0（当概率为 1 时），最大损失可以是无穷（当概率为 0 时）。

数据集的最终损失是所有行中所有单个损失的平均值。

现在我们已经对均方误差损失和交叉熵损失的计算有了比较透彻的理解，让我们回到这个小例子。假设输出是一个连续变量，我们将在后面的小节中学习如何使用反向传播来最小化损失值。我们将更新权重值 θ（之前随机初始化的值）来最小化损失 (J_θ)。但在此之前，首先需要使用 NumPy 数组编写前向传播 Python 代码，以巩固对其工作细节的理解。

1.3.5　前向传播的代码

前向传播的高级编码策略如下：

1. 在每个神经元上执行乘积和。

2. 计算激活。

3. 在每一个神经元上重复前两步，直到输出层。

4. 通过比较预测与实际输出来计算损失。

可将它看成一个函数，将输入数据、当前神经网络权重和输出数据作为函数的输入，并返回当前网络状态的损失。

下面将给出计算所有数据点的均方误差损失值的前馈函数。

> ⓘ 下列代码可以从本书 GitHub *存储库*（https://tinyurl.com/mcvppackt）`Chapter01`
> 文件夹中的 `Feed_forward_propagation.ipynb` 获得。

强烈建议你通过单击每个 notebook 中的 **Open in Colab** 按钮来执行 code notebook。截图示例如图 1-13 所示。

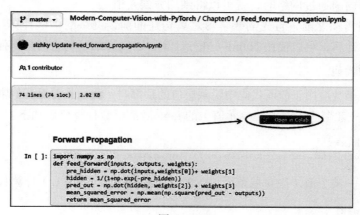

图　1-13

单击 Open in Colab 按钮（图 1-13 中画圈部分）时，你将能够顺利地执行所有的代码，并应该能够复现本书中显示的结果。

现在有了执行代码的正确方法，下面继续编写前向传播的代码：

1. 将输入变量值（inputs）、weights（如果是第一次迭代则随机初始化）和所提供数据集的实际 outputs 作为 feed_forward 的参数：

```
import numpy as np
def feed_forward(inputs, outputs, weights):
```

为了使这个练习更现实一些，我们将对每个节点设置偏置项。因此，权重数组不仅包含连接不同节点的权重，而且还包含隐藏/输出层中与节点相关的偏置项。

2. 通过对 inputs 与连接输入层和隐藏层的权重值（weights[0]）进行矩阵乘法（np.dot）计算隐藏层值，并将它与隐藏层节点相关的偏置项（weights[1]）相加：

```
pre_hidden = np.dot(inputs,weights[0])+ weights[1]
```

3. 对上一步 pre_hidden 中获得的隐藏层值使用 S 型激活函数：

```
hidden = 1/(1+np.exp(-pre_hidden))
```

4. 通过执行隐藏层激活值（hidden）与连接隐藏层和输出层的权重（weights[2]）的矩阵乘法（np.dot）计算输出层的值，并将输出层中与节点相关的偏置项求和——weights[3]：

```
pred_out = np.dot(hidden, weights[2]) + weights[3]
```

5. 计算整个数据集的均方误差值并返回均方误差：

```
mean_squared_error = np.mean(np.square(pred_out \
                                  - outputs))
return mean_squared_error
```

此时当数据向前通过网络时，就可以得到均方误差值。

在学习反向传播之前，首先需要学习之前构建的前馈网络的一些计算组件，即对激活函数和损失值的计算，可以使用 NumPy 进行计算，以便详细了解它们是如何工作的。

激活函数的代码

将 S 型激活函数应用于前面代码中隐藏层值的顶部时，我们来看看其他常用的激活函数：

❏ Tanh——某个值（隐藏层单元值）的 tanh 激活函数计算代码如下：

```
def tanh(x):
    return (np.exp(x)-np.exp(-x))/(np.exp(x)+np.exp(-x))
```

❏ ReLU——某个值（隐藏层单元值）的**整流线性单元**（ReLU）计算代码如下：

```
def relu(x):
    return np.where(x>0,x,0)
```

❑ **线性**——某个值的线性激活就是这个值本身，计算代码如下：

```
def linear(x):
    return x
```

❑ **softmax**：与其他激活函数不同，softmax 在一组值上执行。这样做通常是为了确定某个输入属于给定场景中 m 个可能输出类别中某个类别的概率。假设需要分类的图像具有 10 个可能的类别（对应数字 0 到 9）。此时就有 10 个输出值，每个输出值代表输入图像属于这 10 个类别中某一个类别的概率。

softmax 激活用于为输出中的每个类提供一个概率值，计算代码如下：

```
def softmax(x):
    return np.exp(x)/np.sum(np.exp(x))
```

注意输入 x 上面的两个操作——np.exp 将使所有值为正，除以所有这些指数的 np.sum(np.exp(x)) 可以将所有值限制在 0 和 1 之间。这个范围与事件发生的概率一致。这就是我们所说的返回一个概率向量。

现在我们已经学习了各种激活函数，下面将学习不同的损失函数。

损失函数的代码

损失值（在神经网络训练过程中被最小化）通过更新权重值被最小化。确定合理的损失函数是建立可靠神经网络模型的关键。构建神经网络时，通常使用的损失函数如下：

❑ **均方误差**：均方误差是输出的实际值和预测值之差平方的平均值。取误差的平方，是因为误差可以是正的，也可以是负的（当预测值大于实际值时，反之亦然）。平方可以确保正误差和负误差不互相抵消。计算误差平方的平均值可以使误差在两个样本量不同的数据集之间具有可比性。

预测的输出值数组（p）与实际的输出值数组（y）之间的均方误差计算代码如下：

```
def mse(p, y):
    return np.mean(np.square(p - y))
```

预测连续值的时候，通常使用均方误差。

❑ **平均绝对误差**：平均绝对误差的工作方式非常类似于均方误差。平均绝对误差通过取所有数据点上实际值和预测值之间的差值绝对值的平均数来确保正误差和负误差不相互抵消。

预测的输出值数组（p）与实际的输出值数组（y）之间的平均绝对误差计算代码如下：

```
def mae(p, y):
    return np.mean(np.abs(p-y))
```

与均方误差类似，连续变量通常采用平均绝对误差。此外，一般来说，在预测输出中包含小于 1 的值的时候，最好使用平均绝对误差作为损失函数。在预期输出小于 1 的时候，均方误差将大大降低损失量（-1 和 1 之间的数字的平方是一个更小的数字）。

❑ **二元交叉熵**：交叉熵用于度量实际概率分布和预测概率分布这两种不同分布之间的差异。二元交叉熵用于处理二元输出数据，不像我们前面讨论的两个损失函数（用于对连续变量的预测）。

预测值数组（p）和实际值数组（y）之间的二元交叉熵计算代码如下：

```
def binary_cross_entropy(p, y):
    return -np.mean(np.sum((y*np.log(p)+(1-y)*np.log(1-p))))
```

需要注意的是，当预测值与实际值相差较大时，二元交叉熵损失较大；当预测值与实际值相近时，二元交叉熵损失较小。

❑ **分类交叉熵**：预测值数组（p）和实际值数组（y）之间的分类交叉熵实现代码如下：

```
def categorical_cross_entropy(p, y):
    return -np.mean(np.sum(y*np.log(p)))
```

目前已经学习了前向传播，以及构成前向传播的各种组件，如权重初始化、与节点相关的偏置项、激活和损失函数。在下一节中，我们将学习反向传播（backpropagation），这是一种调整权重的技术，使损失值尽可能小。

1.4 实现反向传播

在前向传播中，将输入层连接到隐藏层，隐藏层再连接到输出层。在第一次迭代中，随机初始化权重，然后计算这些权重造成的损失。在反向传播中，我们采用相反的方法。从前向传播中得到的损失值开始，更新网络的权重，使损失值尽可能小。

我们执行以下步骤来减小损失值：

1. 少量改变神经网络中的每个权重——每次一个。

2. 当权重值改变（δW）时，度量损失的变化（δL）。

3. 将权重更新为 $-k.\dfrac{\delta L}{\delta W}$（其中 k 是某个正值，是一个称为**学习率**的超参数）。

> ⓘ 注意，对特定权重所做的更新与通过对其进行少量更改而减少的损失量成正比。从直观上看，如果改变某个权重减少了很大的损失，就可以对该权重进行较大的更新。但是，如果通过改变权重而减少的损失很小，那么就进行较小的更新。

如果在整个数据集上执行 n 次上述步骤（完成前向传播和反向传播），就会实现对模型 n 轮（epoch）的训练。

由于一个典型的神经网络包含数千或数百万（如果不是数十亿）个权重，改变每个权重的值，并检查损失是增加还是减少并不是最优的做法。上述列表中的核心步骤是权重变化时对"损失变化"的度量。正如你可能在微积分中学习过的那样，这个度量和计算权重相关的损失**梯度**是一样的。在下一节讨论反向传播链式法则时，将有更多关于利用微积分中的偏导数来计算与权重相关的损失梯度的内容。

在本节中，我们将通过每次对一个权重进行少量更新的方式来实现梯度下降，这在本节开始部分已经进行了详细介绍。不过，在实现反向传播之前，需要先了解神经网络的另一个细节：**学习率**。

直观地说，学习率有助于在算法中建立信任。例如，在决定权重更新大小的时候，可能不会一次性改变权重值，而是进行较慢的更新。

模型通过学习率获得了稳定性，将在 1.6 节中具体讨论学习率如何有助于提高稳定性。

通过更新权重来减少误差的整个过程称为**梯度下降**。

随机梯度下降是最小化前述误差的一种具体实现方法。如前所述，**梯度**表示差异（即权重值被少量更新时损失值的差异），**下降**表示减少。**随机**表示对随机样本的选择，并在此基础上做出决定。

除了随机梯度下降之外，还有许多其他类似的优化器可以帮助最小化损失值。下一章将讨论这些不同的优化器。

在接下来的两节中，我们将学习如何使用 Python 从头开始编写反向传播算法的代码，并简要讨论如何使用链式法则进行反向传播。

1.4.1　梯度下降的代码

下面将给出梯度下降的 Python 实现代码。

> ⓘ 下列代码可以从本书 GitHub *存储库*（https://tinyurl.com/mcvp-packt）`Chapter01`
> 文件夹中的 `Gradient_descent.ipynb` *获得*。

1. 定义前馈网络并计算均方误差损失值，正如我们在 1.3.5 节中所做的那样：

```
from copy import deepcopy
import numpy as np
def feed_forward(inputs, outputs, weights):
    pre_hidden = np.dot(inputs,weights[0])+ weights[1]
    hidden = 1/(1+np.exp(-pre_hidden))
    pred_out = np.dot(hidden, weights[2]) + weights[3]
    mean_squared_error = np.mean(np.square(pred_out \
                                    - outputs))
    return mean_squared_error
```

2. 将每个权重和偏置项增加一个非常小的量（0.0001），并对每个权重和偏置项更新一次，计算总体误差损失的平方值。

❑ 在下面的代码中，创建了一个名为 `update_weights` 的函数，它通过执行梯度下降过程来更新权重。函数的输入是网络的输入变量 `inputs`、期望的 `outputs`、`weights`（在模型训练开始时进行随机初始化），以及模型的学习率 `lr`（有关学习率的更多内容见后面的章节）：

```
def update_weights(inputs, outputs, weights, lr):
```

❑ 确保对权重列表进行了 deepcopy 操作。由于权重将在后面的步骤中被操纵，deepcopy 确保了我们可以在不干扰实际权重的情况下使用多个权重副本。创建作为函数输入传递的原始权重集的三个副本——original_weights、temp_weights 和 updated_weights：

```
original_weights = deepcopy(weights)
temp_weights = deepcopy(weights)
updated_weights = deepcopy(weights)
```

❑ 通过 feed_forward 函数传递 inputs、outputs 和 original_weights，使用原始的权重集计算损失值（original_loss）：

```
original_loss = feed_forward(inputs, outputs, \
                            original_weights)
```

❑ 循环遍历网络的所有层：

```
for i, layer in enumerate(original_weights):
```

❑ 在神经网络中总共有四个参数列表：两个连接输入层和隐藏层的权重与偏置参数列表，另外两个连接隐藏层和输出层的权重与偏置参数列表。现在，我们循环遍历所有单独的参数，因为每个列表有不同的形状，利用 np.ndenumerate 循环遍历给定列表中的每个参数：

```
for index, weight in np.ndenumerate(layer):
```

❑ 现在将原始权重集存储在 temp_weights 中。选择其在第 i 层存在的指标权重，并将其增加一个较小的量。最后，用神经网络的新权重集计算新的损失：

```
temp_weights = deepcopy(weights)
temp_weights[i][index] += 0.0001
_loss_plus = feed_forward(inputs, outputs, \
                         temp_weights)
```

在上述代码的第一行中，将 temp_weights 重置为原始的权重集，正如在每次迭代中那样更新不同的参数，由此计算出在给定轮内对参数进行少量更新时得到的新的损失。

❑ 计算由于权重变化而产生的梯度（损失值的变化）：

```
grad = (_loss_plus - original_loss)/(0.0001)
```

ⓘ 通过非常小的增量更新一个参数，然后计算相应的梯度，这个过程相当于一个微分过程。

❑ 最后，更新 updated_weights 对应层和 index 中的参数。更新后的权重值将按梯度值的比例减小。此外，我们还引入了一种机制，通过使用学习率 lr（关于学习率的更多信息，见 1.6 节）来缓慢地建立信任，而不是将其完全减小为梯度值：

```
updated_weights[i][index] -= grad*lr
```

❑ 一旦更新了所有层的参数值和层内的索引，我们就返回更新后的权重值 updated_weights：

```
return updated_weights, original_loss
```

神经网络的另一个参数是在计算损失值时需要考虑的**批大小**（batch size）。

前面使用所有数据点来计算损失（均方误差）值。然而在实践中，当有成千上万（或者在某些情况下数百万）的数据点时，使用较多数据点计算损失值，其增量贡献将遵循收益递减规律，因此我们将使用比数据点总数要小得多的批大小进行模型训练。在一轮的训练中，每次使用一个批次数据点进行梯度下降（在前向传播之后），直到用尽所有的数据点。

训练模型时典型的批大小是 32 和 1024 之间的任意数。

在本节中，我们了解了当权重值发生少量变化时，如何基于损失值的变化更新权重值。在下一节中，将学习如何在不计算梯度的情况下更新权重。

1.4.2　使用链式法则实现反向传播

到目前为止，通过对权重进行少量更新计算出权重损失的梯度，然后计算出原有场景（权重不变时）的前馈损失与权重更新后前馈损失的差值。使用这种方式更新权重值的一个缺点是，当网络很大时，需要使用大量的计算来计算损失值（事实上要做两次计算，首先在权重值不变时计算损失值，然后在权重值少量更新时计算损失值）。这将导致需要更多的计算资源和计算时间。在这一节中，我们将学习使用链式法则计算梯度的方法。这种方法不需要我们通过手动计算损失值的方式获得与权重值相关的损失梯度。

在第一次迭代中（随机初始化权重），输出的预测值是 1.235。

为得到理论公式，将权重、隐藏层值和隐藏层激活分别表示为 w、h、a，如图 1-14 所示。

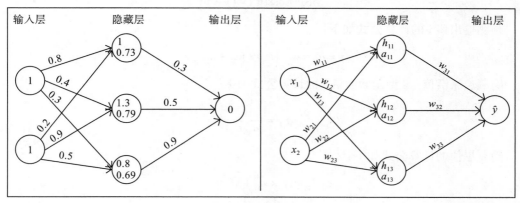

图　1-14

注意，在图 1-14 中，取了左图的每个分量值，并将其推广到右图中。

为了便于理解，这一节将介绍如何使用链式法则来计算仅关于 w_{11} 的损失值的梯度。同样的方法可以推广到神经网络的所有权重和偏置项。我们鼓励你练习并将链式法则计算应用到剩下的权重和偏置项上。

> ℹ️ 本书的 **GitHub** 存储库 Chapter01 文件夹中的 `chain_rule.ipynb` notebook 包含了使用链式法则计算网络中所有关于权重参数和偏置项变化的梯度的方法。

此外，为了便于学习，我们这里只处理一个数据点，其中输入为 {1,1}，期望的输出为 {0}。

假设正在使用 w_{11} 计算损失值的梯度，可以通过图 1-15 理解所有在计算梯度时需要包含的中间分量（没有连接输出到 w_{11} 的分量在图 1-15 中显示为灰色）。

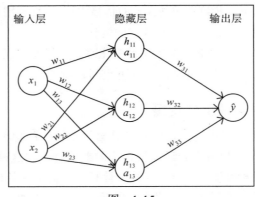

图 1-15

从图 1-15 中可以看到 w_{11} 通过突出显示的路径——h_{11}、a_{11} 和 $\hat{y}$ 形成了损失值。

下面分别阐明如何获得 h_{11}、a_{11} 和 $\hat{y}$。

网络损失值计算公式如下：

$$\text{MSE Loss}(C) = (y - \hat{y})^2$$

预测输出值 $\hat{y}$ 的计算公式如下：

$$\hat{y} = a_{11} \times w_{21} + a_{12} \times w_{22} + a_{13} \times w_{23}$$

隐藏层激活值（S 型函数激活）的计算公式如下：

$$a_{11} = \frac{1}{1 + e^{-h_{11}}}$$

隐藏层值的计算公式如下：

$$h_{11} = x_1 \times w_{11} + x_2 \times w_{21}$$

现在已经写出了所有的计算公式，可以计算权重变化对损失值（C）变化的影响，具体计算公式如下：

$$\frac{\partial C}{\partial w_{11}} = \frac{\partial C}{\partial \hat{y}} \times \frac{\partial \hat{y}}{\partial a_{11}} \times \frac{\partial a_{11}}{\partial h_{11}} \times \frac{\partial h_{11}}{\partial w_{11}}$$

这称为**链式法则**。它本质上是通过一系列的微分获得需要的微分。

注意，上述计算公式建立了一个关于链的偏微分方程，现在可以分别对四个组件进行偏微分，由此最终完成损失值关于权重值 w_{11} 导数的计算。

上式中各个偏导数的计算方法如下：

❑ 损失值关于预测输出值 $\hat{y}$ 的偏导数为

$$\frac{\partial C}{\partial \hat{y}} = \frac{\partial}{\partial \hat{y}}(y - \hat{y})^2 = -2 \times (y - \hat{y})$$

❑ 预测输出值 $\hat{y}$ 关于隐藏层激活值 a_{11} 的偏导数为

$$\frac{\partial \hat{y}}{\partial a_{11}} = \frac{\partial}{\partial a_{11}}(a_{11} \times w_{21} + a_{12} \times w_{22} + a_{13} \times w_{23}) = w_{21}$$

❑ 隐藏层激活值 a_{11} 关于激活前隐藏层值 h_{11} 的偏导数为

$$\frac{\partial a_{11}}{\partial h_{11}} = a_{11} \times (1 - a_{11})$$

注意，上述等式中 S 型函数 a 的导数是 $a \times (1-a)$。

❑ 激活前隐藏层值 h_{11} 关于权重值 w_{11} 的偏导数为

$$\frac{\partial h_{11}}{\partial w_{11}} = \frac{\partial}{\partial w_{11}}(x_1 \times w_{11} + x_2 \times w_{21}) = x_1$$

在此基础上，用上述计算结果替换相应的偏微分项，就可以算出损失值关于权重 w_{11} 的梯度，具体计算公式如下：

$$\frac{\partial C}{\partial w_{11}} = -2 \times (y - \hat{y}) \times w_{21} \times a_{11} \times (1 - a_{11}) \times x_1$$

从上述公式中可以看出，现在可以计算权重值的一个小变化（相对于权重的损失梯度）对损失值的影响，而不用再强行重新计算前向传播。

接下来，可以使用下列公式不断更新权重值：

更新后的权重 = 原始权重 − 学习率 × 损失关于权重的梯度

> ℹ 1）用链式法则确定梯度，然后更新权重；2）通过学习权重值小的变化对损失值的影响来实现权重值的更新。这两种方法获得的计算结果是相同的，见本书的 GitHub 存储库（https://tinyurl.com/mcvp-packt）Chapter01 文件夹中的 `chain_rule.ipynb` notebook。

在梯度下降中，依次执行权重更新过程（一次更新一个权重）。通过链式法则，可以找到一种替代方法来计算权重的变化对损失值的影响，从而为并行计算执行提供了可能性。

> ⓘ 因为是跨所有层更新参数，所以参数更新的整个过程可以进行并行化计算。此外，考虑到现实场景中可能存在数百万个跨层参数，将这些参数分配到不同 GPU 内核上分别进行计算实现权重更新所花费的时间，显然比每次循环只计算一个权重实现更新所花费的时间少得多。

目前已经从直觉角度和利用链式法则的角度对反向传播有了很好的理解，在下一节中，我们将学习前向传播和反向传播如何通过协同工作获得最优权重值。

1.5 整合前向传播与反向传播

在本节中，我们将在与 1.3.5 节相同的小数据集上构建一个简单的神经网络，它通过隐藏层连接网络输入和输出，并使用在前一节中定义的 update_weights 函数执行反向传播来获得最佳权重和偏置项。

模型定义如下：

1. 输入连接到一个隐藏层，该层有三个单元 / 节点。

2. 隐藏层连接到输出，该输出层中有一个单元。

> ⓘ 下列代码见本书的 GitHub 存储库（https://tinyurl.com/mcvp-packt）Chapter01 文件夹中的 Back_propagation.ipynb notebook。

按如下步骤创建网络：

1. 导入相关的包并定义数据集：

```
from copy import deepcopy
import numpy as np
x = np.array([[1,1]])
y = np.array([[0]])
```

2. 随机初始化权重和偏置项。隐藏层中有 3 个单元，每个输入节点与每个隐藏层单元相连。因此，总共有 6 个权重值和 3 个偏置项，其中 1 个偏置和 2 个权重（2 个权重来自 2 个输入节点）对应每个隐藏单元。另外，最后一层有 1 个单元连接到隐藏层的 3 个单元。因此，输出层的值由 3 个权重和 1 个偏置项决定。随机初始化的权重如下所示：

```
W = [
    np.array([[-0.0053, 0.3793],
              [-0.5820, -0.5204],
              [-0.2723, 0.1896]], dtype=np.float32).T,
    np.array([-0.0140, 0.5607, -0.0628], dtype=np.float32),
    np.array([[ 0.1528,-0.1745,-0.1135]],dtype=np.float32).T,
```

```
np.array([-0.5516], dtype=np.float32)
]
```

在上述代码中，第一组参数对应连接输入层和隐藏层的2×3权重矩阵。第二组参数表示与隐藏层每个节点相关联的偏置项。第三组参数对应将隐藏层加入输出层的3×1权重矩阵，最后一组参数表示与输出层相关的偏置项。

3. 在神经网络中运行100轮前向传播和反向传播——它们的函数在前面的内容中已经被学习并定义为 feed_forward 和 update_weights 函数。

❑ 定义 feed_forward 函数：

```
def feed_forward(inputs, outputs, weights):
    pre_hidden = np.dot(inputs,weights[0])+ weights[1]
    hidden = 1/(1+np.exp(-pre_hidden))
    pred_out = np.dot(hidden, weights[2]) + weights[3]
    mean_squared_error = np.mean(np.square(pred_out \
                                        - outputs))
    return mean_squared_error
```

❑ 定义 update_weights 函数：

```
def update_weights(inputs, outputs, weights, lr):
    original_weights = deepcopy(weights)
    temp_weights = deepcopy(weights)
    updated_weights = deepcopy(weights)
    original_loss = feed_forward(inputs, outputs, \
                                original_weights)
    for i, layer in enumerate(original_weights):
        for index, weight in np.ndenumerate(layer):
            temp_weights = deepcopy(weights)
            temp_weights[i][index] += 0.0001
            _loss_plus = feed_forward(inputs, outputs, \
                                    temp_weights)
            grad = (_loss_plus - original_loss)/(0.0001)
            updated_weights[i][index] -= grad*lr
    return updated_weights, original_loss
```

❑ 更新超过100轮的权重，并获取损失值和更新的权重值：

```
losses = []
for epoch in range(100):
    W, loss = update_weights(x,y,W,0.01)
    losses.append(loss)
```

4. 绘制损失值的图像：

```
import matplotlib.pyplot as plt
%matplotlib inline
plt.plot(losses)
plt.title('Loss over increasing number of epochs')
plt.xlabel('Epochs')
plt.ylabel('Loss value')
```

上述代码生成的图像如图 1-16 所示。

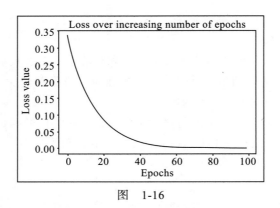

图 1-16

如你所见，损失从 0.33 开始，稳步下降到 0.0001 左右。这表明，权重是根据输入 – 输出数据进行调整的，当给定输入时，就可以期望它预测出与损失函数进行比较的输出。输出的权重如下：

```
[array([[ 0.01424004, -0.5907864 , -0.27549535],
        [ 0.39883757, -0.52918637, 0.18640439]], dtype=float32),
 array([ 0.00554004, 0.5519136 , -0.06599568], dtype=float32),
 array([[ 0.3475135 ],
        [-0.05529078],
        [ 0.03760847]], dtype=float32),
 array([-0.22443289], dtype=float32)]
```

> ⓘ 具有相同权重的相同代码的 PyTorch 版本可以在 GitHub notebook (`Auto_gradient_of_tensors.ipynb`) 中进行演示。请你在理解了下一章中的核心 PyTorch 概念之后，再重新阅读本节。请自己验证输入和输出是否确实相同，无论网络是用 NumPy 还是用 PyTorch 编写的。使用 NumPy 数组从零开始构建网络，虽然不是最优的，但是这一章将帮助你奠定关于神经网络工作细节的坚实基础。

5. 一旦有了更新的权重，就可以通过将输入传递给网络进行预测，并计算输出值：

```
pre_hidden = np.dot(x,W[0]) + W[1]
hidden = 1/(1+np.exp(-pre_hidden))
pred_out = np.dot(hidden, W[2]) + W[3]
# -0.017
```

上述代码的输出值是 `-0.017`，这个值非常接近期望输出 0。当训练更多轮时，`pred_out` 值甚至会更接近 0。

目前，我们已经学习了前向传播和反向传播。这里定义的 `update_weights` 函数中的关键部分是学习率，我们将在下一节中学习它。

1.6 理解学习率的影响

为了理解学习率如何影响模型的训练，考虑一个非常简单的情况，这里我们试图拟合以下等式（注意，以下等式与迄今为止一直在研究的小数据集不同）：

$$y = 3 \times x$$

注意，y 是输出，x 是输入。有了一组输入和期望的输出值，我们将尝试用不同的学习率来拟合方程，以理解学习率的影响。

> ℹ 下列代码可以从本书 GitHub 存储库（https://tinyurl.com/mcvp-packt）Chapter01
> 文件夹中的 `Learning_rate.ipynb` 获得。

1. 给定如下输入和输出数据集：

```
x = [[1],[2],[3],[4]]
y = [[3],[6],[9],[12]]
```

2. 定义 `feed_forward` 函数。本例将对网络进行进一步修改，使其没有隐藏层，其架构如下：

$$y = w \times x + b$$

注意，对于上述函数，我们需要估算参数 w 和 b：

```
from copy import deepcopy
import numpy as np
def feed_forward(inputs, outputs, weights):
    pred_out = np.dot(inputs,weights[0])+ weights[1]
    mean_squared_error = np.mean(np.square(pred_out \
                                        - outputs))
    return mean_squared_error
```

3. 定义 `update_weights` 函数，就像在 1.4.1 节中定义的一样：

```
def update_weights(inputs, outputs, weights, lr):
    original_weights = deepcopy(weights)
    org_loss = feed_forward(inputs, outputs,original_weights)
    updated_weights = deepcopy(weights)
    for i, layer in enumerate(original_weights):
        for index, weight in np.ndenumerate(layer):
            temp_weights = deepcopy(weights)
            temp_weights[i][index] += 0.0001
            _loss_plus = feed_forward(inputs, outputs, \
                                    temp_weights)
            grad = (_loss_plus - org_loss)/(0.0001)
            updated_weights[i][index] -= grad*lr
    return updated_weights
```

4. 初始化权重和偏置项为随机值：

```
W = [np.array([[0]], dtype=np.float32),
     np.array([[0]], dtype=np.float32)]
```

注意，权重和偏置项被随机初始化为 0。此外，输入权重值的形状是 1×1，因为输入中每个数据点的形状是 1×1，偏置项的形状是 1×1（由于输出中只有一个节点并且每个输出都只有一个值）。

5. 以0.01的学习率利用 update_weights 函数，循环遍历 1000 次，并检查权重值（W）如何随着轮数的增加而变化：

```
weight_value = []
for epx in range(1000):
    W = update_weights(x,y,W,0.01)
    weight_value.append(W[0][0][0])
```

注意，在上述代码中，使用 0.01 的学习率并重复 update_weights 函数来获取每轮结束时修改的权重。此外，在每轮中，将最近的更新权重作为输入，以在下一轮中获取对权重的更新。

6. 绘制每轮结束时权重参数的值：

```
import matplotlib.pyplot as plt
%matplotlib inline
epochs = range(1, 1001)
plt.plot(epochs,weight_value)
plt.title('Weight value over increasing \
epochs when learning rate is 0.01')
plt.xlabel('Epochs')
plt.ylabel('Weight value')
```

上述代码导致权重值随轮数的增加而变化，如图 1-17 所示。

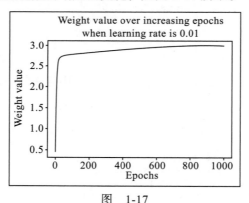

图   1-17

需要注意的是，在上述输出中，权重值向右逐渐增加，然后饱和到最优值，约为 3。

为了了解学习率的值对获得最优权重值的影响，考察当学习率为 0.1 和 1 时，权重值如何随时间的增加而变化。

可以通过在步骤 5 和步骤 6 中修改相应的学习率值获得图 1-18 所示的图表（生成该图表的代码与我们之前的代码相同，只是学习率值发生了变化，可以在 GitHub 的相关 notebook 中找到）。

请注意，当学习率非常小（0.01）时，权重值向最优值的移动比较缓慢（超过较大的轮数）。然而，当学习率稍大（0.1）时，权重值先是振荡，然后（以较少的轮数）快速饱和到最优值。最后，当学习率很大（1）时，权重值达到一个非常大的值，无法达到最优值。

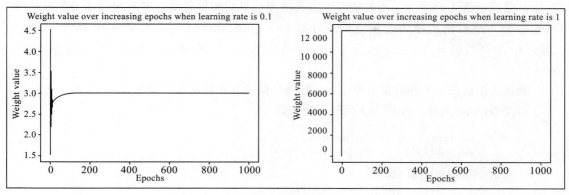

图　1-18

使用大量小学习率不会导致权重值大幅变化的原因是我们限制了权重更新的数值等于梯度 × 学习率，小的学习率本质上导致了权重的少量更新。然而，当学习率较大时，权重值的更新量也较大，之后损失的变化（权重值更新量较小时）非常小，使得权重值无法达到最优值。

为了更加深入地理解梯度值、学习率和权重值之间的相互作用，只运行 10 轮的 `update_weights` 函数。此外，将输出以下值，以了解它们如何随着轮数的增加而变化：

❏ 每轮起始时的权重值；

❏ 权重更新之前的损失；

❏ 权重少量更新时的损失；

❏ 梯度值。

修改 `update_weights` 函数来输出上面的值，如下所示：

```python
def update_weights(inputs, outputs, weights, lr):
    original_weights = deepcopy(weights)
    org_loss = feed_forward(inputs, outputs, original_weights)
    updated_weights = deepcopy(weights)
    for i, layer in enumerate(original_weights):
        for index, weight in np.ndenumerate(layer):
            temp_weights = deepcopy(weights)
            temp_weights[i][index] += 0.0001
            _loss_plus = feed_forward(inputs, outputs, \
                                    temp_weights)
            grad = (_loss_plus - org_loss)/(0.0001)
            updated_weights[i][index] -= grad*lr
            if(i % 2 == 0):
                print('weight value:', \
                        np.round(original_weights[i][index],2), \
                        'original loss:', np.round(org_loss,2), \
                        'loss_plus:', np.round(_loss_plus,2), \
                        'gradient:', np.round(grad,2), \
                        'updated_weights:', \
                        np.round(updated_weights[i][index],2))
    return updated_weights
```

上述代码中以加粗字体突出显示的代码行修改了上一节的 update_weights 函数，首先，通过检查（i % 2 = = 0）是否作为其他参数对应的偏置项，考察当前是否正在处理权重参数，然后输出原始的权重值（original_weights[i][index]）、损失（org_loss）、更新的损失值（_loss_plus）、梯度（grad）和最终更新的权重值（updated_weights）。

现在讨论在三种不同的学习率中，上述值如何随着轮数的增加而变化：

❏ **0.01 的学习率**。使用以下代码来检查值：

```
W = [np.array([[0]], dtype=np.float32),
    np.array([[0]], dtype=np.float32)]
weight_value = []
for epx in range(10):
    W = update_weights(x,y,W,0.01)
    weight_value.append(W[0][0][0])
print(W)
import matplotlib.pyplot as plt
%matplotlib inline
epochs = range(1, 11)
plt.plot(epochs,weight_value)
plt.title('Weight value over increasing \
epochs when learning rate is 0.01')
plt.xlabel('Epochs')
plt.ylabel('Weight value')
```

上述代码的运行结果如图 1-19 所示。

```
weight value: 0.0 original loss: 67.5 loss_plus: 67.5 gradient: -45.0 updated_weights: 0.45
weight value: 0.45 original loss: 46.88 loss_plus: 46.88 gradient: -37.49 updated_weights: 0.82
weight value: 0.82 original loss: 32.57 loss_plus: 32.57 gradient: -31.26 updated_weights: 1.14
weight value: 1.14 original loss: 22.64 loss_plus: 22.64 gradient: -26.05 updated_weights: 1.4
weight value: 1.4 original loss: 15.75 loss_plus: 15.75 gradient: -21.72 updated_weights: 1.62
weight value: 1.62 original loss: 10.97 loss_plus: 10.97 gradient: -18.1 updated_weights: 1.8
weight value: 1.8 original loss: 7.65 loss_plus: 7.65 gradient: -15.09 updated_weights: 1.95
weight value: 1.95 original loss: 5.35 loss_plus: 5.35 gradient: -12.59 updated_weights: 2.07
weight value: 2.07 original loss: 3.75 loss_plus: 3.75 gradient: -10.49 updated_weights: 2.18
weight value: 2.18 original loss: 2.64 loss_plus: 2.64 gradient: -8.75 updated_weights: 2.27
[array([[2.265477]], dtype=float32), array([[0.7404298]], dtype=float32)]
Text(0, 0.5, 'Weight value')
```

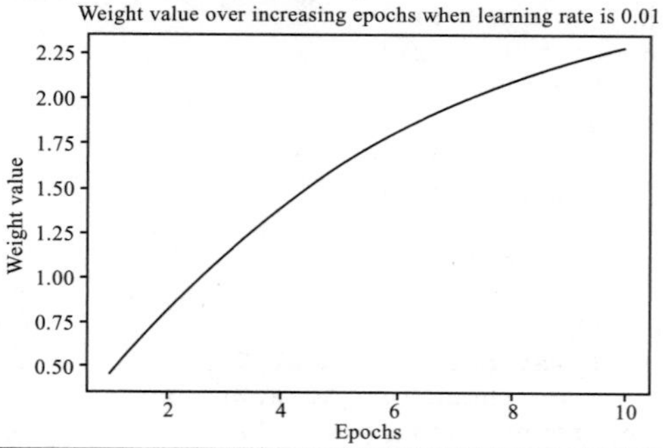

图　1-19

需要注意的是，当学习率为 0.01 时，损失值下降缓慢，权重值也缓慢向最优值更新。现在考察当学习率为 0.1 时，上述值是如何变化的。

□ **0.1 的学习率**。代码与学习率为 0.01 的场景中相同，但是，在这个场景中学习率参数将为 0.1。运行修改学习率参数值后的代码，得到如图 1-20 所示的输出。

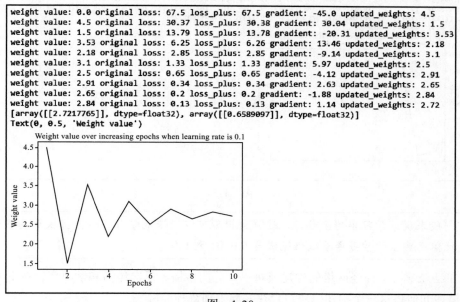

```
weight value: 0.0 original loss: 67.5 loss_plus: 67.5 gradient: -45.0 updated_weights: 4.5
weight value: 4.5 original loss: 30.37 loss_plus: 30.38 gradient: 30.04 updated_weights: 1.5
weight value: 1.5 original loss: 13.79 loss_plus: 13.78 gradient: -20.31 updated_weights: 3.53
weight value: 3.53 original loss: 6.25 loss_plus: 6.26 gradient: 13.46 updated_weights: 2.18
weight value: 2.18 original loss: 2.85 loss_plus: 2.85 gradient: -9.14 updated_weights: 3.1
weight value: 3.1 original loss: 1.33 loss_plus: 1.33 gradient: 5.97 updated_weights: 2.5
weight value: 2.5 original loss: 0.65 loss_plus: 0.65 gradient: -4.12 updated_weights: 2.91
weight value: 2.91 original loss: 0.34 loss_plus: 0.34 gradient: 2.63 updated_weights: 2.65
weight value: 2.65 original loss: 0.2 loss_plus: 0.2 gradient: -1.88 updated_weights: 2.84
weight value: 2.84 original loss: 0.13 loss_plus: 0.13 gradient: 1.14 updated_weights: 2.72
[array([[2.7217765]], dtype=float32), array([[0.6589097]], dtype=float32)]
Text(0, 0.5, 'Weight value')
```

图 1-20

对比 0.01 和 0.1 的学习率情形，两者之间的主要区别如下：

当学习率为 0.01 时，与学习率为 0.1 相比，权重值的更新速度要慢得多（当学习率为 0.01 时，在第一轮中从 0 到 0.45，当学习率为 0.1 时，在第一轮中从 0 到 4.5）。更新速度较慢的原因是学习率较小，因为权重是通过梯度乘以学习率的方式更新的。

除了权重更新的幅度外，还应该注意权重更新的方向：

当权重值小于最优值时，梯度为负；当权重值大于最优值时，梯度为正。这种现象有助于在正确的方向更新权重值。

最后，将上述内容与学习率为 1 时进行对比。

□ **1 的学习率**。代码与学习率为 0.01 的场景中相同，但是，在这个场景中学习率参数为 1。修改学习率参数后，运行相同的代码得到如图 1-21 所示的输出。

从图 1-21 可以看到，权重已经偏离到了一个非常大的值（在第一轮的末尾，权重值是 45，在以后的轮中，权重值进一步偏离到了一个非常大的值）。除此之外，权重值移动到一个非常大的量，所以权重值的一个小变化几乎不会导致梯度的变化，因此权重值就卡在那个大的值。

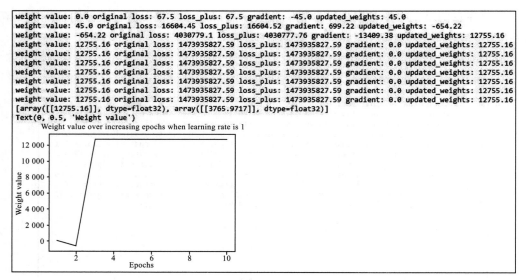

```
weight value: 0.0 original loss: 67.5 loss_plus: 67.5 gradient: -45.0 updated_weights: 45.0
weight value: 45.0 original loss: 16604.45 loss_plus: 16604.52 gradient: 699.22 updated_weights: -654.22
weight value: -654.22 original loss: 4030779.1 loss_plus: 4030777.76 gradient: -13409.38 updated_weights: 12755.16
weight value: 12755.16 original loss: 1473935827.59 loss_plus: 1473935827.59 gradient: 0.0 updated_weights: 12755.16
weight value: 12755.16 original loss: 1473935827.59 loss_plus: 1473935827.59 gradient: 0.0 updated_weights: 12755.16
weight value: 12755.16 original loss: 1473935827.59 loss_plus: 1473935827.59 gradient: 0.0 updated_weights: 12755.16
weight value: 12755.16 original loss: 1473935827.59 loss_plus: 1473935827.59 gradient: 0.0 updated_weights: 12755.16
weight value: 12755.16 original loss: 1473935827.59 loss_plus: 1473935827.59 gradient: 0.0 updated_weights: 12755.16
weight value: 12755.16 original loss: 1473935827.59 loss_plus: 1473935827.59 gradient: 0.0 updated_weights: 12755.16
weight value: 12755.16 original loss: 1473935827.59 loss_plus: 1473935827.59 gradient: 0.0 updated_weights: 12755.16
[array([[12755.16]], dtype=float32), array([[3765.9717]], dtype=float32)]
Text(0, 0.5, 'Weight value')
```

图　1-21

> 💡 **TIP** 一般来说，学习率越小越好。这样，模型可以慢慢地学习，但会将权重调整到最优值。典型的学习率参数值范围是 0.0001 到 0.01。

现在已经学习了神经网络的构建模块——前向传播、反向传播和学习率，在下一节中，我们将概述如何将这三个构建模块组合在一起来训练神经网络。

1.7　总结神经网络的训练过程

训练神经网络是一个为神经网络架构构造最优权重的过程，通过重复在给定学习率下的前向传播和反向传播这两个关键步骤来实现。

在前向传播中，对输入数据施加一组权重，把它传递给隐藏层，并执行非线性激活函数实现隐藏层的输出，隐藏层到输出层则是使用隐藏层节点的值与另一组权重值相乘来估计输出值，最后计算出给定权重集对应的总体损失。对于第一次前向传播，权重值被随机初始化。

在反向传播中，通过在一个方向上调整权重来减小损失值（误差），以减少总体损失。此外，权重更新的大小是梯度乘以学习率。

前向传播和反向传播的过程不断重复，直到达到尽可能少的损失。这就意味着，在训练结束时，神经网络调整了它的权重 θ，以便预测出希望的预测输出值。在上述例子中，网络模型经过训练后，当 {1, 1} 作为输入时，更新后的网络预测输出值为 0。

1.8　小结

在本章中，在介绍人工神经网络的架构和各个组成部分之前，我们理解了为什么需要使用单个网络同时执行特征提取和分类。接下来，学习了如何将网络的各个层连接起来，然后进行前向传播，计算出网络当前权重对应的损失值。之后实现了通过反向传播来学习优化权重以最小化损失值的方法。而且，了解了学习率如何在实现网络最优权重方面发挥作用。此外，实现了网络的所有组成部分——前向传播、激活函数、损失函数、链式法则和梯度下降，从零用 NumPy 更新权重，从而为接下来的学习打下坚实的基础。

在理解神经网络工作原理的基础上，我们将在下一章中使用 PyTorch 实现一个神经网络，并在第 3 章中深入探讨可以在神经网络中调整的其他各种组件（超参数）。

1.9　课后习题

1. 神经网络中有哪些层？
2. 前向传播的输出是什么？
3. 连续因变量的损失函数与二元因变量和分类因变量的损失函数有何不同？
4. 什么是随机梯度下降？
5. 反向传播训练是做什么的？
6. 在反向传播期间，如何对所有层的权重进行更新？
7. 神经网络的哪个函数发生在神经网络训练的每个阶段？
8. 为什么在 GPU 上训练网络比在 CPU 上训练要快？
9. 学习率是如何影响神经网络训练的？
10. 学习率参数的典型值是多少？

第 2 章

PyTorch 基础

在前一章中，我们学习了神经网络的基本构建模块，并使用 Python 以最基本的方式实现了神经网络的前向和反向传播算法。

在本章中，我们将学习和讨论使用 PyTorch 构建神经网络的基础知识。后续章节在介绍图像分析各种用例时将会多次使用 PyTorch。我们将首先学习 PyTorch 工作的核心数据类型——张量对象。然后讨论可以在张量对象上执行的不同运算，以及如何利用它们在小数据集（以便我们在从下一章开始逐步使用实际数据集之前，加强对数据集的理解）上构建神经网络模型。这样就能够直观地了解如何使用 PyTorch 构建神经网络模型来实现输入值和输出值之间的映射。最后，将学习如何实现自定义的损失函数，以便基于正在解决的实际问题进行定制化研发。

2.1 安装 PyTorch

PyTorch 提供了多个辅助构建神经网络的功能：使用高级方法对各种组件进行抽象化处理，并提供了张量对象，利用 GPU 更快地训练神经网络。

在安装 PyTorch 之前，首先需要安装 Python，如下所示：

1. 为了安装 Python，使用 anaconda.com/distribution/ 平台获取一个安装程序，该安装程序会自动安装 Python 以及重要的深度学习专用库，如图 2-1 所示。

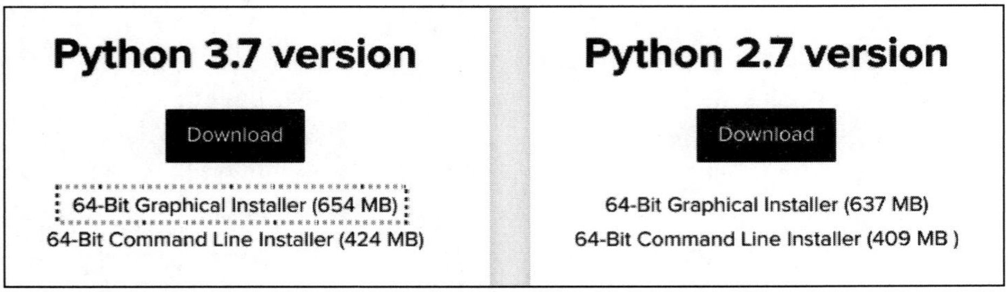

Python 3.7 version

Download

64-Bit Graphical Installer (654 MB)
64-Bit Command Line Installer (424 MB)

Python 2.7 version

Download

64-Bit Graphical Installer (637 MB)
64-Bit Command Line Installer (409 MB)

图　2-1

选择最新 Python 版本 3.xx（在撰写本书时是 3.7）的图形化安装程序，并下载。

2. 使用下载完毕的安装程序安装：

> 🔅 在安装过程中选择 Add Anaconda to my PATH environment variable 选项（如
> 图 2-2 所示），这样当我们在 Command Prompt/Terminal 中输入 python 时，就
> 可以轻松调用 Anaconda 版本的 Python。

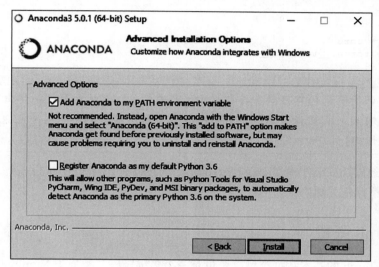

图 2-2

接下来安装 PyTorch，安装过程同样简单。

3. 访问 https://pytorch.org 的 QUICK START LOCALLY 部分，并如图 2-3 所示选择操作系统（Your OS）、Package 为 Conda、Language 为 Python、CUDA 为 None。如果你有 CUDA 库，可以选择合适的版本。

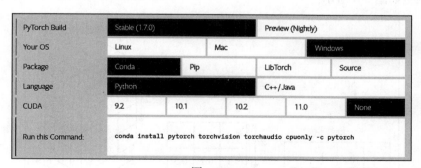

图 2-3

这将提示你运行命令，例如可以在你的终端中输入 conda install pytorch torchvision torchaudio cpuonly -c pytorch。

4. 在命令提示符 / 终端中运行命令，让 Anaconda 安装 PyTorch 和必要的附件。

> ⓘ 如果你拥有 NVIDIA 显卡作为硬件组件，那么强烈建议你安装 CUDA 驱动程序，它可以极大地加速深度学习训练。一旦安装完成驱动程序，就可以选择 10.1 作为 CUDA 的版本，并使用这个命令来安装 PyTorch。

5. 你可以在命令提示符 / 终端中执行 python，然后输入以下命令来验证是否确实安装了 PyTorch：

```
>>> import torch
>>> print(torch.__version__)
# '1.7.0'
```

> 💡 本书中的所有代码都可以在谷歌 Colab 中执行。Python 和 PyTorch 在谷歌 Colab 中默认可用。我们强烈建议你在 Colab 上执行所有代码——其中也包括对 GPU 的免费访问！

此时，已经成功安装了 Python 和 PyTorch。下面将在 Python 中执行一些基本的张量运算，以帮助你掌握相关知识。

2.2　PyTorch 张量

张量是 PyTorch 的基本数据类型。张量是一个多维矩阵，类似于 NumPy 的 ndarrays：
- ❏ 标量可以表示为零维张量；
- ❏ 向量可以表示为一维张量；
- ❏ 二维矩阵可以表示为二维张量；
- ❏ 多维矩阵可以表示为多维张量。

这些张量如图 2-4 所示。

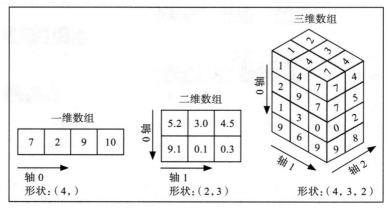

图　2-4

例如，可以将一幅彩色图像看作像素值的三维张量，因为一幅彩色图像由 height × width×3 像素组成——其中这三个通道对应于 RGB 通道。类似地，可以将灰度图像看成二维张量，因为它由 height×width 像素组成。

在本节的最后，将学习为什么张量那么有用、如何初始化张量，以及如何在张量上执行各种运算。这将为下一节研究如何利用张量来构建神经网络模型打下良好基础。

2.2.1 初始化张量

张量在很多方面都很有用，除了可以作为图像的基本数据结构之外，还有一个更加突出的用途，就是可以利用张量来初始化连接神经网络不同层的权重。

在本节中，将学习初始化张量对象的不同方法。

> ℹ️ 下列代码可以从本书的 **GitHub** 存储库（https://tinyurl.com/mcvp- packt）Chapter02 文件夹的 `Initializing_a_tensor.ipynb` 获得。

1. 导入 **PyTorch** 并通过调用 `torch.tensor` 在列表中初始化一个张量：

```
import torch
x = torch.tensor([[1,2]])
y = torch.tensor([[1],[2]])
```

2. 接下来，访问张量对象的形状和数据类型：

```
print(x.shape)
# torch.Size([1,2]) # one entity of two items
print(y.shape)
# torch.Size([2,1]) # two entities of one item each
print(x.dtype)
# torch.int64
```

张量内所有元素的数据类型是相同的。这就意味着如果一个张量包含不同数据类型的数据（比如布尔、整数和浮点数），那么整个张量被强制转换为一种最为通用的数据类型：

```
x = torch.tensor([False, 1, 2.0])
print(x)
# tensor([0., 1., 2.])
```

正如你在上述代码的输出中所看到的，False（布尔）和 1（整数）被转换为浮点数。

或者，类似于 **NumPy**，可以使用内置函数初始化张量对象。注意，这里画出的张量和神经网络权重之间的相似之处现在开始显现了：这里初始化张量，使它们能够表示神经网络的权重初始化。

3. 生成一个张量对象，它有三行四列，填充 0：

```
torch.zeros((3, 4))
```

4. 生成一个张量对象,它有三行四列,填充 1:

```
torch.ones((3, 4))
```

5. 生成值介于 0 和 10 之间(包括小值但不包括大值)的三行四列:

```
torch.randint(low=0, high=10, size=(3,4))
```

6. 生成具有 0 和 1 之间随机数的三行四列:

```
torch.rand(3, 4)
```

7. 生成数值服从正态分布的三行四列:

```
torch.randn((3,4))
```

8. 最后,可以直接使用 `torch .tensor(< NumPy -array>)` 将 NumPy 数组转换为 Torch 张量:

```
x = np.array([[10,20,30],[2,3,4]])
y = torch.tensor(x)
print(type(x), type(y))
# <class 'numpy.ndarray'> <class 'torch.Tensor'>
```

在学习了如何初始化张量对象的基础上,我们将在下一节学习如何在张量之上执行各种矩阵运算。

2.2.2 张量运算

与 NumPy 类似,你可以在张量对象上执行各种基本运算。与神经网络运算类似的是输入数据与权重之间的矩阵乘法,添加偏置项,并在需要的时候重塑输入数据或权重值。下面给出这些运算和其他运算的实现代码。

 下列代码可以从本书的 GitHub 存储库(https://tinyurl.com/mcvp- packt)Chapter02 文件夹中的 `Operations_on_tensors.ipynb` 获得。

❑ 可以使用下列代码将 x 中所有元素乘以 10:

```
import torch
x = torch.tensor([[1,2,3,4], [5,6,7,8]])
print(x * 10)
# tensor([[10, 20, 30, 40],
#         [50, 60, 70, 80]])
```

❑ 可以使用下列代码将 10 加到 x 中的元素,并将得到的张量存储到 y 中:

```
x = torch.tensor([[1,2,3,4], [5,6,7,8]])
y = x.add(10)
print(y)
# tensor([[11, 12, 13, 14],
#         [15, 16, 17, 18]])
```

❑ 可以使用下列代码重塑一个张量：

```
y = torch.tensor([2, 3, 1, 0])
# y.shape == (4)
y = y.view(4,1)
# y.shape == (4, 1)
```

❑ 重塑张量的另一种方法是使用 squeeze 方法，提供我们想要移除的指标轴。注意，
   这只适用于要删除的轴在该维度中只有一个项的场合：

```
x = torch.randn(10,1,10)
z1 = torch.squeeze(x, 1) # similar to np.squeeze()
# The same operation can be directly performed on
# x by calling squeeze and the dimension to squeeze out
z2 = x.squeeze(1)
assert torch.all(z1 == z2)
# all the elements in both tensors are equal
print('Squeeze:\n', x.shape, z1.shape)

# Squeeze: torch.Size([10, 1, 10]) torch.Size([10, 10])
```

❑ 与 squeeze 相反的是 unsqueeze，这意味着给矩阵增加一个维度，可以使用下
   列代码实现：

```
x = torch.randn(10,10)
print(x.shape)
# torch.size(10,10)
z1 = x.unsqueeze(0)
print(z1.shape)

# torch.size(1,10,10)

# The same can be achieved using [None] indexing
# Adding None will auto create a fake dim
# at the specified axis
x = torch.randn(10,10)
z2, z3, z4 = x[None], x[:,None], x[:,:,None]
print(z2.shape, z3.shape, z4.shape)

# torch.Size([1, 10, 10])
# torch.Size([10, 1, 10])
# torch.Size([10, 10, 1])
```

> 💡**TIP** 使用 None 进行索引是一种很别致的 unsqueeze 方式，本书经常使用这种方式
> 创建虚拟的通道/批维度。

❑ 可以使用下列代码实现两个不同张量的矩阵乘法：

```
x = torch.tensor([[1,2,3,4], [5,6,7,8]])
print(torch.matmul(x, y))

# tensor([[11],
#         [35]])
```

❑ 或者，也可以使用 @ 运算符实现矩阵乘法：

```
print(x@y)

# tensor([[11],
#  [35]])
```

❑ 类似于 NumPy 中的 concatenate，可以使用 cat 方法实现张量的连接：

```
import torch
x = torch.randn(10,10,10)
z = torch.cat([x,x], axis=0) # np.concatenate()
print('Cat axis 0:', x.shape, z.shape)

# Cat axis 0:  torch.Size([10, 10, 10])
# torch.Size([20, 10, 10])
z = torch.cat([x,x], axis=1) # np.concatenate()
print('Cat axis 1:', x.shape, z.shape)

# Cat axis 1: torch.Size([10, 10, 10])
# torch.Size([10, 20, 10])
```

❑ 可以使用下列代码提取张量中的最大值：

```
x = torch.arange(25).reshape(5,5)
print('Max:', x.shape, x.max())

# Max:  torch.Size([5, 5]) tensor(24)
```

❑ 可以从存在最大值的行索引中提取最大值：

```
x.max(dim=0)

# torch.return_types.max(values=tensor([20, 21, 22, 23, 24]),
# indices=tensor([4, 4, 4, 4, 4]))
```

注意，在前面的输出中，获取的是第 0 号维度上的最大值，即张量在行上的最大值。因此，所有行上的最大值都是第 4 个索引中出现的值，所以 indices 的输出也都是 4。此外，.max 返回最大值和最大值的位置（argmax）。

类似地，跨列取最大值时的输出如下所示：

```
m, argm = x.max(dim=1)
print('Max in axis 1:\n', m, argm)

# Max in axis 1: tensor([ 4, 9, 14, 19, 24])
# tensor([4, 4, 4, 4, 4])
```

min 运算与 max 运算完全相同，但在适合的情况下返回最小值和最小值的位置（arg-minimum）。

❑ 置换一个张量对象的维数：

```
x = torch.randn(10,20,30)
```

```
z = x.permute(2,0,1) # np.permute()
print('Permute dimensions:', x.shape, z.shape)
# Permute dimensions: torch.Size([10, 20, 30])
# torch.Size([30, 10, 20])
```

注意当对原始张量进行排列时，张量的形状就会发生改变。

 永远不要通过重塑（即使用 `tensor.view`）一个张量来交换维数。虽然 Torch 不会抛出一条错误信息，但这是错误的，并将在训练期间产生不可预见的结果。如果需要交换维数，请始终使用 `permute`。

因为本书很难涵盖所有可用的运算，所以重要的是要知道，你可以使用几乎与 NumPy 相同的语法在 PyTorch 中执行几乎所有的 NumPy 运算。标准的数学运算，如 `abs`、`add`、`argsort`、`ceil`、`floo`、`sin`、`cos`、`tan`、`sum`、`cumprod`、`diag`、`eig`、`exp`、`log`、`log2`、`log10`、`mean`、`median`、`mode`、`resize`、`round`、`sigmoid`、`softmax`、`square`、`sqrt`、`svd` 和 `transpose` 等，均可以直接在任何有轴或没有轴的张量上被调用。你总是可以运行 `dir(torch.Tensor)` 来查看所有可能的 Torch 张量方法，并通过 `help(torch.tensor.<method>)` 来查看关于该方法的官方帮助和相关文档。

接下来，我们将学习如何利用张量在数据上执行梯度计算，这是神经网络执行反向传播的一个关键点。

2.2.3　张量对象的自动梯度

微分和计算梯度在更新神经网络的权重中起着关键的作用。PyTorch 的张量对象自带了计算梯度的内置功能。

在本节中，我们将了解如何使用 PyTorch 计算张量对象的梯度。

 下列代码可以从本书的 GitHub 存储库（https://tinyurl.com/mcvp- packt）Chapter02 文件夹中的 `Auto_gradient_of_tensors.ipynb` 获得。

1. 定义一个张量对象，并指定要为张量对象计算梯度：

```
import torch
x = torch.tensor([[2., -1.], [1., 1.]], requires_grad=True)
print(x)
```

在上述代码中，`requires_grad` 参数指定要为张量对象计算梯度。

2. 接下来，定义计算输出的方式，在这个特定的例子中，输出是所有输入的平方和：

$$\text{out} = \sum_{i=1}^{4} x_i^2$$

相应的代码如下：

```
out = x.pow(2).sum()
```

我们知道前一个函数的梯度是 $2 \times x$，下面使用 PyTorch 提供的内置函数来验证这一点。

3. 可以通过对某个值调用 backward() 方法来计算该值的梯度。在这个例子中，计算梯度——对于 x（输入）的一个小变化，out（输出）的变化——如下所示：

```
out.backward()
```

4. 现在可以得到 out 关于 x 的梯度，如下所示：

```
x.grad
```

结果如图 2-5 所示。

注意，上述梯度值与直观的梯度值（即 x 值的 2 倍）是匹配的。

```
tensor([[ 4., -2.],
        [ 2.,  2.]])
```

图 2-5

> 💡 作为练习，可以试着使用 PyTorch 重现第 1 章中 chain rule.ipynb 的场景。在一次前向传播之后计算梯度，并做出一次权重更新。然后，验证更新的权重与在 notebook 中计算的值匹配。

到目前为止，我们已经学习了在张量对象上的初始化、运算和梯度计算——它们共同构成了神经网络的基本构建模块。除了计算自动梯度，初始化和数据运算也可以使用 NumPy 数组完成。这就需要我们理解为什么在构建神经网络的时候，应该使用张量对象而不是使用 NumPy 数组，这将在下一节进行讨论。

2.2.4　PyTorch 的张量较 NumPy 的 ndarrays 的优势

在前文计算权重值的时候，对每个权重都进行了少量的改变，并考察其对减少总损失值的影响。注意到，在同一次迭代中，基于某个权重更新的损失计算并不影响其他权重更新的损失计算。因此，如果每个权重更新分别由不同的内核并行完成，而不是按顺序更新权重，则可以优化这个计算过程。在这种情况下，GPU 非常有用，因为与 CPU（通常情况下，CPU 可能有 ≤ 64 个内核）相比，GPU 由数千个内核组成。

与 NumPy 相比，Torch 张量对象被优化为与 GPU 一起工作。为了进一步理解这一点，让我们来做一个小实验，在一个场景中使用 NumPy 数组执行矩阵乘法运算，在另一个场景中使用张量对象，并比较两个场景中执行矩阵乘法所花费的时间。

> ℹ️ 下列代码可以从本书的 GitHub 存储库（https://tinyurl.com/mcvp-packt）Chapter02 文件夹中的 Numpy_Vs_Torch_object_computation_speed_comparison.ipynb 获得。

1. 生成两个不同的 torch 对象：

```
import torch
x = torch.rand(1, 6400)
y = torch.rand(6400, 5000)
```

2. 定义存储第 1 步中所创建的张量对象的设备：

```
device = 'cuda' if torch.cuda.is_available() else 'cpu'
```

> ⓘ 请注意，如果你没有 GPU 设备，则设备将是 cpu（而且，你不会注意到使用 CPU 时执行时间的巨大差异）。

3. 将第 1 步中创建的张量对象注册到设备中。注册张量对象意味着在设备中存储信息：

```
x, y = x.to(device), y.to(device)
```

4. 执行 Torch 对象的矩阵乘法并计时，以便比较在 NumPy 数组上执行矩阵乘法的计算速度：

```
%timeit z=(x@y)
# It takes 0.515 milli seconds on an average to
# perform matrix multiplication
```

5. 在 cpu 上执行相同张量的矩阵乘法：

```
x, y = x.cpu(), y.cpu()
%timeit z=(x@y)
# It takes 9 milli seconds on an average to
# perform matrix multiplication
```

6. 在 NumPy 数组上执行同样的矩阵乘法：

```
import numpy as np
x = np.random.random((1, 6400))
y = np.random.random((6400, 5000))
%timeit z = np.matmul(x,y)
# It takes 19 milli seconds on an average to
# perform matrix multiplication
```

你会注意到，在 GPU 上执行 Torch 对象的矩阵乘法比在 CPU 上执行快约 18 倍，比在 NumPy 数组上执行矩阵乘法快约 40 倍。一般来说，在 CPU 上使用 Torch 张量的 matmul 运算仍然比 NumPy 快。注意，你会注意到这种加速需要你有一个 GPU 设备。如果你使用的是 CPU 设备，就不会注意到速度的显著提高。因此，如果你没有 GPU，我们推荐使用谷歌 Colab notebook，因为该服务提供免费的 GPU。

现在我们已经学习了张量对象是如何在神经网络的各个单独组件 / 运算中发挥作用的，以及如何使用 GPU 实现加速计算。在下一节中，我们将学习如何将所有这些结合起来，使用 PyTorch 构建神经网络。

2.3 使用 PyTorch 构建神经网络

前一章中学习了从零开始构建神经网络，其中神经网络的组件如下：

- ❑ 隐藏层的数量；
- ❑ 隐藏层中的单元数量；
- ❑ 各个层中的激活函数；
- ❑ 实现最优化的损失函数；
- ❑ 与神经网络有关的学习率；
- ❑ 用于构建神经网络的数据的批大小；
- ❑ 前向传播和反向传播的轮数。

然而，对于所有这些内容，我们都是使用 Python 中的 NumPy 数组从头构建的。在本节中，我们将学习如何在一个小数据集上使用 PyTorch 实现所有这些功能。请注意，在使用 PyTorch 构建神经网络时，将利用到目前为止所有关于张量对象初始化、在张量对象上执行各种运算和梯度计算，以实现对权重的更新。

> ℹ️ 注意，在本章中，为了获得执行各种运算的直观理解，将基于一个小数据集构建神经网络。从下一章开始，将解决更多的现实问题并使用实际数据集。

为了能够理解使用 PyTorch 实现神经网络，这里将解决一个简单的问题——两个数字相加，其中初始化数据集的代码如下：

> ℹ️ 下列代码可以从本书的 **GitHub** 存储库（https://tinyurl.com/mcvp-packt）Chapter02 文件夹中的 Building_a_neural_network_using_PyTorch_on_a_toy_dataset. ipynb 获得。

1. 定义输入值（x）和输出值（y）：

```
import torch
x = [[1,2],[3,4],[5,6],[7,8]]
y = [[3],[7],[11],[15]]
```

注意，在前面的输入和输出变量初始化中，输入和输出是一个列表的列表，其中输入列表中的值之和就是输出列表中的值。

2. 将输入列表转换成张量对象：

```
X = torch.tensor(x).float()
Y = torch.tensor(y).float()
```

注意，在上述代码中，已经将张量对象转换为浮点对象。将张量对象作为浮点数或长整数是一个良好的实践，因为它们将与十进制值（权重）相乘。

此外，如果你有 GPU，可以将输入（X）和输出（Y）数据点注册到该设备，输入 cuda，如果你没有 GPU，就输入 cpu：

```
device = 'cuda' if torch.cuda.is_available() else 'cpu'
X = X.to(device)
Y = Y.to(device)
```

3. 定义神经网络架构：

❏ torch.nn 模块包含有助于构建神经网络模型的函数：

```
import torch.nn as nn
```

❏ 创建一个类（MyNeuralNet），可以使用它构建神经网络架构。在使用模块创建模型架构的时候，从 nn.Module 继承是强制性的，因为它是所有神经网络模块的基类：

```
class MyNeuralNet(nn.Module):
```

❏ 在该类中，使用 __init__ 方法初始化神经网络的所有组件。必须调用 super().__init__() 来确保类继承 nn.Module：

```
def __init__(self):
    super().__init__()
```

使用上述代码，通过适当指定 super().__init__()，就可以利用 nn.Module 中所有事先编写好的预制功能。这些组件将在 init 方法中进行初始化，并将用于 MyNeuralNet 类中的多种不同方法。

❏ 定义神经网络的层：

```
self.input_to_hidden_layer = nn.Linear(2,8)
self.hidden_layer_activation = nn.ReLU()
self.hidden_to_output_layer = nn.Linear(8,1)
```

前述代码指定了神经网络的所有层——线性层（self.input_to_hidden_layer），然后是 ReLU 激活（self.hidden_layer_activation），最后是线性层（self.hidden_to_output_layer）。注意，层数和激活的选择目前是任意的。我们将在下一章中更详细地了解层中单元的数量和层激活的影响。

❏ 此外，可以通过输出来理解上述代码中函数 nn.Linear 方法完成的功能：

```
# NOTE - This line of code is not a part of model building,
# this is used only for illustration of Linear method
print(nn.Linear(2, 7))
Linear(in_features=2, out_features=7, bias=True)
```

在上述代码中，线性方法有 2 个输入值，7 个输出值，还有一个与之相关的偏置项参数。此外，使用 nn.ReLU() 调用 ReLU 激活，并用于其他方法中。

其他一些常用的激活函数如下：

❏ S 形函数；

❏ softmax；

❏ Tanh。

在定义了神经网络组件之后，定义网络前向传播时就可以将这些组件连接起来：

```
def forward(self, x):
    x = self.input_to_hidden_layer(x)
    x = self.hidden_layer_activation(x)
    x = self.hidden_to_output_layer(x)
    return x
```

> ℹ️ 必须使用 forward 作为函数名，因为 PyTorch 保留了这个函数作为执行前向传播的方法。使用任何其他名称都会引发错误。

到目前为止，我们已经构建了神经网络模型架构，下一步将检查权重值的随机初始化。

4. 你可以通过下列步骤获取每个组件的初始权重：

❑ 首先定义 MyNeuralNet 类对象的一个实例，并将其注册到 device：

```
mynet = MyNeuralNet().to(device)
```

❑ 可以通过下列方式获取每一层的权重和偏置项：

```
# NOTE - This line of code is not a part of model building,
# this is used only for illustration of
# how to obtain parameters of a given layer
mynet.input_to_hidden_layer.weight
```

输出结果如图 2-6 所示。

```
Parameter containing:
tensor([[ 0.5670,  0.2775],
        [-0.5525, -0.0506],
        [-0.1226, -0.0549],
        [-0.3667,  0.5775],
        [-0.2847, -0.7009],
        [-0.0449,  0.3303],
        [ 0.2479, -0.1501],
        [-0.4169, -0.0649]], requires_grad=True)
```

图　2-6

> ℹ️ 这里的输出值与前面的不同，因为神经网络每次都使用随机值进行初始化。如果你希望它们在执行相同代码的多次迭代中保持相同，那么需要在创建类的对象实例之前，使用 Torch 中的 manual_seed 方法作为 torch .manual_seed(0) 指定种子。

❑ 可以使用下列代码获得神经网络的所有参数：

```
# NOTE - This line of code is not a part of model building,
# this is used only for illustration of
# how to obtain parameters of all layers in a model
mynet.parameters()
```

上述代码返回一个生成器对象。

❏ 最后，通过循环遍历生成器，可以得到如下参数：

```
# NOTE - This line of code is not a part of model building,
# this is used only for illustration of how to
# obtain parameters of all layers in a model
# by looping through the generator object
for par in mynet.parameters():
    print(par)
```

得到的输出结果如图 2-7 所示。

```
Parameter containing:
tensor([[ 0.5670,  0.2775],
        [-0.5525, -0.0506],
        [-0.1226, -0.0549],
        [-0.3667,  0.5775],
        [-0.2847, -0.7009],
        [-0.0449,  0.3303],
        [ 0.2479, -0.1501],
        [-0.4169, -0.0649]], requires_grad=True)
Parameter containing:
tensor([-0.7037,  0.4445, -0.4399,  0.6718,  0.2934, -0.6325,  0.2646, -0.5508],
       requires_grad=True)
Parameter containing:
tensor([[ 0.1219, -0.2936,  0.0820,  0.1212, -0.0885, -0.0113,  0.2657,  0.2921]],
       requires_grad=True)
Parameter containing:
tensor([0.0119], requires_grad=True)
```

图　2-7

> ℹ️ 该模型将这些张量注册为特殊的对象，以保持对前向传播和反向传播的跟踪。当在 __init__ 方法中定义任何 nn 层时，它将自动创建相应的张量并进行注册。你也可以使用 nn.Parameter(<tensor>) 函数手动注册这些参数。因此，下面的代码等价于我们前面定义的神经网络类。

❏ 使用 nn.Parameter 函数定义神经网络模型的另一种方法如下：

```
# for illustration only
class MyNeuralNet(nn.Module):
    def __init__(self):
        super().__init__()
        self.input_to_hidden_layer = nn.Parameter(\
                                        torch.rand(2,8))
        self.hidden_layer_activation = nn.ReLU()
        self.hidden_to_output_layer = nn.Parameter(\
                                        torch.rand(8,1))

    def forward(self, x):
        x = x @ self.input_to_hidden_layer
        x = self.hidden_layer_activation(x)
        x = x @ self.hidden_to_output_layer
        return x
```

5.定义用于最优化的损失函数。鉴于预测的是连续输出，这里将优化均方误差：

```
loss_func = nn.MSELoss()
```

其他重要的损失函数如下：

❑ `CrossEntropyLoss`（多项分类）；

❑ `BCELoss`（二元分类的二元交叉熵损失）

通过将输入值传递给 `neuralnet` 对象，然后计算给定输入的 `MSELoss`，就可以计算出神经网络的损失值：

```
_Y = mynet(X)
loss_value = loss_func(_Y,Y)
print(loss_value)
# tensor(91.5550, grad_fn=<MseLossBackward>)
# Note that loss value can differ in your instance
# due to a different random weight initialization
```

在上述代码中，`mynet(X)` 在神经网络获得输入值时计算输出值。此外，`loss_func` 函数用于计算神经网络预测（`_Y`）和实际值（`Y`）对应的 `MSELoss` 值。

> ⓘ 作为约定，本书将使用 `_<variable>` 来关联与真实数据 `<variable>` 对应的预测。在这个 `<variable>` 之上是 Y。
>
> 还要注意的是，在计算损失时，总是先发送预测，然后发送真实数据。这是一个 **PyTorch** 约定。

定义了损失函数之后，下面将定义试图减少损失值的优化器。优化器的输入是神经网络对应的参数（权重与偏置项）和更新权重时的学习率。

对于这个实例，将考虑随机梯度下降（更多关于不同的优化器和学习率的讨论见下一章）。

6.从 `torch.optim` 模块导入 SGD 方法，然后将神经网络对象（`mynet`）和学习率（`lr`）作为参数传递给 SGD 方法：

```
from torch.optim import SGD
opt = SGD(mynet.parameters(), lr = 0.001)
```

7.在一轮中一起执行所有要做的步骤：

❑ 计算给定输入和输出所对应的损失值。

❑ 计算每个参数对应的梯度。

❑ 根据每个参数的学习率和梯度更新权重。

❑ 一旦权重被更新，就要确保在下轮计算梯度之前刷新上一步计算的梯度：

```
# NOTE - This line of code is not a part of model building,
# this is used only for illustration of how we perform
opt.zero_grad() # flush the previous epoch's gradients
loss_value = loss_func(mynet(X),Y) # compute loss
loss_value.backward() # perform back-propagation
```

```
opt.step() # update the weights according to the gradients
computed
```

❑ 使用 for 循环重复执行上述步骤的次数与轮数相同。在下面的例子中，将在总共 50 轮执行权重更新过程。此外，在列表 loss_history 中的每轮中存储损失值：

```
loss_history = []
for _ in range(50):
    opt.zero_grad()
    loss_value = loss_func(mynet(X),Y)
    loss_value.backward()
    opt.step()
    loss_history.append(loss_value)
```

❑ 绘制出损失随着轮数增加而发生的变化（正如在前一章所学到的，以总体损失值随着轮数增加而减少的方式更新权重）：

```
import matplotlib.pyplot as plt
%matplotlib inline
plt.plot(loss_history)
plt.title('Loss variation over increasing epochs')
plt.xlabel('epochs')
plt.ylabel('loss value')
```

上述代码生成的变化曲线如图 2-8 所示。

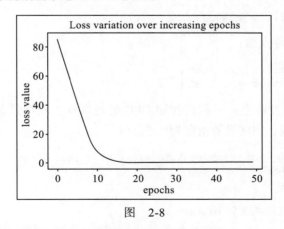

图 2-8

请注意，正如预期的那样，损失值随着轮数的增加而减少。

目前，我们在这一节中已经根据输入数据集中提供的所有数据点计算损失，更新了一个神经网络的权重。在下文中，我们将了解每次权重更新仅使用单个输入数据点样本的优点。

2.3.1 数据集、数据加载器和批大小

目前，神经网络还没有考虑到的一个超参数是批大小。批大小是指用于计算损失值或更新权重的数据点的数量。

这个超参数在有数百万个数据点的情况下特别有用,而将所有数据点用于一个权重的更新不是最佳的情形,因为内存不能存储这么多信息。另外,一个样本可以代表足够多的数据。批大小有助于获取具有足够代表性的多个数据样本,但不一定能 100% 代表全部数据。

在本节中,我们将提出一种方法来指定在计算权重梯度时要考虑的批大小,用于更新权重,进而用于计算更新的损失值:

> ⓘ 下列代码可以从本书的 **GitHub** 存储库(https://tinyurl.com/mcvp-packt)`Chapter02` 文件夹的 `Specifying_batch_size_while_training_a_model.ipynb` 获得。

1. 导入用于加载数据和处理数据集的方法:

```
from torch.utils.data import Dataset, DataLoader
import torch
import torch.nn as nn
```

2. 导入数据,将数据转换为浮点数,并注册到设备:

❑ 提供需要处理的数据点:

```
x = [[1,2],[3,4],[5,6],[7,8]]
y = [[3],[7],[11],[15]]
```

❑ 将数据转换成浮点数:

```
X = torch.tensor(x).float()
Y = torch.tensor(y).float()
```

❑ 将数据注册到设备上——假设使用 **GPU** 处理数据,则将设备指定为 `'cuda'`;如果用 **CPU** 处理,则将设备指定为 `'cpu'`:

```
device = 'cuda' if torch.cuda.is_available() else 'cpu'
X = X.to(device)
Y = Y.to(device)
```

3. 实例化一个数据集类 `MyDataset`:

```
class MyDataset(Dataset):
```

在 `MyDataset` 类中,存储信息每次获取一个数据点,以便可以将一批数据点捆绑在一起(使用 `DataLoader`),并通过一个前向和一个反向传播发送,以更新权重:

❑ 定义一个 `__init__` 方法,用于接收输入和输出对,并将它们转换为 **Torch** 浮点对象:

```
def __init__(self,x,y):
    self.x = torch.tensor(x).float()
    self.y = torch.tensor(y).float()
```

❑ 指定输入数据集的长度（__len__）：

```
def __len__(self):
    return len(self.x)
```

❑ 最后，用 __getitem__ 方法获取特定的行：

```
def __getitem__(self, ix):
    return self.x[ix], self.y[ix]
```

在上述代码中，ix 指的是需要从数据集中获取的行的索引。

4. 创建已定义类的实例：

```
ds = MyDataset(X, Y)
```

5. 通过 DataLoader 传递之前定义的数据集实例，获取原始输入和输出张量对象中数据点的 batch_size：

```
dl = DataLoader(ds, batch_size=2, shuffle=True)
```

此外，在上述代码中，还指定从原始输入数据集（ds）中获取两个数据点（通过 batch_size=2）的一个随机样本（通过 shuffle=True）。

❑ 为了从 dl 中获取批数据，需要进行如下循环：

```
# NOTE - This line of code is not a part of model building,
# this is used only for illustration of
# how to print the input and output batches of data
for x,y in dl:
    print(x,y)
```

输出结果如图 2-9 所示。

```
tensor([[1., 2.],
        [3., 4.]]) tensor([[3.],
        [7.]])
tensor([[5., 6.],
        [7., 8.]]) tensor([[11.],
        [15.]])
```

图　2-9

注意，上述代码产生了两组输入 – 输出对，因为在原始数据集中总共有 4 个数据点，而指定的批大小是 2。

6. 现在，按照前文的定义来定义神经网络类：

```
class MyNeuralNet(nn.Module):
    def __init__(self):
        super().__init__()
        self.input_to_hidden_layer = nn.Linear(2,8)
        self.hidden_layer_activation = nn.ReLU()
        self.hidden_to_output_layer = nn.Linear(8,1)
    def forward(self, x):
```

```
x = self.input_to_hidden_layer(x)
x = self.hidden_layer_activation(x)
x = self.hidden_to_output_layer(x)
return x
```

7. 接下来，定义模型对象（mynet）、损失函数（loss_func）和优化器（opt），这与前文所定义的一样：

```
mynet = MyNeuralNet().to(device)
loss_func = nn.MSELoss()
from torch.optim import SGD
opt = SGD(mynet.parameters(), lr = 0.001)
```

8. 最后，循环遍历各批数据点以最小化损失值，正如前一节第 6 步中所做的那样：

```
import time
loss_history = []
start = time.time()
for _ in range(50):
    for data in dl:
        x, y = data
        opt.zero_grad()
        loss_value = loss_func(mynet(x),y)
        loss_value.backward()
        opt.step()
        loss_history.append(loss_value)
end = time.time()
print(end - start)
```

请注意，虽然上述代码看起来与我们在前一部分中学习的代码非常相似，但与前一部分中权重更新的次数相比，我们在每轮中执行的权重更新次数是 2x，因为本节的批大小是 2，而前一部分的批大小是 4（数据点的总数）。

现在我们已经训练了一个神经网络模型，下一节将学习对一组新的数据点进行预测。

2.3.2　预测新的数据点

我们在前文中学习了如何在已知数据点上拟合模型。这一节将学习如何使用前文已训练模型 mynet 中定义的前向传播方法来预测新的数据点。下面将从上一节构建的代码继续：

1. 创建用于测试模型的数据点：

```
val_x = [[10,11]]
```

注意，新数据集（val_x）也将是列表的列表，因为输入数据集是列表的列表。

2. 将新数据点转换为一个张量浮点对象并注册到设备：

```
val_x = torch.tensor(val_x).float().to(device)
```

3. 把张量对象当作 Python 函数传递通过训练好的神经网络 mynet。这与通过所建立的

模型执行前向传播的方式相同:

```
mynet(val_x)
# 20.99
```

上述代码返回与输入数据点相关联的预测输出值。

到目前为止,我们已经能够训练用于映射输入和输出的神经网络模型,训练过程中通过执行反向传播的方式来更新权重值,以最小化损失值(使用预先定义的损失函数进行计算)。

在下一节中,我们将了解如何构建自定义的损失函数,而不是直接使用预定义的损失函数。

2.3.3 实现自定义损失函数

在某些情况下,我们可能必须实现一个针对具体问题的自定义损失函数——特别是对于一些涉及目标检测 / **生成对抗网络(GAN)**的复杂用例。PyTorch 为我们提供了通过编写自己的函数来构建自定义损失函数的功能。

在本节中,我们将实现一个自定义损失函数,它的功能与 nn.Module 中预先构建的 MSELoss 函数相同:

 下列代码可以从本书的 **GitHub** 存储库(https://tinyurl.com/mcvp-packt)Chapter02 文件夹中的 Implementing_custom_loss_function.ipynb 获得。

1. 导入数据,构建数据集和 DataLoader,并定义一个神经网络,如前所述:

```
x = [[1,2],[3,4],[5,6],[7,8]]
y = [[3],[7],[11],[15]]
import torch
X = torch.tensor(x).float()
Y = torch.tensor(y).float()
import torch.nn as nn
device = 'cuda' if torch.cuda.is_available() else 'cpu'
X = X.to(device)
Y = Y.to(device)
import torch.nn as nn
from torch.utils.data import Dataset, DataLoader
class MyDataset(Dataset):
    def __init__(self,x,y):
        self.x = torch.tensor(x).float()
        self.y = torch.tensor(y).float()
    def __len__(self):
        return len(self.x)
    def __getitem__(self, ix):
        return self.x[ix], self.y[ix]
ds = MyDataset(X, Y)
dl = DataLoader(ds, batch_size=2, shuffle=True)
class MyNeuralNet(nn.Module):
    def __init__(self):
        super().__init__()
        self.input_to_hidden_layer = nn.Linear(2,8)
```

```
            self.hidden_layer_activation = nn.ReLU()
            self.hidden_to_output_layer = nn.Linear(8,1)
    def forward(self, x):
        x = self.input_to_hidden_layer(x)
        x = self.hidden_layer_activation(x)
        x = self.hidden_to_output_layer(x)
        return x
mynet = MyNeuralNet().to(device)
```

2. 自定义损失函数，取两个张量对象作为输入，取它们的差的平方，然后返回平均值：

```
def my_mean_squared_error(_y, y):
    loss = (_y-y)**2
    loss = loss.mean()
    return loss
```

3. 对于相同的输入和输出对，在前一节已经使用 nn.MSELoss 获取均方误差损失，如下所示：

```
loss_func = nn.MSELoss()
loss_value = loss_func(mynet(X),Y)
print(loss_value)
# 92.7534
```

4. 同样，当使用在步骤 2 中定义的函数时，损失值的输出如下：

```
my_mean_squared_error(mynet(X),Y)
# 92.7534
```

注意，我们使用了内置的 MSELoss 函数，并将其结果与这里构建的自定义函数进行了比较，结果是匹配的。

可以根据我们要解决的具体问题，定义一个自定义损失函数。

目前，我们已经学习了如何在最后一层计算输出，中间层的值一直是一个黑匣子。在下一小节中，我们将学习如何获取神经网络的中间层取值。

2.3.4 获取中间层的值

在某些情况下，获取神经网络中间层的值是有帮助的（在后面讨论风格迁移和迁移学习用例时，将对此进行更多的讨论）。

PyTorch 提供了以下两种方式获取神经网络中间值：

> ℹ️ 下列代码可以从本书的 GitHub 存储库（https://tinyurl.com/mcvp-packt）Chapter02 文件夹中的 Fetching_values_of_intermediate_layers.ipynb 获得。

- 一种方法是直接调用层，就像它们是函数一样。可以按如下方式完成：

```
input_to_hidden = mynet.input_to_hidden_layer(X)
hidden_activation = mynet.hidden_layer_activation(\
                                    input_to_hidden)
print(hidden_activation)
```

注意，我们必须在调用 hidden_layer_activation 之前调用 input_to_hidden_layer，因为 input_to_hidden_layer 的输出是 hidden_layer_activation 层的输入。

❑ 另一种方法是指定需要在 forward 方法中查看的层。

让我们看看本章所讨论的模型激活后的隐藏层值。

虽然下面的代码与我们在前一节看到的一样，但已经确保 forward 方法不仅返回输出，还返回激活后的隐藏层值（hidden2）：

```
class neuralnet(nn.Module):
    def __init__(self):
        super().__init__()
        self.input_to_hidden_layer = nn.Linear(2,8)
        self.hidden_layer_activation = nn.ReLU()
        self.hidden_to_output_layer = nn.Linear(8,1)
    def forward(self, x):
        hidden1 = self.input_to_hidden_layer(x)
        hidden2 = self.hidden_layer_activation(hidden1)
        output = self.hidden_to_output_layer(hidden2)
        return output, hidden2
```

现在可以通过指定以下参数来访问隐藏层的值：

```
mynet = neuralnet().to(device)
mynet(X)[1]
```

注意，mynet 的第 0 个索引输出正如我们所定义的那样——网络上前向传播的最终输出——而第 1 个索引输出是激活后的隐藏层值。

到目前为止，我们已经学习了如何通过使用人工方法构建每一层神经网络类的方式来实现神经网络。然而，除非是在构建一个复杂的网络，否则构建神经网络架构的步骤很简单，包括指定层和层被堆叠的顺序。在下一节中，我们将学习定义神经网络架构的一种更加简单的方法。

2.4　使用序贯方法构建神经网络

到目前为止，我们已经通过定义一个类的方式建立了一个神经网络，在该类中定义了层以及层之间如何相互连接。在本节中，我们将学习一种使用 Sequential 类定义神经网络架构的简化方法。将执行与前几节相同的步骤，只是用于手工定义神经网络架构的类将被用于创建神经网络架构的 Sequential 类所取代。

为在本章中处理过的小数据编写网络代码。

> ℹ 下列代码可以从本书的 GitHub 存储库（https://tinyurl.com/mcvp-packt）Chapter02 文件夹中的 Sequential_method_to_build_a_neural_network.ipynb 获得。

1. 定义小数据集：

```
x = [[1,2],[3,4],[5,6],[7,8]]
y = [[3],[7],[11],[15]]
```

2. 导入相关的包并定义工作设备：

```
import torch
import torch.nn as nn
import numpy as np
from torch.utils.data import Dataset, DataLoader
device = 'cuda' if torch.cuda.is_available() else 'cpu'
```

3. 定义数据集类（MyDataset）：

```
class MyDataset(Dataset):
    def __init__(self, x, y):
        self.x = torch.tensor(x).float().to(device)
        self.y = torch.tensor(y).float().to(device)
    def __getitem__(self, ix):
        return self.x[ix], self.y[ix]
    def __len__(self):
        return len(self.x)
```

4. 定义数据集（ds）和数据加载器（dl）对象：

```
ds = MyDataset(x, y)
dl = DataLoader(ds, batch_size=2, shuffle=True)
```

5. 使用 nn 包中可用的 Sequential 方法定义模型架构：

```
model = nn.Sequential(
            nn.Linear(2, 8),
            nn.ReLU(),
            nn.Linear(8, 1)
        ).to(device)
```

注意，在上述代码中，我们定义了与前面相同的网络架构，但是定义的内容不同。nn.Linear 接受二维输入，并为每个数据点提供一个八维输出。此外，nn.ReLU 在八维输出的顶部执行 ReLU 激活，最后，八维输入使用最终的 nn.Linear 给出一维输出（在例子中是两个输入相加的输出）。

6. 输出步骤 5 中所定义模型的摘要：

❑ 安装并导入使我们能够输出模型摘要的包：

```
!pip install torch_summary
from torchsummary import summary
```

❑ 输出一个模型的摘要，它需要输入模型的名称和模型的大小：

```
summary(model, torch.zeros(1,2))
```

输出结果如图 2-10 所示。

```
================================================================================
Layer (type:depth-idx)                    Output Shape              Param #
================================================================================
├─Linear: 1-1                             [-1, 8]                   24
├─ReLU: 1-2                               [-1, 8]                   --
├─Linear: 1-3                             [-1, 1]                   9
================================================================================
Total params: 33
Trainable params: 33
Non-trainable params: 0
Total mult-adds (M): 0.00
================================================================================
Input size (MB): 0.00
Forward/backward pass size (MB): 0.00
Params size (MB): 0.00
Estimated Total Size (MB): 0.00
================================================================================
```

图 2-10

注意输出的第一层（−1，8），其中 −1 表示可以有与批大小一样多的数据点，而 8 表示对于每个数据点，有一个八维的输出，输出的形状为批大小 ×8。对下面两层的解释是类似的。

7. 接下来，定义损失函数（loss_func）和优化器（opt），并训练模型，就像在前一节中所做的那样。注意，在这种情况下，不需要定义模型对象；在这个场景中，网络不是在类中定义的：

```
loss_func = nn.MSELoss()
from torch.optim import SGD
opt = SGD(model.parameters(), lr = 0.001)
import time
loss_history = []
start = time.time()
for _ in range(50):
    for ix, iy in dl:
        opt.zero_grad()
        loss_value = loss_func(model(ix),iy)
        loss_value.backward()
        opt.step()
        loss_history.append(loss_value)
end = time.time()
print(end - start)
```

8. 现在已经对模型进行了训练，可以计算模型验证数据集上的预测值：

❑ 定义验证数据集：

```
val = [[8,9],[10,11],[1.5,2.5]]
```

❑ 通过模型传递验证列表预测输出（注意，期望值是列表中每个列表的两个输入的总和）。正如数据集类中定义的那样，首先将列表的列表转换为一个浮点数，然后将它们转换为一个张量对象并注册到设备：

```
model(torch.tensor(val).float().to(device))
# tensor([[16.9051], [20.8352], [ 4.0773]],
# device='cuda:0', grad_fn=<AddmmBackward>)
```

请注意，如注释中所示，上述代码的输出接近于预期的结果（即输入值的总和）。

现在已经了解了如何利用序贯方法来定义和训练模型，下一节将介绍如何通过保存和加载模型来进行推断。

2.5 保存并加载 PyTorch 模型

讨论神经网络模型的一个重要方面是保存和加载训练后的模型。设想有一个场景，你必须从一个已训练的模型中做出推断。你只需要加载已训练的模型，而不是再次训练它。

> ℹ️ 下列代码可以从本书的 GitHub 存储库（https://tinyurl.com/mcvp-packt）Chapter02 文件夹中的 `save_and_load_pytorch_model.ipynb` 获得。

在讨论相关的命令之前（以前面的示例为例），先了解一下定义一个完整的神经网络所需要的所有重要组件是什么。需要以下内容：

- ❏ 每个张量（参数）的唯一名称（键）；
- ❏ 将网络中的每个张量与其中一个或另一个联系起来的逻辑；
- ❏ 每个张量的值（权重 / 偏置项）。

第一点是在定义的 `__init__` 阶段处理的，而第二点是在 `forward` 方法定义期间处理的。在默认情况下，张量中的值在 `__init__` 阶段进行随机初始化。但是，我们想要的是加载在训练模型时学到的一组特定的权重（或值），并将每个值与特定的名称关联起来。这是通过调用一个特殊的方法获得的，将在下面对此进行描述。

2.5.1 state dict

`model.state_dict()` 命令是理解保存和加载 PyTorch 模型如何工作的基础。在 `model.state_dict()` 中的字典对应于模型相应的参数名（键）和值（权重和偏置项）。`state` 指的是模型的当前快照（快照是每个张量处的值集）。

它返回一个包含键和值的字典（`OrderedDict`），如图 2-11 所示。

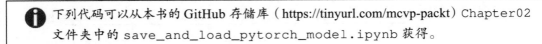

```
  1  model.state_dict()

OrderedDict([('0.weight', tensor([[ 0.5090,  0.6708],
                      [-0.5887, -0.2970],
                      [ 0.3078, -0.4445],
                      [-0.3859,  0.0028],
                      [-0.1816,  0.9181],
                      [ 0.1532,  0.6011],
                      [ 0.2814, -0.4834],
                      [-0.6280, -0.5868]])),
             ('0.bias',
              tensor([ 0.7432, -0.5181, -0.1400,  0.3236, -0.1791, -0.4466, -0.1104, -0.1615])),
             ('2.weight',
              tensor([[ 0.9044, -0.2407, -0.1512, -0.2253,  0.5417,  0.4821,  0.1548,  0.0964]])),
             ('2.bias', tensor([0.0956]))])
```

图 2-11

键是模型层的名称，值对应于这些层的权重。

2.5.2 保存

运行 `torch.save(model.state_dict(), 'mymodel.pth')` 将该模型以 Python 序列化格式保存在名为 mymodel.pth 的磁盘上。其中一个良好的做法是在调用 `torch.save` 之前将模型传输到 CPU。把张量保存为 CPU 张量而不是 CUDA 张量。这有助于将模型加载到任何机器上，无论它是否包含 CUDA 功能。

使用下列代码完成对模型的保存：

```
torch.save(model.to('cpu').state_dict(), 'mymodel.pth')
```

现在理解了如何保存模型，下文将学习如何加载模型。

2.5.3 加载

加载模型首先需要使用随机权重完成对模型的初始化，然后从 state_dict 加载权重：

1. 使用训练时使用的相同命令创建一个空模型：

```
model = nn.Sequential(
            nn.Linear(2, 8),
            nn.ReLU(),
            nn.Linear(8, 1)
        ).to(device)
```

2. 从磁盘加载模型并对它进行反序列化处理以创建一个 orderedDict 值：

```
state_dict = torch.load('mymodel.pth')
```

3. 加载 state_dict 到 model 上，注册到 device 上，并做出一个预测：

```
model.load_state_dict(state_dict)
# <All keys matched successfully>
model.to(device)
model(torch.tensor(val).float().to(device))
```

如果模型中存在所有权重名，那么你将得到一条消息，说所有键都匹配了。这就意味着可以出于各种目的从磁盘上将模型加载到世界上任何一台机器上。

接下来，可以将模型注册到设备并对新数据点执行推断，正如我们在前文中所了解的那样。

2.6 小结

在本章中，我们学习了 PyTorch 的构建模块——张量对象，并在张量对象上执行了各种运算。接着，在一个小数据集上构建一个神经网络，首先构建一个用于初始化前向架构的类，通过指定批大小从数据集获取数据点，并定义损失函数和优化器，循环遍历多轮。最后，还学习了如何定义自定义损失函数来优化对度量的选择，并利用序贯方法来简化定义网络架构的过程。

前面的所有步骤构成了构建神经网络模型的基础,将在后续章节的各种用例中多次使用。

在学习了使用 PyTorch 构建神经网络各种组件的知识之后,第 3 章将学习在图像数据集上处理神经网络超参数的各种实际方法。

2.7   课后习题

1. 为什么要在训练期间将整数输入转换为浮点值?
2. 重塑张量对象的方法有哪些?
3. 为什么张量对象比 NumPy 数组的计算速度更快?
4. 在一个神经网络类中,init 魔法函数是由什么构成的?
5. 为什么我们在进行反向传播之前执行零梯度?
6. 数据集类由哪些神奇的函数组成?
7. 我们如何对新的数据点进行预测?
8. 如何获取神经网络的中间层值?
9. 序贯方法如何帮助简化定义一个神经网络架构?

第 **3** 章

使用 **PyTorch** 构建深度神经网络

在第 2 章中，我们学习了如何使用 PyTorch 编写神经网络，还了解了神经网络中存在的各种超参数，如批大小、学习率和损失优化器。在本章中，我们将学习如何使用神经网络进行图像分类。从本质上讲，我们将学习如何实现对图像的表示，以及如何通过对超参数的调整来理解这些超参数对神经网络的影响。

为了避免太多的复杂性和混乱，我们在前一章中只讨论了神经网络的一些基本方面。然而，在训练网络时还需要调整更多的输入。通常将这些输入称为超参数。与神经网络中的参数（在训练中习得）相比，这些输入是由构建该网络的人提供的超参数。每个超参数的更改都可能会影响神经网络训练的准确度或速度。此外，诸如缩放、批归一化和正则化等一些额外的技术，也有助于提高神经网络的性能。我们将在本章中学习这些概念。

然而，在开始之前，我们需要先了解图像是如何表示的，只有这样才能深入讨论超参数的细节。在学习超参数对网络训练影响的时候，我们将把讨论限制在一个名为FashionMNIST 的数据集中，以便可以对各种超参数的变化所带来的影响进行比较。通过这个数据集，我们还将介绍训练数据和验证数据，以及使用两个独立数据集的重要性。最后，我们将学习神经网络过拟合的概念，然后理解使用某些超参数可以帮助避免过拟合的原理。

3.1 表示图像

数字图像文件（扩展名通常为 "JPEG" 或 "PNG"）是由像素数组组成的。像素是构成图像的最小元素。在灰度图像中，每个像素是取值在 0 和 255 之间的标量（单个）值——0 表示黑，255 表示白，中间的值表示灰色（像素值越小，像素灰度越暗）。另一方面，彩色图像中的像素是一个三维向量，向量中的每个分量分别对应于红色、绿色和蓝色通道中的标量值。

一幅图像包含 height×width×c 的像素，其中 height 表示像素的**行数**，width 表示像素的**列数**，c 表示**通道**数。c 为 3 表示彩色图像（每个通道分别表示图像的红、绿、蓝的强度），

c 为 1 表示灰度图像。一个包含 3×3 像素及其对应标量值的灰度图像示例如图 3-1 所示。

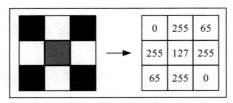

图　3-1

同样，像素值为 0 表示该像素是纯黑的，255 则表示该像素是纯亮度的（灰度图像表示该像素是纯白色的，彩色图像则表示各通道中的纯红、纯绿或纯蓝）。

将图像转换成结构化数组和标量

Python 可以将图像转换为结构化数组和标量，下面给出具体操作步骤。

> 💡 下列代码可以从本书的 GitHub 存储库（https://tinyurl.com/mcvp-packt）Chapter03 文件夹中的 Inspecting_grayscale_images.ipynb 获得。

1. 下载图像样本：

!wget https://www.dropbox.com/s/l98leemr7r5stnm/Hemanvi.jpeg

2. 导入 cv2（用于从磁盘读取图像）和 matplotlib（用于绘制加载的图像）库，并将下载的图像读取到 Python 环境中：

```
%matplotlib inline
import cv2, matplotlib.pyplot as plt
img = cv2.imread('Hemanvi.jpeg')
```

上述代码使用 cv2.imread 方法读取图像。这将把图像转换为像素值数组。

3. 在图像的第 50 ～ 250 行和第 40 ～ 240 列之间进行裁剪。最后，使用下列代码将图像转换为灰度图像，并绘制出该图像：

```
# Crop image
img = img[50:250,40:240]
# Convert image to grayscale
img_gray = cv2.cvtColor(img, cv2.COLOR_BGR2GRAY)
# Show image
plt.imshow(img_gray, cmap='gray')
```

上述步骤的输出如图 3-2 所示。

你可能已经注意到上述图像是用 200×200 的像素数组表示的。现在使用较少的像素来表示图像，以便可以观察到组成该图像的各个像素的灰度值（如果处理的是 200×200 像素值数组而不是 25×25 的像素值数组，这将比较困难）。

4. 将图像转换为一个 25×25 的数组，并绘制出来：

```
img_gray_small = cv2.resize(img_gray,(25,25))
plt.imshow(img_gray_small, cmap='gray')
```

输出结果如图 3-3 所示。

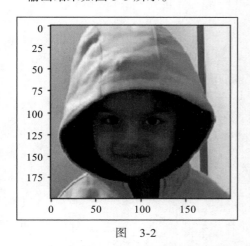

图　3-2　　　　　　　　　　　　　　图　3-3

显然，使用较少的像素表示相同的图像会导致较为模糊的输出。

5. 检查像素值。注意，由于篇幅限制，下列输出中只给出了像素值的前四行：

```
print(img_gray_small)
```

输出结果如图 3-4 所示。

```
array([[222, 220, 221, 220, 218, 253, 234, 245, 238, 235, 239, 243, 236,
        232, 218, 193, 228, 228, 234, 239, 139, 245, 252, 253, 253],
       [221, 219, 219, 218, 232, 239, 186, 240, 231, 226, 227, 226, 215,
        212, 209, 193, 199, 229, 234, 239, 150, 236, 252, 253, 253],
       [219, 218, 218, 218, 251, 163, 224, 241, 234, 238, 236, 231, 224,
        204, 188, 166, 173, 180, 234, 236, 159, 219, 252, 252, 253],
       [218, 219, 216, 211, 196, 248, 231, 228, 243, 241, 229, 224, 201,
        209, 210, 189, 181, 189, 196, 235, 168, 204, 252, 252, 253],
```

图　3-4

将同一组像素值复制粘贴到 Excel 中，并按像素值进行颜色编码，如图 3-5 所示。

正如前面提到的，标量值接近 255 的像素看起来更亮，接近 0 的像素则看起来更暗。

上述步骤也适用于彩色图像，彩色图像以三维向量表示。最亮的红色像素表示为 $(255, 0, 0)$。同样，三维向量图像中的纯白色像素表示为 $(255, 255, 255)$。考虑到这一点，下面将为彩色图像创建一个结构化的像素值数组。

> ℹ 下列代码可以从本书的 GitHub 存储库（https://tinyurl.com/mcvp-packt）Chapter03 文件夹中的 Inspecting_color_images.ipynb 获得。

```
    A   B   C   D   E   F   G   H   I   J   K   L   M   N   O   P   Q   R   S   T   U   V   W   X   Y
 1 222 220 221 220 218 253 234 245 238 235 239 243 236 232 218 193 228 228 234 239 139 245 252 253 253
 2 221 219 219 218 232 239 186 240 231 226 227 226 215 212 209 193 199 224 234 239 150 236 252 253 253
 3 219 218 218 218 251 163 224 241 234 238 236 231 224 204 188 166 173 180 234 236 159 219 252 252 253
 4 218 219 216 211 196 248 231 228 243 241 229 224 201 209 210 189 181 189 196 235 168 204 252 252 253
 5 218 214 213 240 195 242 223 246 246 249 238 211 203 196 177 168 179 176 179 231 175 191 252 252 253
 6 212 212 208 232 254 232 252 241 232 192 155 164 166 165 164 163 168 178 178 181 190 178 250 252 251
 7 211 209 205 232 240 251 208 191 217 158 161 166 169 169 170 170 171 169 176 177 206 166 250 250 251
 8 209 209 205 243 242 225 193 241 215 184 169 163 159 158 160 178 176 184 178 179 189 150 246 250 252
 9 210 207 203 232 229 236 246 214 213 196 199 185 179 179 181 172 179 180 180 181 177 136 246 251 252
10 209 206 222 212 242 243 244 226 184 165 104  61  57  48  27  97 158 167 178 178 178 139 246 249 252
11 208 206 225 243 249 254 209  82  85 105 109 100  98  95  65  43  28  24 109 156 169 175 242 248 251
12 208 205 252 255 242 153  33  66 111 116 117 116 115 109  78  66  22  27  14   9 137 159 241 245 249
13 205 204 250 225  63  15  42  77  71 104 115 110 101  56  64  60  34  20  20  17  25 145 246 246 246
14 208 206 209  23  16  22  90  45  39  44  19  99 116  63  78 107  65  15  17  20  42  76 244 246 246
15 208 239  37  22  14  19  97 102 100  90 108 133 104  94 108 114  57  21  22  33 130 243 246 246 246
16 205 133  48  24  15  17 110 124 118 119 124 134 119 116 109 123 116  36  27  25  31  44 242 243 246
17 204 124  38  30  19  16 120 146 133 121 142 138 118 114 135 145 128  24  20  21  33 136 236 243 244
18 205 212  39  37  20  20 110 137 110 128 119 109 109 115 119 133 121   8   9  36  34 137 237 241 243
19 204 206 101  31  29  21 132 108 102  91  97 101 111 113 122 118  11  14  38 222 139 233 240 242
20 200 200 200  41  36  25  24  37 117 117 116 101  99 114 111 119   4   8  41 220 219 134 232 239 244
21 197 196 196 199  92  37  26  25   8 127 125 118 122 116  67  31  13  11 150 173 220 131 231 238 242
22 195 193 193 192 198 187  58  22  25  37  97 115  93  75  55  36  33 148 153 165 166 183 233 236 242
23 192 190 189 240 237 202 180 147 140  66  36  52  64  61  51 150 146 138 134 157 159 166 189 237 240
24 189 188 197 244 229 206 194 196 157 146 138  39  63  73  53 144 143 139 150 148 153 161 167 187 239
25 184 220 225 245 221 167 173 209 183 157 143 116  53  74  49 144 150 150 148 153 153 158 162 165 178
```

图　3-5

1. 下载彩色图像：

```
!wget https://www.dropbox.com/s/l98leemr7r5stnm/Hemanvi.jpeg
```

2. 导入相关程序包并加载图像：

```
import cv2, matplotlib.pyplot as plt
%matplotlib inline
img = cv2.imread('Hemanvi.jpeg')
```

3. 裁剪图像：

```
img = img[50:250,40:240,:]
img = cv2.cvtColor(img, cv2.COLOR_BGR2RGB)
```

注意，上述代码使用 cv2.cvtColor 方法对通道进行了重新排序。这样做是因为使用 cv2 导入图像时，通道顺序是蓝色先，绿色次之，最后是红色，而我们通常习惯于观看基于 RGB 通道的图像，其通道顺序是红色、绿色，然后是蓝色。

4. 绘制获得的图像（注意，如果你正在阅读纸质书，而且没有下载彩色图像包，那么图像将以灰度显示）：

```
plt.imshow(img)
print(img.shape)
# (200,200,3)
```

输出结果如图 3-6 所示。

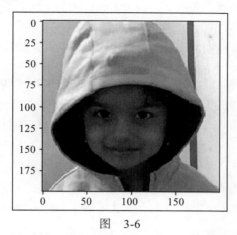

图　3-6

5. 可以如下得到右下角的 3×3 像素数组：

```
crop = img[-3:,-3:]
```

6. 输出并绘制像素值：

```
print(crop)
plt.imshow(crop)
```

上述代码的输出结果如图 3-7 所示。

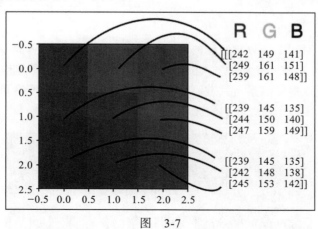

图　3-7

现在可以将每个图像表示为标量数组（在灰度图像的情况下）或数组的数组（在彩色图像的情况下），既然已经将磁盘上的图像文件转换为结构化的数组格式，那么就可以用多种技术对图像进行数学处理。也就是说，将图像转换为结构化的数字数组（即将图像读入Python内存）后，就可以在图像（以数字数组表示）上执行数学运算。可以利用这个数据结构来执行各种任务，如分类、检测和分割，我们将在后续章节中详细讨论这些内容。

现在我们已经理解了图像的表示形式，下面将讨论为什么要使用神经网络进行图像分类。

3.2　为什么要使用神经网络进行图像分析

传统计算机视觉会为每幅图像创建一些特征，然后使用这些特征作为输入。现在根据图3-8来考察一些这样的特征，以了解一些不通过神经网络训练就可以获得的成果。

请注意，我们不会告诉你如何获得这些特征，因为这里的目的是帮助你认识到为什么手动创建特征是次优的：

- □ **直方图特征**：对于一些任务，如自动亮度调节或夜视系统，了解图片中的光照分布（即像素中亮或暗的部分）是很重要的。图3-9显示了示例图像的直方图。从图中可以看出，在255处有一个峰值，所以这幅图像的亮度很高。

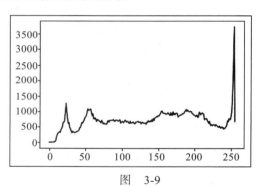

图　3-8　　　　　　　　　　　　　　　　　图　3-9

- □ **边角特征**：对于图像分割这样的任务，找到每个人对应的像素集很重要，首先提取边缘是有意义的，因为一个人的边界只是边缘的集合。在其他任务中，如图像配准，对关键点的检测是至关重要的。这些关键点是图像中所有角点的子集。图3-10给出了示例图像中可以找到的边缘和角点。

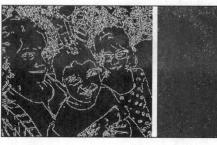

图　3-10

❑ **色彩分离特征**：在汽车自动驾驶系统的交通灯检测等任务中，系统了解交通灯显示的颜色是非常重要的。图 3-11（最好观看彩色版本）显示了示例图像的单一红色、绿色和蓝色像素的分布。

图　3-11

❑ **图像梯度特征**：更进一步来说，理解颜色在像素级上的变化可能很重要。不同的纹理可以给出不同的梯度，这意味着它们可以用作纹理检测器。事实上，找到梯度是边缘检测的先决条件。图 3-12 给出了示例图像中部分内容的总梯度，以及梯度的 y 和 x 分量。

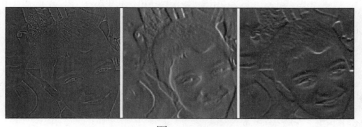

图　3-12

这些只是所有特征中的一小部分。还有很多类似的特征，很难全部涵盖。创建这些特征的主要缺点是，你需要是图像和信号分析方面的专家，应该充分了解什么特征最适合解决什么问题。即使满足了这两个限制条件，也不能保证这样的专家就能够找到正确的特征输入组合，即使他们找到了，也不能保证这样的组合将在新的未见过场景中能够正确发挥作用。

由于这些缺点，计算机视觉社区已经在很大程度上转向了基于神经网络的模型。这些模型不仅会自动找到正确的特征，而且还会学习如何优化组合这些特征来完成工作。正如在第 1 章中所了解的，神经网络既可以作为特征提取器，也可以作为分类器。

现在已经看了一些已有特征提取技术示例和它们的缺点，下面将学习如何在图像数据集上训练神经网络。

3.3　为图像分类准备数据

本章涵盖了多个场景，为了能够比较各个场景的优势，我们将在本章处理单个数据集——Fashion MNIST 数据集。下面准备这个数据集。

> ⓘ 下列代码可以从本书的 GitHub 存储库（https://tinyurl.com/mcvp-packt）Chapter03 文件夹中的 `Preparing_our_data.ipynb` 获得。

1. 首先下载数据集并将其导入相关的包。`torchvision` 包包含多种数据集，其中一个是本章中讨论的 FashionMNIST 数据集：

```
from torchvision import datasets
import torch
data_folder = '~/data/FMNIST' # This can be any directory
# you want to download FMNIST to
fmnist = datasets.FashionMNIST(data_folder, download=True, \
                               train=True)
```

上述代码指定了用于存储所下载数据集的文件夹（`data_folder`）。接下来，从 `datasets.FashionMNIST` 中获取 `fmnist` 数据。并将其存储在 `data_folder` 中。此外，通过指定 `train = True` 来指定只想下载训练图像。

接下来，必须将从 `fmnist.data` 中获取的图像存储为 `tr_images`，并将从 `fmnist.targets` 中获得的标签（目标）数据存储为 `tr_targets`：

```
tr_images = fmnist.data
tr_targets = fmnist.targets
```

2. 检查正在处理的张量：

```
unique_values = tr_targets.unique()
print(f'tr_images & tr_targets:\n\tX -{tr_images.shape}\n\tY \
-{tr_targets.shape}\n\tY-Unique Values : {unique_values}')
print(f'TASK:\n\t{len(unique_values)} class Classification')
print(f'UNIQUE CLASSES:\n\t{fmnist.classes}')
```

上述代码的输出如图 3-13 所示。

在这里，可以看到有 6 万张 28×28 大小的图片，所有的图片有 10 个可能的类别。注意，tr_targets 包含每个类的数值，fmnist.classes 则提供了与 tr_targets 中每个数值对应的名称。

```
tr_images & tr_targets:
        X - torch.Size([60000, 28, 28])
        Y - torch.Size([60000])
        Y - Unique Values : tensor([0, 1, 2, 3, 4, 5, 6, 7, 8, 9])
TASK:
        10 class Classification
UNIQUE CLASSES:
        ['T-shirt/top', 'Trouser', 'Pullover', 'Dress', 'Coat', 'Sandal', 'Shirt', 'Sneaker', 'Bag', 'Ankle boot']
```

图　3-13

3. 为所有 10 个可能的类别分别给出 10 个随机图像样本：

❑ 导入相关的包来绘制一个图像网格，这样你也可以进行数组处理：

```
import matplotlib.pyplot as plt
%matplotlib inline
import numpy as np
```

❑ 创建一个图，用于显示一个 10×10 的网格，网格的每一行对应于一个类别，每一列表示分属于每个类别的示例图像。循环遍历唯一的类号（label_class），并获取对应于给定类号的行索引（label_x_rows）：

```
R, C = len(tr_targets.unique()), 10
fig, ax = plt.subplots(R, C, figsize=(10,10))
for label_class, plot_row in enumerate(ax):
    label_x_rows = np.where(tr_targets == label_class)[0]
```

注意，在前面的代码中，取第 0 个索引作为 np.where 条件的输出，它的长度为 1。它包含了目标值（tr_targets）等于 label_class 的所有索引的数组。

❑ 循环 10 次以填充给定行的列。此外，需要从之前获得的给定类（label_x_rows）对应的索引中选择一个随机值（ix）并绘制它们：

```
    for plot_cell in plot_row:
        plot_cell.grid(False); plot_cell.axis('off')
        ix = np.random.choice(label_x_rows)
        x, y = tr_images[ix], tr_targets[ix]
        plot_cell.imshow(x, cmap='gray')
plt.tight_layout()
```

输出结果如图 3-14 所示。

注意，在图 3-14 中，每一行代表一个包含 10 个不同图像的样本，它们都属于同一个类别。

现在已经学习了如何导入数据集，在下一节中，我们将学习如何使用 PyTorch 训练神经网络，以便它接收图像并预测该图像的类别。此外，还将了解各种超参数对预测准确度的影响。

图　3-14

3.4　训练神经网络

要想训练神经网络，必须进行下列步骤：

1. 导入相关程序包。

2. 构建能够一次取一个数据点的数据集。

3. 将 DataLoader 包装到数据集中。

4. 构建一个模型，然后定义损失函数与优化器。

5. 定义两个函数来训练和验证一批数据。

6. 定义能够计算数据准确度的函数。

7. 随着轮数增加，根据每批数据的情况调整权重。

下列代码中，将执行以下步骤：

> ℹ 下列代码可以从本书的 GitHub 存储库（https://tinyurl.com/mcvp-packt）Chapter03
> 文件夹中的 Steps_to_build_a_neural_network_on_FashionMNIST.ipynb
> 获得。

1. 导入相关程序包和 FMNIST 数据集：

```
from torch.utils.data import Dataset, DataLoader
import torch
import torch.nn as nn
import numpy as np
import matplotlib.pyplot as plt
%matplotlib inline
device = "cuda" if torch.cuda.is_available() else "cpu"
from torchvision import datasets
data_folder = '~/data/FMNIST' # This can be any directory you
# want to download FMNIST to
fmnist = datasets.FashionMNIST(data_folder, download=True, \
                                                train=True)
tr_images = fmnist.data
tr_targets = fmnist.targets
```

2. 构建一个获取数据集的类。记住，它派生自 Dataset 类，需要三个神奇的函数——
`__init__`、`__getitem__` 和 `__len__`，它们**始终**被定义为：

```
class FMNISTDataset(Dataset):
    def __init__(self, x, y):
        x = x.float()
        x = x.view(-1,28*28)
        self.x, self.y = x, y
    def __getitem__(self, ix):
        x, y = self.x[ix], self.y[ix]
        return x.to(device), y.to(device)
    def __len__(self):
        return len(self.x)
```

请注意，在 `__init__` 方法中，已经将输入转换为浮点数，并将每个图像扁平化为
$28 \times 28 = 784$ 个数值（其中每个数值对应一个像素值）。我们还在 `__len__` 方法中指定了数据点的数量，在这里，它是 x 的长度。`__getitem__` 方法包含了当请求三个第 ix 数据点时应该返回的逻辑（ix 是 0 和 `__len__` 之间的整数）。

3. 创建一个函数，从名为 FMNISTDataset 的数据集生成一个训练数据加载器 trn_dl。对于批大小 32，这将随机抽样 32 个数据点：

```
def get_data():
    train = FMNISTDataset(tr_images, tr_targets)
    trn_dl = DataLoader(train, batch_size=32, shuffle=True)
    return trn_dl
```

在上述代码行中，创建了 FMNISTDataset 类的一个名为 train 的对象，并调用了 DataLoader，以便它可以随机获取 32 个数据点作为 DataLoader 的返回值，即 trn_dl 的返回值。

4. 定义一个模型，以及损失函数和优化器：

```
from torch.optim import SGD
def get_model():
```

```
model = nn.Sequential(
        nn.Linear(28 * 28, 1000),
        nn.ReLU(),
        nn.Linear(1000, 10)
    ).to(device)
loss_fn = nn.CrossEntropyLoss()
optimizer = SGD(model.parameters(), lr=1e-2)
return model, loss_fn, optimizer
```

该模型包含一个隐藏层，隐藏层具有 1000 个神经元。输出层包含 10 个神经元，因为有 10 个可能的类别。此外，这里调用了 CrossEntropyLoss 函数，因为输出值可能属于这 10 个类别中的任何一个。最后，在这个练习中需要注意的一个关键点是将学习率 lr 初始化为值 0.01，而不是默认值 0.001，以查看模型将如何进行学习。

> (i) 注意，这里的神经网络中根本没有使用"softmax"。输出的范围是无限制的，因为可以在一个无限的范围内取值，而交叉熵损失的期望输出通常为概率（每一行之和为 1）。这仍然适用于这个设置，因为 nn.CrossEntropyLoss 实际上希望发送原始的 logit（即无约束的值）。它将在内部执行 softmax。

5. 定义一个函数，在一批图像上训练数据集：

```
def train_batch(x, y, model, opt, loss_fn):
    model.train() # <- let's hold on to this until we reach
    # dropout section
    # call your model like any python function on your batch
    # of inputs
    prediction = model(x)
    # compute loss
    batch_loss = loss_fn(prediction, y)
    # based on the forward pass in `model(x)` compute all the
    # gradients of 'model.parameters()'
    batch_loss.backward()
    # apply new-weights = f(old-weights, old-weight-gradients)
    # where "f" is the optimizer
    optimizer.step()
    # Flush gradients memory for next batch of calculations
    optimizer.zero_grad()
    return batch_loss.item()
```

上述代码在前向传播中通过模型传递这批图像数据。它还计算在批数据上的损失，然后通过反向传播方式计算梯度并实现权重更新。最后，它会刷新梯度的内存，这样就不会影响下一次的梯度计算。

现在已经完成了这一步，可以通过在 batch_loss 之上获取 batch_loss.item() 以标量的形式提取损失值。

6. 构建用于计算给定数据集准确度的函数：

```
# since there's no need for updating weights,
# we might as well not compute the gradients.
# Using this '@' decorator on top of functions
```

```
# will disable gradient computation in the entire function
@torch.no_grad()
def accuracy(x, y, model):
    model.eval() # <- let's wait till we get to dropout
    # section
    # get the prediction matrix for a tensor of `x` images
    prediction = model(x)
    # compute if the location of maximum in each row
    # coincides with ground truth
    max_values, argmaxes = prediction.max(-1)
    is_correct = argmaxes == y
    return is_correct.cpu().numpy().tolist()
```

在上述代码行中，明确提到了不需要通过提供 @torch.no_grad() 来计算梯度，也不需要通过模型的前馈输入来计算 prediction 值。

接下来，调用 prediction .max(-1) 来识别每一行对应的 argmax 索引。

此外，可以通过 argmaxes == y 将 argmaxes 与 ground truth 进行比较，以便可以检查每一行的预测是否正确。最后，在将 is_correct 对象移到 CPU 并将其转换为 numpy 数组之后，返回 is_correct 的列表。

7. 使用以下代码行训练神经网络：

❑ 初始化模型、损失、优化器和 DataLoader：

```
trn_dl = get_data()
model, loss_fn, optimizer = get_model()
```

❑ 在每轮结束时调用包含准确度和损失值的列表：

```
losses, accuracies = [], []
```

❑ 定义轮数：

```
for epoch in range(5):
    print(epoch)
```

❑ 调用列表，它将包含一轮中每个批处理对应的准确度和损失值：

```
epoch_losses, epoch_accuracies = [], []
```

❑ 通过迭代使用 DataLoader 来创建一批训练数据：

```
for ix, batch in enumerate(iter(trn_dl)):
    x, y = batch
```

❑ 使用 train_batch 函数对一批样本数据进行训练，并在训练结束时将损失值作为 batch_loss 存储在批样本数据的顶部。此外，将跨批的损失值存储在 epoch_losses 列表中：

```
batch_loss = train_batch(x, y, model, optimizer, \
                                        loss_fn)
epoch_losses.append(batch_loss)
```

❏ 在一轮内存储所有批次的平均损失值：

```
epoch_loss = np.array(epoch_losses).mean()
```

❏ 接下来，计算所有批次训练结束时所获得预测的准确度：

```
for ix, batch in enumerate(iter(trn_dl)):
    x, y = batch
    is_correct = accuracy(x, y, model)
    epoch_accuracies.extend(is_correct)
epoch_accuracy = np.mean(epoch_accuracies)
```

❏ 将每轮结束时获得的损失和准确度存储在一个列表中：

```
losses.append(epoch_loss)
accuracies.append(epoch_accuracy)
```

可以使用以下代码显示损失和准确度关于轮数的变化曲线：

```
epochs = np.arange(5)+1
plt.figure(figsize=(20,5))
plt.subplot(121)
plt.title('Loss value over increasing epochs')
plt.plot(epochs, losses, label='Training Loss')
plt.legend()
plt.subplot(122)
plt.title('Accuracy value over increasing epochs')
plt.plot(epochs, accuracies, label='Training Accuracy')
plt.gca().set_yticklabels(['{:.0f}%'.format(x*100) \
                          for x in plt.gca().get_yticks()])
plt.legend()
```

输出结果如图 3-15 所示。

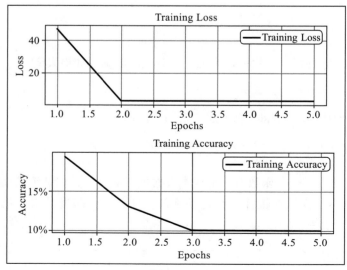

图 3-15

训练准确度在 5 轮结束时为 12%。请注意，损失值并没有随着轮数的增加而显著减少。换句话说，无论等待多久，模型都不太可能提供比较高的准确度（比如 80% 以上）。这就要求理解我们所使用的各种超参数是如何影响神经网络的准确度的。

注意，因为没有保留 `torch.random_seed(0)`，所以在执行这里的代码时，结果可能会有所不同。然而，你得到的结果应该会让你得出类似的结论。

现在，你已经对如何训练神经网络有了一个完整的了解，还需要学习一些应该遵循的实践经验以实现良好的模型性能，以及使用这些实践经验的原因。这可以通过对各种超参数的微调实践来实现，下面就讨论其中的一些超参数。

3.5 缩放数据集以提升模型准确度

缩放数据集是确保变量被限制在某个有限范围内的过程。在本节中，我们通过对每个输入值除以数据集中可能的最大值，将自变量的值限制为 0 和 1 之间的值。这个最大值是 255，对应于白色像素：

 下列代码可以从本书的 GitHub 存储库（https://tinyurl.com/mcvp-packt）Chapter03 文件夹中的 `Scaling_the_dataset.ipynb` 获得。

1. 获取数据集，以及训练图像和目标值，就像在上一节做的那样：

```
from torchvision import datasets
from torch.utils.data import Dataset, DataLoader
import torch
import torch.nn as nn
device = "cuda" if torch.cuda.is_available() else "cpu"
import numpy as np
data_folder = '~/data/FMNIST' # This can be any directory you
# want to download FMNIST to
fmnist = datasets.FashionMNIST(data_folder, download=True, \
                                        train=True)
tr_images = fmnist.data
tr_targets = fmnist.targets
```

2. 修改 `FMNISTDataset`，获取数据，将输入图像除以 255（像素的最大强度 / 值）：

```
class FMNISTDataset(Dataset):
    def __init__(self, x, y):
        x = x.float()/255
        x = x.view(-1,28*28)
        self.x, self.y = x, y
    def __getitem__(self, ix):
        x, y = self.x[ix], self.y[ix]
        return x.to(device), y.to(device)
    def __len__(self):
        return len(self.x)
```

注意，与前文相比，这里所做的唯一变化是，将输入数据除以可能的最大像素值——255。

假设像素值的范围为 0 到 255，将它们除以 255 得到的值总是在 0 和 1 之间。

3. 训练模型，就像在前一节的步骤 4～7 中所做的那样：

❑ 获取数据：

```
def get_data():
    train = FMNISTDataset(tr_images, tr_targets)
    trn_dl = DataLoader(train, batch_size=32, shuffle=True)
    return trn_dl
```

❑ 定义模型：

```
from torch.optim import SGD
def get_model():
    model = nn.Sequential(
                nn.Linear(28 * 28, 1000),
                nn.ReLU(),
                nn.Linear(1000, 10)
            ).to(device)
    loss_fn = nn.CrossEntropyLoss()
    optimizer = SGD(model.parameters(), lr=1e-2)
    return model, loss_fn, optimizer
```

❑ 定义用于训练和验证一批数据的函数：

```
def train_batch(x, y, model, opt, loss_fn):
    model.train()
    # call your model like any python function on your batch
    # of inputs
    prediction = model(x)
    # compute loss
    batch_loss = loss_fn(prediction, y)
    # based on the forward pass in `model(x)` compute all the
    # gradients of 'model.parameters()'
    batch_loss.backward()
    # apply new-weights = f(old-weights, old-weight-gradients)
    # where "f" is the optimizer
    optimizer.step()
    # Flush memory for next batch of calculations
    optimizer.zero_grad()
    return batch_loss.item()
@torch.no_grad()
def accuracy(x, y, model):
    model.eval()
    # get the prediction matrix for a tensor of `x` images
    prediction = model(x)
    # compute if the location of maximum in each row
    # coincides with ground truth
    max_values, argmaxes = prediction.max(-1)
    is_correct = argmaxes == y
    return is_correct.cpu().numpy().tolist()
```

❑ 随着轮数的增加训练该模型：

```
trn_dl = get_data()
model, loss_fn, optimizer = get_model()
losses, accuracies = [], []
for epoch in range(5):
    print(epoch)
    epoch_losses, epoch_accuracies = [], []
    for ix, batch in enumerate(iter(trn_dl)):
        x, y = batch
        batch_loss = train_batch(x, y, model, optimizer,
                                        loss_fn)
        epoch_losses.append(batch_loss)
    epoch_loss = np.array(epoch_losses).mean()
    for ix, batch in enumerate(iter(trn_dl)):
        x, y = batch
        is_correct = accuracy(x, y, model)
        epoch_accuracies.extend(is_correct)
    epoch_accuracy = np.mean(epoch_accuracies)
    losses.append(epoch_loss)
    accuracies.append(epoch_accuracy)
```

训练损失和准确度的变化曲线如图 3-16 所示。

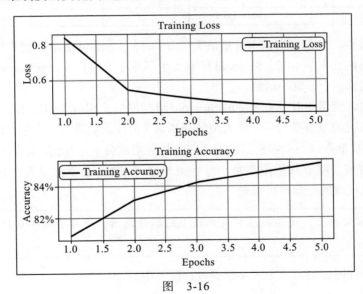

图　3-16

可以看到，训练损失在持续减少，训练准确度在持续增加，目前已经增加到 85%
左右。

相反，对于输入数据没有进行缩放的情形，训练损失则并没有持续减少，在 5 轮结束
时，训练数据集的准确度仅为 12%。

下面我们考察对数据进行缩放为什么能够对模型训练有帮助。

请看 Sigmoid 值是如何计算的：

$$\text{Sigmoid} = 1 / (1 + e^{-(\text{输入} \times \text{权重})})$$

下表给出了根据前面的公式计算出的 Sigmoid 值:

输入	权重	Sigmoid	输入	权重	Sigmoid
255	0.000 01	0.501	1	0.000 01	0.500
255	0.000 1	0.506	1	0.000 1	0.500
255	0.001	0.563	1	0.001	0.500
255	0.01	0.928	1	0.01	0.502
255	0.1	1.000	1	0.1	0.525
255	0.2	1.000	1	0.2	0.550
255	0.3	1.000	1	0.3	0.574
255	0.4	1.000	1	0.4	0.599
255	0.5	1.000	1	0.5	0.622
255	0.6	1.000	1	0.6	0.646
255	0.7	1.000	1	0.7	0.668
255	0.8	1.000	1	0.8	0.690
255	0.9	1.000	1	0.9	0.711
255	1	1.000	1	1	0.731

在左边的表中,可以看到,当权重值大于 0.1 时,Sigmoid 值不会随着权重值的增加而变化。此外,当权重非常小时,Sigmoid 值只发生了很小的变化。改变 Sigmoid 值的唯一方法是将权重改变到一个非常小的量。

但是,当输入值很小时,右表中的 Sigmoid 值却发生了相当大的变化。

发生这种情况的原因是,一个较大负值的指数(由权重值乘以一个较大的数得到)非常接近于 0,而当权重乘以一个缩放后的输入时,指数值就会发生变化,正如右表所示。

既然已经理解了除非权重值非常小,否则 Sigmoid 值不会发生显著变化,就不难理解权重值如何对最优值的计算产生影响。

 缩放输入数据集,使其被限制在比较小的取值范围,通常有助于获得更好的模型准确度。

下面学习神经网络的另一个主要超参数:批大小。

3.6　理解不同批大小的影响

在上一节中,每批训练数据集包含 32 个数据点。这导致了每轮的权重更新的数量较大,因为每轮有 1875 个权重更新(60 000 ÷ 32 近似等于 1875,其中 60 000 是训练图像的数量)。

此外,没有考虑模型在未知数据集(验证数据集)上的性能。我们将在本节中对此进行探讨。

在本节中，将讨论和比较以下内容：

❑ 当训练批大小为 32 时，训练和验证数据的损失值和准确度；

❑ 当训练批大小为 10 000 时，训练和验证数据的损失值和准确度。

现在将验证数据纳入考察范围，重新运行 2.3 节中提供的代码，并使用附加代码生成验证数据，以及计算验证数据集的损失和准确度。

 下列训练批大小为 32 和 10 000 的代码可以从本书的 GitHub 存储库（https://tinyurl.com/mcvp-packt）Chapter03 文件夹中的 Varying_batch_size.ipynb 获得。

3.6.1　批大小为 32

鉴于已经在训练中建立了一个使用批大小为 32 的模型，这里主要详细说明用于处理验证数据集的额外代码。将跳过关于模型训练的代码细节，因为这在 2.3 节中介绍过了。下面开始吧：

1. 下载并导入训练图像与目标值：

```
from torchvision import datasets
import torch
data_folder = '~/data/FMNIST' # This can be any directory you
# want to download FMNIST to
fmnist = datasets.FashionMNIST(data_folder, download=True, \
                                                train=True)
tr_images = fmnist.data
tr_targets = fmnist.targets
```

2. 与训练图像类似，必须在数据集中调用 FashionMNIST 方法时指定 train=False 来下载和导入验证数据集：

```
val_fmnist =datasets.FashionMNIST(data_folder,download=True, \
                                                train=False)
val_images = val_fmnist.data
val_targets = val_fmnist.targets
```

3. 导入相关程序包并定义 device：

```
import matplotlib.pyplot as plt
%matplotlib inline
import numpy as np
from torch.utils.data import Dataset, DataLoader
import torch
import torch.nn as nn
device = 'cuda' if torch.cuda.is_available() else 'cpu'
```

4. 定义数据集类（FashionMNIST）、用于训练批数据的函数（train_batch）、计算准确度（accuracy），然后定义模型架构、损失函数和优化器（get_model）。请注意，获取数据的函数将是唯一一个与前几节中所看到的有偏差的函数（因为现在正在处理训练和验证数据集），所以将在下一个步骤中构建它：

```python
class FMNISTDataset(Dataset):
    def __init__(self, x, y):
        x = x.float()/255
        x = x.view(-1,28*28)
        self.x, self.y = x, y
    def __getitem__(self, ix):
        x, y = self.x[ix], self.y[ix]
        return x.to(device), y.to(device)
    def __len__(self):
        return len(self.x)

from torch.optim import SGD, Adam
def get_model():
    model = nn.Sequential(
                nn.Linear(28 * 28, 1000),
                nn.ReLU(),
                nn.Linear(1000, 10)
            ).to(device)

    loss_fn = nn.CrossEntropyLoss()
    optimizer = Adam(model.parameters(), lr=1e-2)
    return model, loss_fn, optimizer

def train_batch(x, y, model, opt, loss_fn):
    model.train()
    prediction = model(x)
    batch_loss = loss_fn(prediction, y)
    batch_loss.backward()
    optimizer.step()
    optimizer.zero_grad()
    return batch_loss.item()

def accuracy(x, y, model):
    model.eval()
    # this is the same as @torch.no_grad
    # at the top of function, only difference
    # being, grad is not computed in the with scope
    with torch.no_grad():
        prediction = model(x)
    max_values, argmaxes = prediction.max(-1)
    is_correct = argmaxes == y
    return is_correct.cpu().numpy().tolist()
```

5. 定义一个用于获取数据的函数，即 `get_data`。这个函数将返回批大小为 32 的训练数据和批大小为验证数据长度的验证数据集（这里不使用验证数据来训练模型，只用它来考察模型对未知数据的准确度）：

```python
def get_data():
    train = FMNISTDataset(tr_images, tr_targets)
    trn_dl = DataLoader(train, batch_size=32, shuffle=True)
    val = FMNISTDataset(val_images, val_targets)
    val_dl = DataLoader(val, batch_size=len(val_images),
                                        shuffle=False)
    return trn_dl, val_dl
```

在上述代码中，除了前面看到的 train 对象之外，还创建了一个名为 val 的 FMNISTDataset 类的对象。此外，用于验证的 **DataLoader** (val_dl) 的批大小为 len (val_images)，而 trn_dl 的批大小为 32。这是因为在获取验证数据的准确度和损失度量时，使用训练数据训练模型。在本小节和下一小节中，我们将尝试基于模型的训练时间和准确度的改变来考察 batch_size 产生的影响。

6. 定义一个用于计算验证数据损失的函数即 val_loss。注意，这是单独计算的，因为训练数据的损失是在模型训练时计算的：

```
@torch.no_grad()
def val_loss(x, y, model):
    model.eval()
    prediction = model(x)
    val_loss = loss_fn(prediction, y)
    return val_loss.item()
```

如你所见，使用 torch.No_grad 是因为没有训练模型，只是获取模型的预测值。此外，通过损失函数（loss_fn）传递预测值并返回损失值（val_loss.item()）。

7. 获取训练和验证数据加载器。另外，初始化模型、损失函数和优化器：

```
trn_dl, val_dl = get_data()
model, loss_fn, optimizer = get_model()
```

8. 训练模型，如下所示：

❑ 初始化包含训练和验证准确度的列表，以及随轮数增加而获得的损失值：

```
train_losses, train_accuracies = [], []
val_losses, val_accuracies = [], []
```

❑ 遍历 5 轮，并初始化给定轮内批训练数据的准确度和损失值列表：

```
for epoch in range(5):
    print(epoch)
    train_epoch_losses, train_epoch_accuracies = [], []
```

❑ 循环遍历训练数据，计算一轮内的准确度（train_epoch_accuracy）和损失值（train_epoch_loss）：

```
for ix, batch in enumerate(iter(trn_dl)):
    x, y = batch
    batch_loss = train_batch(x, y, model, optimizer, \
                                             loss_fn)
    train_epoch_losses.append(batch_loss)
train_epoch_loss = np.array(train_epoch_losses).mean()

for ix, batch in enumerate(iter(trn_dl)):
    x, y = batch
    is_correct = accuracy(x, y, model)
    train_epoch_accuracies.extend(is_correct)
train_epoch_accuracy = np.mean(train_epoch_accuracies)
```

❑ 计算单批验证数据的损失值和准确度（因为验证数据的批大小等于验证数据的长度）：

```
for ix, batch in enumerate(iter(val_dl)):
    x, y = batch
    val_is_correct = accuracy(x, y, model)
    validation_loss = val_loss(x, y, model)
val_epoch_accuracy = np.mean(val_is_correct)
```

注意，在上述代码中，验证数据的损失值是使用 val_loss 函数计算的，并存储在 validation_loss 变量中。此外，所有验证数据点的准确度均存储在 val_is_correct 列表中，而其平均值存储在 val_epoch_accuracy 变量中。

❑ 最后，将训练和验证数据集的准确度和损失值添加到轮级的聚合验证和准确度值列表中。这么做是为了能够在下一步中看到轮级的改进：

```
train_losses.append(train_epoch_loss)
train_accuracies.append(train_epoch_accuracy)
val_losses.append(validation_loss)
val_accuracies.append(val_epoch_accuracy)
```

9. 可视化训练和验证数据集随着轮数的增加而不断改进准确度和损失值：

```
epochs = np.arange(5)+1
import matplotlib.ticker as mtick
import matplotlib.pyplot as plt
import matplotlib.ticker as mticker
%matplotlib inline
plt.subplot(211)
plt.plot(epochs, train_losses, 'bo', label='Training loss')
plt.plot(epochs, val_losses, 'r', label='Validation loss')
plt.gca().xaxis.set_major_locator(mticker.MultipleLocator(1))
plt.title('Training and validation loss \
when batch size is 32')
plt.xlabel('Epochs')
plt.ylabel('Loss')
plt.legend()
plt.grid('off')
plt.show()
plt.subplot(212)
plt.plot(epochs, train_accuracies, 'bo', \
         label='Training accuracy')
plt.plot(epochs, val_accuracies, 'r', \
         label='Validation accuracy')
plt.gca().xaxis.set_major_locator(mticker.MultipleLocator(1))
plt.title('Training and validation accuracy \
when batch size is 32')
plt.xlabel('Epochs')
plt.ylabel('Accuracy')
plt.gca().set_yticklabels(['{:.0f}%'.format(x*100) \
                          for x in plt.gca().get_yticks()])
plt.legend()
plt.grid('off')
plt.show()
```

上述代码的输出结果如图 3-17 所示。

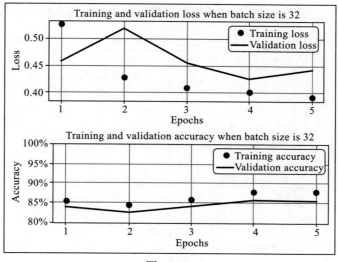

图   3-17

如你所见，当批大小为 32 时，训练和验证的准确度在 5 轮结束时达到约 85%。接下来，将在 get_data 函数中训练 DataLoader 时，改变 batch_size 参数，以查看它在 5 轮结束时对准确度的影响。

3.6.2 批大小为 10 000

在本小节中，每批将处理 10 000 个数据点，这样就可以了解批大小变化所带来的影响。

> 注意，除了步骤 5 中的代码外，批大小为 32 的情形所提供的代码在这里完全保持相同。这里，将在 get_data 函数中指定用于训练和验证数据集的 DataLoader。鼓励你在执行代码时参考本书的 GitHub 存储库中提供的相应 notebook。

我们将修改 get_data，使其在从训练数据集中获取训练 DataLoader 时具有 10 000 的批大小，如下所示：

```
def get_data():
    train = FMNISTDataset(tr_images, tr_targets)
    trn_dl = DataLoader(train, batch_size=10000, shuffle=True)
    val = FMNISTDataset(val_images, val_targets)
    val_dl = DataLoader(val, batch_size=len(val_images), \
                                            shuffle=False)
    return trn_dl, val_dl
```

通过在步骤 5 中只做这个必要的更改，并执行到步骤 9 之后，当批大小为 10 000 时，训练和验证的准确度及损失值的变化如图 3-18 所示。

在这里，你可以看到，准确度和损失值没有达到上述批大小为 32 情形时的相同水平，因为权重更新次数较少。对于批大小为 32 的情形，每轮有 1 875 次权重更新，而对于批大

小为 10 000 的情形，每轮仅有 6 次权重更新，这是因为总训练数据大小为 60 000，每批有
10 000 个数据点。

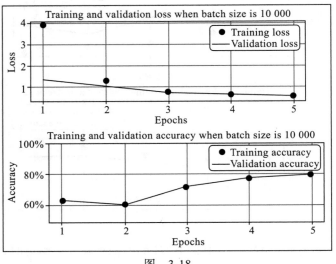

图 3-18

到目前为止，我们已经学习了如何缩放数据集，以及改变批大小对模型训练时间的影响，
从而达到一定的准确度。在下一节中，我们将了解不同的损失优化器对相同数据集的影响。

 当轮数较少时，较小的批大小通常有助于达到最佳准确度，但它不应低到影响训
练时间的程度。

3.7 理解不同损失优化器的影响

到目前为止，我们一直基于 Adam 优化器优化损失。在本节中，我们将做以下工作：
- 修改优化器，使其成为一个随机梯度下降（SGD）优化器；
- 在 DataLoader 中获取数据时，恢复到 32 的批大小；
- 将轮数增加到 10（这样就可以比较 SGD 和 Adam 在更多的轮数上的性能）；

做出这些更改意味着在批大小为 32 情形中只有一个步骤会发生变化（因为 3.6.1 节中
批大小已经是 32），也就是说，将修改优化器，使其成为 SGD 优化器。

下面将修改 3.6.1 节步骤 4 中的 get_model 函数，以修改优化器，使其成为 SGD 优化器。

下列代码可以从本书的 **GitHub** 存储库（https://tinyurl.com/mcvp- packt）
Chapter03 文件夹中的 Varying_loss_optimizer.ipynbb 获得。请注意，为
简洁起见，这里并没有提供所有的步骤，下面的代码只讨论了对 3.6.1 节中代码
进行更改的步骤。鼓励你在执行代码时参考本书 GitHub 存储库中的相关 notebook。

1. 修改优化器，以便在 `get_model` 函数中使用 SGD 优化器，同时确保其他一切保持不变：

```
from torch.optim import SGD, Adam
def get_model():
model = nn.Sequential(
            nn.Linear(28 * 28, 1000),
            nn.ReLU(),
            nn.Linear(1000, 10)
        ).to(device)

loss_fn = nn.CrossEntropyLoss()
optimizer = SGD(model.parameters(), lr=1e-2)
return model, loss_fn, optimizer
```

现在，增加步骤 8 中的轮数，同时保持其他步骤（除了步骤 4 和步骤 8）与 3.6.1 节中的相同。

2. 增加用于训练模型的轮数：

```
train_losses, train_accuracies = [], []
val_losses, val_accuracies = [], []
for epoch in range(10):
    train_epoch_losses, train_epoch_accuracies = [], []
    for ix, batch in enumerate(iter(trn_dl)):
        x, y = batch
        batch_loss = train_batch(x, y, model, optimizer, \
                                              loss_fn)
        train_epoch_losses.append(batch_loss)
    train_epoch_loss = np.array(train_epoch_losses).mean()

    for ix, batch in enumerate(iter(trn_dl)):
        x, y = batch
        is_correct = accuracy(x, y, model)
        train_epoch_accuracies.extend(is_correct)
    train_epoch_accuracy = np.mean(train_epoch_accuracies)

    for ix, batch in enumerate(iter(val_dl)):
        x, y = batch
        val_is_correct = accuracy(x, y, model)
        validation_loss = val_loss(x, y, model)
    val_epoch_accuracy = np.mean(val_is_correct)

    train_losses.append(train_epoch_loss)
    train_accuracies.append(train_epoch_accuracy)
    val_losses.append(validation_loss)
    val_accuracies.append(val_epoch_accuracy)
```

完成这些更改后，一旦依次执行 3.6.1 节中的所有剩余步骤，训练和验证数据集的准确度和损失值就会随着轮数的增加而变化，如图 3-19 所示。

让我们为训练损失、验证损失和准确度随时间的增加而变化获取相同的输出，其中优化器是 Adam。这需要将步骤 4 中的优化器更改为 Adam。

运行修改后的代码，训练和验证数据集的准确度和损失值的变化如图 3-20 所示。

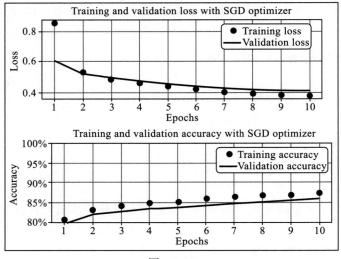

图   3-19

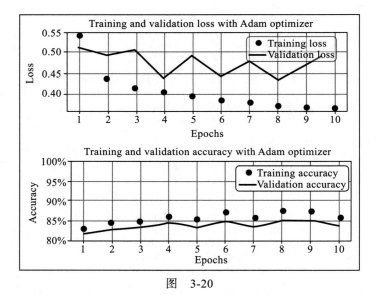

图   3-20

如你所见，当使用 Adam 优化器时，准确度仍然非常接近 85%。然而，请注意，到目前为止，学习率仍为 0.01。

在下一节中，我们将了解学习率对验证数据集准确度的影响。

> 🔵 **TIP** 某些优化器能够比其他优化器更快地实现最佳准确度。Adam 通常能更快地达到最佳准确度。其他一些著名的优化器包括 Adagrad、Adadelta、AdamW、LBFGS 和 RMSprop。

3.8 理解不同学习率的影响

到目前为止，在训练模型时一直使用 0.01 的学习率。在第 1 章，我们了解到学习率在获得最优权重值方面起着关键作用。这里，当学习率较小时，权重值逐渐向最优值移动，而当学习率较大时，权重值则可能出现振荡。在第 1 章中，我们处理了一个很小的数据集，本节将处理一个真实的场景。

为了理解不同学习率的影响，将讨论以下情形：
- 在缩放数据集上使用较大的学习率（0.1）；
- 在缩放数据集上使用较小的学习率（0.000 01）；
- 在非缩放数据集上使用较小的学习率（0.001）；
- 在非缩放数据集上使用较大的学习率（0.1）。

总的来说，我们将在本节了解不同的学习率对缩放和非缩放数据集的影响。

> ℹ️ 在本节中，我们将考察学习率对非缩放数据的影响，即使已经确定了学习率对缩放数据集是有帮助的。再次这样做是想获得一种直观认知，看看在模型能够拟合数据和模型不能拟合数据的情况下，权重的分布分别是如何变化的。

现在考察模型如何在缩放数据集上进行学习。

3.8.1 学习率对缩放数据集的影响

在本小节中，我们将考察如下情况下训练数据集和验证数据集的准确度：
- 学习率较大；
- 学习率适中；
- 学习率较小。

> ℹ️ 下列三小节代码可以从本书的 GitHub 存储库（https://tinyurl.com/mcvp-packt）Chapter03 文件夹中的 Varying_learning_rate_on_scaled_data.ipynb 获得。请注意，为了简洁起见，这里并没有提供所有的步骤，只提供相对于 3.6.1 节中有变化的代码。鼓励你在执行代码时参考本书 GitHub 存储库中的相关 notebook。

学习率较大

这里，我们将采取以下策略：
- 当使用 Adam 优化器时，需要执行的步骤将与 3.6.1 节中的完全相同。
- 在定义 get_model 函数时，唯一的变化是 optimizer 中的学习率。在这里，将学习率（lr）更改为 0.1。

请注意，所有的代码都与 3.6.1 节中的相同，除了对 get_model 函数进行的修改。

要修改学习率，必须在 `optimizer` 的定义中进行修改，可以在 `get_model` 函数中找到，如下所示：

```
def get_model():
    model = nn.Sequential(
                nn.Linear(28 * 28, 1000),
                nn.ReLU(),
                nn.Linear(1000, 10)
            ).to(device)

    loss_fn = nn.CrossEntropyLoss()
    optimizer = Adam(model.parameters(), lr=1e-1)
    return model, loss_fn, optimizer
```

注意，上述代码修改了优化器，使它的学习率为 0.1（lr=1e-1）。

一旦执行了所有剩下的步骤，就可以得到对应于训练数据集和验证数据集的准确度和损失值，如图 3-21 所示。

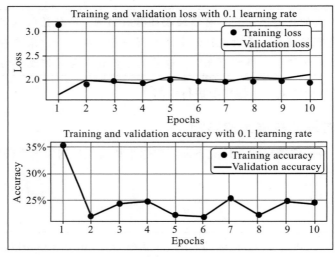

图　3-21

注意，验证数据集的准确度约为 25%（相比之下，当学习率为 0.01 时，我们获得了约 85% 的准确度）。

下面将考察学习率适中（0.001）时验证数据集的准确度。

学习率适中

我们将通过修改 `get_model` 函数并重新训练模型，将优化器的学习率降低到 0.001。

修改后的 `get_model` 函数代码如下：

```
def get_model():
    model = nn.Sequential(
                nn.Linear(28 * 28, 1000),
                nn.ReLU(),
                nn.Linear(1000, 10)
            ).to(device)
```

```
loss_fn = nn.CrossEntropyLoss()
optimizer = Adam(model.parameters(), lr=1e-3)
return model, loss_fn, optimizer
```

注意，在上述代码中，自从修改了 `lr` 参数值以来，学习率已经降低到一个很小的值。

一旦执行了所有剩下的步骤，就可以得到对应于训练数据集和验证数据集的准确度和损失值，如图 3-22 所示。

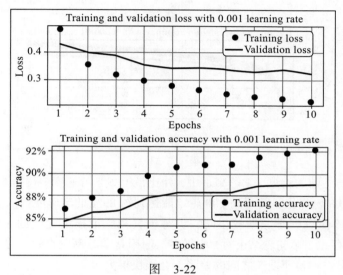

图　3-22

可以看出，当学习率（or）从 0.1 降低到 0.001 时，模型训练比较成功。

下面我们将进一步降低学习率。

学习率较小

在这一节中，我们将通过修改 `get_model` 函数并重新训练模型，将优化器的学习率降低到 0.000 01。此外，训练该模型运行更多轮（100 轮）。

修改后的 `get_model` 函数代码如下：

```
def get_model():
    model = nn.Sequential(
            nn.Linear(28 * 28, 1000),
            nn.ReLU(),
            nn.Linear(1000, 10)
        ).to(device)

    loss_fn = nn.CrossEntropyLoss()
    optimizer = Adam(model.parameters(), lr=1e-5)
    return model, loss_fn, optimizer
```

注意，上述代码修改了 `lr` 参数值，将学习率降低到一个非常小的值。

一旦执行了所有剩下的步骤，就可以得到对应于训练数据集和验证数据集的准确度和损失值，如图 3-23 所示。

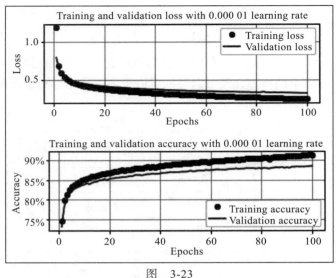

图　3-23

可以看出，与之前的情形（学习率适中）相比，模型学习速度要慢得多。在这里，与学习率为 0.001 时的 8 轮相比，需要约 100 轮才能达到约 89% 的准确度。

此外，还应该注意到学习率较小时，训练损失和验证损失之间的差距比前一种情形（这里类似的差距存在于第 4 轮结束时）小得多。原因是学习率较小时，权重更新要慢得多，这就意味着训练损失和验证损失之间的差距不会很快扩大。

目前，我们已经了解了学习率对训练数据集和验证数据集准确度的影响。下一小节将介绍对于不同的学习率值，权重值在不同层之间的分布是如何变化的。

不同学习率的不同层参数分布

在前文中，我们了解到在学习率较大（0.1）时，模型无法被训练（模型欠拟合）。在学习率适中（0.001）或学习率较小（0.000 01）时，则可以训练出一个准确度良好的模型。在这里，我们看到学习率适中能够快速产生过拟合，学习率较小则需要更长的时间才能达到与学习率适中模型相当的准确度。

在本小节中，我们将了解参数分布如何成为度量模型过拟合和欠拟合的良好指标。

目前，我们在模型中有如下四组参数：

❑ 连接输入层和隐藏层的层中权重；

❑ 隐藏层中的偏置项；

❑ 连接隐藏层与输出层的层中权重；

❑ 输出层中的偏置项。

可以使用以下代码（为每个模型执行以下代码）查看这些参数的分布：

```
for ix, par in enumerate(model.parameters()):
    if(ix==0):
        plt.hist(par.cpu().detach().numpy().flatten())
```

```
        plt.title('Distribution of weights conencting \
                  input to hidden layer')
        plt.show()
    elif(ix ==1):
        plt.hist(par.cpu().detach().numpy().flatten())
        plt.title('Distribution of biases of hidden layer')
        plt.show()
    elif(ix==2):
        plt.hist(par.cpu().detach().numpy().flatten())
        plt.title('Distribution of weights conencting \
                  hidden to output layer')
        plt.show()
    elif(ix ==3):
        plt.hist(par.cpu().detach().numpy().flatten())
        plt.title('Distribution of biases of output layer')
        plt.show()
```

注意，model.parameters 会根据当前正在绘制分布的模型不同而发生变化。上述代码在三个学习率上的输出如图 3-24 所示。

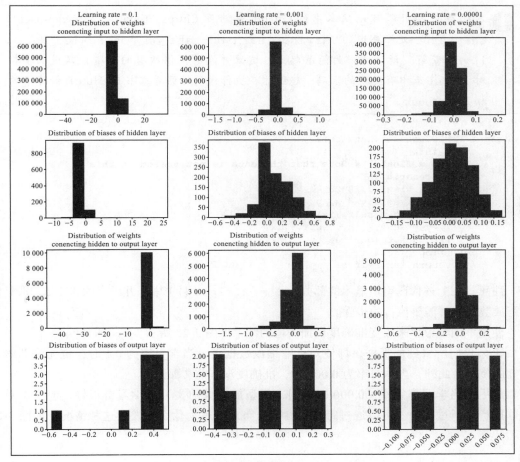

图　3-24

这里，可以看出：

❑ 当学习率较大时，参数的分布比学习率适中和学习率较小时的大得多。

❑ 当参数分布较大时，出现过拟合。

到目前为止，已经研究了改变学习率对模型训练的影响，该模型是在一个缩放数据集上训练的。在下一小节中，我们将了解改变学习率对于在非缩放数据上训练的模型的影响。

请注意，尽管我们已经确定了缩放输入值总是较好的，但还是需要讨论不同的学习率在非缩放数据集上对模型训练产生的影响。

3.8.2 不同学习率对非缩放数据集的影响

在本小节中，我们将恢复对数据集的处理，不在定义数据集的类中执行除以 255 的除法。可以这样做：

> ℹ️ 本小节中的代码可以从本书的 GitHub 存储库（https://tinyurl.com/mcvp-packt）Chapter03 文件夹中的 Varying_learning_rate_on_non_scaled_data.ipynb 获得。请注意，为简洁起见，这里并没有提供所有的步骤，只提供了相对于 3.6.1 节中有变化的代码。建议你在执行代码时参考本书 GitHub 存储库中的相关 notebook。

```
class FMNISTDataset(Dataset):
    def __init__(self, x, y):
        x = x.float() # Note that the data is not scaled in this
        # scenario
        x = x.view(-1,28*28)
        self.x, self.y = x, y
    def __getitem__(self, ix):
        x, y = self.x[ix], self.y[ix]
        return x.to(device), y.to(device)
    def __len__(self):
        return len(self.x)
```

注意，在上述代码突出显示的部分（x = x.float()）中，并没有除以 255，那是使用缩放数据集时需要执行的步骤。

使用不同学习率来改变准确度和损失值的结果如图 3-25 所示。

正如我们所看到的那样，即使对于非缩放数据集，当学习率为 0.1 时，也无法训练出准确的模型。此外，当学习率为 0.001 时，准确度没有前文那么高。

最后，当学习率很小（0.000 01）时，模型能够像前文一样学习得很好，但这次对训练数据产生了过拟合。可以通过跨层的参数分布来理解为什么会发生这种情况，如图 3-26 所示。

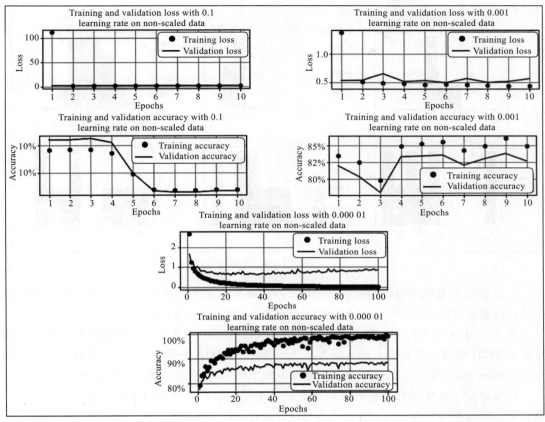

图 3-25

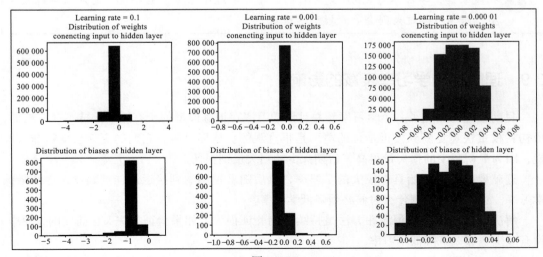

图 3-26

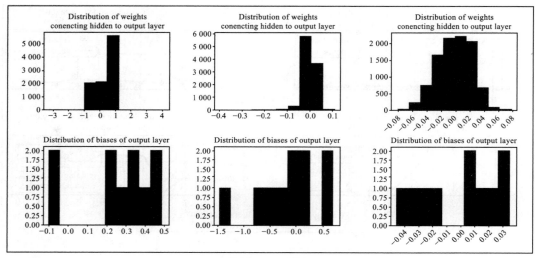

图   3-26（续）

在这里可以看到，当模型准确度高时（即学习率为 0.000 01 时），与学习率较大的情形相比，权重的取值范围要小得多（在本例中通常为 -0.05 到 0.05）。

由于学习率很小，因此可以将权重调整为较小的值。请注意，在非缩放数据集上学习率为 0.00001 的情形等价于在缩放数据集上学习率为 0.001 的情形。这是因为现在可以将权重调整到一个很小的值（因为当学习率非常小时，梯度 × 学习率是一个很小的值）。

目前确定了在缩放数据集和非缩放数据集上拥有较大学习率都不太可能产生最好的结果，下一节将介绍如何在模型开始出现过拟合时自动降低学习率。

 一般来说，学习率为 0.001 是可行的。学习率过小意味着需要过长时间来训练模型，而学习率过大则会导致模型不稳定。

3.9 理解不同学习率衰减的影响

目前已经初始化了一个学习率，并且该学习率在训练模型的所有轮中保持不变。然而，最初将权重快速更新到接近最优的情形是很直观的。从那以后，它们的更新会变得非常缓慢，因为最初减少的损失量很高，后期减少的损失量则很低。

这就要求在一开始具有较大的学习率，然后随着模型达到接近最佳准确度，逐渐降低学习率。这就要求了解什么时候必须降低学习率。

解决这个问题的一种潜在方法是持续监测验证损失，如果验证损失（在前面的 x 轮中）没有减少，那么就降低学习率。

PyTorch 提供了一些相关的工具，当验证损失在前一个"x"轮没有减少的情况下，可以使用这些工具降低学习率。例如，可以使用 `lr_scheduler` 方法：

```
from torch import optim
scheduler = optim.lr_scheduler.ReduceLROnPlateau(optimizer,
                                    factor=0.5,patience=0,
                                    threshold = 0.001,
                                    verbose=True,
                                    min_lr = 1e-5,
                                    threshold_mode = 'abs')
```

在上述代码中，如果某个值在接下来的 n 个历元（在本例中 n 为 0）中没有达到 `threshold`（在本例中为 0.001），那么就通过 `factor` 为 0.5 来降低 `optimizer` 的学习率参数。最后，指定学习率 `min_lr`（假定它减少为原来的 0.5）不能低于 1e-5，并且要确保 `threshold_mode` 超过最小阈值 0.001。

现在已经了解了调节器，下面就在模型训练时使用这个调节器。

与前面几节相似，除了这里显示的粗体代码，其余的所有代码都与 3.6.1 节的相同，这些粗体代码是为了计算验证损失而添加的：

> ⓘ 本节中的代码可以从本书的 GitHub 存储库（https://tinyurl.com/mcvp-packt）Chapter03 文件夹的 Learning_rate_annealing.ipynb 获得。注意，为简洁起见，这里并没有提供所有的步骤，只提供了相对于 3.6.1 节中有变化的代码。建议你在执行代码时参考本书 GitHub 存储库中的相关 notebook。

```
from torch import optim
scheduler = optim.lr_scheduler.ReduceLROnPlateau(optimizer,
                                    factor=0.5, patience=0,
                                    threshold = 0.001,
                                    verbose=True,
                                    min_lr = 1e-5,
                                    threshold_mode = 'abs')
train_losses, train_accuracies = [], []
val_losses, val_accuracies = [], []
for epoch in range(30):
    #print(epoch)
    train_epoch_losses, train_epoch_accuracies = [], []
    for ix, batch in enumerate(iter(trn_dl)):
        x, y = batch
        batch_loss = train_batch(x, y, model, optimizer, \
                                    loss_fn)
        train_epoch_losses.append(batch_loss)
    train_epoch_loss = np.array(train_epoch_losses).mean()

    for ix, batch in enumerate(iter(trn_dl)):
        x, y = batch
        is_correct = accuracy(x, y, model)
        train_epoch_accuracies.extend(is_correct)
    train_epoch_accuracy = np.mean(train_epoch_accuracies)

    for ix, batch in enumerate(iter(val_dl)):
```

```
x, y = batch
val_is_correct = accuracy(x, y, model)
validation_loss = val_loss(x, y, model)
scheduler.step(validation_loss)
val_epoch_accuracy = np.mean(val_is_correct)

train_losses.append(train_epoch_loss)
train_accuracies.append(train_epoch_accuracy)
val_losses.append(validation_loss)
val_accuracies.append(val_epoch_accuracy)
```

在上述代码中，我们规定只要验证损失没有在连续的轮中减少，就应该激活调节器。此时，学习率会将当前的学习率减半。

在我们的模型上执行此操作得到的输出结果如图 3-27 所示。

```
Epoch     5: reducing learning rate of group 0 to 5.0000e-04.
Epoch     8: reducing learning rate of group 0 to 2.5000e-04.
Epoch    11: reducing learning rate of group 0 to 1.2500e-04.
Epoch    12: reducing learning rate of group 0 to 6.2500e-05.
Epoch    13: reducing learning rate of group 0 to 3.1250e-05.
Epoch    15: reducing learning rate of group 0 to 1.5625e-05.
Epoch    16: reducing learning rate of group 0 to 1.0000e-05.
```

图 3-27

让我们来理解训练和验证数据集的准确度和损失值如何随着轮数的增加而变化，如图 3-28 所示。

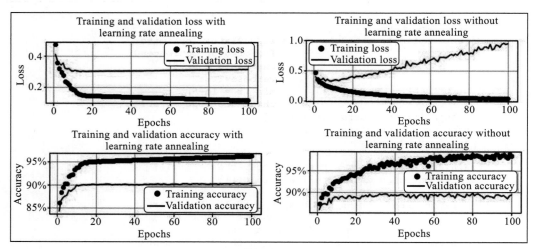

图 3-28

请注意，每当验证损失随着轮数的增加而增加至少 0.001 时，学习率就会减少一半。这发生在第 5、8、11、12、13、15 和 16 轮。

此外，即使将模型训练了 100 轮，也没有产生任何大的过拟合问题。这是由于学习率变得非常之小，从而权重更新也非常小，进一步导致训练准确度和验证准确度之间的差别更小（相比于有 100 轮没有学习率衰减，训练准确度接近 100%，而验证准确度接近 89% 的情形）。

目前，我们已经了解了各种超参数对模型准确度的影响。在下一节中，我们将了解神经网络模型的层数如何影响模型的准确度。

3.10　构建更深的神经网络

到目前为止，我们的神经网络架构只有一个隐藏层。在本节中，我们将对比具有两个隐藏层和没有隐藏层（没有隐藏层是逻辑回归）的模型的性能。

构建具有两个隐藏层的网络模型的代码如下（注意，将第二层隐藏层中的单元数设置为 1000）。按如下方式修改后的 get_model 函数（来自 3.6.1 节中的代码）使得模型具有两个隐藏层：

> ℹ️ 本节中的代码可以从本书的 GitHub 存储库（https://tinyurl.com/mcvp-packt）Chapter03 文件夹中的 Impact_of_building_a_deeper_neural_network.ipynb 获得。注意，为简洁起见，这里并没有提供所有的步骤，只提供了相对于 3.6.1 节中有变化的代码。建议你在执行代码时参考本书 GitHub 存储库中的相关 notebook。

```
def get_model():
    model = nn.Sequential(
            nn.Linear(28 * 28, 1000),
            nn.ReLU(),
            nn.Linear(1000, 1000),
            nn.ReLU(),
            nn.Linear(1000, 10)
        ).to(device)

    loss_fn = nn.CrossEntropyLoss()
    optimizer = Adam(model.parameters(), lr=1e-3)
    return model, loss_fn, optimizer
```

类似地，没有隐藏层的 get_model 函数如下所示：

```
def get_model():
    model = nn.Sequential(
            nn.Linear(28 * 28, 10)
        ).to(device)

    loss_fn = nn.CrossEntropyLoss()
    optimizer = Adam(model.parameters(), lr=1e-3)
    return model, loss_fn, optimizer
```

注意，上述函数将输入直接连接到输出层。

一旦像在 3.6.1 节中那样训练模型，就可以在训练数据集和验证数据集上得到图 3-29 所示的准确度和损失值。

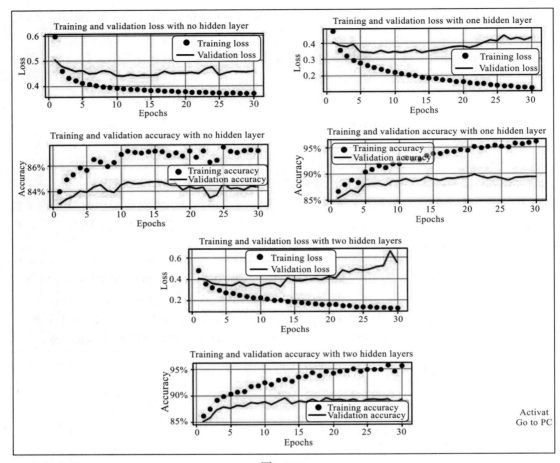

图　3-29

请在此注意以下两点：

❑ 该模型无法像没有隐藏层时那样学习；

❑ 两层隐藏层模型的过拟合量会大于一层隐藏层模型的过拟合量（具有两层隐藏层的模型的验证损失大于只有一层隐藏层的模型的验证损失）。

目前我们已经从不同的角度看到，当输入数据没有被缩放（缩小到一个小范围）时，模型就不能得到很好的训练。非缩放数据（范围更大的数据）也有可能出现在隐藏层中（特别是对于具有多个隐藏层的深度神经网络），因为在获取隐藏层中节点的值时通常会涉及矩阵乘法。在下一节中，我们将学习如何在中间层中处理此类未缩放数据。

3.11　理解不同批归一化的影响

之前已经讨论过，当输入值很大且权重值发生显著变化时，Sigmoid 输出的变化不会产生太大的差异。

现在，考虑如下所示的相反情况，即输入值非常小的情形：

输入	权重	Sigmoid
0.01	0.000 01	0.500
0.01	0.000 1	0.500
0.01	0.001	0.500
0.01	0.01	0.500
0.01	0.1	0.500
0.01	0.2	0.500
0.01	0.3	0.501
0.01	0.4	0.501
0.01	0.5	0.501
0.01	0.6	0.501
0.01	0.7	0.502
0.01	0.8	0.502
0.01	0.9	0.502
0.01	1	0.502

当输入值非常小时，Sigmoid 输出会发生轻微的变化，从而使得权重值发生较大的变化。

此外，在 3.5 节可以看到较大的输入值对训练准确度有着负面影响。这表明输入值既不能非常小也不能非常大。

关于很小或很大的输入值，也可能遇到下面这种情形：某个隐藏层的节点可能会产生一个很小的数值或一个很大的数值，此时将隐藏层权重连接到下一层就会导致之前遇到的同样的问题。

在这种情况下，可以使用批归一化方法解决这个问题，因为这种方法对每个节点上的值进行了归一化处理，就像对输入值进行缩放处理一样。

在通常情况下，批归一化处理的所有输入值都按如下方式进行缩放：

$$批均值 \mu_B = \frac{1}{m}\sum_{i=1}^{m} x_i$$

$$批方差 \sigma_2^B = \frac{1}{m}\sum_{i=1}^{m}(x_i - \mu_B)^2$$

$$归一化输入 \bar{x}_i = \frac{(x_i - \mu_B)}{\sqrt{\sigma_B^2 + \varepsilon}}$$

$$批归一化输入 = \gamma \bar{x}_i + \beta$$

通过从批均值中减去每个数据点，然后除以批方差，将该批数据在一个节点上的所有数据点都归一化到一个固定的范围。

这被称为硬归一化,通过引入 γ 和 β 参数,由网络确定最佳归一化参数。

为了能够理解批归一化过程如何发挥作用,可以针对以下情形,考察训练数据集和验证数据集上的损失值和准确度,以及隐藏层值的分布:

- ❏ 没有批归一化的非常小的输入值;
- ❏ 经过批归一化的非常小的输入值。

3.11.1 没有批归一化的非常小的输入值

到目前为止,当需要缩放输入数据时,可以把它缩放到 0 和 1 之间的值。在本小节中,我们进一步将其缩放到 0 和 0.0001 之间的值,以便理解缩放数据的影响。正如我们在本节开始时所看到的那样,即使权重值的变化很大,小的输入值也不能改变 Sigmoid 值。

为了缩放输入数据集,使其具有一个非常低的值,将改变缩放,我们通常在 FMNISTDataset 类中完成对输入数据的缩放处理,将输入值的范围限制为 0 到 0.000 1,相关代码如下:

> ℹ 本小节中的代码可以从本书的 GitHub 存储库(https://tinyurl.com/mcvp-packt)Chapter03 文件夹中的 Batch_normalization.ipynb 获得。注意,为简洁起见,这里并没有提供所有的步骤,只提供了相对于 3.6.1 节中有变化的代码。建议你在执行代码时参考本书 GitHub 存储库中的相关 notebook。

```
class FMNISTDataset(Dataset):
    def __init__(self, x, y):
        x = x.float()/(255*10000) # Done only for us to
        # understand the impact of Batch normalization
        x = x.view(-1,28*28)
        self.x, self.y = x, y
    def __getitem__(self, ix):
        x, y = self.x[ix], self.y[ix]
        return x.to(device), y.to(device)
    def __len__(self):
        return len(self.x)
```

请注意,代码粗体部分(x = x.float()/(255*10000))通过将输入像素值除以 10 000 来缩小输入像素值的范围。

接下来,必须重新定义 get_model 函数,以便获取需要的预测模型,以及隐藏层的值。可以通过指定一个神经网络类来实现,具体代码如下:

```
def get_model():
    class neuralnet(nn.Module):
        def __init__(self):
            super().__init__()
            self.input_to_hidden_layer = nn.Linear(784,1000)
            self.hidden_layer_activation = nn.ReLU()
            self.hidden_to_output_layer = nn.Linear(1000,10)
        def forward(self, x):
```

```
            x = self.input_to_hidden_layer(x)
            x1 = self.hidden_layer_activation(x)
            x2= self.hidden_to_output_layer(x1)
            return x2, x1
    model = neuralnet().to(device)
    loss_fn = nn.CrossEntropyLoss()
    optimizer = Adam(model.parameters(), lr=1e-3)
    return model, loss_fn, optimizer
```

上述代码定义了 neuralnet 类，它返回输出层的值（x2）和隐藏层的激活值（x1）。注意，这里该网络的架构并没有发生改变。

假设 get_model 函数现在返回两个输出，则需要修改 train_batch 和 val_loss 函数，它们通过模型传递输入来进行预测。这里只获取输出层的值，而不是隐藏层的值。鉴于输出层的值在模型返回值的第 0 个索引中，故对函数进行修改，使得它们只获取预测的第 0 个索引，具体代码如下：

```
def train_batch(x, y, model, opt, loss_fn):
    model.train()
    prediction = model(x)[0]
    batch_loss = loss_fn(prediction, y)
    batch_loss.backward()
    optimizer.step()
    optimizer.zero_grad()
    return batch_loss.item()

def accuracy(x, y, model):
    model.eval()
    with torch.no_grad():
        prediction = model(x)[0]
    max_values, argmaxes = prediction.max(-1)
    is_correct = argmaxes == y
    return is_correct.cpu().numpy().tolist()
```

注意，上述代码中粗体部分确保了只获取模型输出的第 0 个索引（因为第 0 个索引包含了输出层的值）。

现在，当运行 3.5 节提供的其余代码时，将会看到训练数据集和验证数据集的准确度和损失值随着轮数的增加而变化的情况，具体如图 3-30 所示。

注意，此时即使在 100 轮之后，模型也没能训练好（在前面的章节中，使用 10 轮，就可以训练模型在验证数据集上的准确度达到约 90%，而当前的模型只有约 85% 的验证准确度）。

可以通过考察隐藏层值的分布以及参数的分布来理解为什么当输入值的范围很小时，模型不能得到很好的训练，如图 3-31 所示。

注意，第一个分布表示隐藏层中值的分布（可以看到这些值的变化范围很小）。此外，考虑到输入层和隐藏层的取值范围非常小，此时权重（用于连接输入层到隐藏层的权重和隐藏层到输出层的权重）必须要有比较大的取值范围。

既然理解了当输入值的范围很小时，网络不能得到很好的训练，下面就来理解批归一化如何帮助扩展隐藏层中值的取值范围。

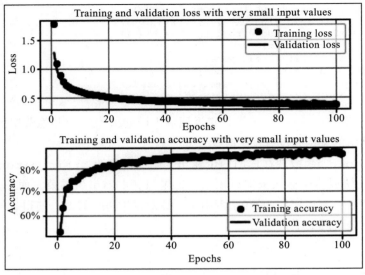

图   3-30

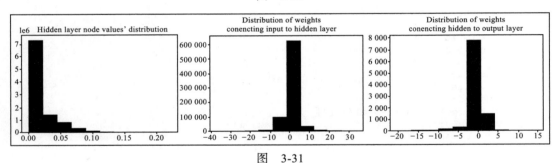

图   3-31

3.11.2   经过批归一化的非常小的输入值

在本小节中，将只对前一小节中的代码做一次更改，也就是说，在定义模型架构时添加批归一化。

修改后的 `get_model` 函数如下：

```
def get_model():
    class neuralnet(nn.Module):
        def __init__(self):
            super().__init__()
            self.input_to_hidden_layer = nn.Linear(784,1000)
            self.batch_norm = nn.BatchNorm1d(1000)
            self.hidden_layer_activation = nn.ReLU()
            self.hidden_to_output_layer = nn.Linear(1000,10)
        def forward(self, x):
            x = self.input_to_hidden_layer(x)
            x0 = self.batch_norm(x)
            x1 = self.hidden_layer_activation(x0)
            x2= self.hidden_to_output_layer(x1)
```

```
            return x2, x1
model = neuralnet().to(device)
loss_fn = nn.CrossEntropyLoss()
optimizer = Adam(model.parameters(), lr=1e-3)
return model, loss_fn, optimizer
```

注意，上述代码中声明了一个变量（batch_norm），它执行批归一化（nn.BatchNorm1d）。执行 nn.BatchNorm1d(1000) 的原因是每个图像的输出维数是 1000（也就是说，隐藏层的输出维数是 1）。

此外，在 forward 方法中，ReLU 激活之前使用批归一化传递隐藏层值的输出。

训练数据集和验证数据集的准确度和损失值随轮数增加的变化曲线如图 3-32 所示。

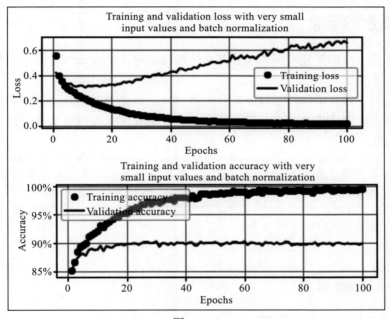

图　3-32

可以看出，模型的训练方式与输入值未处于很小范围时的训练方式非常相似。让我们了解一下隐藏层值的分布和权重的分布，如图 3-33 所示。

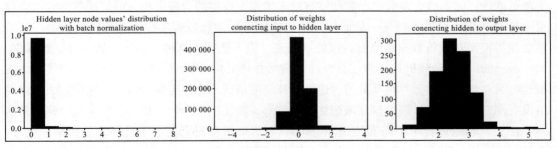

图　3-33

可以看到，当进行批归一化时，隐藏层值的分布范围较大，而连接隐藏层和输出层的权重的分布范围较小。模型训练的结果与前面一样有效。

> 在训练深度神经网络时，批归一化很有帮助。它能够帮助避免梯度变得太小，以至于不能更新权重。

请注意，这里比不进行批归一化情形更快地获得了较高的验证准确度。这可能是对中间层进行归一化处理的结果，从而减少了权重中出现饱和的机会。然而，过拟合的问题还有待解决。下面将讨论这个问题。

3.12 过拟合的概念

到目前为止，我们已经看到训练数据集的准确度通常超过 95%，而验证数据集的准确度约为 89%。

从本质上说，这表明该模型在未见过的数据集上泛化程度不高，因为它只是从训练数据集学习。这也说明该模型正在学习训练数据集中所有可能的边缘情况，这些情况并不适用于验证数据集。

> 在训练数据集上具有较高的准确度，而在验证数据集上具有相当低的准确度，这就是过拟合的情形。

减少过拟合的一些典型策略如下：
- ❏ dropout；
- ❏ 正则化。

下面将介绍这些策略。

3.12.1 添加 dropout 的影响

我们已经知道，无论何时计算 `loss.backward()` 都会发生权重更新。一个网络模型中通常会有数十万个参数，需要使用数千个数据点来完成对模型的训练。这就提供了下面的一种可能性，即虽然大多数的参数调整有助于实现对模型的合理训练，但是某些参数可能仅仅是针对训练图像进行微调，从而使它们的取值仅由训练数据集中的少数图像决定。这虽然会使得模型对训练数据集具有较高的准确度，但不能够将这种准确度泛化到验证数据集。

dropout 是一种随机选择特定百分比的激活并将其降至 0 的机制。在下一次迭代中，随机选择另一组隐藏单元并将其关闭。这样，神经网络就不会对边缘情形进行优化，因为该网络没有那么多机会通过调整权重来记忆边缘情形（假设权重不会在每次迭代中都得到更新）。

注意，预测过程中不需要使用 dropout，因为该机制只能应用于已训练的模型。此外，在预测（评估）期间，权重将自动缩小取值范围，以调整权值的大小（因为所有的权重都在预测期间出现）。

在模型训练和模型验证过程中，层的行为通常会有所不同——就像你在 dropout 的例子中看到的那样。出于这个原因，你必须使用以下两种方法之一预先指定模型的模式：model.train() 为训练模式，model.eval() 为评估模式。如果不这样做，就有可能得到意想不到的结果。例如，在图 3-34 中，请注意该模型（包含 dropout）如何在训练模式下对相同的输入给出不同的预测。然而，当相同的模型处于 eval 模式时，将会抑制 dropout 层并返回相同的输出。

```
[20]  1   model.train()
      2   batch = next(iter(trn_dl))
      3   for i in range(5):
      4       output = model(batch[0])
      5       print(output.mean().item())

     -13.275323867797852
     -12.834677696228027
     -11.895054817199707
     -12.713885307312012
     -13.302783012390137


      1   model.eval()
      2   batch = next(iter(trn_dl))
      3   for i in range(5):
      4       output = model(batch[0])
      5       print(output.mean().item())

     -12.40117359161377
     -12.40117359161377
     -12.40117359161377
     -12.40117359161377
     -12.40117359161377
```

图 3-34

在定义模型架构的时候，在 get_model 函数中指定 dropout 的相关代码如下：

> ℹ 本小节中的代码可以从本书的 GitHub 存储库（https://tinyurl.com/mcvp-packt）Chapter03 文件夹中的 Impact_of_dropout.ipynb 获得。注意，为简洁起见，这里并没有提供所有的步骤，只提供了相对于 3.6.1 节中有变化的代码。建议你在执行代码时参考本书 GitHub 存储库中的相关 notebook。

```python
def get_model():
    model = nn.Sequential(
                nn.Dropout(0.25),
                nn.Linear(28 * 28, 1000),
                nn.ReLU(),
                nn.Dropout(0.25),
                nn.Linear(1000, 10)
            ).to(device)

    loss_fn = nn.CrossEntropyLoss()
    optimizer = Adam(model.parameters(), lr=1e-3)
    return model, loss_fn, optimizer
```

注意，上述代码中 Dropout 是在线性激活之前确定的。这使得线性激活层中固定百分比的权重不会被更新。

一旦完成如 3.6.1 节那样的模型训练，就可以得到训练数据集和验证数据集的损失值和准确度，具体如图 3-35 所示。

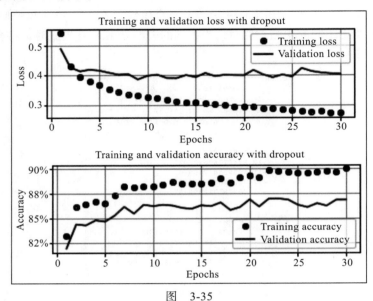

图   3-35

请注意，此时训练数据集和验证数据集的准确度之间的差别没有前面那么大，因此有效降低了过拟合。

3.12.2   正则化的影响

除了模型的训练准确度远高于验证准确度之外，过拟合的另一个特征是某些权重值会远远高于其他权重值。高权重值可能是模型在训练数据上学习得很好的表现（本质上却是对已知数据的一种比较糟糕的学习）。

dropout 是一种用于使权重值不会频繁更新的机制，正则化则是另一种用于此目的的机制。

正则化是一种基于对模型中高权重值进行惩罚的技术。因此，它是一种具有双重优化目标的目标函数，即最小化训练数据的损失和权重值。在本小节中，将学习两种类型的正则化方法：

❑ L1 正则化；

❑ L2 正则化。

> ℹ️ 本小节中的代码可以从本书的 GitHub 存储库（https://tinyurl.com/mcvp-packt）
> Chapter03 文件夹中的 Impact_of_regularization.ipynb 获得。注意，
> 为简洁起见，这里并没有提供所有的步骤，只考察相对于 3.6.1 节中有变化的代
> 码。建议你在执行代码时参考本书 GitHub 存储库中的相关 notebook。

L1 正则化

L1 正则化的计算公式如下：

$$L1loss = -\frac{1}{n}\left(\sum_{i=1}^{n}(y_i \times \log(p_i) + (1-y_i) \times \log(1-p_i)) + \varLambda\sum_{j=1}^{m}|w_j| \right)$$

上述公式的第一部分是目前用于优化类别交叉熵损失，第二部分是模型中所权重值的绝对值之和。

注意，L1 正则化通过在损失值的计算过程中纳入权重的绝对值之和的方式实现对取值较高权重值的惩罚。

$\varLambda$ 指的是与正则化（权重最小化）损失相关联的权重。

在对模型进行训练时，实现 L1 正则化的相关代码如下：

```
def train_batch(x, y, model, opt, loss_fn):
    model.train()
    prediction = model(x)
    l1_regularization = 0
    for param in model.parameters():
        l1_regularization += torch.norm(param,1)
    batch_loss = loss_fn(prediction, y)+0.0001*l1_regularization
    batch_loss.backward()
    optimizer.step()
    optimizer.zero_grad()
    return batch_loss.item()
```

在上述代码中，通过初始化 l1_regularization（正则化），对所有层的权重和偏置项进行了强制的正则化。

torch.norm(param, 1) 提供了权重和跨层偏置项的绝对值。

此外，还有一个非常小的权重（0.000 1）实现与各层参数的绝对值之和的乘积。

一旦执行 3.6.1 节中的其余代码，就可以得到训练数据集和验证数据集的损失值和准确度随着历元的增加而变化的情况，具体如图 3-36 所示。

可以看到，此时模型的训练准确度和验证准确度的差异没有之前那么高了。

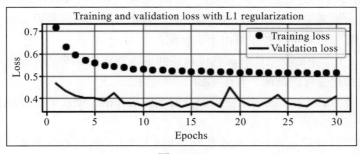

图　3-36

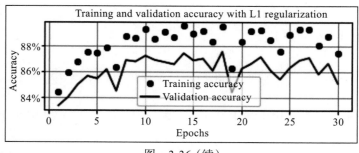

图　3-36（续）

L2 正则化

L2 正则化的计算公式如下：

$$L2\,\mathrm{loss} = -\frac{1}{n}\left(\sum_{i=1}^{n}(y_i \times \log(p_i) + (1-y_i) \times \log(1-p_i)) + \Lambda\sum_{j=1}^{m}w_j^2\right)$$

上式第一部分是类别交叉熵损失，第二部分是模型权重值的平方和。

与 L1 正则化类似，可以通过在损失值的计算过程中纳入权重值的平方和来惩罚取值较高的权重值。

Λ 指的是与正则化（权重最小化）损失相关联的权重。

使用 L2 正则化的模型训练代码如下：

```
def train_batch(x, y, model, opt, loss_fn):
    model.train()
    prediction = model(x)
    l2_regularization = 0
    for param in model.parameters():
        l2_regularization += torch.norm(param,2)
    batch_loss = loss_fn(prediction, y) + 0.01*l2_regularization
    batch_loss.backward()
    optimizer.step()
    optimizer.zero_grad()
    return batch_loss.item()
```

注意，上述代码中正则化参数（0.01）比 L1 正则化略高，因为权重通常在 −1 和 1 之间，它们的平方会形成更小的取值。如果像 L1 正则化那样将它们乘以一个更小的数，则会使得在总损失计算中只有很少的权重用于正则化。

一旦执行 3.6.1 节中的剩余代码，就可以得到训练数据集和验证数据集的损失值和准确度随着历元的增加而变化的情况，具体如图 3-37 所示。

可以看出，这里的 L2 正则化也使得模型的准确度和损失值在验证数据集和训练数据集上都比较接近。

最后，比较没有使用正则化的权重值和使用 L1/ L2 正则化的权重值，就可以理解正则化的效果，即当涉及记忆边缘情况下的值时，某些权重值变化很大。可以通过遍历各层的权重分布来实现这一点，如图 3-38 所示。

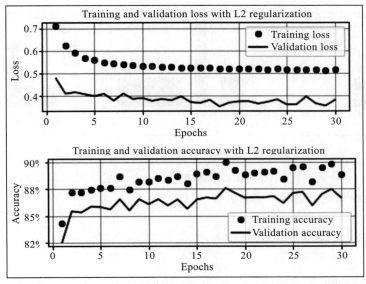

图 3-37

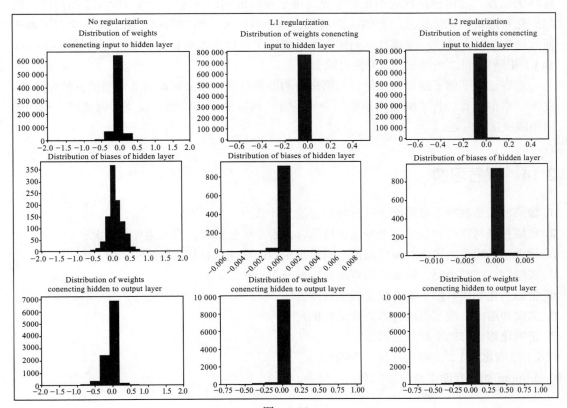

图 3-38

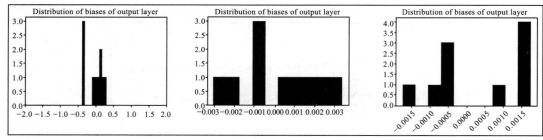

图   3-38（续）

可以看出，与不使用正则化相比，在执行 L1/ L2 正则化时，参数的分布变得非常小。这就减少了在边缘情况下更新权重的机会。

3.13   小结

我们首先学习如何表示图像。接下来，学习了如何缩放输入数据、学习率的值、如何选择优化器、如何选择批大小来帮助提高模型准确度和训练速度。然后学习了如何使用批归一化帮助提高训练速度，并解决隐藏层中很小或很大取值的问题。接下来，学习了如何通过调整学习率来进一步提高准确度。之后理解了过拟合的概念，学习了如何使用 dropout 和 L1 正则化、L2 正则化方法避免过拟合。

现在已经了解了使用深度神经网络进行的图像分类，以及帮助训练模型的各种超参数。在下一章中，我们将了解使用本章所介绍的方法面临的一些问题，以及如何使用卷积神经网络解决这些问题。

3.14   课后习题

1. 如果输入值在输入数据集中没有缩放会发生什么？
2. 训练神经网络时，如果背景是白色像素，内容是黑色像素，会发生什么情况？
3. 批大小对模型的训练时间以及模型对给定轮数的准确度有什么影响？
4. 在模型训练结束时，输入值的范围对权重分布有什么影响？
5. 批归一化如何有助于提高模型的准确度？
6. 如何知道一个模型是否过拟合训练数据？
7. 正则化如何有助于避免过拟合？
8. L1 正则化和 L2 正则化有什么不同？
9. dropout 如何有助于减少过拟合？

第二部分

物体分类与目标检测

在理解了神经网络（NN）基础知识之后，在第二部分中，我们将探讨构建在这些基础知识之上的更复杂的神经网络模块，以解决更复杂的视觉相关问题，包括目标检测、图像分类等问题。

第二部分包括以下几章：

第 4 章

卷积神经网络

到目前为止,我们已经学习了如何构建深度神经网络以及调整各种超参数所带来的影响。在本章中,我们首先考察传统深度神经网络面临的问题,通过一个简单示例介绍卷积神经网络(Convolutional Neural Network,CNN)的内部工作原理,然后了解卷积神经网络的主要超参数,包括步长、池化和滤波器。接下来,我们将利用 CNN 以及各种数据增强技术来解决传统深度神经网络准确度较低的问题。之后,我们将考察使用 CNN 进行特征学习获得的输出结果。最后,我们将把所学内容整合在一起来解决一个具体用例:通过说明图像中包含的是狗还是猫的方式实现对图像的分类。经过以上内容的学习,我们将能够理解模型的预测准确度如何随着可用训练数据数量的变化而发生变化。

4.1 传统深度神经网络的问题

在深入 CNN 之前,我们首先考察传统深度神经网络面临的主要问题。

重新考虑在第 3 章中构建的网络模型。我们将随机获取一幅图像,并预测该图像对应的类别,具体代码如下:

> 本节代码可以从本书 GitHub 存储库(https://tinyurl.com/mcvp-packt)Chapter04 文件夹中的 Issues_with_image_translation.ipynb 获取。注意,全部代码都可以在 GitHub 中获得,但为了简洁起见,此处只讨论相应于图像转换问题的附加代码。我们强烈建议你在执行代码时参考本书 GitHub 库中的 notebook。

1. 从可用的训练图像中随机获取一幅图像:

```
# Note that you should run the code in
# Batch size of 32 section in Chapter 3
# before running the following code
import matplotlib.pyplot as plt
%matplotlib inline
```

```
# ix = np.random.randint(len(tr_images))
ix = 24300
plt.imshow(tr_images[ix], cmap='gray')
plt.title(fmnist.classes[tr_targets[ix]])
```

上述代码的输出结果如图 4-1 所示。

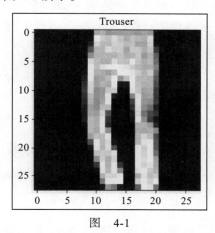

图　4-1

2. 将图像传递给已训练模型（使用 3.6.1 节中训练的模型）。

❑ 对图像进行预处理，执行构建模型时的数据预处理步骤：

```
img = tr_images[ix]/255.
img = img.view(28*28)
img = img.to(device)
```

❑ 提取与各类别相关的概率：

```
np_output = model(img).cpu().detach().numpy()
np.exp(np_output)/np.sum(np.exp(np_output))
```

上述代码的输出结果如图 4-2 所示。

```
array([1.7608897e-08, 1.0000000e+00, 2.6042574e-13, 1.1353759e-10,
       3.1050048e-12, 7.2957764e-16, 8.0109371e-11, 3.8039204e-22,
       1.2800090e-15, 2.8759430e-18], dtype=float32)
```

图　4-2

从输出结果可以看出概率最高的是第一个索引，它属于 Trouser 类。

3. 多次平移（滚动 / 滑动）图像（一次一个像素），从左边第 5 个像素平移到右边第 5 个像素，并将预测存储在一个列表中。

❑ 创建一个存储预测结果的列表：

```
preds = []
```

❑ 创建一个循环，从原始位置（图像中心）的 −5 像素（左边第 5 个像素）到 +5 像素

（右边第 5 个像素）：

```
for px in range(-5,6):
```

在上述代码中，尽管我们对转换到 +5 像素感兴趣，但还是指定了 6 作为上限，这是因为当（-5，6）为指定范围时，输出的范围将是从 -5 到 +5。

❑ 对图像进行预处理，和步骤 2 一样：

```
img = tr_images[ix]/255.
img = img.view(28, 28)
```

❑ 在 for 循环中根据 px 的取值旋转图像：

```
img2 = np.roll(img, px, axis=1)
```

在上述代码中指定 axis=1，这是因为我们希望图像像素是水平移动而不是垂直移动。

❑ 将滚动后的图像存储为一个张量对象，并将其注册到 device：

```
img3 = torch.Tensor(img2).view(28*28).to(device)
```

❑ 将 img3 传递给已训练模型，预测平移（滚动）后图像的类别，并将其添加到存储各种平移预测的列表中：

```
np_output = model(img3).cpu().detach().numpy()
preds.append(np.exp(np_output)/np.sum(np.exp(np_output)))
```

4. 对所有平移图像（从 -5 像素到 +5 像素）的模型预测结果进行可视化：

```
import seaborn as sns
fig, ax = plt.subplots(1,1, figsize=(12,10))
plt.title('Probability of each class \
for various translations')
sns.heatmap(np.array(preds), annot=True, ax=ax, fmt='.2f', \
            xticklabels=fmnist.classes, \
            yticklabels=[str(i)+str(' pixels') \
                        for i in range(-5,6)], cmap='gray')
```

上述代码的输出结果如图 4-3 所示。

> ℹ 因为我们只是将图像从左边第 5 个像素平移到右边第 5 个像素，所以图像内容并没有变化。然而，当平移超过 2 个像素时，预测图像的类别发生了变化。这是因为模型在训练的时候，训练图像和测试图像中的主要内容都在图像的中心。现在与前面的场景不同，这里使用偏离中心的平移图像进行测试，导致了类别预测发生错误。

在了解传统神经网络失败的情形之后，我们将学习 CNN 如何有助于解决这个问题。但是在开始之前，我们首先学习 CNN 的若干构建模块。

Probability of each class for various translations

	T-shirt/top	Trouser	Pullover	Dress	Coat	Sandal	Shirt	Sneaker	Bag	Ankle boot
−5 pixels	0.01	0.00	0.09	0.02	0.00	0.00	0.87	0.00	0.00	0.00
−4 pixels	0.02	0.00	0.01	0.20	0.02	0.00	0.75	0.00	0.00	0.00
−3 pixels	0.03	0.06	0.01	0.27	0.13	0.00	0.51	0.00	0.00	0.00
−2 pixels	0.01	0.63	0.00	0.12	0.18	0.00	0.06	0.00	0.00	0.00
−1 pixels	0.00	1.00	0.00	0.00	0.00	0.00	0.00	0.00	0.00	0.00
0 pixels	0.00	1.00	0.00	0.00	0.00	0.00	0.00	0.00	0.00	0.00
1 pixels	0.00	1.00	0.00	0.00	0.00	0.00	0.00	0.00	0.00	0.00
2 pixels	0.01	0.85	0.00	0.08	0.00	0.00	0.05	0.00	0.00	0.01
3 pixels	0.00	0.13	0.00	0.00	0.00	0.00	0.00	0.00	0.00	0.86
4 pixels	0.00	0.10	0.00	0.00	0.00	0.01	0.00	0.00	0.00	0.89
5 pixels	0.00	0.01	0.00	0.00	0.00	0.00	0.00	0.00	0.00	0.99

图 4-3

4.2 CNN 的构建模块

CNN 是图像处理领域最具突出应用的一种神经网络架构。CNN 解决了前一节中传统深度神经网络的主要限制。除了用于图像分类，CNN 还可以用于完成目标检测、图像分割、GAN 等任务。无论我们在什么情况下使用图像，CNN 基本上都能派上用场。可以使用多种不同的方法构建卷积神经网络，有多种预训练模型利用 CNN 执行各种任务。从本章开始，我们将广泛使用 CNN 模型。

在接下来的小节中，我们将了解 CNN 的如下基本构建模块：

❑ 卷积；

  ❑ 滤波器；

  ❑ 步长和填充；

  ❑ 池化。

4.2.1   卷积

  卷积基本上就是两个矩阵的乘法运算。正如你在前文看到的那样，矩阵乘法是神经网络训练的一个关键运算（在计算隐藏层值的时候，我们执行的是输入值和连接到隐藏层的权重值之间的矩阵乘法运算。类似地，模型通过执行矩阵乘法来计算输出层的值）。

  为了确保你对卷积过程有一个透彻的理解，下面举例说明。

  假设对两个矩阵进行卷积运算。

  矩阵 A 如下所示：

1	2	3	4
5	6	7	8
9	10	11	12
13	14	15	16

  矩阵 B 如下所示：

1	2
3	4

  在执行卷积运算时，将矩阵 B（较小的矩阵）滑动到矩阵 A（较大的矩阵）上，然后执行矩阵 A 和矩阵 B 之间元素对元素的乘法，如下所示：

  1. 将较大矩阵中的 {1,2,5,6} 乘以较小矩阵中的 {1,2,3,4}：

$$1×1+2×2+5×3+6×4=44$$

  2. 将较大矩阵中的 {2,3,6,7} 乘以较小矩阵中的 {1,2,3,4}：

$$2×1+3×2+6×3+7×4=54$$

  3. 将较大矩阵中的 {3, 4, 7, 8} 乘以较小矩阵中的 {1, 2, 3, 4}：

$$3×1+4×2+7×3+8×4=64$$

  4. 将较大矩阵中的 {5,6,9,10} 乘以较小矩阵中的 {1,2,3,4}：

$$5×1+6×2+9×3+10×4=84$$

  5. 将较大矩阵中的 {6,7,10,11} 乘以较小矩阵中的 {1,2,3,4}：

$$6×1+7×2+10×3+11×4=94$$

  6. 将较大矩阵中的 {7,8,11,12} 乘以较小矩阵中的 {1,2,3,4}：

$$7×1+8×2+11×3+12×4=104$$

7. 将较大矩阵中的 {9,10,13,14} 乘以较小矩阵中的 {1,2,3,4}：

$$9×1+10×2+13×3+14×4=124$$

8. 将较大矩阵中的 {10,11,14,15} 乘以较小矩阵中的 {1,2,3,4}：

$$10×1+11×2+14×3+15×4=134$$

9. 将较大矩阵中的 {11,12,15,16} 乘以较小矩阵中的 {1,2,3,4}：

$$11×1+12×2+15×3+16×4=144$$

上述运算结果如下：

44	54	64
84	94	104
124	134	144

较小的矩阵通常称为滤波器或内核，较大的矩阵则是原始图像。

4.2.2　滤波器

滤波器是一个权重矩阵，需要在开始的时候对其进行随机初始化。网络模型通过不断增加的轮数学习滤波器的最优权重值。

关于滤波器的概念，需要理解两个不同的方面：

❑ 滤波器学习什么；

❑ 何表示滤波器。

一般来说，CNN 模型的滤波器越多，该模型可以学到的图像特征就越多。我们将在 4.6 节中讨论各种滤波器学习的内容。现在，我们将确保你对滤波器有基本的理解，即滤波器用于学习图像中存在的不同特征。例如，某个特定的滤波器可能学习到猫的耳朵特征，如果与该滤波器进行卷积运算的图像中包含猫耳朵的部分，那么就会提供高激活（矩阵乘法值）。

在前文中，我们学到将一个大小为 2×2 的滤波器与一个大小为 4×4 的矩阵进行卷积时，得到的输出是 3×3 维的。

然而，如果使用 10 个不同的滤波器乘以较大的矩阵（原始图像），得到的结果将是 10 组 3×3 输出矩阵。

> ℹ️ 在前面的例子中，一个 4×4 的图像与 10 个 2×2 的滤波器进行卷积运算，可以得到 3×3×10 的输出值。从本质上说，当图像被多个滤波器卷积时，输出数据的通道数量将与使用的滤波器数量一样多。

此外，对于包含三个通道的彩色图像这种情况，与图像进行卷积运算的滤波器也将有三个通道，使得每个卷积只有一个标量输出。如果滤波器与中间输出进行卷积运算（比如形状为 64×112×112），滤波器将有 64 个获取标量输出的通道。如果有 512 个滤波器与中间层得到的输出进行卷积，那么这 512 个滤波器在卷积运算后得到的输出形状将是 512×111×111 。

为了进一步巩固对滤波器输出的理解，请看图 4-4。

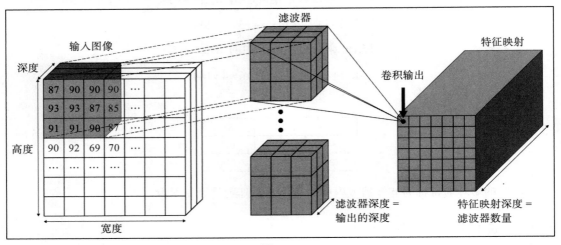

图   4-4

从图 4-4 可以看出，输入图像应乘以与输入数据相同深度的滤波器，卷积运算输出的通道数量与滤波器的数量相同。

4.2.3   步长和填充

在上一小节中，每个滤波器都在图像上移动，每次移动一列或一行。无论是在高度还是宽度方面，这都会导致输出尺寸总是比输入图像尺寸小 1 个像素。这可能会导致部分信息的丢失，并影响将卷积运算的输出加到原始图像上的可能性（这通常称为残差相加，将在下一章详细讨论）。

在本小节中，我们将学习使用步长和填充来影响卷积输出的形状。

步长

首先利用 4.2.2 节的例子来理解步长的影响。这里将矩阵 **B** 对矩阵 **A** 的卷积运算步长设置置为 2。步长为 2 的卷积运算的输出结果如下：

1. 将较大矩阵中的 {1,2,5,6} 乘以较小矩阵中的 {1,2,3,4}：

$$1×1+2×2+5×3+6×4=44$$

2. 将较大矩阵中的 {3,4,7,8} 乘以较小矩阵中的 {1,2,3,4}：

$$3×1+4×2+7×3+8×4=64$$

3. 将较大矩阵中的 {9,10,13,14} 乘以较小矩阵中的 {1,2,3,4}：

$$9×1+10×2+13×3+14×4=124$$

4. 将较大矩阵中的 {11,12,15,16} 乘以较小矩阵中的 {1,2,3,4}：

$$11×1+12×2+15×3+16×4=144$$

运算结果如下：

44	64
124	144

注意，上面的输出与步长为 1（得到的输出形状为 3×3）的情形相比具有更低的维数，因为现在的步长为 2。

填充

在前面的例子中，我们不能将滤波器最左边的元素与图像最右边的元素相乘。如果要执行这样的矩阵乘法，就需要使用一些 0 来填充图像。这将确保我们可以使用滤波器对图像中的所有元素执行元素对元素的乘法运算。

现在使用上述卷积运算的例子来理解填充。

在矩阵 A 的顶部添加填充后，得到如下经过修改的矩阵 A：

0	0	0	0	0	0
0	1	2	3	4	0
0	5	6	7	8	0
0	9	10	11	12	0
0	13	14	15	16	0
0	0	0	0	0	0

可以看出，使用 0 填充了矩阵 A 后，该矩阵与矩阵 B 的卷积不会导致输出数据的维数小于输入数据维数。在残差网络上工作时，我们必须将卷积的输出数据添加到原始图像中，使用填充方法可以很方便地完成这个任务。

一旦完成了上述内容，我们就可以在卷积运算的输出数据上执行激活操作。我们可以使用第 3 章中介绍的任何激活函数。

4.2.4 池化

池化是将信息聚集在一个小块中。想象一个具有如下卷积激活输出的情形：

1	2
3	4

这里我们考虑了元素池中的元素，并获得了所有元素的最大值。因此，这个块的最大池化是 4。

类似地，可以理解一个更大矩阵的最大池化：

1	2	3	4
5	6	7	8
9	10	11	12
13	14	15	16

在上面的例子中，如果池化的步长为 2，那么最大池化操作的计算如下，将输入图像除以步长 2（也就是说，将图像分成了 2×2 个部分）：

1	2	3	4
5	6	7	8
9	10	11	12
13	14	15	16

对于矩阵的 4 个子块，元素池中的最大值如下所示：

6	8
14	16

实际应用中不一定要一直保持 2 的步长，这里只是用于说明。

池化的其他变体还包括和池化与平均池化。然而，在实践中，使用最大池化更频繁。

注意，在执行卷积运算和池化操作结束时，原始矩阵的大小从 4×4 减少到 2×2。在一个真实的场景中，如果原始图像的形状是 200×200，而滤波器的形状是 3×3，那么卷积运算的输出就是 198×198。经过步长为 2 的池化操作之后得到的输出数据形状是 99×99。

4.2.5 整合各个构建模块

目前，我们学习了卷积、滤波器和池化，以及它们在图像降维方面的作用。在将已学到的这三个部分放在一起之前，我们先学习 CNN 的另一个关键组成部分，即扁平层（全连接层）。

为了理解扁平化过程，这里将使用前一小节中的池化层的输出并对该输出进行扁平化。池化层扁平化的输出如下所示：

$$\{6, 8, 14, 16\}$$

通过这样做，我们将看到扁平层可以等效于输入层（在第 3 中，我们将输入图像扁平化为 784 维的输入）。一旦得到了扁平层（全连接层）的值，我们就可以将其传过隐藏层，然后得到输出，用于预测图像的类别。

CNN 的整体流程如图 4-5 所示。

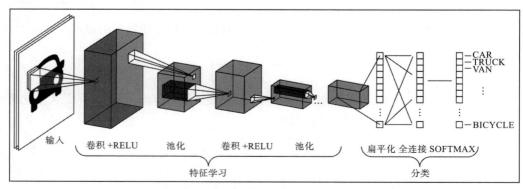

图 4-5

在图 4-5 中，我们可以看到 CNN 模型的整体流程：通过多个滤波器对图像进行卷积计算，然后进行池化计算（在前面的例子中，重复卷积和池化过程两次），最后对池化层的输出进行扁平化处理。这就是图像的特征学习部分。

卷积和池化运算构成了特征学习部分，滤波器有助于从图像中提取相关特征，池化有助于聚合信息，从而可以减少扁平层的节点数量（如果直接将输入图像（如大小为 300 × 300 像素）扁平化，则需要处理 90 000 个输入值。如果输入像素值为 90 000，隐藏层有 100 000 个节点，则有大约 90 亿个参数，计算量非常大）。

卷积和池化有助于获取比原始图像更小的扁平层。

最后，分类的最后一部分类似于我们在第 3 章中介绍的图像分类方式，其中有一个隐藏层，然后得到输出层。

4.2.6 卷积和池化的图像平移不变性原理

当我们执行池化运算时，可以把该运算的输出看作某个区域（某个小块）的一种抽象。这很有用，尤其是在处理图像平移的时候。

考虑这样一种情形：图像向左平移 1 个像素。一旦我们在它上面执行卷积、激活和池化，就将减少图像的维数（由于池化），这意味着使用了较少的像素存储原始图像中的大部分信息。此外，由于池化存储的是一个区域（小块）的信息，所以即使对原始图像进行 1 个单位的平移，池化后的图像在一个像素内的信息也不会发生变化。这是因为该区域的最大值很可能是在池图像中被捕获的。

卷积和池化也能帮助我们处理**感受野**。为了理解感受野，请想象下列情形：对形状为 100 × 100 的图像执行两次卷积和池化运算。在两次卷积和池化运算结束时，得到输出数据是 25 × 25 的形状（如果卷积运算是在填充的情况下完成的）。这个 25 × 25 输出数据中的每个元素对应原始图像的一个较大的 4 × 4 部分。因此，由于卷积和池化运算，最终输出图像中的每个元素对应于原始图像的一个小块。

在学习了 CNN 的核心构建模块之后，下面将它们全部应用到一个简单示例中，以便我们理解它们是如何在一起协同工作的。

4.3 实现 CNN

CNN 是计算机视觉技术的一个基础模块，理解它的工作原理非常重要。虽然我们已经知道 CNN 是由卷积、池化、扁平化和最后的分类层组成，但在本节中，我们将了解 CNN 在前向传播过程中完成各种运算的代码。

为了深入理解这一点，首先使用 PyTorch 在一个简单示例上构建 CNN 架构，然后基于 Python 从头构建用于产生模型输出的前向传播计算过程。

4.3.1 使用 PyTorch 构建基于 CNN 的架构

CNN 架构将不同于我们在前一章中构建的神经网络架构，因为除了典型的深度神经网络之外，CNN 还包括卷积运算、池化运算和扁平层。

我们将通过下列代码，基于一个简单数据集构建一个 CNN 模型：

> ℹ 本小节代码可以从本书 GitHub 库（https://tinyurl.com/mcvp--packt）Chapter04
> 文件夹中的 CNN_working_details 获得。

1. 首先导入相关的代码库：

```
import torch
from torch import nn
from torch.utils.data import TensorDataset, Dataset,
DataLoader
from torch.optim import SGD, Adam
device = 'cuda' if torch.cuda.is_available() else 'cpu'
from torchvision import datasets
import numpy as np
import matplotlib.pyplot as plt
%matplotlib inline
```

2. 然后，使用以下步骤创建数据集：

```
X_train = torch.tensor([[[[1,2,3,4],[2,3,4,5], \
                          [5,6,7,8],[1,3,4,5]]], \
                [[[-1,2,3,-4],[2,-3,4,5], \
                [-5,6,-7,8],[-1,-3,-4,-5]]]]).to(device).float()
X_train /= 8
y_train = torch.tensor([0,1]).to(device).float()
```

> ℹ 注意，PyTorch 期望输入的形状是 $N \times C \times H \times W$，其中 N 是图像数量（批大小），
> C 是通道数量，H 是图像的高度，W 是图像的宽度。

在这里，我们将缩放输入数据集，通过将输入数据除以最大输入值 8，将数据取值范围限制在 −1 到 +1 之间。

因为输入数据集有两个数据点，每个点的形状是 4×4，有 1 个通道，所以它的形状是 (2，1，4，4)。

3. 定义模型架构：

```
def get_model():
    model = nn.Sequential(
            nn.Conv2d(1, 1, kernel_size=3),
            nn.MaxPool2d(2),
            nn.ReLU(),
            nn.Flatten(),
            nn.Linear(1, 1),
            nn.Sigmoid(),
          ).to(device)
```

```
loss_fn = nn.BCELoss()
optimizer = Adam(model.parameters(), lr=1e-3)
return model, loss_fn, optimizer
```

注意，我们在模型中指定在输入中有 1 个通道，并使用 nn.Conv2d 方法从卷积后的输出中提取 1 个通道（即有一个大小为 3×3 的滤波器）。然后，我们使用 nn.MaxPool2d 方法实现最大池化，并使用 ReLU（使用 nn.Relu()）激活函数。此后，对数据进行扁平化处理并连接到最后一层，其中每个数据点有一个输出。

此外，请注意因为这里的输出结果是二元分类，所以损失函数是二元交叉熵损失函数（nn.BCELoss()）。我们还指定使用 Adam 优化器进行优化，并且学习率为 0.001。

4. 在获取网络模型后，可以在 torch_summary 包中使用 summary 方法获得模型架构的摘要信息，还可以通过调用 get_model 函数来获取 model、损失函数（loss_fn）和 optimizer：

```
!pip install torch_summary
from torchsummary import summary
model, loss_fn, optimizer = get_model()
summary(model, X_train);
```

上述代码的运行结果如图 4-6 所示。

```
-----------------------------------------------------------------
        Layer (type)           Output Shape         Param #
=================================================================
            Conv2d-1           [-1, 1, 2, 2]              10
         MaxPool2d-2           [-1, 1, 1, 1]               0
              ReLU-3           [-1, 1, 1, 1]               0
           Flatten-4              [-1, 1]                  0
            Linear-5              [-1, 1]                  2
           Sigmoid-6              [-1, 1]                  0
=================================================================
Total params: 12
Trainable params: 12
Non-trainable params: 0
-----------------------------------------------------------------
Input size (MB): 0.00
Forward/backward pass size (MB): 0.00
Params size (MB): 0.00
Estimated Total Size (MB): 0.00
-----------------------------------------------------------------
```

图　4-6

下面分析为什么每一层都包含这么多的参数。Conv2d 类的参数如图 4-7 所示。

```
help(nn.Conv2d)

    Args:
        in_channels (int): Number of channels in the input image
        out_channels (int): Number of channels produced by the convolution
        kernel_size (int or tuple): Size of the convolving kernel
        stride (int or tuple, optional): Stride of the convolution. Default: 1
        padding (int or tuple, optional): Zero-padding added to both sides of the input. Default: 0
        padding_mode (string, optional): Accepted values `zeros` and `circular` Default: `zeros`
        dilation (int or tuple, optional): Spacing between kernel elements. Default: 1
        groups (int, optional): Number of blocked connections from input channels to output channels. Default: 1
        bias (bool, optional): If ``True``, adds a learnable bias to the output. Default: ``True``
```

图　4-7

在前面的例子中，我们指定卷积内核（kernel_size）的大小为3，out_channels 的数量为1（本质上，滤波器的数量为1），其中初始（输入）通道的数量为1。因此，对于每个输入图像，将形状为 3×3 的滤波器与形状为 $1 \times 4 \times 4$ 的滤波器进行卷积，可以得到形状为 $1 \times 2 \times 2$ 的输出。因为学习的是 9 个权重参数（3×3）和卷积核的一个偏置，故有 10 个参数。关于 MaxPool2d、ReLU 和 Flatten 层，它们没有参数，因为这些层是在卷积层的输出上执行的运算，不涉及权重或偏置。

线性层有两个参数：一个权重和一个偏置，这意味着总共有 12 个参数（10 个来自卷积运算，2 个来自线性层）。

5. 使用第 3 章中的模型训练代码训练模型。在第 3 章中，我们定义了用于对批数据进行训练的函数（train_batch）。然后，获取 DataLoader 并使用小批量数据完成超过 2000 轮的模型训练（因为这是一个小型的简单数据集，所以只使用 2 000 轮），具体代码如下：

❑ 定义对批量数据进行训练的函数（train_batch）：

```
def train_batch(x, y, model, opt, loss_fn):
    model.train()
    prediction = model(x)
    batch_loss = loss_fn(prediction.squeeze(0), y)
    batch_loss.backward()
    optimizer.step()
    optimizer.zero_grad()
    return batch_loss.item()
```

❑ 使用 TensorDataset 方法指定数据集，由此定义 DataLoader，然后使用 DataLoader 加载数据：

```
trn_dl = DataLoader(TensorDataset(X_train, y_train))
```

注意，鉴于我们没有对输入数据进行大量修改，因此我们也不会单独构建一个类，而是直接利用 TensorDataset 方法，该方法提供了一个与输入数据对应的对象。

❑ 超过 2 000 轮的模型训练：

```
for epoch in range(2000):
    for ix, batch in enumerate(iter(trn_dl)):
        x, y = batch
        batch_loss = train_batch(x, y, model, optimizer, \
                                 loss_fn)
```

使用上面的代码，我们可以在简单数据集上完成对 CNN 模型的训练。

6. 在第一个数据点上执行前向传播：

```
model(X_train[:1])
```

上面代码的输出是 0.1625。

> ℹ 注意，在执行上述代码时，由于不同的随机权重初始化，输出结果可能会有所不同。但输出结果应该能够匹配下一小节中的相关内容。

在下一小节中，我们将了解 CNN 的前向传播计算是如何工作的，以及如何在第一个数据点上获得输出值 0.162 5。

4.3.2 基于 Python 的前向传播

在我们继续学习之前，请注意这一小节只是为了帮助你清楚地了解 CNN 的工作原理。我们不需要在现实场景中执行以下步骤：

1. 提取已定义架构的卷积层和线性层的权重与偏置项，如下所示：

❑ 提取模型的各个层：

```
list(model.children())
```

得到的结果如图 4-8 所示。

```
[Conv2d(1, 1, kernel_size=(3, 3), stride=(1, 1)),
 MaxPool2d(kernel_size=2, stride=2, padding=0, dilation=1, ceil_mode=False),
 ReLU(),
 Flatten(),
 Linear(in_features=1, out_features=1, bias=True),
 Sigmoid()]
```

图   4-8

❑ 从模型的所有层中提取与权重属性相关的层：

```
(cnn_w, cnn_b), (lin_w, lin_b) = [(layer.weight.data, \
                        layer.bias.data) for layer in \
                list(model.children()) \
                        if hasattr(layer,'weight')]
```

在上述代码中，`hasattr(layer, 'weight')` 返回一个布尔值，不管层中是否包含 `weight` 属性。

注意，卷积 (`Conv2d`) 层和最后的 `Linear` 层是唯一包含参数的层，因此我们将它们分别保存为 con2d 层的 `cnn_w` 和 `cnn_b`，以及线性层的 `lin_w` 和 `lin_b`。

`cnn_w` 的形状是 $1 \times 1 \times 3 \times 3$，因为我们已经初始化了一个具有一个通道的滤波器，其维数为 3×3。`cnn_b` 的形状为 1，因为它对应滤波器 1。

2. 要对输入值执行 `cnn_w` 卷积运算，必须初始化求和的零矩阵 (`sumprod`)，其中高度为输入数据的高度——滤波器高度 +1，宽度为输入数据的宽度——滤波器宽度 +1：

```
h_im, w_im = X_train.shape[2:]
h_conv, w_conv = cnn_w.shape[2:]
sumprod = torch.zeros((h_im - h_conv + 1, w_im - w_conv + 1))
```

3. 在第一个输入数据上卷积滤波器（`cnn_w`）来填充 `sumprod`，并在将滤波器形状从 $1 \times 1 \times 3 \times 3$ 调整为 3×3 后，对滤波器的偏置项（`cnn_b`）求和：

```
for i in range(h_im - h_conv + 1):
    for j in range(w_im - w_conv + 1):
        img_subset = X_train[0, 0, i:(i+3), j:(j+3)]
```

```
model_filter = cnn_w.reshape(3,3)
val = torch.sum(img_subset*model_filter) + cnn_b
sumprod[i,j] = val
```

在上述代码中，img_subset 存储了我们将与滤波器进行卷积运算的输入部分，因此我们将跨越可能的列，然后是行传递它。

此外，假设输入数据的形状为 4×4，滤波器的形状为 3×3，输出数据的形状为 2×2。在此阶段，sumprod 的输出如图 4-9 所示。

4. 在输出的顶部执行 ReLU 操作，然后获取池的最大值（MaxPooling），如下所示：

❑ ReLU 在 Python 中是在 sumprod 之上执行的，如下所示：

```
sumprod.clamp_min_(0)
```

注意，在上述代码中，我们将输出数据压缩到最小值 0（这就是 ReLU 激活所做的工作），如图 4-10 所示。

图　4-9　　　　　　　　　　　　　　　　　　图　4-10

❑ 池化层的输出可以这样计算：

```
pooling_layer_output = torch.max(sumprod)
```

上面代码的输出如图 4-11 所示。

5. 通过线性激活传递前面的输出：

```
intermediate_output_value = pooling_layer_output*lin_w+lin_b
```

该运算的输出结果如图 4-12 所示。

tensor(0.)	tensor([[-1.6398]])
图　4-11	图　4-12

将输出通过 sigmoid 运算进行传递：

```
from torch.nn import functional as F # torch library
# for numpy like functions
print(F.sigmoid(intermediate_output_value))
```

上述代码的输出结果如图 4-13 所示。

请注意，我们执行 sigmoid 而不是 softmax，因为损失函数是二元交叉熵，而不是像 Fashion-MNIST 数据集中的多元分类交叉熵。

tensor([[0.1625]])

图　4-13

上述代码的输出与使用 PyTorch 的前向方法获得的输出相同，从而加强了我们对 CNN

工作原理的理解。

在学过 CNN 的工作原理之后，我们将在下一小节将其应用到 Fashion-MNIST 数据集上，并观察它在平移图像上的效果。

4.4 使用深度 CNN 分类图像

目前，我们已经发现传统神经网络对平移图像的预测是错误的。需要解决这个问题，因为在现实场景中，需要使用各种数据增强技术，例如，在前面训练阶段没有使用的图像平移和旋转技术。在本节中，我们将了解 CNN 如何解决在 Fashion-MNIST 数据集上对平移图像的错误预测问题。

Fashion-MNIST 数据集的预处理部分仍然与前一章中的相同，除了重塑（.view）输入数据时，没有将输入数据扁平化为 28×28=784 维，而是将图像的每个输入数据形状重塑为（1，28，28）（记住，首先在 PyTorch 中指定通道，然后加上它们的高度和宽度）：

> ℹ️ 本节代码可从本书 GitHub 库（https://tinyurl.com/mcvp-packt）Chapter04 文件夹中的 CNN_on_FashionMNIST.ipynb 获得。请注意，整个代码都可以在 GitHub 中找到，为了简洁起见，此处只提供了与定义模型架构相对应的附加代码。我们强烈建议你在执行代码时参考本书的 GitHub 库中的 notebook。

1. 导入必要的包：

```
from torchvision import datasets
from torch.utils.data import Dataset, DataLoader
import torch
import torch.nn as nn
device = "cuda" if torch.cuda.is_available() else "cpu"
import numpy as np
import matplotlib.pyplot as plt
%matplotlib inline

data_folder = '~/data/FMNIST' # This can be any directory you
# want to download FMNIST to
fmnist = datasets.FashionMNIST(data_folder, download=True, \
                                        train=True)
tr_images = fmnist.data
tr_targets = fmnist.targets
```

2. Fashion-MNIST 数据集类定义如下（记住，Dataset 对象**总是**需要我们定义的 __init__、__getitem__ 和 __len__ 方法）：

```
class FMNISTDataset(Dataset):
    def __init__(self, x, y):
        x = x.float()/255
        x = x.view(-1,1,28,28)
        self.x, self.y = x, y
    def __getitem__(self, ix):
        x, y = self.x[ix], self.y[ix]
```

```
    return x.to(device), y.to(device)
def __len__(self):
    return len(self.x)
```

上一行加粗的代码是对每个输入图像进行重构的地方（与前一章中所做的不同），因为我们向 CNN 提供数据，希望每个输入具有批大小 × 通道 × 高度 × 宽度的形状。

3. CNN 模型架构的定义如下：

```
from torch.optim import SGD, Adam
def get_model():
    model = nn.Sequential(
                nn.Conv2d(1, 64, kernel_size=3),
                nn.MaxPool2d(2),
                nn.ReLU(),
                nn.Conv2d(64, 128, kernel_size=3),
                nn.MaxPool2d(2),
                nn.ReLU(),
                nn.Flatten(),
                nn.Linear(3200, 256),
                nn.ReLU(),
                nn.Linear(256, 10)
            ).to(device)

    loss_fn = nn.CrossEntropyLoss()
    optimizer = Adam(model.parameters(), lr=1e-3)
    return model, loss_fn, optimizer
```

❏ 可以使用下列代码创建模型的摘要信息：

```
!pip install torch_summary
from torchsummary import summary
model, loss_fn, optimizer = get_model()
summary(model, torch.zeros(1,1,28,28));
```

输出结果如图 4-14 所示。

为了巩固对 CNN 的理解，下面讨论一下在前面的输出中，参数的数量为什么是这样设置的：

❏ **第 1 层**：假设有 64 个滤波器，核大小为 3，则有 64 × 3 × 3 个权重和 64 × 1 个偏置项，总共有 640 个参数。

❏ **第 4 层**：假设有 128 个滤波器，核大小为 3，则有 128 × 64 × 3 × 3 个权重和 128 × 1 个偏置项，总共有 73 856 个参数。

❏ **第 8 层**：假设一个有 3 200 个节点的层连接到另一个有 256 个节点的层，则总共有 3 200 × 256 个权重和 256 个偏置项，总共有 819 456 个参数。

❏ **第 10 层**：假设一个有 256 个节点的层连接到一个有 10 个节点的层，则总共有 256 × 10 个权重和 10 个偏置项，总共有 2 570 个参数。

> 🛈 这里对模型的训练和在前一章中的训练过程一样。完整的代码可以在本书的 GitHub 库（https://tinyurl.com/mcvp-packt）中获取。

```
----------------------------------------------------------------
        Layer (type)              Output Shape          Param #
================================================================
           Conv2d-1            [-1, 64, 26, 26]             640
        MaxPool2d-2            [-1, 64, 13, 13]               0
             ReLU-3            [-1, 64, 13, 13]               0
           Conv2d-4           [-1, 128, 11, 11]          73,856
        MaxPool2d-5            [-1, 128, 5, 5]               0
             ReLU-6            [-1, 128, 5, 5]               0
          Flatten-7                 [-1, 3200]               0
          Linear-8                  [-1, 256]          819,456
            ReLU-9                  [-1, 256]               0
         Linear-10                   [-1, 10]           2,570
================================================================
Total params: 896,522
Trainable params: 896,522
Non-trainable params: 0
----------------------------------------------------------------
Input size (MB): 0.00
Forward/backward pass size (MB): 0.69
Params size (MB): 3.42
Estimated Total Size (MB): 4.11
----------------------------------------------------------------
```

图　4-14

模型一旦经过训练，你就会发现训练数据集和测试数据集的准确度和损失变化曲线如图 4-15 所示。

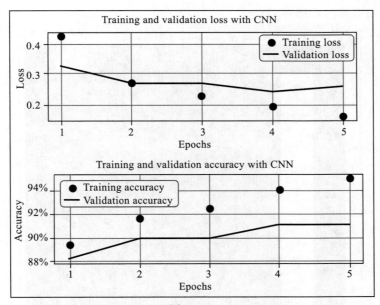

图　4-15

请注意，在前面的场景中，前 5 轮的验证准确度约为 92%。即使没有添加额外的正则化技术，这个结果就已经优于前一章基于各种技术的准确度。

现在，对图像进行平移，并预测平移后图像的类别：

1. 将图像从 −5 像素平移到 +5 像素，并预测它的类别：

```
preds = []
ix = 24300
for px in range(-5,6):
    img = tr_images[ix]/255.
    img = img.view(28, 28)
    img2 = np.roll(img, px, axis=1)
    plt.imshow(img2)
    plt.show()
    img3 = torch.Tensor(img2).view(-1,1,28,28).to(device)
    np_output = model(img3).cpu().detach().numpy()
    preds.append(np.exp(np_output)/np.sum(np.exp(np_output)))
```

在上述代码中，我们对图像（img3）进行了重塑，使其形状为（−1，1，28，28），以便可以将图像传递给 CNN 模型。

2. 针对不同的平移绘制出图像属于类别的概率：

```
import seaborn as sns
fig, ax = plt.subplots(1,1, figsize=(12,10))
plt.title('Probability of each class for \
various translations')
sns.heatmap(np.array(preds).reshape(11,10), annot=True, \
            ax=ax, fmt='.2f', xticklabels=fmnist.classes, \
            yticklabels=[str(i)+str(' pixels') \
                    for i in range(-5,6)], cmap='gray')
```

上述输出结果如图 4-16 所示。

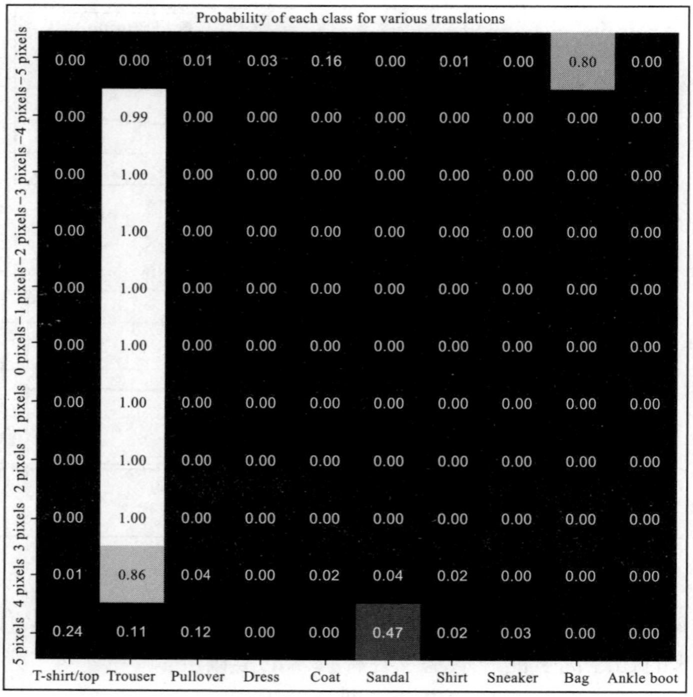

图　4-16

　　注意，在这种情况下，即使是将图像平移 4 个像素，预测结果也是正确的；而在我们不使用 CNN 的情况下，将图像平移 4 个像素时，预测结果则是错误的。此外，当图像平移 5 个像素时，属于"Trouser"类别的概率大大降低。

　　如你所见，虽然 CNN 有助于解决图像平移问题，但并没有完全解决这个问题。在下一节中，我们将学习如何使用数据增强技术来解决这个问题。

4.5　实现数据增强

　　在前面的场景中，我们了解了 CNN 如何有助于预测平移图像的类别。虽然这种方法对于 5 个像素的平移量很有效，但是超过 5 个像素的平移很有可能导致错误的类别预测。在本节中，我们将学习在图像大幅度平移的情况下，如何确保正确的类别预测。

　　为了解决这个挑战，将输入的图像随机平移 10 个像素（包括向左和向右），并将它们传递给网络，进行神经网络训练。这样，因为相同的图像在每个通道中有着不同的平移量，所以它们将在不同的通道中被处理为不同的图像。

　　在利用数据增强技术提高模型预测准确度之前，先了解一下可以在图像上使用的各种增强技术。

4.5.1　图像增强

　　目前，我们已经了解了图像平移对模型预测准确度的影响。然而，在现实世界中，可能会遇到多种场景，例如：

- ❑ 图像轻微地旋转；
- ❑ 图像被放大 / 缩小；
- ❑ 图像中包含一些噪声；
- ❑ 图像亮度较低；
- ❑ 图像被翻转；
- ❑ 图像被剪切（图像的一侧严重扭曲）。

　　如果不考虑上述场景，神经网络就不会提供准确的结果，就像前文的情形，神经网络没有对经过大量平移的图像进行明确的训练。

> 💡 图像增强有助于从给定图像样本中创建更多图像样本。每个被创建的图像在旋转、平移、缩放、噪声和亮度方面都可能有所不同。此外，每个参数的变化程度也可能有所不同（例如，在给定的迭代中，某个图像的平移量可能是 +10 像素，而在另外的迭代中，图像的平移量可能是 −5 像素）。

　　imgaug 包中的 augmenters 类具有执行这些扩展功能的实用程序。下面来学习augmenters 类中提供的各种实用工具，它们用于从给定的图像生成增强图像。其中一些较为突出的增强技术如下：仿射变换、改变亮度、添加噪声。

> 注意，PyTorch 包含一个便于使用的图像增强管道，它的形式是 torchvision. transforms。然而，我们仍然选择引入一个不同的库，主要是因为 imgaug 包含了更多的选项，也因为便于向新用户解释图像增强功能。我们建议你将 **PyTorch** 的 torchvision.transforms 作为练习进行研究，并重新创建所有的函数，以加强你的理解。

仿射变换

仿射变换包括图像的平移、旋转、缩放和剪切。可以使用增强类中的 Affine 方法完成代码的执行。我们通过下面的截图来看看 Affine 方法中的参数。在此，我们定义了 Affine 方法的所有参数，如图 4-17 所示。

```
iaa.Affine(scale=1.0, translate_percent=None, translate_px=None, rotate=0.0, shear=0.0,
order=1, cval=0, mode='constant', fit_output=False, backend='auto', name=None,
deterministic=False, random_state=None)
```

图 4-17

Affine 方法的一些重要参数如下：
- ❑ scale 指定对图像进行的缩放量；
- ❑ translate_percent 指定平移量为图像的高度和宽度百分比；
- ❑ translate_px 指定平移量为像素的绝对数值；
- ❑ rotate 指定对图像进行的旋转量；
- ❑ shear 指定对图像某个部分进行的旋转量。

在考虑其他参数之前，先了解缩放、平移和旋转在哪些方面会派上用场。

> 本小节代码可以从本书 GitHub 库（https://tinyurl.com/mcvp-packt）的 Chapter04 文件夹中的 Image_augmentation.ipynb 获得。

从训练数据集中随机获取 FashionMNIST 中的一个图像。

1. 从 Fashion-MNIST 数据集中下载图像：

```
from torchvision import datasets
import torch
data_folder = '/content/' # This can be any directory
# you download FMNIST to
fmnist = datasets.FashionMNIST(data_folder, download=True, \
                               train=True)
```

2. 从下载的数据集中获取一个图像：

```
tr_images = fmnist.data
tr_targets = fmnist.targets
```

3. 绘制第一张图像：

```
import matplotlib.pyplot as plt
%matplotlib inline
plt.imshow(tr_images[0])
```

上面代码的输出结果如图 4-18 所示。

对图像顶部进行缩放：

1. 定义一个执行缩放的对象：

```
from imgaug import augmenters as iaa
aug = iaa.Affine(scale=2)
```

2. 指定使用 augment_image 方法来增强图像，可以在 aug 对象中使用这个方法，然后绘制图像：

```
plt.imshow(aug.augment_image(tr_images[0]))
plt.title('Scaled image')
```

上面代码的输出结果如图 4-19 所示。

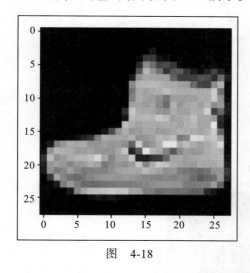

图　4-18

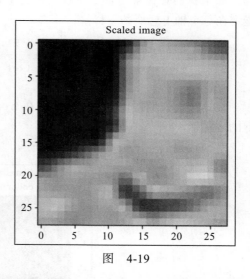

图　4-19

在上面的输出中，图像被放大了很多。因为图像的输出形状没有改变，所以这导致一些像素在原始图像中被削减。

现在来看一个场景。在此场景中，使用 translate_px 参数将图像做一定像素数量的平移：

```
aug = iaa.Affine(translate_px=10)
plt.imshow(aug.augment_image(tr_images[0]))
plt.title('Translated image by 10 pixels')
```

上面代码的输出结果如图 4-20 所示。

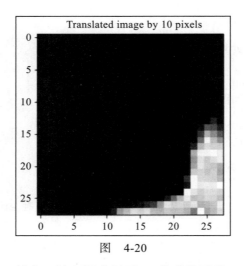

图　4-20

在上面的输出中，在 x 轴和 y 轴上都进行了 10 像素的平移。

如果我们想在某个轴上执行较多的平移，而在另一个轴上执行较少的平移，那么必须指定在每个轴上想要的平移量：

```
aug = iaa.Affine(translate_px={'x':10,'y':2})
plt.imshow(aug.augment_image(tr_images[0]))
plt.title('Translation of 10 pixels \nacross columns \
and 2 pixels over rows')
```

在这里，我们提供了一个辞典，在 `translate_px` 参数中声明图像数据分别在 x 和 y 轴上的平移量。

上面代码的输出结果如图 4-21 所示。

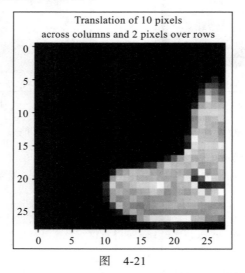

图　4-21

图 4-21 的输出显示，与行相比，发生了更多的平移跨列。这也导致了图像的某些部分被裁剪。

现在，我们考虑旋转和剪切处理对图像增强的影响，如图 4-22 所示。

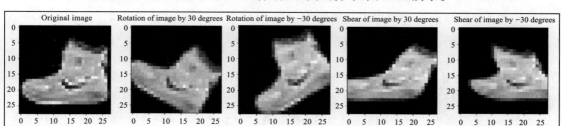

图 4-22

在图 4-22 的大多数输出中，可以看到某些像素在平移后被裁剪了。现在学习如何使用 Affine 方法中的其他参数，以避免由于裁剪而产生的信息丢失。

fit_output 是一个可以帮助处理上述场景的参数。在默认情况下，它被设置为 False。然而，在对图像进行缩放、平移、旋转和剪切时，会将 fit_output 指定为 True，此时图 4-22 的输出会发生变化：

```
plt.figure(figsize=(20,20))
plt.subplot(161)
plt.imshow(tr_images[0])
plt.title('Original image')
plt.subplot(162)
aug = iaa.Affine(scale=2, fit_output=True)
plt.imshow(aug.augment_image(tr_images[0]))
plt.title('Scaled image')
plt.subplot(163)
aug = iaa.Affine(translate_px={'x':10,'y':2}, fit_output=True)
plt.imshow(aug.augment_image(tr_images[0]))
plt.title('Translation of 10 pixels across \ncolumns and \
2 pixels over rows')
plt.subplot(164)
aug = iaa.Affine(rotate=30, fit_output=True)
plt.imshow(aug.augment_image(tr_images[0]))
plt.title('Rotation of image \nby 30 degrees')
plt.subplot(165)
aug = iaa.Affine(shear=30, fit_output=True)
plt.imshow(aug.augment_image(tr_images[0]))
plt.title('Shear of image \nby 30 degrees')
```

上面代码的输出结果如图 4-23 所示。

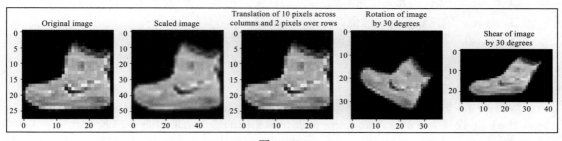

图 4-23

在这里，可以看到原始图像没有被裁剪，而增强图像的尺寸增加了，以表示未裁剪的增强图像（在缩放图像的输出中或将图像旋转30度时，也是如此）。此外，我们还可以发现，fit_output 参数的激活已经否定了在平移10像素图像时所期望的平移（这是一个已知的行为，已经在文档中给出解释了）。

请注意，当增强图像的大小增加时（例如，当图像旋转时），我们需要确定如何填充那些不属于原始图像的新像素。

cval 参数解决了这个问题。它指定当 fit_output 为 True 时需要创建的新像素的像素值。在前面的代码中，cval 被填充为默认值0，这将导致黑色像素出现。下面我们来了解一下，当图像旋转时，即将 cval 参数更改为255时会如何影响输出：

```
aug = iaa.Affine(rotate=30, fit_output=True, cval=255)
plt.imshow(aug.augment_image(tr_images[0]))
plt.title('Rotation of image by 30 degrees')
```

上面代码的输出结果如图4-24所示。

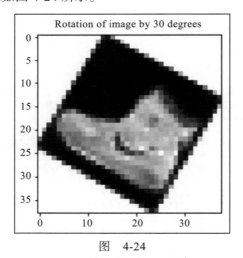

图   4-24

在图4-24中，新的像素被填充为像素值255，这对应于白色。

此外，我们可以使用不同的模式来填充新创建的像素值。mode 参数的取值如下所示：

❑ constant：填充某个常数值。

❑ edge：填充数组的边缘值。

❑ symmetric：沿数组边缘进行镜像反射。

❑ reflect：分别沿着数组在每个轴上的第一个值和最后一个值进行镜像反射。

❑ wrap：沿着轴进行缠绕。

初始值用于填充结束，而结束值用于填充开始。

当 cval 设置为0时，参数 mode 的变化和相应的输出结果如图4-25所示。

可以看出，对于当前基于 Fashion-MNIST 数据集的情形，使用 constant 模式进行数据增强是更可取的一种方式。

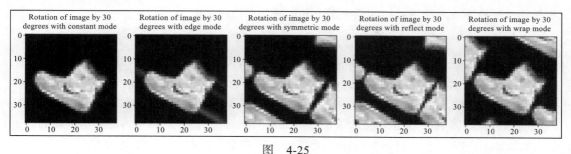

图 4-25

目前，我们是具体指定了需要平移的像素数量，也具体指定了需要旋转的角度。然而，在实践中很难具体指定图像需要旋转的确切角度。因此，下列代码提供了一种只需指定图像旋转范围的实用方式：

```
plt.figure(figsize=(20,20))
plt.subplot(151)
aug = iaa.Affine(rotate=(-45,45), fit_output=True, cval=0, \
                 mode='constant')
plt.imshow(aug.augment_image(tr_images[0]), cmap='gray')
plt.subplot(152)
aug = iaa.Affine(rotate=(-45,45), fit_output=True, cval=0, \
                 mode='constant')
plt.imshow(aug.augment_image(tr_images[0]), cmap='gray')
plt.subplot(153)
aug = iaa.Affine(rotate=(-45,45), fit_output=True, cval=0, \
                 mode='constant')
plt.imshow(aug.augment_image(tr_images[0]), cmap='gray')
plt.subplot(154)
aug = iaa.Affine(rotate=(-45,45), fit_output=True, cval=0, \
                 mode='constant')
plt.imshow(aug.augment_image(tr_images[0]), cmap='gray')
```

上面代码的输出结果如图 4-26 所示。

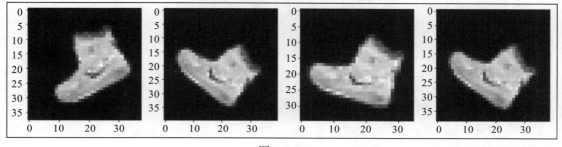

图 4-26

在图 4-26 中，相同的图像在不同的迭代中进行不同的旋转，因为这里根据旋转的上界和下界指定了一个可能的旋转角度范围。类似地，当我们在平移或分享某个图像时，也可以对其进行随机化增强。

到目前为止，我们已经学习了使用不同的方式对图像进行改变。然而，图像的强度 / 亮度仍然保持不变。接下来，我们将学习如何增强图像的亮度。

改变亮度

想象某个场景，背景和前景之间的差异并不像我们目前看到的图像那样明显。这意味着背景的像素值不是 0，前景的像素值也不是 255。这种情况通常发生在图像中的照明条件不同时。

如果模型训练时训练图像的背景中一直有一个像素值 0，前景的像素值总是 255，而被预测图像背景的像素值为 20、前景像素值为 220，那么此时的预测结果可能是不正确的。

`Multiply` 和 `Linearcontrast` 是两种不同的增强技术，可用于解决这类问题。

`Multiply` 方法将每个像素值乘以我们指定的值。对于目前的图像，将其每个像素值乘以 0.5 后，得到的输出结果如下：

```
aug = iaa.Multiply(0.5)
plt.imshow(aug.augment_image(tr_images[0]), cmap='gray', \
           vmin = 0, vmax = 255)
plt.title('Pixels multiplied by 0.5')
```

上面代码的输出结果如图 4-27 所示。

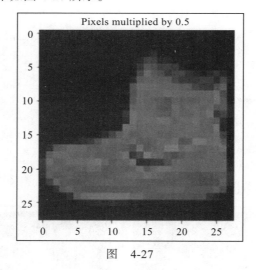

图   4-27

`Linearcontrast` 根据以下公式调整每个像素值：

$$127 + \alpha \times (像素值 - 127)$$

在上式中，当 $\alpha = 1$ 时，像素值保持不变。当 $\alpha < 1$ 时，高像素值减少，低像素值增加。下面来看看 `Linearcontrast` 对图像输出的影响：

```
aug = iaa.LinearContrast(0.5)
plt.imshow(aug.augment_image(tr_images[0]), cmap='gray', \
           vmin = 0, vmax = 255)
plt.title('Pixel contrast by 0.5')
```

上面代码的输出如图 4-28 所示。

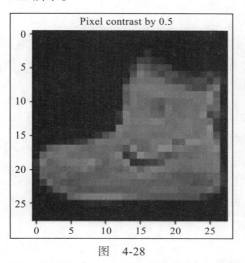

图　4-28

在这里，我们可以看到背景变得更加明亮，而前景像素的亮度降低了。

接下来，我们将使用 GaussianBlur 方法来模仿一个使得图像模糊的现实场景（其中图像可能由于运动而变得模糊）：

```
aug = iaa.GaussianBlur(sigma=1)
plt.imshow(aug.augment_image(tr_images[0]), cmap='gray', \
        vmin = 0, vmax = 255)
plt.title('Gaussian blurring of image')
```

上面代码的输出结果如图 4-29 所示。

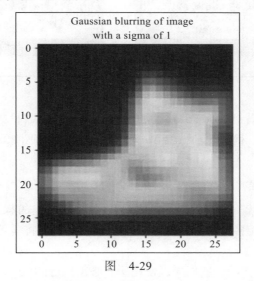

图　4-29

在图 4-29 中，我们可以看到随着 sigma 值的增加（这里，没有模糊的默认值为 0），图像变得更加模糊。

添加噪声

在现实世界中，我们可能会因为糟糕的摄影条件而遇到图像噪声。Dropout 和 SaltAndPepper 是两个重要的方法，有助于模拟图像噪声。使用这两种方法进行图像增强的输出结果如下：

```
plt.figure(figsize=(10,10))
plt.subplot(121)
aug = iaa.Dropout(p=0.2)
plt.imshow(aug.augment_image(tr_images[0]), cmap='gray', \
        vmin = 0, vmax = 255)
plt.title('Random 20% pixel dropout')
plt.subplot(122)
aug = iaa.SaltAndPepper(0.2)
plt.imshow(aug.augment_image(tr_images[0]), cmap='gray', \
        vmin = 0, vmax = 255)
plt.title('Random 20% salt and pepper noise')
```

上面代码的输出结果如图 4-30 所示。

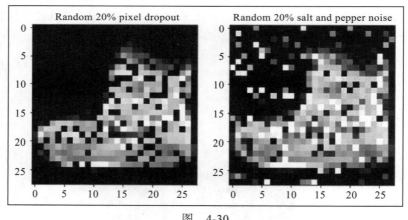

图　4-30

在这里，我们可以看到 Dropout 方法随机删除了一定数量的像素（也就是说，它将它们的像素值转换为 0），而 SaltAndPepper 方法随机地向图像添加了一些白色和黑色的像素。

进行一系列图像增强

目前，我们已经了解了各种增强方法，并执行了相应的操作。然而，在现实场景中，我们必须考虑尽可能多的增强措施。在本小节中，我们将学习执行一系列的图像增强方法。

通过 Sequential 方法，我们可以使用所有必须执行的相关增强技术。这里，我们只考虑使用 rotate 和 Dropout 来增强图像。Sequential 对象如下所示：

```
seq = iaa.Sequential([
    iaa.Dropout(p=0.2),
    iaa.Affine(rotate=(-30,30))], random_order= True)
```

在上述代码中，我们指定了两个感兴趣的增强，并指定了使用 random_order 参数。增强过程将在两者之间随机地进行。

现在绘制带有这些增强效果的图像：

```
plt.imshow(seq.augment_image(tr_images[0]), cmap='gray', \
        vmin = 0, vmax = 255)
plt.title('Image augmented using a \nrandom order \
of the two augmentations')
```

上面代码的输出结果如图 4-31 所示。

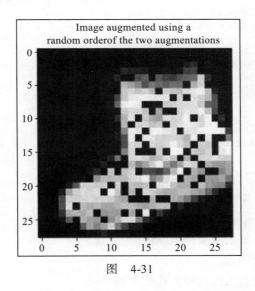

图　4-31

从图 4-31，我们可以看到对原始图像进行了两次增强（图像被旋转了并且使用了 Dropout）。

4.5.2　对一批图像执行数据增强及 collate_fn 的必要性

我们已经看到，在不同的迭代中对相同的图像进行不同的增强是可取的。

如果我们在 __init__ 方法中定义了一个增强管道，那么只需要对图像的输入集执行一次增强即可。这就意味着在不同的迭代中不会有不同的增强。

类似地，如果增强是在 __getitem__ 方法中进行（因为比较理想的是对每个图像执行不同的增强集），那么主要的瓶颈在于对每个图像只执行一次增强。如果我们每次对一批图像进行增强，而不是只对一个图像进行增强，那么速度就会快得多。下面通过对比两个场景进行详细讨论，我们将在 32 个图像上进行比较：

❑ 增强 32 个图像，每次一个；

❑ 一次性增强 32 个图像。

为了理解在上述两种情况下增强 32 个图像所需的时间，我们利用 Fashion-MNIST 数据集中的前 32 个图像。

> ℹ️ 下列代码可以从本书 **GitHub** 库（https://tinyurl.com/mcvp-packt）的 Chapter04 文件夹中的 `Time_comparison_of_augmentation_scenario.ipynb` 获得。

1. 获取训练数据集中的前 32 个图像：

```
from torchvision import datasets
import torch
data_folder = '/content/'
fmnist = datasets.FashionMNIST(data_folder, download=True, \
                                                    train=True)
tr_images = fmnist.data
tr_targets = fmnist.targets
```

2. 指定要对图像进行的增强方式：

```
from imgaug import augmenters as iaa
aug = iaa.Sequential([
            iaa.Affine(translate_px={'x':(-10,10)},
                                    mode='constant'),
            ])
```

接下来，我们需要了解如何在 `Dataset` 类中执行数据增强，有如下两种可能的数据增强方式：

❑ 增强 32 个图像，每次增强一个图像；

❑ 一次性增强 32 个图像。

让我们来了解一下执行上述两种方式所需的时间：

❑ **方式 1**（增强 32 个图像，每次增强一个图像） 使用 `augment_image` 方法计算一次增强一个图像所需的时间：

```
%%time
for i in range(32):
    aug.augment_image(tr_images[i])
```

增强 32 个图像大约需要 180 ms。

❑ **方式 2**（一次性增强 32 个图像） 使用 `augment_images` 方法计算一次性增强 32 个图像所需的时间：

```
%%time
aug.augment_images(tr_images[:32])
```

对一批图像进行增强大约需要 8 ms。

> ⓘ 最好的做法是针对一批图像进行增强，而不是每次只对一个图像进行增强。此外，augment_images 方法的输出是一个 numpy 数组。

然而，我们一直在讨论的传统 Dataset 类在 __getitem__ 方法中每次只提供一个图像的索引。因此，我们需要学习如何使用一个新函数——collate_fn，它能够使我们对一批图像执行操作。

3. 定义 Dataset 类，用于接受输入图像、图像类别，以及增强对象，并将该类作为初始化器：

```
from torch.utils.data import Dataset, DataLoader
class FMNISTDataset(Dataset):
    def __init__(self, x, y, aug=None):
        self.x, self.y = x, y
        self.aug = aug
    def __getitem__(self, ix):
        x, y = self.x[ix], self.y[ix]
        return x, y
    def __len__(self): return len(self.x)
```

❑ 定义 collate_fn，用于接受这批数据作为输入：

```
def collate_fn(self, batch):
```

❑ 将这批图像和它们的类别分成两个不同的变量：

```
ims, classes = list(zip(*batch))
```

❑ 指定如果提供了增强对象，则必须进行图像数据增强。因为我们需要对训练数据进行增强，而不是对验证数据进行增强：

```
if self.aug: ims=self.aug.augment_images(images=ims)
```

在上述代码中，我们使用了 augment_images 方法，这样就可以处理一批图像。

❑ 将图像形状除以 255，以创建图像张量和缩放数据：

```
ims = torch.tensor(ims)[:,None,:,:].to(device)/255.
classes = torch.tensor(classes).to(device)
return ims, classes
```

> ⓘ 在需要执行大量计算的时候，我们通常会使用 collate_fn 方法。这是因为每次对一批图像执行这样的计算比每次处理一个图像要快。

4. 从现在开始，为了利用 collate_fn 方法，我们将在创建 DataLoader 时使用一个新的参数：

❑ 首先，创建 train 对象：

```
train = FMNISTDataset(tr_images, tr_targets, aug=aug)
```

❑ 接下来，定义 DataLoader，以及对象的 collate_fn 方法，如下所示：

```
trn_dl = DataLoader(train, batch_size=64, \
                      collate_fn=train.collate_fn, shuffle=True)
```

5. 最后进行模型训练，与前述模型训练过程一样。通过使用 collate_fn 方法，我们可以更快地完成模型训练。

现在已经对一些常用的数据增强技术有了比较透彻的理解，包括像素平移和 collate_fn，后者允许我们增强一批图像数据。下面来了解如何应用它们解决一批图像的数据平移问题。

4.5.3 用于图像平移的数据增强

我们现在可以使用增强数据进行模型训练。让我们创建一些增强数据并进行模型训练。

> ℹ️ 下列代码可以从本书 GitHub 库（https://tinyurl.com/mcvp-packt）的 Chapter04 文件夹中 Data_augmentation_with_CNN.ipynb 获得。

1. 导入相关包和数据集：

```
from torchvision import datasets
import torch
from torch.utils.data import Dataset, DataLoader
import torch
import torch.nn as nn
import matplotlib.pyplot as plt
%matplotlib inline
import numpy as np

device = 'cuda' if torch.cuda.is_available() else 'cpu'
data_folder = '/content/' # This can be any directory
# you want to download FMNIST to
fmnist = datasets.FashionMNIST(data_folder, download=True, \
                                         train=True)
tr_images = fmnist.data
tr_targets = fmnist.targets
val_fmnist=datasets.FashionMNIST(data_folder, download=True, \
                                         train=False)
val_images = val_fmnist.data
val_targets = val_fmnist.targets
```

2. 创建一个类，用于对图像进行数据增强，该图像可以随机地在 −10 到 +10 像素之间进行平移，无论是向左平移还是向右平移：

❑ 定义数据增强管道：

```
from imgaug import augmenters as iaa
aug = iaa.Sequential([
            iaa.Affine(translate_px={'x':(-10,10)},
                                    mode='constant'),
        ])
```

❑ 定义 Dataset 类：

```
class FMNISTDataset(Dataset):
    def __init__(self, x, y, aug=None):
        self.x, self.y = x, y
        self.aug = aug
    def __getitem__(self, ix):
        x, y = self.x[ix], self.y[ix]
        return x, y
    def __len__(self): return len(self.x)
    def collate_fn(self, batch):
        'logic to modify a batch of images'
        ims, classes = list(zip(*batch))
        # transform a batch of images at once
        if self.aug: ims=self.aug.augment_images(images=ims)
        ims = torch.tensor(ims)[:,None,:,:].to(device)/255.
        classes = torch.tensor(classes).to(device)
        return ims, classes
```

在上述代码中，我们利用 collate_fn 方法对指定的一批图像进行增强。

3. 定义模型架构，与前一节的定义过程一样：

```
from torch.optim import SGD, Adam
def get_model():
    model = nn.Sequential(
                nn.Conv2d(1, 64, kernel_size=3),
                nn.MaxPool2d(2),
                nn.ReLU(),
                nn.Conv2d(64, 128, kernel_size=3),
                nn.MaxPool2d(2),
                nn.ReLU(),
                nn.Flatten(),
                nn.Linear(3200, 256),
                nn.ReLU(),
                nn.Linear(256, 10)
            ).to(device)

    loss_fn = nn.CrossEntropyLoss()
    optimizer = Adam(model.parameters(), lr=1e-3)
    return model, loss_fn, optimizer
```

4. 定义 train_batch 函数，用于对批量数据进行训练：

```
def train_batch(x, y, model, opt, loss_fn):
    model.train()
    prediction = model(x)
    batch_loss = loss_fn(prediction, y)
    batch_loss.backward()
    optimizer.step()
    optimizer.zero_grad()
    return batch_loss.item()
```

5. 定义 get_data 函数用于获取训练和验证 DataLoader：

```
def get_data():
```

```
    train = FMNISTDataset(tr_images, tr_targets, aug=aug)
    'notice the collate_fn argument'
    trn_dl = DataLoader(train, batch_size=64, \
            collate_fn=train.collate_fn, shuffle=True)
    val = FMNISTDataset(val_images, val_targets)
    val_dl = DataLoader(val, batch_size=len(val_images),
            collate_fn=val.collate_fn, shuffle=True)
    return trn_dl, val_dl
```

6. 指定训练和验证 DataLoader，并获取模型对象、损失函数和优化器：

```
trn_dl, val_dl = get_data()
model, loss_fn, optimizer = get_model()
```

7. 对模型进行 5 轮的训练：

```
for epoch in range(5):
    for ix, batch in enumerate(iter(trn_dl)):
        x, y = batch
        batch_loss = train_batch(x, y, model, optimizer, \
                                            loss_fn)
```

8. 使用平移后的图像进行模型测试，与前一节中的测试过程一样：

```
preds = []
ix = 24300
for px in range(-5,6):
    img = tr_images[ix]/255.
    img = img.view(28, 28)
    img2 = np.roll(img, px, axis=1)
    plt.imshow(img2)
    plt.show()
    img3 = torch.Tensor(img2).view(-1,1,28,28).to(device)
    np_output = model(img3).cpu().detach().numpy()
    preds.append(np.exp(np_output)/np.sum(np.exp(np_output)))
```

现在，绘制出针对不同平移图像分别做出的类别预测结果：

```
import seaborn as sns
fig, ax = plt.subplots(1,1, figsize=(12,10))
plt.title('Probability of each class \
for various translations')
sns.heatmap(np.array(preds).reshape(11,10), annot=True, \
            ax=ax, fmt='.2f', xticklabels=fmnist.classes, \
            yticklabels=[str(i)+str(' pixels') \
                        for i in range(-5,6)], cmap='gray')
```

上面代码的输出结果如图 4-32 所示。

现在，当我们对各种图像平移进行预测时，得到的类别预测结果没有发生变化，因此，这种基于增强图像数据的训练方式获得的模型，能够确保对平移图像进行正确预测。

目前，我们学习了使用增强图像训练的 CNN 模型如何能够很好地实现对平移图像的正确预测。在下一节中，我们将了解滤波器到底学习什么内容，使得对平移图像类别的预测成为可能。

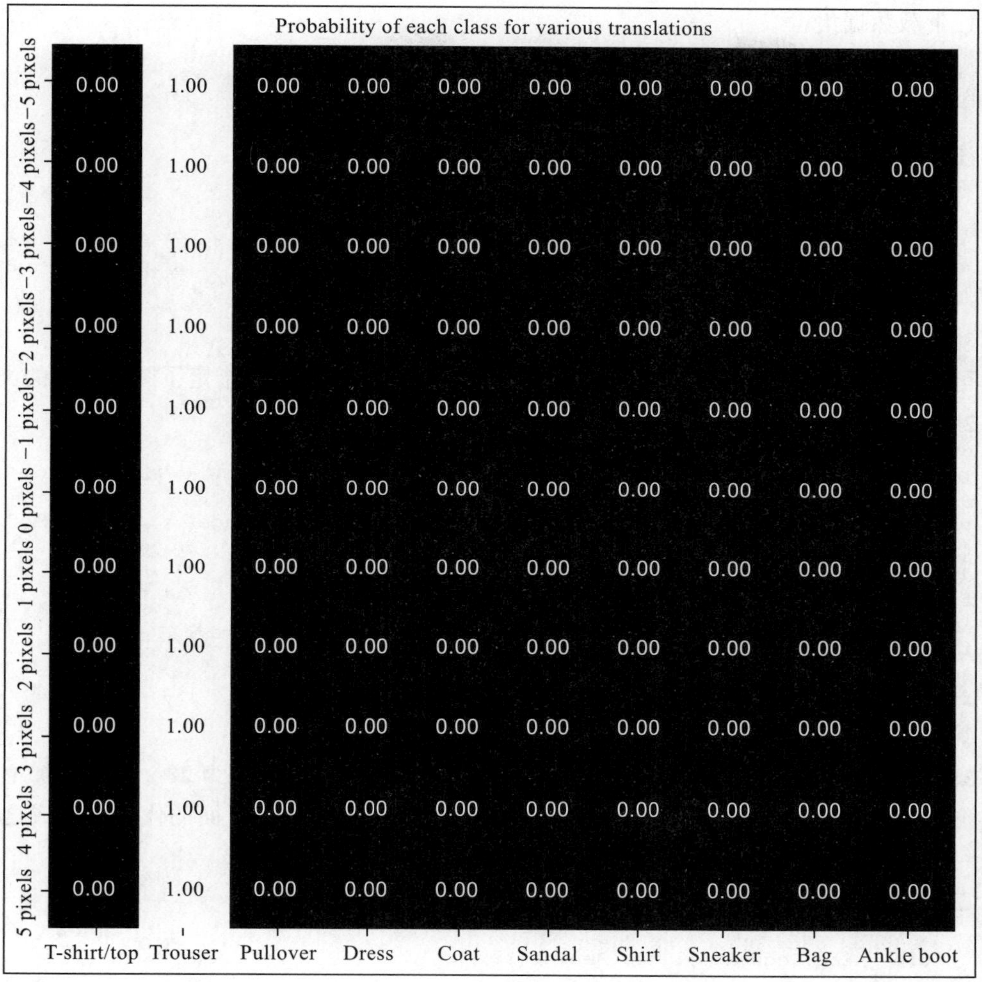

图 4-32

4.6 特征学习结果的可视化

目前我们已经了解到即使图像中的物体被平移了，CNN 模型还是能帮助我们对图像进行分类。我们还了解到，滤波器在学习图像特征方面发挥着关键性的作用，这反过来又有助于将图像分类到正确的类别。然而，我们还没有触及滤波器功能强大的原理。

在本节，我们将讨论滤波器到底学习了什么内容，使得 CNN 能够实现对包含 X 和 O 的图像进行正确分类。我们还将考察全连接层（扁平层），了解它们的激活情况。首先讨论滤波器到底学习了什么内容。

> ⓘ 本节的代码可从本书 GitHub 库（https://tinyurl.com/mcvp-packt）的 Chapter04 文件夹中的 Visualizing_the_features'_learning.ipynb 获得。

1. 下载数据集：

```
!wget https://www.dropbox.com/s/5jh4hpuk2gcxaaq/all.zip
!unzip all.zip
```

注意，文件夹中的图像命名如图 4-33 所示。

```
all/o@InterconnectedDemo-Bold@IttL47.png
all/o@Refresh-Regular@LX2MG4.png
all/x@CallistaOllander@7EWgpq.png
all/x@ChristmasSeason@xZ7mjB.png
```

图　4-33

可以从图像的名称中获得图像的类别，图像名称的第一个字符指定了图像所属的类别。

2. 导入所需的模块：

```
import torch
from torch import nn
from torch.utils.data import TensorDataset,Dataset,DataLoader
from torch.optim import SGD, Adam
device = 'cuda' if torch.cuda.is_available() else 'cpu'
from torchvision import datasets
import numpy as np, cv2
import matplotlib.pyplot as plt
%matplotlib inline
from glob import glob
from imgaug import augmenters as iaa
```

3. 定义一个用于获取图像数据的类。此外，确保图像已被调整为 28×28，再加上批次一共形成三个通道，并且因变量作为数值变量被获取。我们将在下面的代码中完成这些工作，一步一步地来：

❑ 定义图像增强方法，将图像的大小调整为 28×28 的形状：

```
tfm = iaa.Sequential(iaa.Resize(28))
```

❑ 定义一个以文件夹路径作为输入的类，并在 __init__ 方法中遍历该路径下的文件：

```
class XO(Dataset):
    def __init__(self, folder):
        self.files = glob(folder)
```

❑ 定义 __len__ 方法，该方法返回要考察文件的长度：

```
def __len__(self): return len(self.files)
```

❑ 定义 __getitem__ 方法，用于获取一个索引，该索引返回位于该索引处的文件，读取该文件，然后对图像执行增强操作。这里我们没有使用 collate_fn，因为这只是一个小数据集，collate_fn 不会显著地影响训练时间：

```
def __getitem__(self, ix):
    f = self.files[ix]
```

```
im = tfm.augment_image(cv2.imread(f)[:,:,0])
```

❑ 假设每个图像都是 28×28 的形状，我们现在将基于该形状创建一个虚拟的通道维度，即在图像的高度和宽度之前创建一个虚拟的维度：

```
im = im[None]
```

❑ 现在，我们可以根据图像文件名中处于 '/' 之后和 '@' 之前的字符，给每个图像分配一个类别：

```
cl = f.split('/')[-1].split('@')[0] == 'x'
```

❑ 最后，返回图像及其相应的类别：

```
return torch.tensor(1 - im/255).to(device).float(), \
                torch.tensor([cl]).float().to(device)
```

4. 检查你获得的图像样本。在下面的代码中，我们使用前面定义的类获取数据，提取图像数据及其对应的类别：

```
data = XO('/content/all/*')
```

现在，我们可以通过获得的数据集绘制出图像样本：

```
R, C = 7,7
fig, ax = plt.subplots(R, C, figsize=(5,5))
for label_class, plot_row in enumerate(ax):
    for plot_cell in plot_row:
        plot_cell.grid(False); plot_cell.axis('off')
        ix = np.random.choice(1000)
        im, label = data[ix]
        print()
        plot_cell.imshow(im[0].cpu(), cmap='gray')
plt.tight_layout()
```

上面代码的输出结果如图 4-34 所示。

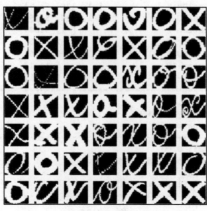

图 4-34

5. 定义模型架构、损失函数和优化器:

```python
from torch.optim import SGD, Adam
def get_model():
    model = nn.Sequential(
                nn.Conv2d(1, 64, kernel_size=3),
                nn.MaxPool2d(2),
                nn.ReLU(),
                nn.Conv2d(64, 128, kernel_size=3),
                nn.MaxPool2d(2),
                nn.ReLU(),
                nn.Flatten(),
                nn.Linear(3200, 256),
                nn.ReLU(),
                nn.Linear(256, 1),
                nn.Sigmoid()
            ).to(device)

    loss_fn = nn.BCELoss()
    optimizer = Adam(model.parameters(), lr=1e-3)
    return model, loss_fn, optimizer
```

请注意,由于输出为二元类,故损失函数是二元交叉熵损失(nn.BCELoss())。上述模型的摘要信息如下:

```python
!pip install torch_summary
from torchsummary import summary
model, loss_fn, optimizer = get_model()
summary(model, torch.zeros(1,1,28,28));
```

输出结果如图 4-35 所示。

```
----------------------------------------------------------------
        Layer (type)               Output Shape         Param #
================================================================
            Conv2d-1           [-1, 64, 26, 26]             640
         MaxPool2d-2           [-1, 64, 13, 13]               0
              ReLU-3           [-1, 64, 13, 13]               0
            Conv2d-4          [-1, 128, 11, 11]          73,856
         MaxPool2d-5            [-1, 128, 5, 5]               0
              ReLU-6            [-1, 128, 5, 5]               0
           Flatten-7                 [-1, 3200]               0
            Linear-8                  [-1, 256]         819,456
              ReLU-9                  [-1, 256]               0
           Linear-10                    [-1, 1]             257
          Sigmoid-11                    [-1, 1]               0
================================================================
Total params: 894,209
Trainable params: 894,209
Non-trainable params: 0
----------------------------------------------------------------
Input size (MB): 0.00
Forward/backward pass size (MB): 0.69
Params size (MB): 3.41
Estimated Total Size (MB): 4.10
----------------------------------------------------------------
```

图 4-35

6. 定义一个用于批处理训练的函数，该函数以图像及其类别作为输入，在对给定批处理数据进行反向传播后，返回相应的损失值和准确度：

```
def train_batch(x, y, model, opt, loss_fn):
    model.train()
    prediction = model(x)
    is_correct = (prediction > 0.5) == y
    batch_loss = loss_fn(prediction, y)
    batch_loss.backward()
    optimizer.step()
    optimizer.zero_grad()
    return batch_loss.item(), is_correct[0]
```

7. 定义一个 DataLoader，它的输入是 Dataset 类：

```
trn_dl = DataLoader(XO('/content/all/*'), batch_size=32, \
                    drop_last=True)
```

8. 初始化模型：

```
model, loss_fn, optimizer = get_model()
```

9. 对模型进行 5 轮的训练：

```
for epoch in range(5):
    for ix, batch in enumerate(iter(trn_dl)):
        x, y = batch
        batch_loss = train_batch(x, y, model, optimizer, \
                                 loss_fn)
```

10. 获取一个图像，检查滤波器对该图像的学习情况：

```
im, c = trn_dl.dataset[2]
plt.imshow(im[0].cpu())
plt.show()
```

输出结果如图 4-36 所示。

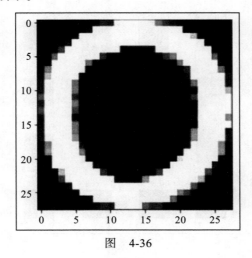

图 4-36

11. 将图像传递给训练好的模型，获取第一层的输出。然后，将其存储在 `intermediate_output` 变量中：

```
first_layer = nn.Sequential(*list(model.children())[:1])
intermediate_output = first_layer(im[None])[0].detach()
```

12. 绘制 64 个滤波器的输出。`intermediate_output` 中的每个通道都是每个滤波器的卷积运算输出：

```
fig, ax = plt.subplots(8, 8, figsize=(10,10))
for ix, axis in enumerate(ax.flat):
    axis.set_title('Filter: '+str(ix))
    axis.imshow(intermediate_output[ix].cpu())
plt.tight_layout()
plt.show()
```

输出结果如图 4-37 所示。

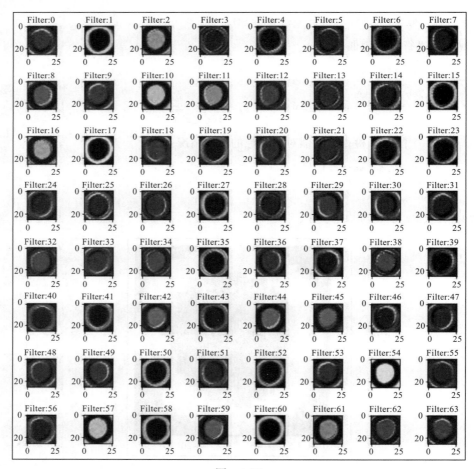

图　4-37

在上述输出中，请注意某些滤波器的输出结果，如滤波器 0、4、6 和 7，学习了网络中存在的边缘，而其他滤波器（如滤波器 54）则学习了反转图像。

13. 通过多个 O 图像，检查图像中第 4 个滤波器的输出（我们只使用第 4 个滤波器进行演示。如果你愿意，也可以选择另外一个不同的滤波器）：

☐ 从数据中获取多个 O 图像：

```
x, y = next(iter(trn_dl))
x2 = x[y==0]
```

☐ 对 x2 进行形状重塑，使其具有适合 CNN 模型输入的形状，即批大小 × 通道 × 高度 × 宽度：

```
x2 = x2.view(-1,1,28,28)
```

☐ 定义一个变量，将模型存储到第一层：

```
first_layer = nn.Sequential(*list(model.children())[:1])
```

☐ 提取通过模型传递 O 图像（x2）的输出，直到第一层（first_layer），如同前面定义的那样：

```
first_layer_output = first_layer(x2).detach()
```

14. 绘制通过 first_layer 模型传递的多个图像的输出：

```
n = 4
fig, ax = plt.subplots(n, n, figsize=(10,10))
for ix, axis in enumerate(ax.flat):
    axis.imshow(first_layer_output[ix,4,:,:].cpu())
    axis.set_title(str(ix))
plt.tight_layout()
plt.show()
```

上面代码的输出结果如图 4-38 所示。

> ℹ️ 注意，给定滤波器（在本例中是第一层第 4 个滤波器）的行为在不同的图像之间保持一致。

15. 现在，让我们创建另外一个模型，该模型提取层，直到第二层卷积层（即前一个模型中定义的 4 个层），然后提取传递原始 O 图像的输出。之后，我们将绘制第二层滤波器与输入 O 图像卷积的输出：

```
second_layer = nn.Sequential(*list(model.children())[:4])
second_intermediate_output=second_layer(im[None])[0].detach()
```

绘制滤波器与各自图像卷积的输出：

```
fig, ax = plt.subplots(11, 11, figsize=(10,10))
for ix, axis in enumerate(ax.flat):
```

```
        axis.imshow(second_intermediate_output[ix].cpu())
        axis.set_title(str(ix))
plt.tight_layout()
plt.show()
```

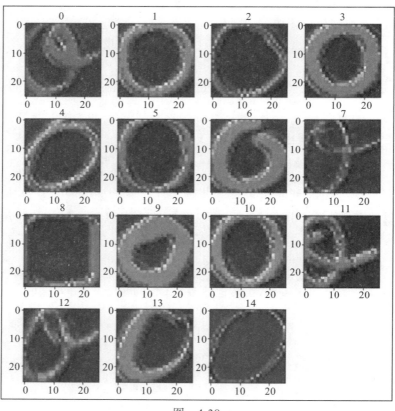

图　4-38

上面代码的输出结果如图 4-39 所示。

现在，以图 4-39 中第 34 个滤波器的输出为例。当通过第 34 个滤波器传递多个不同的 O 图像时，应该看到图像之间有类似的激活。测试代码如下：

```
second_layer = nn.Sequential(*list(model.children())[:4])
second_intermediate_output = second_layer(x2).detach()
fig, ax = plt.subplots(4, 4, figsize=(10,10))
for ix, axis in enumerate(ax.flat):
    axis.imshow(second_intermediate_output[ix,34,:,:].cpu())
    axis.set_title(str(ix))
plt.tight_layout()
plt.show()
```

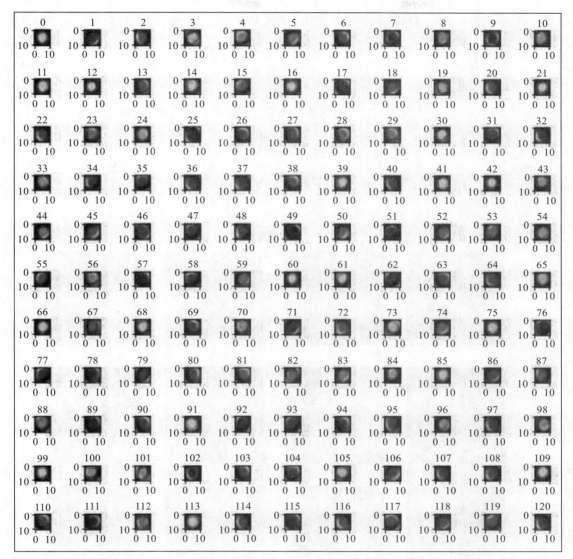

图 4-39

上面代码的输出结果如图 4-40 所示。

注意，即使在这里，不同图像上的第 34 个滤波器的激活也是相似的，因为 O 的左半部分激活了滤波器。

16. 绘制全连接层的激活，具体如下：

❑ 首先，获取更大的图像样本：

```
custom_dl= DataLoader(XO('/content/all/*'),batch_size=2498, \
                      drop_last=True)
```

❑ 接下来，只从数据集中选择 O 图像，然后进行重塑，以便它们可以作为输入数据传递给 CNN 模型：

```
x, y = next(iter(custom_dl))
x2 = x[y==0]
x2 = x2.view(len(x2),1,28,28)
```

❑ 获取扁平（全连接）层，并将之前的图像传递给模型，直到它们到达扁平层：

```
flatten_layer = nn.Sequential(*list(model.children())[:7])
flatten_layer_output = flatten_layer(x2).detach()
```

❑ 绘制扁平层的图像：

```
plt.figure(figsize=(100,10))
plt.imshow(flatten_layer_output.cpu())
```

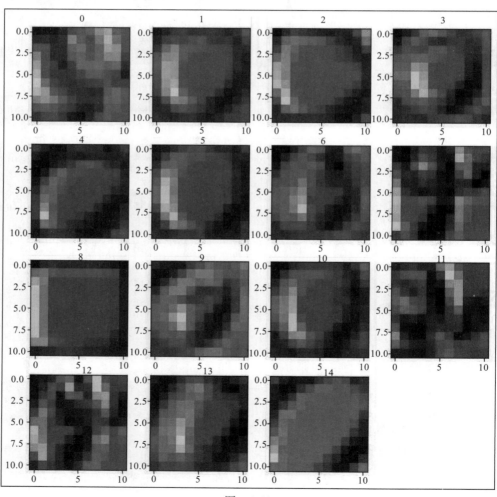

图   4-40

上面代码的输出结果如图 4-41 所示。

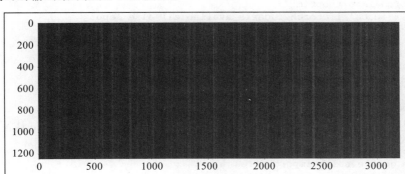

图 4-41

请注意，输出的形状是 1 245×3 200，因为在我们的数据集中有 1 245 个 O 图像，在扁平化层中每个图像有 3 200 个维度。

值得注意的是，当输入为 O 时，全连接层中的某些值会高亮显示（在这里可以看到白线，其中每个点代表一个大于 0 的激活值）。

> ⓘ 注意，该模型已经学会了为全连接层引入一些结构，即使输入图像（虽然都属于同一类）在风格上存在很大的差异。

在学习了 CNN 的工作原理以及滤波器的作用之后，我们将应用这些知识，对包含猫或狗的图像进行分类。

4.7 构建对真实图像进行分类的 CNN

目前，我们学习了如何对 Fashion-MNIST 数据集进行图像分类。在本节中，我们将对更真实场景中的图像进行同样的操作，对包含猫或狗的图像进行分类。我们还将讨论在改变训练图像的数量时，模型的准确度会如何发生变化。

我们将在 Kaggle 提供的数据集上工作：https://www.kaggle.com/tongpython/ cat-and-dog。

> ⓘ 本节代码可以从本书 GitHub 库（https://tinyurl.com/mcvp-packt）的 Chapter04 文件夹中的 Cats_Vs_Dogs.ipynb 获得。请确保从 GitHub 的 notebook 中复制 URL，以避免在复制结果时出现任何问题。

1. 导入必要的包：

```
import torchvision
import torch.nn as nn
import torch
import torch.nn.functional as F
from torchvision import transforms,models,datasets
```

```
from PIL import Image
from torch import optim
device = 'cuda' if torch.cuda.is_available() else 'cpu'
import cv2, glob, numpy as np, pandas as pd
import matplotlib.pyplot as plt
%matplotlib inline
from glob import glob
!pip install torch_summary
```

2. 下载数据集:

❑ 这里我们必须下载协同环境中可用的数据集。首先必须上传 Kaggle 认证文件:

```
!pip install -q kaggle
from google.colab import files
files.upload()
```

> 🛈 在步骤 2 中,你必须上传你的 kaggle.json 文件,该文件可以从你的 Kaggle 账户获得。获得 kaggle.json 文件的细节见 GitHub 上相关的 notebook。

❑ 下面指定要移动到的 Kaggle 文件夹并将 Kaggle.Json 文件复制到该文件夹中:

```
!mkdir -p ~/.kaggle
!cp kaggle.json ~/.kaggle/
!ls ~/.kaggle
!chmod 600 /root/.kaggle/kaggle.json
```

❑ 最后,下载包含猫或狗的图像数据集并解压:

```
!kaggle datasets download -d tongpython/cat-and-dog
!unzip cat-and-dog.zip
```

3. 提供训练和测试数据集文件夹:

```
train_data_dir = '/content/training_set/training_set'
test_data_dir = '/content/test_set/test_set'
```

4. 构建一个用于从上述文件夹获取数据的类。然后,根据图像对应的目录,为"狗"图像提供标签 1,为"猫"图像提供标签 0。此外,要确保获取的图像数据已被归一化为 0 到 1 之间的尺度,并对其进行排序,以便首先提供通道(因为 PyTorch 模型希望在图像的高度和宽度之前首先指定通道)。

❑ 定义 __init__ 方法,它接受一个文件夹作为输入,并将对应于 cats 或 dogs 文件夹中图像的文件路径(图像路径)存储在单独的对象中,将文件路径连接到单个列表:

```
from torch.utils.data import DataLoader, Dataset
class cats_dogs(Dataset):
    def __init__(self, folder):
        cats = glob(folder+'/cats/*.jpg')
        dogs = glob(folder+'/dogs/*.jpg')
        self.fpaths = cats + dogs
```

❑ 接下来,随机化文件路径并基于这些文件路径创建目标变量的文件夹:

```
from random import shuffle, seed; seed(10);
shuffle(self.fpaths)
self.targets=[fpath.split('/')[-1].startswith('dog') \
            for fpath in self.fpaths] # dog=1
```

❏ 定义 `__len__` 方法，它对应于 `self` 类：

```
def __len__(self): return len(self.fpaths)
```

❏ 定义 `__getitem__` 方法，我们使用该方法从文件路径列表中随机指定一个文件路径，读取图像，并将图像大小调整为 224×224。假设 CNN 希望每个图像首先指定输入通道，然后对缩放后的图像进行排列，以便在返回缩放后图像和相应目标值之前，先提供通道：

```
def __getitem__(self, ix):
    f = self.fpaths[ix]
    target = self.targets[ix]
    im = (cv2.imread(f)[:,:,::-1])
    im = cv2.resize(im, (224,224))
    return torch.tensor(im/255).permute(2,0,1)\
            .to(device).float(),\
        torch.tensor([target]) \
            .float().to(device)
```

5. 检查随机提取的图像：

```
data = cats_dogs(train_data_dir)
im, label = data[200]
```

最后我们需要把得到的图像排列到通道上。这是因为 matplotlib 期望在提供了图像的高度和宽度之后，图像有确定的通道：

```
plt.imshow(im.permute(1,2,0).cpu())
print(label)
```

输出结果如图 4-42 所示。

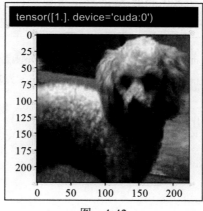

图　4-42

6. 如下定义模型、损失函数和优化器：

❑ 首先，必须定义 conv_layer 函数，在这里我们按顺序执行卷积、ReLU 激活、批归一化和最大池化操作。该方法将在最终模型中得到重用，我们将在下一步定义最终模型：

```
def conv_layer(ni,no,kernel_size,stride=1):
    return nn.Sequential(
        nn.Conv2d(ni, no, kernel_size, stride),
        nn.ReLU(),
        nn.BatchNorm2d(no),
        nn.MaxPool2d(2)
    )
```

在上面的代码中，我们将输入通道数（ni）、输出通道数（no）、kernel_size 和滤波器的 stride 作为 conv_layer 函数的输入。

❑ 定义 get_model 函数，它执行多个卷积和池化操作（通过调用 conv_layer 方法），扁平化输出，并在连接输出层之前连接一个隐藏层：

```
def get_model():
    model = nn.Sequential(
            conv_layer(3, 64, 3),
            conv_layer(64, 512, 3),
            conv_layer(512, 512, 3),
            conv_layer(512, 512, 3),
            conv_layer(512, 512, 3),
            conv_layer(512, 512, 3),
            nn.Flatten(),
            nn.Linear(512, 1),
            nn.Sigmoid(),
        ).to(device)
    loss_fn = nn.BCELoss()
    optimizer = torch.optim.Adam(model.parameters(), lr= 1e-3)
    return model, loss_fn, optimizer
```

> ℹ️ 你可以在 nn.Sequential 中嵌入 nn.Sequential，多少层都可以。在前面的代码中，我们使用 conv_layer，就像它是任何其他 nn.Module 层一样。

❑ 现在，我们调用 get_model 函数来获取模型、损失函数（loss_fn）和 Optimizer，然后使用从 torchsummary 包中导入的 summary 方法获得模型摘要信息：

```
from torchsummary import summary
model, loss_fn, optimizer = get_model()
summary(model, torch.zeros(1,3, 224, 224));
```

上面代码的输出结果如图 4-43 所示。

```
--------------------------------------------------------------------
        Layer (type)           Output Shape           Param #
====================================================================
           Conv2d-1          [-1, 64, 222, 222]           1,792
             ReLU-2          [-1, 64, 222, 222]               0
      BatchNorm2d-3          [-1, 64, 222, 222]             128
        MaxPool2d-4          [-1, 64, 111, 111]               0
           Conv2d-5          [-1, 512, 109, 109]        295,424
             ReLU-6          [-1, 512, 109, 109]              0
      BatchNorm2d-7          [-1, 512, 109, 109]          1,024
        MaxPool2d-8          [-1, 512, 54, 54]                0
           Conv2d-9          [-1, 512, 52, 52]        2,359,808
            ReLU-10          [-1, 512, 52, 52]                0
     BatchNorm2d-11          [-1, 512, 52, 52]            1,024
       MaxPool2d-12          [-1, 512, 26, 26]                0
          Conv2d-13          [-1, 512, 24, 24]        2,359,808
            ReLU-14          [-1, 512, 24, 24]                0
     BatchNorm2d-15          [-1, 512, 24, 24]            1,024
       MaxPool2d-16          [-1, 512, 12, 12]                0
          Conv2d-17          [-1, 512, 10, 10]        2,359,808
            ReLU-18          [-1, 512, 10, 10]                0
     BatchNorm2d-19          [-1, 512, 10, 10]            1,024
       MaxPool2d-20          [-1, 512, 5, 5]                  0
          Conv2d-21          [-1, 512, 3, 3]          2,359,808
            ReLU-22          [-1, 512, 3, 3]                  0
     BatchNorm2d-23          [-1, 512, 3, 3]              1,024
       MaxPool2d-24          [-1, 512, 1, 1]                  0
         Flatten-25          [-1, 512]                        0
          Linear-26          [-1, 1]                        513
         Sigmoid-27          [-1, 1]                          0
====================================================================
Total params: 9,742,209
Trainable params: 9,742,209
Non-trainable params: 0
```

图　4-43

7. 创建 get_data 函数，它创建一个 cats_dogs 类的对象，并为训练和验证文件夹创建一个 batch_size 为 32 的 DataLoader：

```
def get_data():
    train = cats_dogs(train_data_dir)
    trn_dl = DataLoader(train, batch_size=32, shuffle=True, \
                        drop_last = True)
    val = cats_dogs(test_data_dir)
    val_dl = DataLoader(val, batch_size=32, shuffle=True, \
                        drop_last = True)
    return trn_dl, val_dl
```

在上述代码中，我们通过指定 drop_last = True 来忽略最后一批数据。这样做是因为最后一批可能和其他批的大小不一样。

8. 定义使用批数据进行模型训练的函数，做法与前几节一样：

```
def train_batch(x, y, model, opt, loss_fn):
    model.train()
    prediction = model(x)
    batch_loss = loss_fn(prediction, y)
    batch_loss.backward()
    optimizer.step()
    optimizer.zero_grad()
    return batch_loss.item()
```

9. 定义用于计算准确度和验证损失的函数，做法与前几节一样：

❑ 定义 accuracy 函数：

```
@torch.no_grad()
def accuracy(x, y, model):
    prediction = model(x)
    is_correct = (prediction > 0.5) == y
    return is_correct.cpu().numpy().tolist()
```

需要注意的是，上述计算准确度的代码与 Fashion-MNIST 分类中的代码不同，因为目前的模型（猫狗分类）为二元分类而构建，Fashion-MNIST 模型则为多元分类而构建。

❑ 定义验证损失计算函数：

```
@torch.no_grad()
def val_loss(x, y, model):
    prediction = model(x)
    val_loss = loss_fn(prediction, y)
    return val_loss.item()
```

10. 对模型进行 5 轮的训练，并在每轮结束时检查模型在测试数据集上的准确度，做法与前几节一样：

❑ 定义模型并获取所需的 DataLoader：

```
trn_dl, val_dl = get_data()
model, loss_fn, optimizer = get_model()
```

❑ 不断增加轮数进行模型训练：

```
train_losses, train_accuracies = [], []
val_losses, val_accuracies = [], []
for epoch in range(5):
    train_epoch_losses, train_epoch_accuracies = [], []
    val_epoch_accuracies = []
    for ix, batch in enumerate(iter(trn_dl)):
        x, y = batch
        batch_loss = train_batch(x, y, model, optimizer, \
                                            loss_fn)
        train_epoch_losses.append(batch_loss)
    train_epoch_loss = np.array(train_epoch_losses).mean()

    for ix, batch in enumerate(iter(trn_dl)):
        x, y = batch
        is_correct = accuracy(x, y, model)
        train_epoch_accuracies.extend(is_correct)
    train_epoch_accuracy = np.mean(train_epoch_accuracies)

    for ix, batch in enumerate(iter(val_dl)):
        x, y = batch
        val_is_correct = accuracy(x, y, model)
        val_epoch_accuracies.extend(val_is_correct)
    val_epoch_accuracy = np.mean(val_epoch_accuracies)

    train_losses.append(train_epoch_loss)
```

```
train_accuracies.append(train_epoch_accuracy)
val_accuracies.append(val_epoch_accuracy)
```

11. 绘制训练和验证准确度随轮数增加的变化曲线：

```
epochs = np.arange(5)+1
import matplotlib.ticker as mtick
import matplotlib.pyplot as plt
import matplotlib.ticker as mticker
%matplotlib inline
plt.plot(epochs, train_accuracies, 'bo',
        label='Training accuracy')
plt.plot(epochs, val_accuracies, 'r',
        label='Validation accuracy')
plt.gca().xaxis.set_major_locator(mticker.MultipleLocator(1))
plt.title('Training and validation accuracy \
with 4K data points used for training')
plt.xlabel('Epochs')
plt.ylabel('Accuracy')
plt.gca().set_yticklabels(['{:.0f}%'.format(x*100) \
                            for x in plt.gca().get_yticks()])
plt.legend()
plt.grid('off')
plt.show()
```

上述代码的输出结果如图 4-44 所示。

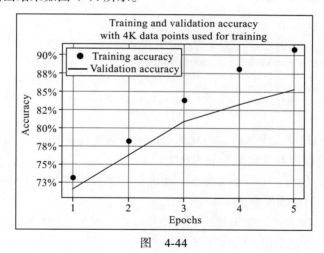

图　4-44

值得注意的是，5 轮末的分类准确度约为 86%。

> 💡 正如我们在前一章所讨论的那样，批归一化对于分类准确度的提高具有很大的影响，你可以通过训练没有进行批归一化的模型来验证这一点。此外，如果使用较少的参数，可以在不进行批归一化的情况下对模型进行训练。你可以通过减少图层的数量、增加步长、增加池化或者将图像的大小调整到小于 224×224 的数字来实现。

目前，我们所做的训练是基于 8000 个例子，其中 4 000 个例子来自 cat 类，其余的来自 dog 类。在下一小节中，我们将了解在涉及测试数据集的分类准确度的时候，减少训练样本的数量对每个类别的影响。

图像训练样本数量的影响

我们知道，一般来说，使用的训练示例越多，分类准确度就越好。在本小节中，我们将讨论使用不同数量的可用图像对训练准确度的影响，方法是人为地减少用于训练的图像数量，然后在对测试数据集进行分类时测试模型的准确度。

> ⓘ 本小节代码可以从本书 GitHub 库（https://tinyurl.com/mcvp-packt）的 Chapter04 文件夹中的 Cats_Vs_Dogs.ipynb 获得。由于这里提供的大多数代码与我们在前文中看到的代码类似，为了简洁起见，我们只提供了修改后的代码。本书 GitHub 库中相应的 notebook 包含完整的代码。

这里，我们只希望训练数据集中的每个类别包含 500 个数据点。可以通过在 __init__ 方法中限制每个文件夹中只包含前 500 个图像文件路径的方式实现，并确保其他路径保持在前文中所述的状态：

```
def __init__(self, folder):
    cats = glob(folder+'/cats/*.jpg')
    dogs = glob(folder+'/dogs/*.jpg')
    self.fpaths = cats[:500] + dogs[:500]
    from random import shuffle, seed; seed(10);
        shuffle(self.fpaths)
    self.targets = [fpath.split('/')[-1].startswith('dog') \
                    for fpath in self.fpaths]
```

上述代码与我们在前文中执行初始化代码的唯一区别在于 self.paths，现在将每个文件夹中包含的文件路径数量限制为前 500 个。

现在执行其余的代码，如同前文那样，由此构建的模型在包含 1000 个图像（每类 500 个）的测试数据集上的准确度如图 4-45 所示。

这里可以看到，因为我们使用较少的图像样本进行训练，所以模型在测试数据集上的准确度大大降低了，也就是说，大约降至 66%。

现在，让我们看看如何通过改变可用训练样本的数量来影响测试数据集的准确度，这些样本将用于训练模型（这里为每个场景构建一个模型）。

我们使用与 500 个数据点训练样本相同的代码，但会改变可用图像的数量（总数据点分别为 2000、4000 和 8000）。为了简单起见，我们只查看使用不同数量的训练图像数据获得的模型预测结果输出。对应的输出结果如图 4-46 所示。

如你所见，可用的训练数据越多，模型在测试数据上的准确度就越高。然而，在遇到的每个场景中，我们可能没有足够多的训练数据。下一章将介绍迁移学习，会通过指导你使用各种技术来解决这个问题，使你可以使用少量的训练数据获得较高准确度。

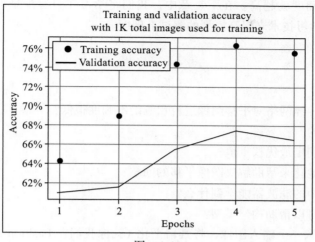

图 4-45

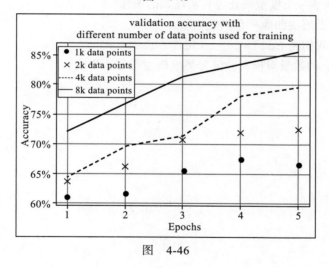

图 4-46

4.8 小结

当新的图像与之前看到的图像非常相似并在平移后输入模型时，传统的神经网络就会失败。卷积神经网络对于解决这个问题发挥了关键作用。这是通过 CNN 中存在的各种机制实现的，包括滤波器、步长和池化。最初，我们构建了一个简单示例来学习 CNN 的工作原理。然后，我们学习如何通过在原始图像上创建平移的数据增强来帮助提高模型的准确度。之后，考察了 CNN 中不同的滤波器在特征学习过程中究竟学习了什么，由此实现对图像的分类。

最后，我们学到不同数量的训练数据对模型测试准确度的影响，即可用的训练数据越多，模型的测试准确度就越高。在下一章中，我们将学习在只有少量训练数据的情况下，如何利用各种迁移学习技术来提高模型的测试准确度。

4.9 课后习题

1. 为什么使用传统神经网络对平移图像进行预测的准确度很低？
2. 卷积是如何完成的？
3. 如何在滤波器中确定最优权重值？
4. 如何结合卷积和池化来帮助解决图像平移的问题？
5. 接近输入层的层中的滤波器能学到什么？
6. 池化有哪些功能可以帮助构建模型？
7. 为什么我们不能取一个输入图像，将其扁平化（就像我们在 Fashion-MNIST 数据集上做的那样），然后训练一个模型来处理真实场景的图像？
8. 数据增强如何帮助解决图像平移问题？
9. 在什么情况下，我们将 `collate_fn` 用作 `DataLoader` ？
10. 改变训练数据点的数量对模型验证分类准确度有什么影响？

第 **5** 章

面向图像分类的迁移学习

由前面的内容可知，随着训练数据集中可用图像数量的增加，模型的分类准确度不断提高。使用 8000 个图像训练得到的模型验证准确度，通常比使用 1000 个图像训练得到的准确度要高。然而，为了训练模型，我们并不总是能获得成百上千个图像及其相应的真值。因此，可以使用迁移学习来处理图像分类问题。

迁移学习将在通用数据集上学习到的模型迁移到感兴趣的特定数据集上。用于执行迁移学习的预训练模型通常是在数百万个图像上训练的（这些图像是通用图像，并非局限于我们感兴趣的特定数据集），现在要将这些预训练模型微调到适合我们感兴趣的某个特定数据集。

在本章中，我们将学习两种不同类型的迁移学习架构：VGG 架构的变体和 ResNet 架构的变体。

在理解迁移学习架构的同时，我们还将了解它们在两个不同用例中的应用——基于年龄和性别分类（其中我们将了解基于交叉熵损失和平均绝对误差损失进行优化）以及人脸关键点检测 [其中我们将学习如何利用神经网络在单个预测中生成多个（136 个预测，而非 1 个预测）连续的输出]。最后，学习一个有助于大大降低代码复杂度的新库。

5.1 迁移学习简介

迁移学习使用从某个任务中获得的知识来解决另外某个类似的任务。

想象一下，某个模型是在跨越数千个类别物体（不仅仅是猫和狗）的数百万个图像上训练的。模型的各种滤波器（内核）可以激活图像中各种各样的形状、颜色和纹理。可以重复使用这些滤波器，以便了解一组新图像的特征。在习完特征后，可以将它们连接到最终分类层之前的隐藏层，面向新数据进行定制。

ImageNet（http://www.image-net.org/）是一个将大约 1400 万个图像分类为 1000 个不同类别的竞赛。这个数据集中拥有各种类别，包括印度大象、狮子鱼、硬盘、发胶和吉普车。

本章中学习的深度神经网络架构都是在 ImageNet 数据集上训练完成的。而且，由于

ImageNet 中分类的对象类别和数量都非常多，因此这些模型都设计得非常深入，以便能够捕获尽可能多的特征信息。

下面通过一个假设的场景来理解迁移学习的重要性。

考虑这样一种情况，我们正在处理道路图像，试图根据图像中包含的物体对其进行分类。由于训练图像的数量可能不足以了解数据集内的各种变化（如前所述，使用 8000 个训练图像获得的模型验证准确度通常比使用 2000 个训练图像获得的准确度要高），从头构建一个模型可能导致次优的结果。基于 ImageNet 数据集训练获得的预训练模型在这种场合中很有用。在对大型 ImageNet 数据集进行训练时，它应该已经了解了许多与交通相关的类别，例如，汽车、道路、树木和人类。利用已经训练好的模型会使模型训练更快、更准确，因为模型已经知道一般形状，现在必须使它们适合那些特定的图像。在了解了迁移学习的基本原理之后，现在来理解迁移学习的高级流程：

1. 对输入图像进行归一化，归一化的**均值和标准差**与对预训练模型进行训练时所用的均值和标准差相同。

2. 获取预训练模型的架构。获取在大型数据集上训练而产生的架构权重。

3. 丢弃预训练模型的最后几层。

4. 将截断的预训练模型连接到一个新的初始化层，其中权重是随机初始化的。确保最后一层的输出与预测类别 / 输出具有相同数量的神经元。

5. 确保预训练模型的权重是不可训练的（即在反向传播过程中被冻结 / 不被更新），但是新初始化层的权重以及连接到输出层的权重是可训练的；因为我们假设这些权重已经为任务很好地学习过了，所以不对预训练模型的权重进行训练，而是利用大型预训练模型中已有的学习结果。总之，对于小数据集，我们只学习新初始化的层。

6. 在增加的轮数中更新可训练参数，对模型进行适应性调整。

在了解了如何实现迁移学习的基础上，下面来了解各种架构，了解它们是如何构建的，以及在后续部分将迁移学习应用于猫狗分类用例时的结果。首先详细介绍来自 VGG 的几种架构。

5.2 理解 VGG16 架构

VGG 的含义是视觉几何组（Visual Geometry Group），该组出自牛津大学，16 则表示模型的层数。在 ImageNet 竞赛中，VGG16 模型被训练用于对象分类，并在 2014 年获得亚军。之所以研究这个架构而不是该年获得冠军的架构（GoogleNet），是因为 VGG 的简单性，在计算机视觉社区中更容易被接受。下面来了解一下 VGG16 的架构，以及如何在 PyTorch 中访问和表示 VGG16 预训练模型。

> ℹ️ 本节代码可以从本书 GitHub 库（`https://tinyurl.com/mcvp-packt`）的 `Chapter05` 文件夹中的 `VGG_architecture.ipynb` 获得。

1. 安装所需的包：

```
import torchvision
import torch.nn as nn
import torch
import torch.nn.functional as F
from torchvision import transforms,models,datasets
!pip install torch_summary
from torchsummary import summary
device = 'cuda' if torch.cuda.is_available() else 'cpu'
```

torchvision 包中的 models 模块包含了 PyTorch 中提供的各种预训练模型。

2. 加载 VGG16 模型并在设备内注册：

```
model = models.vgg16(pretrained=True).to(device)
```

在上面的代码中，我们在 models 类中调用了 vgg16 方法。此外，通过 pretrained = True 指定了加载 ImageNet 竞赛中用于对图像进行分类的权重，然后将模型注册到设备。

3. 获取模型的摘要信息：

```
summary(model, torch.zeros(1,3,224,224));
```

上面代码的输出如图 5-1 所示。

```
----------------------------------------------------------------
        Layer (type)              Output Shape         Param #
================================================================
            Conv2d-1         [-1, 64, 224, 224]           1,792
              ReLU-2         [-1, 64, 224, 224]               0
            Conv2d-3         [-1, 64, 224, 224]          36,928
              ReLU-4         [-1, 64, 224, 224]               0
         MaxPool2d-5         [-1, 64, 112, 112]               0
            Conv2d-6        [-1, 128, 112, 112]          73,856
              ReLU-7        [-1, 128, 112, 112]               0
            Conv2d-8        [-1, 128, 112, 112]         147,584
              ReLU-9        [-1, 128, 112, 112]               0
        MaxPool2d-10          [-1, 128, 56, 56]               0
           Conv2d-11          [-1, 256, 56, 56]         295,168
             ReLU-12          [-1, 256, 56, 56]               0
           Conv2d-13          [-1, 256, 56, 56]         590,080
             ReLU-14          [-1, 256, 56, 56]               0
           Conv2d-15          [-1, 256, 56, 56]         590,080
             ReLU-16          [-1, 256, 56, 56]               0
        MaxPool2d-17          [-1, 256, 28, 28]               0
           Conv2d-18          [-1, 512, 28, 28]       1,180,160
             ReLU-19          [-1, 512, 28, 28]               0
           Conv2d-20          [-1, 512, 28, 28]       2,359,808
             ReLU-21          [-1, 512, 28, 28]               0
           Conv2d-22          [-1, 512, 28, 28]       2,359,808
             ReLU-23          [-1, 512, 28, 28]               0
        MaxPool2d-24          [-1, 512, 14, 14]               0
           Conv2d-25          [-1, 512, 14, 14]       2,359,808
             ReLU-26          [-1, 512, 14, 14]               0
           Conv2d-27          [-1, 512, 14, 14]       2,359,808
             ReLU-28          [-1, 512, 14, 14]               0
           Conv2d-29          [-1, 512, 14, 14]       2,359,808
```

图　5-1

```
            ReLU-30            [-1, 512, 14, 14]                 0
       MaxPool2d-31            [-1, 512, 7, 7]                   0
AdaptiveAvgPool2d-32           [-1, 512, 7, 7]                   0
         Linear-33             [-1, 4096]             102,764,544
           ReLU-34             [-1, 4096]                       0
        Dropout-35             [-1, 4096]                       0
         Linear-36             [-1, 4096]              16,781,312
           ReLU-37             [-1, 4096]                       0
        Dropout-38             [-1, 4096]                       0
         Linear-39             [-1, 1000]               4,097,000
================================================================
Total params: 138,357,544
Trainable params: 138,357,544
Non-trainable params: 0
----------------------------------------------------------------
```

图 5-1（续）

在上述摘要中，我们提到的 16 个层被分为以下几类：

{1,2},{3,4,5},{6,7},{8,9,10},{11,12},{13,14},{15,16,17},{18,
19},{20,21},{22,23,24},{25,26},{27,28},{29,30,31,32},{33,34,
35},{36,37,38],{39}

也可以可视化表示摘要信息，如图 5-2 所示。

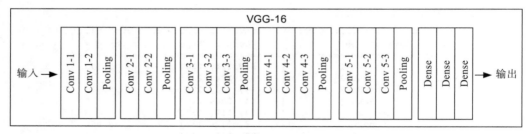

图 5-2

需要注意的是，该网络中大约有 1.38 亿个参数 [其中约 1.22 亿（1.02 亿 +1600 万 +
400 万）个参数是网络末端的线性层]，它由 13 层卷积和 / 或池化层（滤波器数量逐步增加）
和 3 层线性层组成。

另一种理解 VGG16 模型组件的方法将模型信息输出出来，如下所示：

```
model
```

输出结果如图 5-3 所示。

注意在模型中有三个主要的子模块：features、avgpool 和 classifier。通常，
我们会冻结 features 和 avgpool 模块。删除 classifier 模块（或只是底部的几个
层），并在其位置上创建一个新的模块，它将预测对应于我们数据集所需的类别数量（而不
是现有的 1000 个）。

下面来理解 VGG16 模型在实践中是如何使用的，在下面的代码中使用猫狗数据集（考
虑每个类别只使用 500 个图像进行训练）。

```
VGG(
  (features): Sequential(
    (0): Conv2d(3, 64, kernel_size=(3, 3), stride=(1, 1), padding=(1, 1))
    (1): ReLU(inplace=True)
    (2): Conv2d(64, 64, kernel_size=(3, 3), stride=(1, 1), padding=(1, 1))
    (3): ReLU(inplace=True)
    (4): MaxPool2d(kernel_size=2, stride=2, padding=0, dilation=1, ceil_mode=False)
    (5): Conv2d(64, 128, kernel_size=(3, 3), stride=(1, 1), padding=(1, 1))
    (6): ReLU(inplace=True)
    (7): Conv2d(128, 128, kernel_size=(3, 3), stride=(1, 1), padding=(1, 1))
    (8): ReLU(inplace=True)
    (9): MaxPool2d(kernel_size=2, stride=2, padding=0, dilation=1, ceil_mode=False)
    (10): Conv2d(128, 256, kernel_size=(3, 3), stride=(1, 1), padding=(1, 1))
    (11): ReLU(inplace=True)
    (12): Conv2d(256, 256, kernel_size=(3, 3), stride=(1, 1), padding=(1, 1))
    (13): ReLU(inplace=True)
    (14): Conv2d(256, 256, kernel_size=(3, 3), stride=(1, 1), padding=(1, 1))
    (15): ReLU(inplace=True)
    (16): MaxPool2d(kernel_size=2, stride=2, padding=0, dilation=1, ceil_mode=False)
    (17): Conv2d(256, 512, kernel_size=(3, 3), stride=(1, 1), padding=(1, 1))
    (18): ReLU(inplace=True)
    (19): Conv2d(512, 512, kernel_size=(3, 3), stride=(1, 1), padding=(1, 1))
    (20): ReLU(inplace=True)
    (21): Conv2d(512, 512, kernel_size=(3, 3), stride=(1, 1), padding=(1, 1))
    (22): ReLU(inplace=True)
    (23): MaxPool2d(kernel_size=2, stride=2, padding=0, dilation=1, ceil_mode=False)
    (24): Conv2d(512, 512, kernel_size=(3, 3), stride=(1, 1), padding=(1, 1))
    (25): ReLU(inplace=True)
    (26): Conv2d(512, 512, kernel_size=(3, 3), stride=(1, 1), padding=(1, 1))
    (27): ReLU(inplace=True)
    (28): Conv2d(512, 512, kernel_size=(3, 3), stride=(1, 1), padding=(1, 1))
    (29): ReLU(inplace=True)
    (30): MaxPool2d(kernel_size=2, stride=2, padding=0, dilation=1, ceil_mode=False)
  )
  (avgpool): AdaptiveAvgPool2d(output_size=(7, 7))
  (classifier): Sequential(
    (0): Linear(in_features=25088, out_features=4096, bias=True)
    (1): ReLU(inplace=True)
    (2): Dropout(p=0.5, inplace=False)
    (3): Linear(in_features=4096, out_features=4096, bias=True)
    (4): ReLU(inplace=True)
    (5): Dropout(p=0.5, inplace=False)
    (6): Linear(in_features=4096, out_features=1000, bias=True)
  )
)
```

图 5-3

> ℹ️ 下面的代码可从本书 GitHub 库（https://tinyurl.com/mcvp-packt）的 Chapter05 文件夹中的 Implementing_VGG16_for_image_classification.ipynb 获得。请确保从 GitHub 的 notebook 中复制 URL，以避免在复制结果时出现任何问题。

1. 安装所需的包：

```
import torch
import torchvision
import torch.nn as nn
```

```
import torch.nn.functional as F
from torchvision import transforms,models,datasets
import matplotlib.pyplot as plt
from PIL import Image
from torch import optim
device = 'cuda' if torch.cuda.is_available() else 'cpu'
import cv2, glob, numpy as np, pandas as pd
from glob import glob
import torchvision.transforms as transforms
from torch.utils.data import DataLoader, Dataset
```

2. 下载数据集并指定训练和测试目录：

❏ 下载数据集。如果在 Google Colab 上工作，那么可以执行以下步骤，提供身份验证密钥并将其放置在 Kaggle，以便我们可以使用该密钥进行身份验证并下载数据集：

```
!pip install -q kaggle
from google.colab import files
files.upload()
!mkdir -p ~/.kaggle
!cp kaggle.json ~/.kaggle/
!ls ~/.kaggle
!chmod 600 /root/.kaggle/kaggle.json
```

❏ 下载数据集并解压缩：

```
!kaggle datasets download -d tongpython/cat-and-dog
!unzip cat-and-dog.zip
```

❏ 指定训练图像和测试图像文件夹：

```
train_data_dir = 'training_set/training_set'
test_data_dir = 'test_set/test_set'
```

3. 提供一个为猫狗数据集返回输入 – 输出对的类，就像在第 4 章中所做的那样。注意，这里只从每个文件夹中获取前 500 个图像：

```
class CatsDogs(Dataset):
    def __init__(self, folder):
        cats = glob(folder+'/cats/*.jpg')
        dogs = glob(folder+'/dogs/*.jpg')
        self.fpaths = cats[:500] + dogs[:500]
        self.normalize = transforms.Normalize(mean=[0.485,
                0.456, 0.406],std=[0.229, 0.224, 0.225])
        from random import shuffle, seed; seed(10);
        shuffle(self.fpaths)
        self.targets =[fpath.split('/')[-1].startswith('dog') \
                        for fpath in self.fpaths]
    def __len__(self): return len(self.fpaths)
    def __getitem__(self, ix):
        f = self.fpaths[ix]
        target = self.targets[ix]
        im = (cv2.imread(f)[:,:,::-1])
        im = cv2.resize(im, (224,224))
        im = torch.tensor(im/255)
```

```
    im = im.permute(2,0,1)
    im = self.normalize(im)
    return im.float().to(device),
        torch.tensor([target]).float().to(device)
```

本节的 cats_dogs 类与第 4 章的主要区别在于这里使用的是 transforms 模块中的 normalize 函数。

> 💡TIP 在使用预训练模型时，需要将图像的大小进行调整并对图像进行排列，然后将图像进行归一化处理（适合预训练模型），也就是说，首先将图像像素的 3 个通道值缩放到 0 和 1 之间，然后使用 RGB 通道的平均值 [0.485, 0.456, 0.406] 和标准差 [0.229,0.224,0.225] 进行归一化处理。

4. 获取图像数据及其标签：

```
data = CatsDogs(train_data_dir)
```

现在检查某个图像样本数据及其对应的类别：

```
im, label = data[200]
plt.imshow(im.permute(1,2,0).cpu())
print(label)
```

上面代码的输出结果如图 5-4 所示。

图　5-4

5. 定义模型。下载预训练好的 VGG16 权重，然后冻结 features 模块，使用 avgpool 和 classifier 模块进行训练：

❑ 首先，从 models 类中下载预训练的 VGG16 模型：

```
def get_model():
    model = models.vgg16(pretrained=True)
```

❑ 指定我们想在冻结之前下载到模型中的所有参数：

```
for param in model.parameters():
    param.requires_grad = False
```

在上面的代码中，通过指定 param.requires_grad = False 实现在反向传播期间对参数更新的冻结。

- 替换 avgpool 模块，返回大小为 1×1 而不是 7×7 的特征图。换句话说，现在的输出结果为 batch_size $\times 512 \times 1 \times 1$：

```
model.avgpool = nn.AdaptiveAvgPool2d(output_size=(1,1))
```

> ⓘ 我们已经见过 nn.MaxPool2d，它从特征图的每个部分中选取最大值。有一个与之相对应的层称为 nn.AvgPool2d，它返回每个部分的平均值而不是最大值。在这两个层中，我们都固定了内核的大小。上面一层 nn.AdaptiveAvgPool2d 是池化层的另一种变体。我们指定映射输出的特征图大小。该层自动计算内核大小，以便返回指定大小的特征图。例如，如果输入特征图大小为 batch_size×512×k×k，那么池内核大小等于 k×k。这一层的主要优点是，无论输入大小是多少，这一层的输出大小总是固定的。因此，神经网络可以直接接受任何高度和宽度的图像。

- 定义模型的 classifier 模块，这里我们首先将 avgpool 模块的输出扁平化，将512 个单元连接到 128 个单元，并在连接到输出层之前执行一个激活：

```
model.classifier = nn.Sequential(nn.Flatten(),
                                 nn.Linear(512, 128),
                                 nn.ReLU(),
                                 nn.Dropout(0.2),
                                 nn.Linear(128, 1),
                                 nn.Sigmoid())
```

- 定义损失函数（loss_fn）、optimizer，并将它们与定义的模型一起返回：

```
loss_fn = nn.BCELoss()
optimizer = torch.optim.Adam(model.parameters(),lr= 1e-3)
return model.to(device), loss_fn, optimizer
```

注意，在上述代码中，我们首先冻结了预训练模型的所有参数，然后覆盖了 avgpool 和 classifier 模块。这里剩下的代码与前一章中的类似。

使用下列代码获取模型的摘要信息：

```
!pip install torch_summary
from torchsummary import summary
model, criterion, optimizer = get_model()
summary(model, torch.zeros(1,3,224,224))
```

上面代码的输出结果如图 5-5 所示。

> 💡 请注意，在总共 1470 万个参数中，可训练参数的数量只有 65 793 个，这是因为我们已经冻结了 features 模块，并覆盖了 avgpool 和 classifier 模块。目前只有 classifier 模块包括可学习的权重。

```
----------------------------------------------------------------
        Layer (type)              Output Shape          Param #
================================================================
            Conv2d-1        [-1, 64, 224, 224]            1,792
              ReLU-2        [-1, 64, 224, 224]                0
            Conv2d-3        [-1, 64, 224, 224]           36,928
              ReLU-4        [-1, 64, 224, 224]                0
         MaxPool2d-5        [-1, 64, 112, 112]                0
            Conv2d-6       [-1, 128, 112, 112]           73,856
              ReLU-7       [-1, 128, 112, 112]                0
            Conv2d-8       [-1, 128, 112, 112]          147,584
              ReLU-9       [-1, 128, 112, 112]                0
        MaxPool2d-10         [-1, 128, 56, 56]                0
           Conv2d-11         [-1, 256, 56, 56]          295,168
             ReLU-12         [-1, 256, 56, 56]                0
           Conv2d-13         [-1, 256, 56, 56]          590,080
             ReLU-14         [-1, 256, 56, 56]                0
           Conv2d-15         [-1, 256, 56, 56]          590,080
             ReLU-16         [-1, 256, 56, 56]                0
        MaxPool2d-17         [-1, 256, 28, 28]                0
           Conv2d-18         [-1, 512, 28, 28]        1,180,160
             ReLU-19         [-1, 512, 28, 28]                0
           Conv2d-20         [-1, 512, 28, 28]        2,359,808
             ReLU-21         [-1, 512, 28, 28]                0
           Conv2d-22         [-1, 512, 28, 28]        2,359,808
             ReLU-23         [-1, 512, 28, 28]                0
        MaxPool2d-24         [-1, 512, 14, 14]                0
           Conv2d-25         [-1, 512, 14, 14]        2,359,808
             ReLU-26         [-1, 512, 14, 14]                0
           Conv2d-27         [-1, 512, 14, 14]        2,359,808
             ReLU-28         [-1, 512, 14, 14]                0
           Conv2d-29         [-1, 512, 14, 14]        2,359,808
             ReLU-30         [-1, 512, 14, 14]                0
        MaxPool2d-31           [-1, 512, 7, 7]                0
AdaptiveAvgPool2d-32           [-1, 512, 1, 1]                0
          Flatten-33                [-1, 512]                0
           Linear-34                [-1, 128]           65,664
             ReLU-35                [-1, 128]                0
          Dropout-36                [-1, 128]                0
           Linear-37                  [-1, 1]              129
          Sigmoid-38                  [-1, 1]                0
================================================================
Total params: 14,780,481
Trainable params: 65,793
Non-trainable params: 14,714,688
```

图　5-5

6. 定义用于批训练、计算模型准确度、获取数据的函数，与第 4 章中的内容一样：

❑ 定义用于批训练的函数：

```
def train_batch(x, y, model, opt, loss_fn):
    model.train()
    prediction = model(x)
    batch_loss = loss_fn(prediction, y)
    batch_loss.backward()
    optimizer.step()
```

```
    optimizer.zero_grad()
    return batch_loss.item()
```

❑ 定义一个函数，用于计算模型关于批数据的准确度：

```
@torch.no_grad()
def accuracy(x, y, model):
    model.eval()
    prediction = model(x)
    is_correct = (prediction > 0.5) == y
    return is_correct.cpu().numpy().tolist()
```

❑ 定义用于获取数据加载器的函数：

```
def get_data():
    train = CatsDogs(train_data_dir)
    trn_dl = DataLoader(train, batch_size=32, shuffle=True, \
                        drop_last = True)
    val = CatsDogs(test_data_dir)
    val_dl = DataLoader(val, batch_size=32, shuffle=True, \
                        drop_last = True)
    return trn_dl, val_dl
```

❑ 初始化 get_data 和 get_model 函数：

```
trn_dl, val_dl = get_data()
model, loss_fn, optimizer = get_model()
```

7. 随着轮数的不断增加，对模型进行训练，与第 4 章中的内容一样：

```
train_losses, train_accuracies = [], []
val_accuracies = []
for epoch in range(5):
    print(f" epoch {epoch + 1}/5")
    train_epoch_losses, train_epoch_accuracies = [], []
    val_epoch_accuracies = []

    for ix, batch in enumerate(iter(trn_dl)):
        x, y = batch
        batch_loss = train_batch(x, y, model, optimizer, \
                                 loss_fn)
        train_epoch_losses.append(batch_loss)
    train_epoch_loss = np.array(train_epoch_losses).mean()

    for ix, batch in enumerate(iter(trn_dl)):
        x, y = batch
        is_correct = accuracy(x, y, model)
        train_epoch_accuracies.extend(is_correct)
    train_epoch_accuracy = np.mean(train_epoch_accuracies)

    for ix, batch in enumerate(iter(val_dl)):
        x, y = batch
        val_is_correct = accuracy(x, y, model)
        val_epoch_accuracies.extend(val_is_correct)
    val_epoch_accuracy = np.mean(val_epoch_accuracies)

    train_losses.append(train_epoch_loss)
```

```
        train_accuracies.append(train_epoch_accuracy)
        val_accuracies.append(val_epoch_accuracy)
```

8. 随着轮数的不断增加，绘制模型训练准确度和测试准确度的变化曲线：

```
epochs = np.arange(5)+1
import matplotlib.ticker as mtick
import matplotlib.pyplot as plt
import matplotlib.ticker as mticker
%matplotlib inline
plt.plot(epochs, train_accuracies, 'bo',
        label='Training accuracy')
plt.plot(epochs, val_accuracies, 'r',
        label='Validation accuracy')
plt.gca().xaxis.set_major_locator(mticker.MultipleLocator(1))
plt.title('Training and validation accuracy \
with VGG16 \nand 1K training data points')
plt.xlabel('Epochs')
plt.ylabel('Accuracy')
plt.ylim(0.95,1)
plt.gca().set_yticklabels(['{:.0f}%'.format(x*100) \
                            for x in plt.gca().get_yticks()])
plt.legend()
plt.grid('off')
plt.show()
```

输出结果如图 5-6 所示。

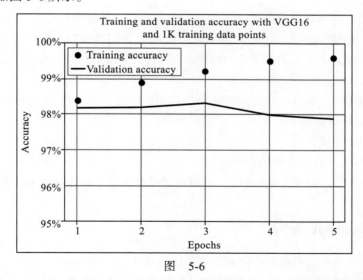

图　5-6

请注意，即使在一个只有 1000 个图像的小数据集上（每类 500 个图像），我们也能够在第一轮内获得 98% 的准确度。

> ℹ️ 除了 VGG16，还有名为 VGG11 和 VGG19 的预训练模型架构，它们的工作原理
> 与 VGG16 类似，但层数不同。VGG19 的层数比 VGG16 的层数多，所以它的参
> 数比 VGG16 的参数多。

当使用 VGG11 和 VGG19 代替预训练模型 VGG16 时，得到的相应训练准确度和验证准确度如图 5-7 所示。

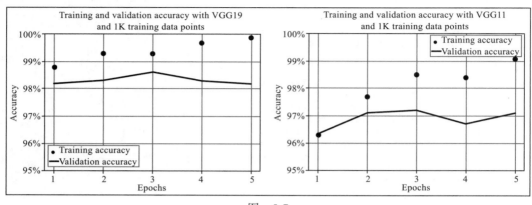

图   5-7

需要注意的是，基于 VGG19 的模型在验证数据上的准确度略高于基于 VGG16 的模型，VGG19 的准确度为 98%，基于 VGG11 的模型的准确度则为 97%，略低于基于 VGG19 的模型。

从 VGG16 到 VGG19，我们增加了层数，一般来说，神经网络越深，准确度就越高。

然而，如果关键要点仅仅是增加层的数量，那么我们就可以继续向模型中添加更多的层（同时注意避免过拟合），以便在 ImageNet 上获得更加准确的结果，然后使用感兴趣的数据集对模型进行微调。然而，事实并非如此。

事实并非如此的原因有很多。随着我们架构层次的进一步加深，可能会发生以下情况：

❑ 需要学习更多的特征；

❑ 梯度消失的问题；

❑ 在更深的层上有太多的信息修改。

我们将在下一节学习 ResNet 模型，它解决了模型在某个特定时候不学习的问题。

5.3　理解 ResNet 架构

建立深度过大的网络会有两个问题。在前向传播中，网络的最后几层几乎没有关于原始图像的信息。在反向传播中，由于梯度消失（换句话说，梯度几乎为零），接近输入的前几层几乎得不到任何梯度更新。为了解决这两个问题，残差网络（ResNet）使用一种类似高速公路的连接，将原始信息从前几层传递到后几层。从理论上说，即使是最后一层也会拥有原始图像的全部信息。由于使用了跳层连接，向后的梯度几乎可以不修改地自由流动到初始层。

残差网络中的**残差**是指模型希望从上一层学习到的需要传递到下一层的附加信息。

典型的残差块如图 5-8 所示。

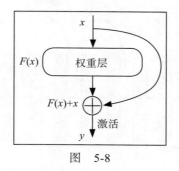

图 5-8

如你所见，目前我们已经提取了感兴趣的 $F(x)$ 值，其中 x 是来自上一层的信息。对于残差网络，不仅要提取经过权重层的 $F(x)$，还要将 $F(x)$ 与原来的值 x 相加。

到目前为止，我们一直使用标准层来执行线性或卷积变换 $F(x)$ 以及一些非线性激活。从某种意义上讲，这两种操作都破坏了输入信息。我们第一次看到模型的层不仅对输入进行了变换，而且通过将输入直接加到变换结果的方式——$F(x)+x$，保留了输入数据的信息。这使得在某些情况下该层对输入的记忆负担会很小，可以着重学习正确的数据变换任务。

我们通过构建一个残差块来更详细地考察残差层：

> ℹ 本节代码可从本书 GitHub 库（`https://tinyurl.com/mcvp-packt`）的 Chapter05 文件夹中的 `Implementing_ResNet18_for_image_classification.ipynb` 获得。

1. 在 `__init__` 方法中使用卷积运算（图 5-8 中的权重层）定义一个类：

```
class ResLayer(nn.Module):
    def __init__(self,ni,no,kernel_size,stride=1):
        super(ResLayer, self).__init__()
        padding = kernel_size - 2
        self.conv = nn.Sequential(
                        nn.Conv2d(ni, no, kernel_size, stride,
                            padding=padding),
                        nn.ReLU()
                    )
```

注意，在上面的代码中，我们将 `padding` 定义为卷积变换输出的维数，如果将两者相加，则输入的维数应该保持不变。

2. 定义 `forward` 方法：

```
def forward(self, x):
    x = self.conv(x) + x
    return x
```

在上面的代码中，得到的输出是传递给卷积运算的输入与原始输入的总和。

在了解了残差块的工作原理之后，下面考察残差块如何连接到一个基于残差块的预训练网络，即 ResNet18，如图 5-9 所示。

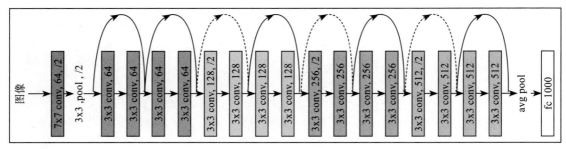

图　5-9

如你所见，网络架构有 18 层，故称为 ResNet18 架构。此外，请注意如何跨网络建立跳连。不是在每个卷积层上进行跳连，而是在每两层之后进行跳连。

现在已经理解了 ResNet 架构的组成，下面构建一个基于 ResNet18 架构的模型实现对猫和狗的分类，就像在前一节中使用 VGG16 所做的那样。

构建分类器的代码与 5.2 节第 3 步之前的代码相同，即处理导入包、获取数据和检查代码。因此，下面我们将了解预训练 ResNet18 模型的组成。

> ℹ️ 本节代码可从本书 GitHub 库 Chapter05 文件夹中的 Resnet_block_architecture.
> ipynb 获得。考虑到大部分代码与 5.2 节的代码相似，为简洁起见，我们只提供
> 了附加的代码。对于完整的代码，鼓励读者查看 GitHub 中的 notebook。

1. 加载预训练 ResNet18 模型，并检查加载模型中的模块：

```
model = models.resnet18(pretrained=True).to(device)
model
```

ResNet18 模型结构包含下列组件：
- 卷积；
- 批归一化；
- ReLU（线性整流函数，Rectified Linear Unit）；
- 最大池化；
- 四层 ResNet 块；
- 平均池化（avgpool）；
- 全连接层（fc）。

正如在 VGG16 中所做的那样，我们将冻结所有不同的模块，但在下一步中更新 avgpool 和 fc 模块中的参数。

2. 定义模型架构、损失函数和优化器：

```
def get_model():
    model = models.resnet18(pretrained=True)
    for param in model.parameters():
        param.requires_grad = False
```

```
model.avgpool = nn.AdaptiveAvgPool2d(output_size=(1,1))
model.fc = nn.Sequential(nn.Flatten(),
nn.Linear(512, 128),
nn.ReLU(),
nn.Dropout(0.2),
nn.Linear(128, 1),
nn.Sigmoid())
loss_fn = nn.BCELoss()
optimizer = torch.optim.Adam(model.parameters(),lr= 1e-3)
return model.to(device), loss_fn, optimizer
```

在上述模型中，`fc` 模块的输入形状为 512，因为 `avgpool` 的输出形状为 batch size ×
$512 \times 1 \times 1$。

在定义了模型之后，按照 5.2 节执行步骤 5 和步骤 6。对模型（图 5-10 中的模型分别为
ResNet18、ResNet34、ResNet50、ResNet101 和 ResNet152）进行训练，得到训练准确度和
验证准确度随着轮数增加的变化曲线，如图 5-10 所示。

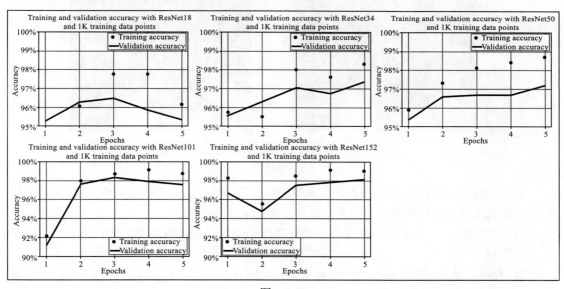

图 5-10

可以看到，在只对1000个图像进行训练的时候，模型准确度在97%和98%之间变化，其
中准确度随着 ResNet 中层数的增加而增加。

> ⓘ 除了 VGG 和 ResNet，还有其他一些著名的预训练模型，它们是 Inception、
> MobileNet、DenseNet 和 SqueezeNet。

在学习了如何使用预训练模型实现二元分类预测任务之后，我们将在下一节学习如何
使用预训练模型完成如下应用实例的开发：

❑ **多元回归**：对给定的输入图像进行多值预测——人脸关键点检测；

❑ **多任务学习**：单镜头多项目预测——年龄估计和性别分类。

5.4　实现人脸关键点检测

到目前为止，我们学会了如何解决二元分类（猫和狗）预测问题或多标签分类（fashionMNIST）预测问题。现在我们学习一个回归问题，在这个问题中，预测的结果不是一个而是多个连续的输出。想象一个场景，要求你预测一个人脸图像上的一些关键点，例如，眼睛、鼻子和下巴的位置。在这个场景中，我们需要使用新的策略来构建模型，完成人脸图像中关键点的检测。

在进一步深入之前，首先通过下列图像来理解想要达到的目的，如图 5-11 所示。

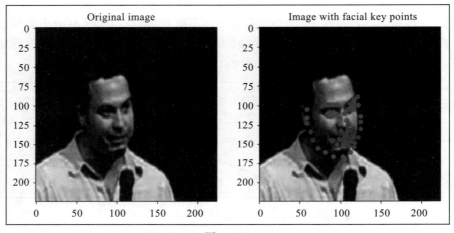

图　5-11

正如你在图 5-11 中观察到的那样，人脸关键点是指图像上关于面部各种关键点的标记。要完成人脸关键点检测任务，首先必须解决如下几个问题：

☐ 图像可能是不同的形状：这就需要对图像和关键位置进行调整，使它们都达到标准图像大小。

☐ 人脸关键点与散点图上的点很相似，但关键点是基于某种模式的一种分布：这就意味着如果图像被调整为 224 × 224 × 3 的形状，那么关键点的坐标值将在 0 和 224 之间。

☐ 根据图像大小对因变量（人脸关键点的位置）进行归一化：如果考虑关键点相对于图像尺寸的位置，那么关键点的值总是在 0 和 1 之间。

☐ 假设因变量值总是在 0 和 1 之间，可以在最后使用 sigmoid 层来获取介于 0 和 1 之间的值。

下面给出实现这个案例的基本流程：

1. 导入相关的包。

2. 导入数据。

3. 定义用于准备数据集的类：

☐ 确保对输入图像进行适当的预处理来完成迁移学习。

❑ 确保对关键点的位置进行处理，以获取关键点相对于处理后图像的相对位置。

4. 定义模型、损失函数和优化器：损失函数是平均绝对误差，因为输出是 0 和 1 之间的连续值。

5. 在不断增加的轮数中对模型进行训练。

现在让我们实现上面的步骤：

> ℹ️ 本节代码可从本书 GitHub 库（https://tinyurl.com/mcvp-packt）的 Chapter05 文件夹中的 `Facial_keypoints_detection.ipynb` 获取。确保从 GitHub 的 notebook 中复制 URL，以避免在复制结果时出现问题。

1. 导入相关的包与数据集：

```
import torchvision
import torch.nn as nn
import torch
import torch.nn.functional as F
from torchvision import transforms, models, datasets
from torchsummary import summary
import numpy as np, pandas as pd, os, glob, cv2
from torch.utils.data import TensorDataset,DataLoader,Dataset
from copy import deepcopy
from mpl_toolkits.mplot3d import Axes3D
import matplotlib.pyplot as plt
%matplotlib inline
from sklearn import cluster
device = 'cuda' if torch.cuda.is_available() else 'cpu'
```

2. 下载并导入相关数据。可以下载包含图像及其对应人脸关键点的相关数据：

```
!git clone https://github.com/udacity/P1_Facial_Keypoints.git
!cd P1_Facial_Keypoints
root_dir = 'P1_Facial_Keypoints/data/training/'
all_img_paths = glob.glob(os.path.join(root_dir, '*.jpg'))
data = pd.read_csv(\
    'P1_Facial_Keypoints/data/training_frames_keypoints.csv')
```

导入数据集的样本数据如图 5-12 所示。

	Unnamed:0	0	1	2	3	4	5	6
0	Luis_Fonsi_21.jpg	45.0	98.0	47.0	106.0	49.0	110.0	53.0
1	Lincoln_Chafee_52.jpg	41.0	83.0	43.0	91.0	45.0	100.0	47.0
2	Valerie_Harper_30.jpg	56.0	69.0	56.0	77.0	56.0	86.0	56.0
3	Angelo_Reyes_22.jpg	61.0	80.0	58.0	95.0	58.0	108.0	58.0
4	Kristen_Breitweiser_11.jpg	58.0	94.0	58.0	104.0	60.0	113.0	62.0

5 rows × 137columns

图 5-12

在前面的输出中，第一列代表图像的名称，偶数列表示 68 个人脸关键点在 x 轴上的取值，奇数列（除了第一列）表示 68 个关键点在 y 轴上的取值。

3. 定义 FacesData 类，为数据加载器提供输入和输出数据点：

```
class FacesData(Dataset):
```

❏ 现在定义 __init__ 方法，该方法将文件的数据帧（df）作为输入：

```
def __init__(self, df):
    super(FacesData).__init__()
    self.df = df
```

❏ 定义需要进行预处理的图像的均值和标准差，以便它们可以被预训练模型 VGG16 使用：

```
self.normalize = transforms.Normalize(
                    mean=[0.485, 0.456, 0.406],
                    std=[0.229, 0.224, 0.225])
```

❏ 现在定义 __len__ 方法：

```
def __len__(self): return len(self.df)
```

接下来定义 __getitem__ 方法，用于获取给定索引对应的图像，对图像大小进行适当缩放，获取给定索引对应的关键点，对关键点进行归一化处理，以便能够在给定尺寸的图像中获得关键点的位置，以及对图像进行预处理。

❏ 定义 __getitem__ 方法并获取给定索引（ix）对应的图像路径：

```
def __getitem__(self, ix):
    img_path = 'P1_Facial_Keypoints/data/training/' + \
                                self.df.iloc[ix,0]
```

❏ 对图像的大小进行缩放：

```
img = cv2.imread(img_path)/255.
```

❏ 将期望输出值（关键点）归一化为适合于原始图像大小的比例：

```
kp = deepcopy(self.df.iloc[ix,1:].tolist())
kp_x = (np.array(kp[0::2])/img.shape[1]).tolist()
kp_y = (np.array(kp[1::2])/img.shape[0]).tolist()
```

上述代码确保了关键点按照原始图像大小的比例提供。这样做是为了在调整原始图像的大小时，关键点的位置不会发生改变。这是因为关键点是按照原始图像的比例提供的。此外，通过获取关键点与原始图像的比例，可以获得在 0 和 1 之间的期望输出值。

❏ 图像预处理后返回关键点（kp2）和图像（img）：

```
kp2 = kp_x + kp_y
kp2 = torch.tensor(kp2)
img = self.preprocess_input(img)
return img, kp2
```

❑ 定义用于图像预处理的函数（`preprocess_input`）：

```
def preprocess_input(self, img):
    img = cv2.resize(img, (224,224))
    img = torch.tensor(img).permute(2,0,1)
    img = self.normalize(img).float()
    return img.to(device)
```

❑ 定义一个用于加载图像的函数，在可视化某个测试图像及预测的关键点时，这个函数很有用：

```
def load_img(self, ix):
    img_path = 'P1_Facial_Keypoints/data/training/' + \
                                self.df.iloc[ix,0]
    img = cv2.imread(img_path)
    img = cv2.cvtColor(img, cv2.COLOR_BGR2RGB)/255.
    img = cv2.resize(img, (224,224))
    return img
```

4. 现在将数据集划分为训练数据和测试数据，建立训练数据集和测试数据集，以及数据加载器：

```
from sklearn.model_selection import train_test_split

train, test = train_test_split(data, test_size=0.2, \
                               random_state=101)
train_dataset = FacesData(train.reset_index(drop=True))
test_dataset = FacesData(test.reset_index(drop=True))

train_loader = DataLoader(train_dataset, batch_size=32)
test_loader = DataLoader(test_dataset, batch_size=32)
```

在上面的代码中，我们对输入数据按人名划分到训练数据集或测试数据集，并获取了与它们相对应的对象。

5. 现在定义模型，我们将使用该模型识别人脸图像中的关键点：

❑ 加载预训练的 VGG16 模型：

```
def get_model():
    model = models.vgg16(pretrained=True)
```

❑ 确保首先冻结预训练模型的参数：

```
for param in model.parameters():
    param.requires_grad = False
```

覆盖并解冻模型最后两层的参数：

```
model.avgpool = nn.Sequential( nn.Conv2d(512,512,3),
                               nn.MaxPool2d(2),
                               nn.Flatten())
model.classifier = nn.Sequential(
                               nn.Linear(2048, 512),
```

```
                              nn.ReLU(),
                              nn.Dropout(0.5),
                              nn.Linear(512, 136),
                              nn.Sigmoid()
                          )
```

注意，classifier 模块的最后一层是 sigmoid 函数，它的返回值在0和1之间，并且期望输出总是在 0 和 1 之间，因为关键点位置是原始图像尺寸的一小部分：

❑ 定义损失函数和优化器，并将它们与模型一起返回：

```
criterion = nn.L1Loss()
optimizer = torch.optim.Adam(model.parameters(), lr=1e-4)
return model.to(device), criterion, optimizer
```

注意，损失函数使用的是 L1Loss。换句话说，对人脸关键点位置的预测就是使得平均绝对误差降低到最小值（使用图像宽度和高度的百分比进行预测）。

6. 获得模型、损失函数和相应的优化器：

```
model, criterion, optimizer = get_model()
```

7. 定义使用批数据进行模型训练的函数，并对测试数据集进行验证：

❑ 使用批数据进行模型训练的做法与前面一样，包括获取由输入得到的模型输出、计算损失值，以及通过执行反向传播实现对权重的更新：

```
def train_batch(img, kps, model, optimizer, criterion):
    model.train()
    optimizer.zero_grad()
    _kps = model(img.to(device))
    loss = criterion(_kps, kps.to(device))
    loss.backward()
    optimizer.step()
    return loss
```

❑ 构建一个用于返回测试数据的损失和进行关键点预测的函数：

```
def validate_batch(img, kps, model, criterion):
    model.eval()
    with torch.no_grad():
        _kps = model(img.to(device))
    loss = criterion(_kps, kps.to(device))
    return _kps, loss
```

8. 在训练数据加载器的基础上训练模型，并在测试数据上进行测试，和前几节所做的工作一样：

```
train_loss, test_loss = [], []
n_epochs = 50

for epoch in range(n_epochs):
    print(f" epoch {epoch+ 1} : 50")
    epoch_train_loss, epoch_test_loss = 0, 0
    for ix, (img,kps) in enumerate(train_loader):
```

```
        loss = train_batch(img, kps, model, optimizer, \
                            criterion)
        epoch_train_loss += loss.item()
    epoch_train_loss /= (ix+1)

    for ix,(img,kps) in enumerate(test_loader):
        ps, loss = validate_batch(img, kps, model, criterion)
        epoch_test_loss += loss.item()
    epoch_test_loss /= (ix+1)

    train_loss.append(epoch_train_loss)
    test_loss.append(epoch_test_loss)
```

9. 绘制训练损失和测试损失随轮数增加的变化曲线：

```
epochs = np.arange(50)+1
import matplotlib.ticker as mtick
import matplotlib.pyplot as plt
import matplotlib.ticker as mticker
%matplotlib inline
plt.plot(epochs, train_loss, 'bo', label='Training loss')
plt.plot(epochs, test_loss, 'r', label='Test loss')
plt.title('Training and Test loss over increasing epochs')
plt.xlabel('Epochs')
plt.ylabel('Loss')
plt.legend()
plt.grid('off')
plt.show()
```

上面代码的输出结果如图 5-13 所示。

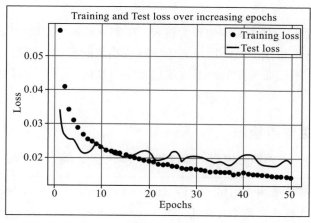

图　5-13

10. 使用随机索引到的测试图像进行模型测试，假设索引值是 0。注意，在下列代码中使用了前面创建的 FacesData 类中的 load_img 方法：

```
ix = 0
plt.figure(figsize=(10,10))
plt.subplot(221)
```

```
plt.title('Original image')
im = test_dataset.load_img(ix)
plt.imshow(im)
plt.grid(False)
plt.subplot(222)
plt.title('Image with facial keypoints')
x, _ = test_dataset[ix]
plt.imshow(im)
kp = model(x[None]).flatten().detach().cpu()
plt.scatter(kp[:68]*224, kp[68:]*224, c='r')
plt.grid(False)
plt.show()
```

上面代码的输出结果如图 5-14 所示。

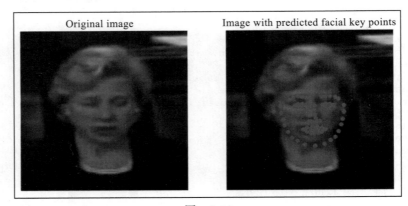

图 5-14

从图 5-14 可以看到，如果将图像作为输入，模型能够相当准确地识别出人脸关键点。

本节我们从零开始构建了一个用于人脸关键点检测的模型。然而，有些预训练的模型是为了检测二维和三维点而构建的。下面我们将学习如何利用人脸对齐库来获取人脸的二维和三维关键点。

二维和三维人脸关键点检测

下面我们将使用一个预训练模型，通过几行代码检测人脸中呈现的二维和三维关键点。

> ℹ️ 下面的代码可从本书 GitHub 库（https://tinyurl.com/mcvp-packt）的 Chapter05 文件夹中的 2D_and_3D facial_keypoints.ipynb 获得。确保从 GitHub 的 notebook 复制 URL，以避免在复制结果时出现问题。

为此，这里使用 face-alignment 库：

1. 安装所需的包：

```
!pip install -qU face-alignment
import face_alignment, cv2
```

2. 导入图像:

```
!wget https://www.dropbox.com/s/2s7xjto7rb6q7dc/Hema.JPG
```

3. 定义人脸对齐法,在这里指定要在二维还是三维中获取关键点标志:

```
fa = face_alignment.FaceAlignment(\
                face_alignment.LandmarksType._2D, \
                flip_input=False, device='cpu')
```

4. 读取输入图像并将其提供给 get_landmarks 方法:

```
input = cv2.imread('Hema.JPG')
preds = fa.get_landmarks(input)[0]
print(preds.shape)
# (68,2)
```

在上面的代码中,我们利用 fa 类中的 get_landmarks 方法来获取与人脸关键点对应的 68 个 *x* 和 *y* 坐标。

5. 将检测到的关键点绘制成图像:

```
import matplotlib.pyplot as plt
%matplotlib inline
fig,ax = plt.subplots(figsize=(5,5))
plt.imshow(cv2.cvtColor(cv2.imread('Hema.JPG'), \
                        cv2.COLOR_BGR2RGB))
ax.scatter(preds[:,0], preds[:,1], marker='+', c='r')
plt.show()
```

上面代码的输出结果如图 5-15 所示。

图　5-15

注意 60 个可能的人脸关键点周围用符号 + 表示的散点图。

同理,可以得到如下人脸关键点的三维投影:

```
fa = face_alignment.FaceAlignment(
                face_alignment.LandmarksType._3D,
                flip_input=False, device='cpu')
input = cv2.imread('Hema.JPG')
preds = fa.get_landmarks(input)[0]
```

```
import pandas as pd
df = pd.DataFrame(preds)
df.columns = ['x','y','z']
import plotly.express as px
fig = px.scatter_3d(df, x = 'x', y = 'y', z = 'z')
fig.show()
```

注意，与二维关键点情形中使用的代码相比，这里唯一的变化是我们将 LandmarksType 指定为 3D 而不是 2D。

上面代码的输出结果如图 5-16 所示。

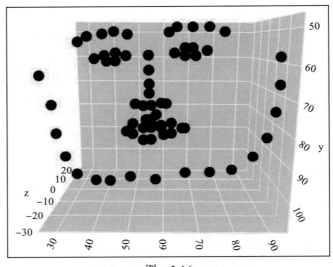

图　5-16

可以看出，使用 face_alignment 库的代码，我们可以借助预训练的人脸关键点检测模型在预测新图像时取得较高的准确度。

到目前为止，我们通过不同的应用实例学习了以下内容：

❑ 猫与狗：预测二元分类。

❑ FashionMNIST：在 10 个可能的标签类别中预测某个标签。

❑ 人脸关键点：预测给定图像在 0 和 1 之间的多个值。

我们将在下一节学习如何使用单个网络模型一次性预测二元分类和回归值。

5.5　多任务学习——实现年龄估计和性别分类

多任务学习是一个研究分支，它使用单个或少量输入来预测几个不同但最终相互关联的输出。例如，对于自动驾驶汽车，模型需要识别障碍，规划路线，提供适当的油门 / 刹车和转向，等等。对于同一组输入（可能来自多个传感器），模型需要在瞬间完成所有这些工作。

在目前所讨论的各种用例中，我们训练一个神经网络，并根据一个人脸图像估计图像中这个人的年龄或预测这个人的性别，每次只完成一项任务，并没有看到能够从单一照片同时预测年龄和性别的情形。从一个图像中预测两个不同的属性是很重要的，因为两个预测使用了相同的图像（我们将在第 7 章执行目标检测时进一步学习这方面的内容）。

本节我们将学习如何在单一前向传播中预测两个属性，同时进行连续值预测和类别预测。我们采取的策略如下：

1. 导入相关的包。

2. 获取一个包含人员、性别和年龄信息的图像数据集。

3. 通过进行适当的预处理来创建训练数据集和测试数据集。

4. 构建一个满足下列条件的模型：

❑ 模型的所有层都与目前构建的模型相似，除了最后一部分。

❑ 在最后一部分，创建两个独立的层，从前面的层分支，其中一层对应年龄估计，另一层对应性别分类。

❑ 确保对每个输出分支有不同的损失函数，因为年龄是一个连续值（需要进行均方误差或平均绝对误差损失计算），而性别是一个分类值（需要进行交叉熵损失计算）。

❑ 对年龄估计损失和性别分类损失进行加权求和。

❑ 通过执行反向传播算法来优化权重值，使得总损失最小。

5. 训练模型并使用训练好的模型对新图像进行预测。

下面根据上述策略编写用例代码。

ℹ️ 本节的代码可从本书 GitHub 库（https://tinyurl.com/mcvp-packt）的 Chapter05 文件夹中的 Age_and_gender_prediction.ipynb 获得。强烈建议你在 GitHub 上执行 notebook。

---

1. 导入相关的包：

```
import torch
import numpy as np, cv2, pandas as pd, glob, time
import matplotlib.pyplot as plt
%matplotlib inline
import torch.nn as nn
from torch import optim
import torch.nn.functional as F
from torch.utils.data import Dataset, DataLoader
import torchvision
from torchvision import transforms, models, datasets
device = 'cuda' if torch.cuda.is_available() else 'cpu'
```

2. 获取数据集：

```
from pydrive.auth import GoogleAuth
from pydrive.drive import GoogleDrive
from google.colab import auth
from oauth2client.client import GoogleCredentials

auth.authenticate_user()
```

```
gauth = GoogleAuth()
gauth.credentials=GoogleCredentials.get_application_default()
drive = GoogleDrive(gauth)

def getFile_from_drive( file_id, name ):
    downloaded = drive.CreateFile({'id': file_id})
    downloaded.GetContentFile(name)

getFile_from_drive('1Z1RqRo0_JiavaZw2yzZG6WETdZQ8qX86',
                   'fairface-img-margin025-trainval.zip')
getFile_from_drive('1k5vvyREmHDW5TSM9QgB04Bvc8C8_7dl-',
                   'fairface-label-train.csv')
getFile_from_drive('1_rtz1M1zhvS0d5vVoXUamnohB6cJ02iJ',
                   'fairface-label-val.csv')

!unzip -qq fairface-img-margin025-trainval.zip
```

3. 加载已经下载的数据集，其结构如下：

```
trn_df = pd.read_csv('fairface-label-train.csv')
val_df = pd.read_csv('fairface-label-val.csv')
trn_df.head()
```

上面代码的输出结果如图 5-17 所示。

	file	age	gender	race	service_test
0	train/1.jpg	59	Male	East Asian	True
1	train/2.jpg	39	Female	Indian	False
2	train/3.jpg	11	Female	Black	False
3	train/4.jpg	26	Female	Indian	True
4	train/5.jpg	26	Female	Indian	True

图 5-17

4. 构建 `GenderAgeClass` 类，该类接受文件名作为输入，并返回相应的图像、性别和缩放后的年龄数值。因为年龄是一个连续数字，所以必须对它进行缩放处理。正如我们在第 3 章中学到的那样，适当的数据缩放可以避免梯度消失，然后在后期处理中重新将数据缩放回原始的取值范围：

❑ 在 `__init__` 方法中提供图像文件的路径：

```
IMAGE_SIZE = 224
class GenderAgeClass(Dataset):
    def __init__(self, df, tfms=None):
        self.df = df
        self.normalize = transforms.Normalize(
                            mean=[0.485, 0.456, 0.406],
                            std=[0.229, 0.224, 0.225])
```

❑ 定义 `__len__` 方法，用于返回输入图像的数量：

```
def __len__(self): return len(self.df)
```

❑ 定义 __getitem__ 方法，用于获取给定位置 ix 的图像信息：

```python
def __getitem__(self, ix):
    f = self.df.iloc[ix].squeeze()
    file = f.file
    gen = f.gender == 'Female'
    age = f.age
    im = cv2.imread(file)
    im = cv2.cvtColor(im, cv2.COLOR_BGR2RGB)
    return im, age, gen
```

❑ 编写用于对图像进行预处理的函数，包括调整图像的大小、排列通道以及对缩放后的图像进行归一化处理：

```python
def preprocess_image(self, im):
    im = cv2.resize(im, (IMAGE_SIZE, IMAGE_SIZE))
    im = torch.tensor(im).permute(2,0,1)
    im = self.normalize(im/255.)
    return im[None]
```

❑ 创建 collate_fn 方法，用于获取批数据。对这些数据点做如下预处理：

❑ 使用 process_image 方法处理每个图像。

❑ 将年龄除以 80（数据集中存在的最大年龄值），使所有值都在 0 和 1 之间。

❑ 将性别转换为浮点值。

❑ 将图像、年龄和性别转换为 torch 对象并返回：

```python
def collate_fn(self, batch):
    'preprocess images, ages and genders'
    ims, ages, genders = [], [], []
    for im, age, gender in batch:
        im = self.preprocess_image(im)
        ims.append(im)

        ages.append(float(int(age)/80))
        genders.append(float(gender))

    ages, genders = [torch.tensor(x).to(device).float() \
                        for x in [ages, genders]]
    ims = torch.cat(ims).to(device)

    return ims, ages, genders
```

5. 定义训练数据集、验证数据集和数据加载器：

❑ 创建数据集：

```python
trn = GenderAgeClass(trn_df)
val = GenderAgeClass(val_df)
```

❑ 指定数据加载器：

```python
device = 'cuda' if torch.cuda.is_available() else 'cpu'
train_loader = DataLoader(trn, batch_size=32, shuffle=True, \
                    drop_last=True,collate_fn=trn.collate_fn)
```

```
test_loader = DataLoader(val, batch_size=32,
                         collate_fn=val.collate_fn)
a,b,c, = next(iter(train_loader))
print(a.shape, b.shape, c.shape)
```

6. 定义模型、损失函数和优化器：

❑ 首先，在函数中加载预训练的 VGG16 模型：

```
def get_model():
    model = models.vgg16(pretrained = True)
```

❑ 接下来，冻结加载的模型（通过指定 para.requires_grad = False）：

```
for param in model.parameters():
    param.requires_grad = False
```

❑ 用我们自己的图层覆盖 avgpool 层：

```
model.avgpool = nn.Sequential(
                    nn.Conv2d(512,512, kernel_size=3),
                    nn.MaxPool2d(2),
                    nn.ReLU(),
                    nn.Flatten()
                )
```

现在到了关键部分。通过创建两个输出分支，我们偏离了迄今为止所学的内容。具体操作如下：

❑ 在 __init__ 方法中使用以下代码构建一个名为 ageGenderClassifier 的神经网络 class：

```
class ageGenderClassifier(nn.Module):
    def __init__(self):
        super(ageGenderClassifier, self).__init__()
```

❑ 定义 intermediate：

```
self.intermediate = nn.Sequential(
                        nn.Linear(2048,512),
                        nn.ReLU(),
                        nn.Dropout(0.4),
                        nn.Linear(512,128),
                        nn.ReLU(),
                        nn.Dropout(0.4),
                        nn.Linear(128,64),
                        nn.ReLU(),
                    )
```

❑ 定义 age_classifier 和 gender_classifier：

```
self.age_classifier = nn.Sequential(
                        nn.Linear(64, 1),
                        nn.Sigmoid()
                    )
```

```
self.gender_classifier = nn.Sequential(
                        nn.Linear(64, 1),
                        nn.Sigmoid()
               )
```

注意，在上面的代码中，最后一层具有 Sigmoid 激活，因为 age 输出是0和1之间的值（因为它被除以 80），性别输出则为 0 或 1，因此具有 Sigmoid 激活。

❑ 定义 forward 传播方法，该方法首先将层堆叠为 intermediate，接着是 age_classifier，然后是 gender_classifier：

```
def forward(self, x):
    x = self.intermediate(x)
    age = self.age_classifier(x)
    gender = self.gender_classifier(x)
    return gender, age
```

❑ 使用前面定义的类覆盖 classifier 模块：

```
model.classifier = ageGenderClassifier()
```

❑ 定义性别损失（二元交叉熵损失）和年龄损失（L1 损失）。定义优化器并返回模型、损失函数和优化器，如下所示：

```
gender_criterion = nn.BCELoss()
age_criterion = nn.L1Loss()
loss_functions = gender_criterion, age_criterion
optimizer = torch.optim.Adam(model.parameters(),lr= 1e-4)
return model.to(device), loss_functions, optimizer
```

❑ 调用 get_model 函数来初始化变量的值：

```
model, criterion, optimizer = get_model()
```

7. 定义用于训练批数据和验证批数据的函数。

train_batch 方法将图像、性别、年龄、模型、优化器和损失函数的实际值作为输入，计算总损失，如下所示：

❑ 使用输入参数定义 train_batch 方法：

```
def train_batch(data, model, optimizer, criteria):
```

❑ 指定我们正在训练模型，将优化器重置为zero_grad，并计算年龄和性别的预测值：

```
model.train()
ims, age, gender = data
optimizer.zero_grad()
pred_gender, pred_age = model(ims)
```

❑ 在计算年龄估计和性别分类所对应的损失之前，首先分别获取关于年龄和性别的损失函数：

```
gender_criterion, age_criterion = criteria
gender_loss = gender_criterion(pred_gender.squeeze(), \
                                  gender)
age_loss = age_criterion(pred_age.squeeze(), age)
```

❑ 对 gender_loss 和 age_loss 进行求和计算总损失，并通过反向传播算法优化模型的可训练权重，以减少并返回总损失：

```
total_loss = gender_loss + age_loss
total_loss.backward()
optimizer.step()
return total_loss
```

validate_batch 方法将图像、模型和损失函数以及年龄和性别的实际值作为输入，计算年龄和性别的预测值以及损失值，如下所示：

❑ 使用正确的输入参数定义 vaidate_batch 函数：

```
def validate_batch(data, model, criteria):
```

❑ 指定我们想要评估模型，这样在使用该模型预测年龄和性别值之前不需要进行梯度计算：

```
model.eval()
with torch.no_grad():
    pred_gender, pred_age = model(img)
```

❑ 计算年龄和性别预测对应的损失值（gender_loss 和 age_loss）。对预测值进行压缩 [其形状为（批大小，1），使其形状与原始值相同（其形状为批大小）]：

```
gender_criterion, age_criterion = criteria
gender_loss = gender_criterion(pred_gender.squeeze(), \
                                  gender)
age_loss = age_criterion(pred_age.squeeze(), age)
```

❑ 计算总损失、最终预测的性别类 (pred_gender)，并返回预测的性别、年龄和总损失：

```
total_loss = gender_loss + age_loss
pred_gender = (pred_gender > 0.5).squeeze()
gender_acc = (pred_gender == gender).float().sum()
age_mae = torch.abs(age - pred_age).float().sum()
return total_loss, gender_acc, age_mae
```

8. 对模型进行 5 轮的训练：

❑ 定义占位符来存储训练损失值和测试损失值，并指定轮数：

```
import time
model, criteria, optimizer = get_model()
val_gender_accuracies = []
val_age_maes = []
train_losses = []
```

```
val_losses = []

n_epochs = 5
best_test_loss = 1000
start = time.time()
```

❑ 循环遍历不同轮，并在每轮开始时重新初始化训练损失值和测试损失值：

```
for epoch in range(n_epochs):
    epoch_train_loss, epoch_test_loss = 0, 0
    val_age_mae, val_gender_acc, ctr = 0, 0, 0
    _n = len(train_loader)
```

❑ 循环遍历训练数据加载器（`train_loader`）并进行模型训练：

```
for ix, data in enumerate(train_loader):
    loss = train_batch(data, model, optimizer, criteria)
    epoch_train_loss += loss.item()
```

❑ 循环遍历测试数据加载器，并计算性别准确度和年龄的平均绝对误差：

```
for ix, data in enumerate(test_loader):
    loss, gender_acc, age_mae = validate_batch(data, \
                                        model, criteria)
    epoch_test_loss += loss.item()
    val_age_mae += age_mae
    val_gender_acc += gender_acc
    ctr += len(data[0])
```

❑ 计算年龄预测和性别分类的整体准确度：

```
val_age_mae /= ctr
val_gender_acc /= ctr
epoch_train_loss /= len(train_loader)
epoch_test_loss /= len(test_loader)
```

❑ 记录每轮的指标：

```
elapsed = time.time()-start
best_test_loss = min(best_test_loss, epoch_test_loss)
print('{}/{} ({:.2f}s - {:.2f}s remaining)'.format(\
            epoch+1, n_epochs, time.time()-start, \
            (n_epochs-epoch)*(elapsed/(epoch+1))))
info = f'''Epoch: {epoch+1:03d}
            \tTrain Loss: {epoch_train_loss:.3f}
            \tTest:\{epoch_test_loss:.3f}
            \tBest Test Loss: {best_test_loss:.4f}'''
info += f'\nGender Accuracy:
            {val_gender_acc*100:.2f}%\tAge MAE: \
                            {val_age_mae:.2f}\n'
print(info)
```

❑ 存储每轮在测试数据集上年龄和性别的预测准确度：

```
val_gender_accuracies.append(val_gender_acc)
val_age_maes.append(val_age_mae)
```

9. 绘制年龄和性别的预测准确度随着轮数增加的变化曲线：

```
epochs = np.arange(1,(n_epochs+1))
fig,ax = plt.subplots(1,2,figsize=(10,5))
ax = ax.flat
ax[0].plot(epochs, val_gender_accuracies, 'bo')
ax[1].plot(epochs, val_age_maes, 'r')
ax[0].set_xlabel('Epochs')  ; ax[1].set_xlabel('Epochs')
ax[0].set_ylabel('Accuracy'); ax[1].set_ylabel('MAE')
ax[0].set_title('Validation Gender Accuracy')
ax[0].set_title('Validation Age Mean-Absolute-Error')
plt.show()
```

上面代码的输出结果如图 5-18 所示。

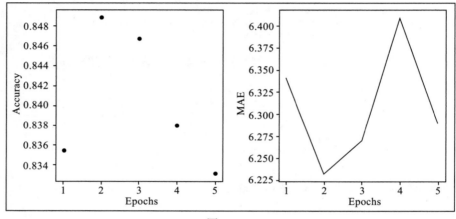

图　5-18

模型在年龄预测方面的误差是 6 年，在性别预测方面的准确度大约为 84%。

10. 使用随机获取的测试图像预测年龄和性别：

❑ 获取图像：

```
!wget https://www.dropbox.com/s/6kzr8l68e9kpjkf/5_9.JPG
```

❑ 加载图像，并将其传递给之前创建的 trn 对象中的 preprocess_image 方法：

```
im = cv2.imread('/content/5_9.JPG')
im = trn.preprocess_image(im).to(device)
```

❑ 将图像传递给训练好的模型：

```
gender, age = model(im)
pred_gender = gender.to('cpu').detach().numpy()
pred_age = age.to('cpu').detach().numpy()
```

❑ 绘制图像并输出原始值和预测值：

```
im = cv2.imread('/content/5_9.JPG')
im = cv2.cvtColor(im, cv2.COLOR_BGR2RGB)
```

```
plt.imshow(im)
print('predicted gender:',np.where(pred_gender[0][0]<0.5, \
                                    'Male','Female'),
    '; Predicted age', int(pred_age[0][0]*80))
```

上面代码的输出结果如图 5-19 所示。

图　5-19

通过上面的例子，我们可以看到能够同时预测年龄和性别。然而，需要注意的是，这是高度不稳定的，年龄可能随图像方向和光照条件的不同而发生很大的变化。在这种情况下，数据增强很有用。

到目前为止，我们已经了解了迁移学习、预训练模型架构，以及如何在两个不同的用例中利用它们。你还会注意到，代码稍微变长了，原因是手动导入了大量的包，创建空列表来记录指标，并不断读取 / 显示用于调试的图像。在下一节，我们将了解作者为避免这种冗长代码而构建的库。

5.6　torch_snippets 库简介

你可能已经注意到，我们几乎在所有的部分都使用相同的函数。一遍又一遍地书写相同的函数行很浪费时间。为方便起见，本书作者编写了一个名为 torch_snippets 的 Python 库，使我们的代码看起来简短而干净。

读取图像、显示图像和整个训练循环等实用程序都是重复的。我们希望能够避免反复编写相同的函数，方法是最好将它们封装在只需进行单个函数调用的代码中。例如，要读取彩色图像，我们不需要每次都写 cv2.imread(…) 然后写 cv2.cvtColor(…)，而是简单地调用 read(…)。类似地，对于 plt.imshow(…)，也有许多麻烦，包括图像的大小应该是最优的，通道尺寸应该在最后面（记住，PyTorch 首先有通道尺寸）。这些将总是由单个函数 show 来处理。与 read 和 show 类似，我们将在整本书中使用 20 多个方便的函数和类。从现在开始，我们将使用 torch_snippets，以便更专注于实际的深度学习。让我们稍微深入一点，通过训练 age-and-gender 来理解这个库的主要功能，这样我们就可以学会使用这些功能并获得最大的好处。

> ⓘ 本节代码可从本书 GitHub 库（https://tinyurl.com/mcvp-packt）的 Chapter05
> 文件夹中的 age_gender_torch_snippets.ipynb 获得。为了保持简洁，我们
> 在本节中只提供了额外的代码。完整的代码，建议你参考 GitHub 中的 notebook。

1. 安装并加载程序库：

```
!pip install torch_snippets
from torch_snippets import *
```

从一开始，这个库就允许我们加载所有重要的 torch 模块和实用程序，比如 NumPy、pandas、Matplotlib、Glob、Os 等。

2. 下载数据并像前一节那样创建数据集。创建一个数据集类 GenderAgeClass，并做一些更改，在下列代码中以粗体显示：

```
class GenderAgeClass(Dataset):
    ...
    def __getitem__(self, ix):
        ...
        age = f.age
        im = read(file, 1)
        return im, age, gen

    def preprocess_image(self, im):
        im = resize(im, IMAGE_SIZE)
        im = torch.tensor(im).permute(2,0,1)
        ...
```

在上述代码块中，im = read(file, 1) 行将 cv2.imread 和 cv2.COLOR_BGR2RGB 封装到一个单独的函数调用。"1"表示"读取的是彩色图像"，如果没有给出，则将默认加载黑白图像。还有一个是封装了 cv2.resize 的 resize 函数。接下来，让我们看看 show 函数。

3. 指定训练数据集和验证数据集，并查看示例图像：

```
trn = GenderAgeClass(trn_df)
val = GenderAgeClass(val_df)
train_loader = DataLoader(trn, batch_size=32, shuffle=True, \
                drop_last=True, collate_fn=trn.collate_fn)
test_loader = DataLoader(val, batch_size=32, \
                collate_fn=val.collate_fn)

im, gen, age = trn[0]
show(im, title=f'Gender: {gen}\nAge: {age}', sz=5)
```

对于整本书都讨论图像处理的情形，将 import matplotlib.pyplot as plt 和 plt.imshow 封装到一个函数中是有意义的。调用 show(<2D/3D-Tensor>) 就可以做到这一点。与 Matplotlib 不同，它可以绘制 GPU 上的 torch 阵列，而不管图像是否将通

道作为第一个维度或最后一个维度。关键字 title 将绘制图像的标题，关键字 sz（size 的缩写）将根据传递的整数值绘制一个较大 / 较小的图像（如果没有传递，sz 将根据图像分辨率选择一个合理的默认值）。在有关目标检测的几章中，我们将使用相同的函数来显示边框。可以通过 help(show) 查看更多的参数。下面创建一些数据集，并检查第一批图像及其目标值。

4. 创建数据加载器并检查张量。检查张量的数据类型、最小值、平均值、最大值和形状是一项非常常见的工作，可以将它们封装到一个函数中。它可以接受任意数量的张量输入：

```
train_loader = DataLoader(trn, batch_size=32, shuffle=True, \
                drop_last=True, collate_fn=trn.collate_fn)
test_loader = DataLoader(val, batch_size=32, \
                    collate_fn=val.collate_fn)

ims, gens, ages = next(iter(train_loader))
inspect(ims, gens, ages)
```

inspect 的输出结果如图 5-20 所示。

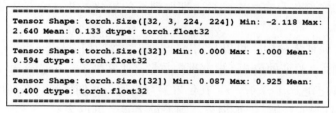

图　5-20

5. 像往常一样创建 model、optimizer、loss_functions、train_batch 和 validate_batch。由于每个深度学习实验都是独特的，因此这个步骤没有任何封装函数。

> ⓘ 在本节中，我们将使用上一节中定义的 get_model、train_batch 和 validate_batch 函数。为简洁起见，我们不在本节中提供代码。然而，所有相关的代码都可以在 GitHub 的相应 notebook 中找到。

6. 最后，需要加载所有组件并开始训练。记录不断增加的轮数指标。

这是一个高度重复的循环，所需的更改很少。我们将始终以固定的轮数进行循环，首先在训练数据加载器上，然后在验证数据加载器上。每个批处理都使用 train_batch 或 validate_batch 调用，每次必须创建空的指标列表，并在训练 / 验证之后跟踪它们。在一轮结束时，你必须输出所有这些指标的平均值，并重复该任务。知道每轮 / 批将要训练多长时间（以秒为单位）也是很有帮助的。最后，在训练结束时，通常使用 matplotlib 绘制相同的度量值。所有这些都被封装到一个名为 Report 的实用程序中。它是一个 Python 类，可以有不同的理解方法。以下代码中的粗体部分突出显示了 Report 的功能：

```
model, criterion, optimizer = get_model()
n_epochs = 5
log = Report(n_epochs)
for epoch in range(n_epochs):
    N = len(train_loader)
    for ix, data in enumerate(train_loader):
        total_loss,gender_loss,age_loss = train_batch(data, \
                                    model, optimizer, criterion)
        log.record(epoch+(ix+1)/N, trn_loss=total_loss, \
                                                    end='\r')

    N = len(test_loader)
    for ix, data in enumerate(test_loader):
        total_loss,gender_acc,age_mae = validate_batch(data, \
                                            model, criterion)
        gender_acc /= len(data[0])
        age_mae /= len(data[0])
        log.record(epoch+(ix+1)/N, val_loss=total_loss, \
                    val_gender_acc=gender_acc, \
                    val_age_mae=age_mae, end='\r')
    log.report_avgs(epoch+1)
log.plot_epochs()
```

Report 类的实例化只有一个参数，即要训练的轮数，并且恰好在训练开始之前进行
实例化。

在每个训练 / 验证步骤中，可以只用一个位置参数调用 Report.record 方法，该参
数是我们所处的训练 / 验证的位置（根据批的数量）(通常是 epoch_number + (1+batch
number)/(total_N_batches))。在位置参数之后，我们传递一系列可以自由选择的关
键字参数。如果需要捕获的是训练损失，则关键字参数可以为 trn_loss。在前面，我们
记录了 4 个指标——trn_loss、val_loss、val_gender_acc 和 val_age_mae，没
有创建一个空列表。

该方法不仅记录，而且还在输出中显示损失。使用 '\r' 作为结束参数是一种特殊的
方式，表示下次记录一组新的损失时将替换这一行。此外，Report 将自动计算训练和验
证的剩余时间并输出结果。

在调用 Report_avgs 函数的时候，Report 将记住何时记录指标，并在报告中输出
该轮的所有平均指标。这是一个永久的输出。

最后，调用 Report.plot_epochs 函数将相同的平均指标绘制为折线图，不需要进行
格式化（你还可以对整个训练的每一批数据的度量指标使用 Report.plot，但这可能看起
来很混乱）。如果需要的话，可以使用相同的函数有选择地确定需要绘制的度量指标。举个例
子，在前面的例子中，如果你只对绘制 trn_loss 和 val_loss 指标感兴趣，可以通过调用
log.plot_epochs (['trn_loss', 'val_loss']) 甚至只是 log.plot_epochs('_
loss') 来完成。它将搜索所有与该指标相匹配的字符串，并找出我们要求绘制的指标。

一旦训练完成，就可以得到上述代码片段的输出结果，如图 5-21 所示。

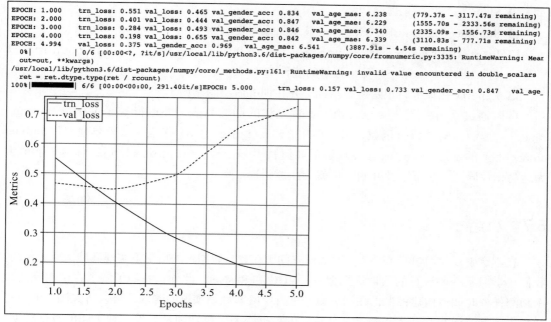

```
EPOCH: 1.000     trn_loss: 0.551 val_loss: 0.465 val_gender_acc: 0.834     val_age_mae: 6.238     (779.37s - 3117.47s remaining)
EPOCH: 2.000     trn_loss: 0.401 val_loss: 0.444 val_gender_acc: 0.847     val_age_mae: 6.229     (1555.70s - 2333.56s remaining)
EPOCH: 3.000     trn_loss: 0.284 val_loss: 0.493 val_gender_acc: 0.846     val_age_mae: 6.340     (2335.09s - 1556.73s remaining)
EPOCH: 4.000     val_loss: 0.375 val_gender_acc: 0.969     val_age_mae: 6.541     (3887.91s - 4.54s remaining)
EPOCH: 4.994     val_loss: 0.375 val_gender_acc: 0.969     val_age_mae: 6.541     (3887.91s - 4.54s remaining)
  0%|        | 0/6 [00:00<?, ?it/s]/usr/local/lib/python3.6/dist-packages/numpy/core/fromnumeric.py:3335: RuntimeWarning: Mear
out=out, **kwargs)
/usr/local/lib/python3.6/dist-packages/numpy/core/_methods.py:161: RuntimeWarning: invalid value encountered in double_scalars
ret = ret.dtype.type(ret / rcount)
100%|████████| 6/6 [00:00<00:00, 291.40it/s]EPOCH: 5.000     trn_loss: 0.157 val_loss: 0.733 val_gender_acc: 0.847     val_age_
```

图　5-21

> 注意，尽管我们没有初始化任何空列表，以便将这些指标记录在训练数据集和验证数据集上，但输出结果中仍然有与年龄和性别值相对应的训练损失值和准确度值，以及验证损失值和准确度值（在前几节中已经这么做了）。

7. 加载一个图像样本并进行预测：

```
!wget -q https://www.dropbox.com/s/6kzr8l68e9kpjkf/5_9.JPG
IM = read('/content/5_9.JPG', 1)
im = trn.preprocess_image(IM).to(device)

gender, age = model(im)
pred_gender = gender.to('cpu').detach().numpy()
pred_age = age.to('cpu').detach().numpy()

info = f'predicted gender: {np.where(pred_gender[0][0]<0.5, \
"Male","Female")}\n Predicted age {int(pred_age[0][0]*80)}'
show(IM, title=info, sz=10)
```

总之，下面是一些重要的函数（以及它们所封装的函数），我们将在本书的其他部分使用这些函数：

- ❏ `from torch_snippets import *`；
- ❏ Glob（`glob.glob`）；
- ❏ Choose（`np.random.choice`）；
- ❏ Read（`cv2.imread`）；

❑ Show (`plt.imshow`);

❑ Subplots (`plt.subplots`——显示图像列表);

❑ Inspect (`tensor.min`、`tensor.mean`、`tensor.max`、`tensor.shape` 和 `tensor.dtype`——几个张量的统计);

❑ Report（在训练时跟踪所有指标，并在训练后绘制它们 ）。

可以通过运行 `torch_snippets` 查看完整的函数列表，即运行 `print(dir(torch_snippets))`。对于每个函数，可以使用 `help(function)` 甚至可以简单地使用 Jupyter notebook 上的 `??function`。在理解了如何利用 `torch_snippets` 之后，你应该能够大大地简化代码了。从下一章开始，你就会注意到这一点。

5.7　小结

在本章中，我们学习了迁移学习如何有助于在较少数据点的情况下实现高准确度的预测。我们还学习了一些流行的预训练模型——VGG 和 ResNet。此外，我们了解了在试图完成多个预测任务时如何构建模型，在训练模型进行年龄和性别预测的时候，可以将关键点的位置和损失值结合起来，其中年龄是某种特定的数据类型，性别则是另外一种不同的数据类型。

在具备了使用迁移学习进行图像分类的基础之后，在下一章中，我们将学习关于训练图像分类模型的一些实际应用。我们将学习如何解释一个模型，还将学习高准确度模型训练的有关技巧，最后，还将了解对已训练模型进行实际部署时需要避免的一些陷阱。

5.8　课后习题

1. VGG 和 ResNet 的预训练架构是如何训练的？
2. 为什么 VGG11 的准确度不如 VGG16 的准确度？
3. VGG11 中的数字 11 代表什么？
4. 残差网络中的残差是什么？
5. 残差网络的优势是什么？
6. 有哪些流行的预训练模型？
7. 在迁移学习过程中，为什么要用与预训练模型相同的均值和标准差对图像进行归一化？
8. 为什么要在模型中冻结某些参数？
9. 如何知道在一个预训练模型中存在的各种模块？
10. 如何训练一个能同时预测分类值和数值的模型？
11. 如果分别执行在年龄和性别估计部分编写的相同代码，为什么预测代码并不总是适用于你自己感兴趣的图像？
12. 如何进一步提高 5.4 节中所写的人脸关键点识别模型的准确度？

第 6 章

图像分类的实战技术

在前几章中，我们学习了使用卷积神经网络（CNN）和预训练模型完成图像分类任务。本章将进一步巩固对 CNN 的理解，讨论实际应用中使用 CNN 需要考虑的各方面问题。我们将首先了解为什么 CNN 通过使用**类激活映射**（CAM）实现类别预测，然后讨论各种可用于提高模型准确度的数据增强技术，最后讨论模型在实际使用过程中可能出错的一些情形，以及若干需要注意的方面，以免中陷阱。

6.1 生成 CAM

想象一个场景，你已经建立了一个能够做出良好预测的模型。然而，在你对模型进行展示之后，利益相关者想要了解模型进行预测的工作原理。在这种情况下，CAM 就派上用场了。图 6-1 是 CAM 的一个例子，左边是输入图像，右边突出显示了用于实现类别预测的像素。

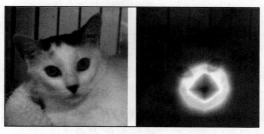

图　6-1

现在来了解使用已训练模型生成 CAM 的原理。特征图是在卷积运算之后的一个中间激活。这些激活图的形状通常是 n-channels×height×width。如果取所有这些激活值的平均值，则它们通常表示图像中所有类别的热点。如果只是对特定类别（如 cat）感兴趣，那么只需要从 n-channels 中找出负责该类别的那些特征图即可。对于生成这些特征图的卷积层，可以计算它相对于 cat 类别的梯度。请注意，只有那些负责预测 cat 的通道才会有较高的梯度。这就意味着可以使用梯度信息给每个 n-channels 赋予权重，并获得一个专门针对 cat 类别的激活图。

现在掌握了计算 CAM 的基本原理，下面就一步一步来将其付诸实践：

1. 决定要为哪个类别计算 CAM，以及为神经网络中哪个卷积层计算 CAM。

2. 计算从任意卷积层产生的激活，随机假设某卷积层的特征形状为 512×7×7。

3. 从该层中获取与感兴趣类别相关的梯度值。输出梯度的形状是 256×512×3×3（这是卷积张量的形状，即 in-channels×out-channels×kernel-size×kernel-size）。

4. 计算每个输出通道内梯度的平均值。输出形状是 512。

5. 计算加权激活图，即 512 个梯度平均值乘以 512 个激活通道。输出形状为 512×7×7。

6. 计算加权激活图的平均值（跨越 512 个通道），以获取形状为 7×7 的输出。

7. 调整（升高）加权激活图输出的大小，以获取与输入大小相同的图像。这样就获得了一个类似原始图像的激活图。

8. 将加权激活图覆盖到输入图像上。

图 6-2 摘自论文 "Grad-CAM: Gradient-weighted Class Activation Mapping"（https://arxiv.org/abs/1610.02391），该图生动地描述了上述步骤。

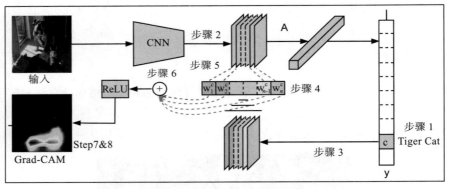

图 6-2

整个计算过程的关键在于步骤 5。这个步骤需要考虑如下两个方面：

❑ 如果某些像素十分重要，那么 CNN 就会在这些像素处有一个很大的激活；

❑ 如果某个卷积通道对感兴趣的类别非常重要，那么该通道的梯度值会非常大。

将这两者相乘，就能得到一张可以描述所有像素重要性的图。

下面使用代码实现上述流程，以理解 CNN 模型为什么能够基于一个图像信息预测发生疟疾的可能性。

> ⓘ 下面的代码可从本书 GitHub 库（https://tinyurl.com/mcvp-packt）的 Chapter06 文件夹中的 Class_activation_maps.ipynb 获得。代码包含用于下载数据的 URL。我们强烈建议你在了解执行步骤和各种代码组件解释的基础上，在 GitHub 中执行 notebook，以重现结果。

1. 下载数据集并导入相关包:

```
import os
if not os.path.exists('cell_images'):
    !pip install -U -q torch_snippets
    !wget -q ftp://lhcftp.nlm.nih.gov/Open-Access-Datasets/
     Malaria/cell_images.zip
    !unzip -qq cell_images.zip
    !rm cell_images.zip
from torch_snippets import *
```

2. 指定与输出类别对应的索引:

```
id2int = {'Parasitized': 0, 'Uninfected': 1}
```

3. 执行在图像顶部完成的转换流程:

```
from torchvision import transforms as T

trn_tfms = T.Compose([
            T.ToPILImage(),
            T.Resize(128),
            T.CenterCrop(128),
            T.ColorJitter(brightness=(0.95,1.05),
                          contrast=(0.95,1.05),
                          saturation=(0.95,1.05),
                          hue=0.05),
            T.RandomAffine(5, translate=(0.01,0.1)),
            T.ToTensor(),
            T.Normalize(mean=[0.5, 0.5, 0.5],
                        std=[0.5, 0.5, 0.5]),
        ])
```

上述代码中有一个需要在输入图像顶部完成的转换管道,这是一个调整图像大小的管道(在本例中,该管道确保其中一个维度最小是 128),然后从中心裁剪它。此外,还进行了随机颜色抖动和仿射变换。接下来,使用 .ToTensor 方法缩放图像,使其值介于 0 和 1 之间。最后,对图像进行归一化。正如在第 4 章中所讨论的,也可以使用 imgaug 库。

❑ 指定适用于验证图像的转换:

```
val_tfms = T.Compose([
            T.ToPILImage(),
            T.Resize(128),
            T.CenterCrop(128),
            T.ToTensor(),
            T.Normalize(mean=[0.5, 0.5, 0.5],
                        std=[0.5, 0.5, 0.5]),
        ])
```

4. 定义数据集类——MalariaImages:

```
class MalariaImages(Dataset):

    def __init__(self, files, transform=None):
        self.files = files
```

```
        self.transform = transform
        logger.info(len(self))

    def __len__(self):
        return len(self.files)

    def __getitem__(self, ix):
        fpath = self.files[ix]
        clss = fname(parent(fpath))
        img = read(fpath, 1)
        return img, clss

    def choose(self):
        return self[randint(len(self))]

    def collate_fn(self, batch):
        _imgs, classes = list(zip(*batch))
        if self.transform:
            imgs = [self.transform(img)[None] \
                    for img in _imgs]
        classes = [torch.tensor([id2int[clss]]) \
                    for class in classes]
        imgs, classes = [torch.cat(i).to(device) \
                         for i in [imgs, classes]]
        return imgs, classes, _imgs
```

5. 获取训练数据集和验证数据集，以及数据加载器：

```
device = 'cuda' if torch.cuda.is_available() else 'cpu'
all_files = Glob('cell_images/*/*.png')
np.random.seed(10)
np.random.shuffle(all_files)

from sklearn.model_selection import train_test_split
trn_files, val_files = train_test_split(all_files, \
                                        random_state=1)

trn_ds = MalariaImages(trn_files, transform=trn_tfms)
val_ds = MalariaImages(val_files, transform=val_tfms)
trn_dl = DataLoader(trn_ds, 32, shuffle=True,
                    collate_fn=trn_ds.collate_fn)
val_dl = DataLoader(val_ds, 32, shuffle=False,
                    collate_fn=val_ds.collate_fn)
```

6. 定义模型——MalariaClassifier：

```
def convBlock(ni, no):
    return nn.Sequential(
        nn.Dropout(0.2),
        nn.Conv2d(ni, no, kernel_size=3, padding=1),
        nn.ReLU(inplace=True),
        nn.BatchNorm2d(no),
        nn.MaxPool2d(2),
    )
class MalariaClassifier(nn.Module):
    def __init__(self):
        super().__init__()
```

```
        self.model = nn.Sequential(
            convBlock(3, 64),
            convBlock(64, 64),
            convBlock(64, 128),
            convBlock(128, 256),
            convBlock(256, 512),
            convBlock(512, 64),
            nn.Flatten(),
            nn.Linear(256, 256),
            nn.Dropout(0.2),
            nn.ReLU(inplace=True),
            nn.Linear(256, len(id2int))
        )
        self.loss_fn = nn.CrossEntropyLoss()

    def forward(self, x):
        return self.model(x)

    def compute_metrics(self, preds, targets):
        loss = self.loss_fn(preds, targets)
        acc =(torch.max(preds, 1)[1]==targets).float().mean()
        return loss, acc
```

7. 定义用于对批数据进行训练和验证的函数：

```
def train_batch(model, data, optimizer, criterion):
    model.train()
    ims, labels, _ = data
    _preds = model(ims)
    optimizer.zero_grad()
    loss, acc = criterion(_preds, labels)
    loss.backward()
    optimizer.step()
    return loss.item(), acc.item()

@torch.no_grad()
def validate_batch(model, data, criterion):
    model.eval()
    ims, labels, _ = data
    _preds = model(ims)
    loss, acc = criterion(_preds, labels)
    return loss.item(), acc.item()
```

8. 随着轮数的不断增加对模型进行训练：

```
model = MalariaClassifier().to(device)
criterion = model.compute_metrics
optimizer = optim.Adam(model.parameters(), lr=1e-3)
n_epochs = 2

log = Report(n_epochs)
for ex in range(n_epochs):
    N = len(trn_dl)
    for bx, data in enumerate(trn_dl):
        loss, acc = train_batch(model, data, optimizer, \
                                criterion)
        log.record(ex+(bx+1)/N,trn_loss=loss,trn_acc=acc, \
```

```
                                end='\r')
        N = len(val_dl)
        for bx, data in enumerate(val_dl):
            loss, acc = validate_batch(model, data, criterion)
            log.record(ex+(bx+1)/N,val_loss=loss,val_acc=acc, \
                                    end='\r')
        log.report_avgs(ex+1)
```

9. 获取模型中第 5 个 convBlock 中的卷积层：

```
im2fmap = nn.Sequential(*(list(model.model[:5].children())+ \
                        list(model.model[5][:2].children())))
```

在上面的代码行中，我们正在获取模型的第 4 层，以及 convBlock 中的前两层，即 Conv2D 层。

10. 定义 im2gradCAM 函数，该函数接收一个输入图像并获取对应于该图像的激活热图：

```
def im2gradCAM(x):
    model.eval()
    logits = model(x)
    heatmaps = []
    activations = im2fmap(x)
    print(activations.shape)
    pred = logits.max(-1)[-1]
    # get the model's prediction
    model.zero_grad()
    # compute gradients with respect to
    # model's most confident logit
    logits[0,pred].backward(retain_graph=True)
    # get the required gradients at the required featuremap location
    # and take the avg gradient for every featuremap
    pooled_grads = model.model[-7][1]\
                        .weight.grad.data.mean((0,2,3))
    # multiply each activation map with
    # corresponding gradient average
    for i in range(activations.shape[1]):
        activations[:,i,:,:] *= pooled_grads[i]
    # take the mean of all weighted activation maps
    # (that has been weighted by avg. grad at each fmap)
    heatmap =torch.mean(activations, dim=1)[0].cpu().detach()
    return heatmap, 'Uninfected' if pred.item() \
else 'Parasitized'
```

11. 定义 upsampleHeatmap 函数，该函数对热图进行上采样，获得与输入图像相匹配的形状：

```
SZ = 128
def upsampleHeatmap(map, img):
    m,M = map.min(), map.max()
    map = 255 * ((map-m) / (M-m))
    map = np.uint8(map)
    map = cv2.resize(map, (SZ,SZ))
    map = cv2.applyColorMap(255-map, cv2.COLORMAP_JET)
    map = np.uint8(map)
```

```
map = np.uint8(map*0.7 + img*0.3)
return map
```

在上述代码行中，我们对图像进行了反归一化（de-normalizing），并将热图覆盖在该图像的顶部。

12. 在一组图像上运行上述函数：

```
N = 20
_val_dl = DataLoader(val_ds, batch_size=N, shuffle=True, \
                     collate_fn=val_ds.collate_fn)
x,y,z = next(iter(_val_dl))

for i in range(N):
    image = resize(z[i], SZ)
    heatmap, pred = im2gradCAM(x[i:i+1])
    if(pred=='Uninfected'):
        continue
    heatmap = upsampleHeatmap(heatmap, image)
    subplots([image, heatmap], nc=2, figsize=(5,3), \
             suptitle=pred)
```

上面代码的输出结果如图 6-3 所示。

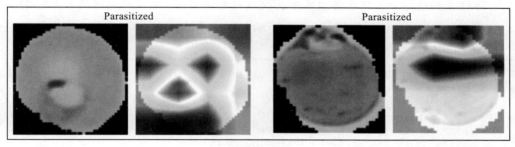

图 6-3

这里可以看出，之所以能够获得这样的预测结果，是因为以红色高亮显示的信息内容（具有最高的 CAM 值）。

在学习了使用已训练模型为图像生成类别激活热图的方法之后，现在就可以解释到底是什么因素决定了类别分类结果。

在下一节中，我们将学习另外一些有关数据增强的技巧，这些技巧在构建模型时很有帮助。

6.2 数据增强和批归一化

提高模型准确度的一个好办法是使用数据增强技术。我们已经在第 4 章中学过使用数据增强来提高对平移图像进行分类的准确度。在现实世界中，你可能会遇到很多具有不同属性的图像。例如，一些图像可能更亮，一些图像可能在边缘附近包含感兴趣的对象，一些图像可能比其他图像更加模糊。在本节中，我们将学习如何使用数据增强技术提高模型的准确度。此外，还将学习在实际应用中如何将数据增强用作模型的伪正则化器。

为了理解数据增强和批归一化的影响，我们将考察一个用于交通标志识别的数据集。下面将针对如下三种情形进行评估：

- 没有进行批归一化和数据增强；
- 只有批归一化，但没有进行数据增强；
- 既有批归一化，又有数据增强。

注意，考虑到这三种情形下的数据集和处理方式其实相同，只有数据增强和模型（添加归一化层）有所不同，因此，下面我们只对于第一个情形提供代码，其他两种情形的代码在 GitHub 上的 notebook 中。

路标检测代码

下面给出不进行数据增强和批归一化的路标检测代码。

> ℹ 请注意，在这里不进行代码解释，因为这些与在前几章中讨论的代码非常类似，在这三种情形中，只有加粗字体的代码行有所不同。以下代码可从本书 GitHub 库（https://tinyurl.com/mcvp-packt）的 Chapter06 文件夹中的 road_sign_detection.ipynb 获得。

1. 下载数据集并导入相关包：

```
import os
if not os.path.exists('GTSRB'):
    !pip install -U -q torch_snippets
    !wget -qq https://sid.erda.dk/public/archives/
        daaeac0d7ce1152aea9b61d9f1e19370/
        GTSRB_Final_Training_Images.zip
    !wget -qq https://sid.erda.dk/public/archives/
        daaeac0d7ce1152aea9b61d9f1e19370/
        GTSRB_Final_Test_Images.zip
    !unzip -qq GTSRB_Final_Training_Images.zip
    !unzip -qq GTSRB_Final_Test_Images.zip
    !wget https://raw.githubusercontent.com/georgesung/
     traffic_sign_classification_german/master/signnames.csv
    !rm GTSRB_Final_Training_Images.zip
        GTSRB_Final_Test_Images.zip

from torch_snippets import *
```

2. 将类 ID 赋给可能的输出类别：

```
classIds = pd.read_csv('signnames.csv')
classIds.set_index('ClassId', inplace=True)
classIds = classIds.to_dict()['SignName']
classIds = {f'{k:05d}':v for k,v in classIds.items()}
id2int = {v:ix for ix,(k,v) in enumerate(classIds.items())}
```

3. 在没有数据增强的情况下定义图像顶部的转换管道:

```
from torchvision import transforms as T
trn_tfms = T.Compose([
                T.ToPILImage(),
                T.Resize(32),
                T.CenterCrop(32),
                # T.ColorJitter(brightness=(0.8,1.2),
                # contrast=(0.8,1.2),
                # saturation=(0.8,1.2),
                # hue=0.25),
                # T.RandomAffine(5, translate=(0.01,0.1)),
                T.ToTensor(),
                T.Normalize(mean=[0.485, 0.456, 0.406],
                            std=[0.229, 0.224, 0.225]),
            ])
val_tfms = T.Compose([
                T.ToPILImage(),
                T.Resize(32),
                T.CenterCrop(32),
                T.ToTensor(),
                T.Normalize(mean=[0.485, 0.456, 0.406],
                            std=[0.229, 0.224, 0.225]),
            ])
```

在上面的代码中,指定将每个图像转换为 PIL 图像,并从中心调整和裁剪图像。此外,使用 .ToTensor 方法将图像的像素值缩放到 0 和 1 之间。最后,对输入图像进行归一化处理,以便使用预训练模型。

> ⓘ 在使用数据增强的情形,你应该删除代码中的注释符,重新启用被注释掉的代码,以便理解数据增强技术。此外,没有对 val_tfms 进行增强,因为在模型训练期间没有使用这些图像。但是,val_tfms 图像应该使用与 trn_tfms 相同的转换管道。

4. 定义数据集类——GTSRB:

```
class GTSRB(Dataset):

    def __init__(self, files, transform=None):
        self.files = files
        self.transform = transform
        logger.info(len(self))

    def __len__(self):
        return len(self.files)

    def __getitem__(self, ix):
        fpath = self.files[ix]
        clss = fname(parent(fpath))
        img = read(fpath, 1)
        return img, classIds[clss]

    def choose(self):
        return self[randint(len(self))]
```

```
def collate_fn(self, batch):
    imgs, classes = list(zip(*batch))
    if self.transform:
        imgs =[self.transform(img)[None] \
                for img in imgs]
    classes = [torch.tensor([id2int[clss]]) \
                for clss in classes]
    imgs, classes = [torch.cat(i).to(device) \
                        for i in [imgs, classes]]
    return imgs, classes
```

5. 创建训练数据集、验证数据集和数据加载器：

```
device = 'cuda' if torch.cuda.is_available() else 'cpu'
all_files = Glob('GTSRB/Final_Training/Images/*/*.ppm')
np.random.seed(10)
np.random.shuffle(all_files)

from sklearn.model_selection import train_test_split
trn_files, val_files = train_test_split(all_files, \
                                        random_state=1)

trn_ds = GTSRB(trn_files, transform=trn_tfms)
val_ds = GTSRB(val_files, transform=val_tfms)
trn_dl = DataLoader(trn_ds, 32, shuffle=True, \
                    collate_fn=trn_ds.collate_fn)
val_dl = DataLoader(val_ds, 32, shuffle=False, \
                    collate_fn=val_ds.collate_fn)
```

6. 定义模型——SignClassifier：

```
import torchvision.models as models

def convBlock(ni, no):
    return nn.Sequential(
            nn.Dropout(0.2),
            nn.Conv2d(ni, no, kernel_size=3, padding=1),
            nn.ReLU(inplace=True),
            #nn.BatchNorm2d(no),
            nn.MaxPool2d(2),
        )
class SignClassifier(nn.Module):
    def __init__(self):
        super().__init__()
        self.model = nn.Sequential(
                    convBlock(3, 64),
                    convBlock(64, 64),
                    convBlock(64, 128),
                    convBlock(128, 64),
                    nn.Flatten(),
                    nn.Linear(256, 256),
                    nn.Dropout(0.2),
                    nn.ReLU(inplace=True),
                    nn.Linear(256, len(id2int))
                )
        self.loss_fn = nn.CrossEntropyLoss()
```

```
    def forward(self, x):
        return self.model(x)

    def compute_metrics(self, preds, targets):
        ce_loss = self.loss_fn(preds, targets)
        acc =(torch.max(preds, 1)[1]==targets).float().mean()
        return ce_loss, acc
```

> ℹ️ 在使用 BatchNormalization 情形的测试模型时，要确保取消上面加粗代码中的注释符号。

7. 分别定义用于对批数据进行训练和验证的函数：

```
def train_batch(model, data, optimizer, criterion):
    model.train()
    ims, labels = data
    _preds = model(ims)
    optimizer.zero_grad()
    loss, acc = criterion(_preds, labels)
    loss.backward()
    optimizer.step()
    return loss.item(), acc.item()

@torch.no_grad()
def validate_batch(model, data, criterion):
    model.eval()
    ims, labels = data
    _preds = model(ims)
    loss, acc = criterion(_preds, labels)
    return loss.item(), acc.item()
```

8. 定义模型，并随着轮数的不断增加对模型进行训练：

```
model = SignClassifier().to(device)
criterion = model.compute_metrics
optimizer = optim.Adam(model.parameters(), lr=1e-3)
n_epochs = 50
log = Report(n_epochs)
for ex in range(n_epochs):
    N = len(trn_dl)
    for bx, data in enumerate(trn_dl):
        loss, acc = train_batch(model, data, optimizer, \
                                criterion)
        log.record(ex+(bx+1)/N,trn_loss=loss, trn_acc=acc, \
                                end='\r')

    N = len(val_dl)
    for bx, data in enumerate(val_dl):
        loss, acc = validate_batch(model, data, criterion)
        log.record(ex+(bx+1)/N, val_loss=loss, val_acc=acc, \
                                end='\r')
    log.report_avgs(ex+1)
    if ex == 10: optimizer = optim.Adam(model.parameters(), \
                                lr=1e-4)
```

加粗的代码行是在三种情形中需要更改的代码行。模型训练准确度和验证准确度在这三种情形下的结果如下：

是否增强	是否批归一化	训练准确度	验证准确度
否	否	95.9	94.5
否	是	99.3	97.7
是	是	97.7	97.6

注意，对于上述三种情形，可以获得以下结论：
- 在没有进行批归一化的情况下，模型的准确度不高；
- 在只进行批归一化而不进行数据增强的情况下，模型准确度有显著提高，但是模型对训练数据进行了过拟合；
- 同时采用批归一化和数据增强的模型具有较高的准确度和最小的过拟合（因为训练损失值和验证损失值非常接近）。

6.3　模型实现的实践要点

到目前为止，我们已经学习了构建图像分类模型的各种方法。在本节，我们将讨论模型构建时需要考虑的一些实际注意事项，具体如下：
- 处理不平衡数据；
- 图像分类中目标的大小；
- 训练图像和验证图像之间的区别；
- 网络中卷积层和池化层的数量；
- 适合于 GPU 训练的图像大小；
- 使用 OpenCV 实用程序。

6.3.1　处理不平衡数据

想象一个场景，如果你试图预测一个在数据集中很少出现的对象类别，比方说在所有图像中只出现 1% 的对象类别。例如，预测 X 光图像是否提示罕见的肺部感染的图像分类任务。

如何衡量模型在预测罕见肺部感染方面的准确度？如果简单地将所有图像均预测为无感染的那一类，那么分类的准确度将高达 99%，但这并没有什么意义。在这种情况下，混淆矩阵就很有用，混淆矩阵可以描述罕见对象类别出现的次数和模型正确预测罕见对象类别的次数。因此，在这个场景中，使用与混淆矩阵相关的度量应该是一种比较合适的做法。

图 6-4 表示某个典型的混淆矩阵。

在这个混淆矩阵中，0 表示无感染，1 表示感染。通常，我们会通过填充矩阵的方式来了解模型的准确度有多高。

实际的	预测的	
	0	1
0	TN	FP
1	FN	TP

图 6-4

接下来的问题是如何确保模型得到正确的训练。通常使用损失函数（二元或分类交叉熵）表示当错误分类数量较高时，损失值也较高。然而，除了损失函数，也可以给罕见类别赋上一个更高的权重，从而使得模型能够正确地实现对罕见类别图像的分类。

除了分配类别权重，我们已经看到图像增强和迁移学习在很大程度上有助于提高模型的准确度。此外，在对图像进行增强处理的时候，可以对罕见类别的图像进行过采样，以增加它们在样本总体中的比例。

6.3.2　分类图像中目标的大小

想象一下这样的场景：大图像中某个或某些小斑块的存在决定了图像的类别——例如，对于肺部感染的图像识别，某些小结节的存在往往表明发生疾病。在这种情况下，图像分类很可能会导致结果不准确，因为目标只占整个图像的很小部分。目标检测在这个场景中就很有用（我们将在下一章中学习目标检测）。

可以使用一种直觉方法解决这类问题，首先将输入图像划分为多个较小的网格单元（如 10×10 的网格），然后确定网格单元中是否包含感兴趣的目标。

6.3.3　训练数据和验证数据之间的差异

请想象下列场景：你已经建立了一个模型，并使用这个模型预测某个人的眼睛图像是否表明他可能患有糖尿病视网膜病变。为了构建这个模型，你需要收集数据、整理数据、裁剪数据、归一化数据，然后最终构建一个对验证图像具有很高准确度的模型。然而，当模型用于真实环境时（例如，由医生或护士使用），该模型却不能进行很好的预测。这时应该考察下面一些可能的因素：

1. 在医生办公室拍摄的图像与用来训练模型的图像相似吗？

❏ 模型训练时使用的图像和实际使用的图像可能非常不同，如果你在一组经过整理的数据集上构建一个模型，那么应该完成了所有的预处理过程，然而，医生拍摄的图像则没有经过整理。

❏ 如果医生办公室中的图像捕捉设备与用于训练的图像收集设备有着不同的图像分辨率，那么它们产生的图像可能会很不相同。

❏ 如果两个地方的光照条件不同，那么产生的图像也会不同。

2. 受试者（图像）是否足够代表整个总体？

如果在男性群体的图像上训练，却在女性群体上测试，或者，一般来说，如果训练图像和实际使用图像对应于不同的人口统计数据，那么图像就不具有足够的代表性。

3. 模型训练和模型验证是否有条不紊地分开进行？

想象一个场景，有 10 000 个图像，前 5000 个图像属于一类，后 5000 个图像属于另一类。在构建模型时，如果不进行随机化处理，而是将数据集分割成具有连续索引（没有随机索引）的训练集和验证集，那么有可能在模型训练时看到一个类别具有较高的信度，在模型验证时看到另一个类别具有较高的信度。

在最终用户使用系统之前，我们通常需要确保训练数据、验证数据和真实图像之间都具有比较类似的数据分布。

6.3.4　扁平层中的节点数

考虑这样一个场景，你正在处理尺寸为 300×300 的图像。从技术上讲，可以通过执行 5 次以上的卷积池化操作，来获得包含尽可能多特征信息的最后一层。此外，在这个场景中，可以在 CNN 中拥有尽可能多的通道。实际上，通常会设计一个扁平层中包含 $500 \sim 5000$ 个节点的网络。

正如在第 4 章中所看到的那样，如果在扁平层中包含较多的节点，那么它在连接到最终分类层之前的密集层时，就会包含非常多的参数。

一般来说，良好的做法是使用预训练模型来获得扁平层，以便适当地激活相关的滤波器。此外，在使用预训练模型的时候，要确保冻结预训练模型的参数。

一般来说，对于一个不那么复杂的 CNN 分类模型，其中可训练参数的数量可以在 100 万和 1000 万之间。

6.3.5　图像的大小

假设我们正在处理非常高维的图像，例如，形状为 2000×1000 的图像。在处理如此大的图像时，我们需要考虑以下可能性：

❑ 是否可以将图片调整到较低的维数？如果调整图像大小，包含目标的图像可能不会丢失信息。但是，如果将文本图像调整为较小的大小，就有可能会丢失相当多的信息。

❑ 是否可以有一个较小的批大小，以适合 GPU 内存？如果处理的是大尺寸图像，那么对于给定的批大小，GPU 内存可能不足。

❑ 图像的某些部分是否包含了大部分的信息，因此可以对图像的其余部分进行适当裁剪？

6.3.6　使用 OpenCV 实用程序

OpenCV 是一个开源包，它拥有大量用于从图像中获取信息的模块（更多关于 OpenCV 实用程序的信息参见第 18 章）。在计算机视觉领域的深度学习革命之前，OpenCV 是计算视觉使用的最著名的程序库之一。在传统上，OpenCV 建立在多个手工设计的特性之上，在写本书的时候，OpenCV 有几个包集成了深度学习模型的输出。

想象这样一个场景：你必须将一个模型部署到实际的生产中。在这种情况下，更少的复杂性通常是可取的，有时甚至以牺牲少量的准确度为代价。如果某个 OpenCV 模块解决了你试图解决的问题，那么通常优先使用这个现成的模块而不是自己构建模型（除非从头构建模型比使用现成模块在准确度方面有相当大的提升）。

6.4　小结

在本章中，我们学习了在实际构建 CNN 模型时需要考虑的多个要点——批归一化、数据增强、使用 CAM 解释结果，以及在将模型部署到实际生产环境中时，需要注意的一些问题。

在下一章中，我们将转换方向，学习目标检测的基础知识——不仅要识别图像中目标对应的类，还要在目标的位置周围绘制一个边界框。

6.5　课后习题

1. CAM 是如何获得的？
2. 批归一化和数据增强对训练模型有什么帮助？
3. CNN 模型发生过拟合的常见原因是什么？
4. 目前仅在数据科学家的实验室中进行 CNN 模型的训练和验证，还没有实际使用 CNN 模型的场景有哪些？
5. 使用 OpenCV 包的场景有哪些？

第 7 章

目标检测基础

迄今为止，我们在前面的章节中学习了如何实现图像分类。想象一下将计算机视觉应用于汽车自动驾驶的场景。我们不仅需要检测道路图像中是否包含车辆、人行道和行人等目标，还需要识别出这些目标的位置。我们将在本章和下一章中讨论能够在这种场景中派上用场的各种目标检测技术。

在本章和下一章中，我们将学习目标检测的实现技术。我们从基础知识开始，使用名为 ybat 的工具标记目标的边界框真值，使用 selectivesearch 方法提取区域建议，并使用 IoU（Intersection over Union）和 mAP（mean Average Precision）这两个指标定义边界框预测的准确度。在此之后，我们将学习两个基于区域建议的网络，即 R-CNN 和 Fast R-CNN，首先理解二者的工作细节，然后分别在包含卡车和公交车的图像数据集上构建这两个网络。

7.1 目标检测简介

随着汽车自动驾驶、人脸自动检测、智能视频监控和人数自动统计等解决方案的兴起，对快速准确的目标检测系统的需求越来越巨大。这些系统不仅要对图像中的目标进行分类，还要在每个目标的周围绘制适当的边界框来确定每个目标的位置。这（绘制边界框和分类）使得目标检测比图像分类更加困难。

为了理解目标检测的输出结果，请看图 7-1。

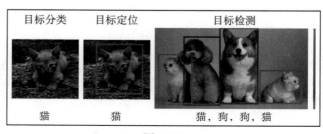

图　7-1

在图 7-1 中，我们可以看到，典型的目标分类仅仅考虑图像中目标的类别，目标定位则在图像中目标的周围绘制一个边界框。此外，目标检测还需要在图像中每个目标的周围绘制边界框，并且需要识别出边界框内目标的类别。

在讨论目标检测的广泛应用场景之前，我们首先理解如何将它引入前一章中介绍过的目标分类任务当中。

想象在一个图像中包含多个目标的场景。现在需要预测图像中所包含目标的类别。例如，假设图像中同时包含猫和狗。你会如何对这些图像进行分类？在这种情况下，目标检测就派上用场了，它不仅可以预测目标的位置（边界框），还可以预测单个边界框中目标的类别。

目标检测的一些应用场景如下：

❑ **安全性**：目标检测对于入侵者的识别很有用。

❑ **自动驾驶汽车**：目标检测有助于识别道路图像中的各种物体。

❑ **图像搜索**：目标检测可以帮助识别包含感兴趣的物体（或人）的图像。

❑ **汽车**：目标检测可以帮助识别汽车图像中的车牌。

在上述所有应用场景中，我们都使用目标检测技术在图像中出现的每个目标的周围分别绘制一个边界框。

在本章中，我们将学习如何预测图像中目标的类别，以及如何在目标的周围设置一个紧密的边界框，也就是完成目标定位任务。我们还将学习如何对图像中多个目标的类别进行检测，并且在每个目标的周围设置边界框，这也是目标检测任务。

目标检测模型的训练通常包括以下步骤：

1. 创建真值数据，数据中包含图像中每个目标的边界框和类别标签。

2. 构建扫描图像以识别可能包含目标区域（区域建议）的机制。在本章中，我们将学习使用一个名为选择性搜索的方法生成区域建议。在下一章中，我们将学习使用锚盒来识别包含目标的区域。

3. 使用 IoU 指标创建目标类别变量。

4. 创建目标边界框偏移量变量，对第二步中给出的区域建议位置进行修正。

5. 建立一个模型，用于预测目标的类别和区域建议相对于目标边界框的偏移量。

6. 使用 mAP 指标度量目标检测的准确度。

现在对目标检测模型的训练有了一个总体的介绍，下一节将学习如何为数据集创建边界框真值（这是构建目标检测模型的第一步）。

7.2 为训练图像样本创建真值

我们已经知道，目标检测的输出是使用边界框框出图像中感兴趣的目标。对于我们来说，要构建一个可以检测出图像中目标边界框的算法，就必须创建输入 – 输出组合，其中输入是图像，输出是图像中各个目标的类别和边界框。

> ⓘ 注意，检测边界框时，需要检测的其实是边界框四个角的像素位置。

为了训练一个能够提供边界框信息的模型，我们需要图像，以及图像中所有目标的边界框坐标。在本节中，我们将学习一种创建训练数据集的方法，将图像作为输入，将目标的边界框和类别存储在 XML 文件中作为输出。我们将使用 ybat 工具来标注目标的边界框和类别。

下面来理解如何安装和使用 ybat，在图像中目标的周围创建（标注）边界框。此外，在下一小节中，我们还将检查包含目标类别和边界框信息的 XML 文件。

安装图像标注工具

可以从 GitHub 链接 https://github.com/ drainingsun/ybat 下载 ybat-master.zip，并对其进行解压。解压后，将其保存在你选择的文件夹中。使用你选择的浏览器打开 ybat.html，将看到一个空白页面。图 7-2 展示了文件夹样例以及如何打开 ybat.html 文件。

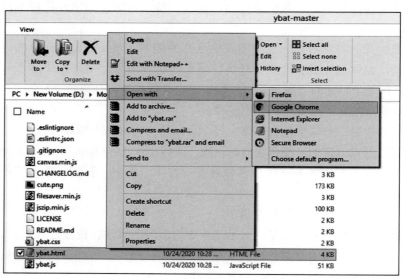

图 7-2

在开始创建图像的边界框真值之前，首先指定所有可能的目标类别。我们想要跨图像进行标注，并将标注结果存储在 classes.txt 文件中，如图 7-3 所示。

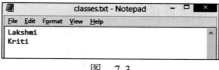

图 7-3

现在，准备图像中目标对应的真值。这涉及在目标（图 7-4 中的人）周围绘制一个边界框，并按以下步骤为图像中的目标分配标签 / 类别：

1. 上传想要标注的所有图像（图 7-4 中的步骤 1）。

2. 上传 classes.txt 文件（图 7-4 中的步骤 2）。

3. 首先选择文件名，然后在想要标记的每个目标周围画一个十字准星（图 7-4 中的步骤 3）。在绘制十字准星之前，确保在类别区域中选择了正确的类别（图 7-4 中第二个椭圆下方的类别窗口）。

4. 以所需的格式保存数据（图 7-4 中的步骤 4）。每一种格式都由不同的研究团队独立开发，它们都是等效的。由于普及程度和便利性方面的差异，每种实现都会有不同的格式偏好。

可以使用图 7-4 更加直观地表示上述步骤。

图 7-4

例如，当我们下载 PascalVOC 格式文件时，它会下载 XML 文件的压缩包。绘制矩形边框后的 XML 文件快照如图 7-5 所示。

```
<?xml version="1.0"?>
<annotation>
<folder>data</folder>
<filename>Screenshot 2020-08-31 at 7.28.02 PM.png</filename>
<path/>
<source>
<database>Unknown</database>
</source>
<size>
<width>1802</width>
<height>1150</height>
<depth>3</depth>
</size>
<segmented>0</segmented>
<object>
```

图 7-5

```
<name>Kriti</name>
<pose>Unspecified</pose>
<truncated>0</truncated>
<occluded>0</occluded>
<difficult>0</difficult>
<bndbox>
<xmin>38</xmin>
<ymin>287</ymin>
<xmax>757</xmax>
<ymax>1033</ymax>
</bndbox>
</object>
<object>
<name>Lakshmi</name>
<pose>Unspecified</pose>
<truncated>0</truncated>
<occluded>0</occluded>
<difficult>0</difficult>
<bndbox>
<xmin>925</xmin>
<ymin>66</ymin>
<xmax>1784</xmax>
<ymax>1033</ymax>
</bndbox>
</object>
</annotation>
```

图 7-5（续）

在图 7-5 中，请注意 bndbox 字段中包含了图像中感兴趣目标所对应的 x、y 坐标的最小值和最大值。还可以使用 name 字段提取与目标相对应的类别。

在理解了如何创建图像中目标真值（类别标签和边界框）之后，在接下来的小节中，我们将深入研究用于识别图像中目标的构建块。首先，我们将讨论图像中最有可能包含目标的区域建议。

7.3 理解区域建议

想象这样一个假设的场景：某个有趣的图像包含了一个人和作为背景的天空。对于这个场景，我们还假定背景（天空）的像素亮度变化很小，前景（人）的像素亮度变化则很大。

仅从前面的描述本身，我们就可以得出结论，这里有两个主要的区域——一个是人的区域，另一个是天空的区域。而且，在人的图像区域内，头发像素的亮度与脸像素的亮度会有所不同，可以确定在一个区域内可能有多个子区域。

区域建议是一种用于帮助识别像素比较相似区域的技术。

区域建议的生成对目标检测很有用，我们必须识别出图像中目标的位置。在图像的给定区域中生成区域建议有助于实现目标定位，也就是说，有助于确定一个能够正好框住目标的边界框。我们将在后面一节的内容中学习区域建议如何有助于目标检测和定位，这里首先理解如何从图像中生成区域建议。

7.3.1　使用 SelectiveSearch 生成区域建议

SelectiveSearch 是一种用于目标定位的区域建议生成算法，它基于像素的亮度将一些像素看成某个整体，生成可能的区域建议。SelectiveSearch 根据像素亮度的相似性对像素进行分组，这正好利用了图像中有意义内容的颜色、纹理、大小和形状的兼容性。

最初，SelectiveSearch 根据上述属性对像素进行分组，实现对图像的分割。然后，对这些分割进行迭代细分，并根据相似性对它们进行进一步的分组。在每次迭代中，可以将较小的区域合并成较大的区域。

让我们通过下面的例子来理解 selectivesearch 的具体过程：

> ⓘ 下面的代码可从本书 GitHub 库（https://tinyurl.com/mcvp-packt）的 Chapter07 文件夹中的 Understanding_selectivesearch.ipynb 获得。确保你从 GitHub 的 notebook 中复制 URL，以避免在复制结果时出现任何问题。

1. 安装所需的软件包：

```
!pip install selectivesearch
!pip install torch_snippets
from torch_snippets import *
import selectivesearch
from skimage.segmentation import felzenszwalb
```

2. 获取并加载所需的图像：

```
!wget https://www.dropbox.com/s/l98leemr7r5stnm/Hemanvi.jpeg
img = read('Hemanvi.jpeg', 1)
```

3. 从图像中提取 felzenszwalb 片段（根据图像内容中颜色、纹理、大小和形状的兼容性获得）：

```
segments_fz = felzenszwalb(img, scale=200)
```

注意，在 felzenszwalb 方法中，scale 表示图像片段内可以形成的聚簇（cluster）的数量。scale 值越高，从原始图像中保留的细节就越多。

4. 对原始图像和分割后的图像进行绘图：

```
subplots([img, segments_fz], \
        titles=['Original Image',\
                'Image post\nfelzenszwalb segmentation'],\
        sz=10, nc=2)
```

上面代码的输出结果如图 7-6 所示。

请注意在上述输出结果中，属于同一组的像素具有相似的像素值。

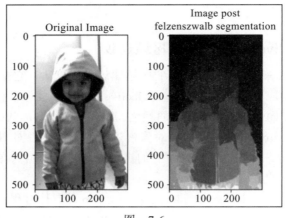

图   7-6

> 具有相似值的像素形成一个区域建议。现在，区域建议有助于实现目标检测，这是因为我们现在将每个区域建议传递给网络，并要求它预测该区域建议是背景还是目标。此外，如果是一个目标，那么它将帮助我们确定获取目标边界框的偏移量，以及区域建议中目标所对应的类别。

在理解了 SelectiveSearch 功能的基础上，下面通过实现 selectivesearch 函数获取给定图像的区域建议。

7.3.2   实现用于生成区域建议的 SelectiveSearch

在本小节中，我们将使用 selectivesearch 定义 extract_candidates 函数，以便在后续训练基于 R-CNN 和 Fast R-CNN 的定制目标检测器的过程中使用这个函数生成区域建议：

1. 定义 extract_candidates 函数，用于从图像中获取区域建议：

❑ 定义一个以图像作为输入参数的函数：

```
def extract_candidates(img):
```

❑ 使用 selectivesearch 包中的 selective_search 方法获取图像中的区域建议：

```
img_lbl, regions = selectivesearch.selective_search(img, \
                                scale=200, min_size=100)
```

❑ 计算图像区域并初始化一个（候选元素）列表，用于存储那些通过给定阈值的候选元素：

```
img_area = np.prod(img.shape[:2])
candidates = []
```

❑ 只获取那些大于图像总区域 5% 且不超过 100% 的候选区域，并将其返回：

```
for r in regions:
    if r['rect'] in candidates: continue
    if r['size'] < (0.05*img_area): continue
    if r['size'] > (1*img_area): continue
    x, y, w, h = r['rect']
    candidates.append(list(r['rect']))
return candidates
```

2. 导入相关的包并获取一个图像：

```
!pip install selectivesearch
!pip install torch_snippets
from torch_snippets import *
import selectivesearch
!wget https://www.dropbox.com/s/l98leemr7r5stnm/Hemanvi.jpeg
img = read('Hemanvi.jpeg', 1)
```

3. 提取候选元素并将它们绘制在图像上：

```
candidates = extract_candidates(img)
show(img, bbs=candidates)
```

上述代码生成的输出结果如图 7-7 所示。

图　7-7

图 7-7 中的网格表示使用 selective_search 方法获得的候选区域（区域建议）。

我们已经理解了区域建议的生成方法，但还有一个问题仍然没有得到解答。就是如何使用区域建议进行目标检测和定位？

与图像中兴趣目标的实际位置（真值）有较高重叠度的区域建议被标记为包含该目标的区域建议，具有较低重叠度的区域建议则被标记为背景区域。

在下一节中，我们将学习如何计算区域建议与真值边界框的交集，以理解构建目标检测模型的各种支撑技术。

7.4 理解 IoU

想象一下对某个目标边界框进行预测的场景。我们如何衡量预测的准确度？此时，IoU（Intersection over Union）的概念就派上用场了。

术语 Intersection over Union 中的 Intersection 用于度量预测框和实际边界框的重叠程度，Union 则用于度量可能发生重叠的整体空间。IoU 是两个边界框的重叠区域与合并区域的比值。

可用图 7-8 表示 IoU 的含义。

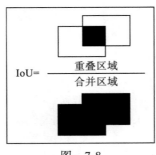

图   7-8

对于图 7-8 中的两个边界框（矩形），我们将左边界框视为真值，右边界框视为目标的预测位置。IoU 是两个边界框的重叠区域与合并区域之间的比值。

从图 7-9 中，你可以看出 IoU 值随着边界框重叠区域的变化而变化：

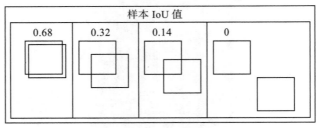

图   7-9

可以看出，IoU 的取值会随着重叠区域的减少而变小，对于最后一个（没有重叠的情形），IoU 指标值为0。

现在对度量 IoU 有了基本的了解，下面使用代码实现 IoU，创建一个函数来计算 IoU。我们将在 R-CNN 和 Fast R-CNN 的模型训练部分使用这个代码。

> ℹ️ 以下代码可以从本书 GitHub 库（https://tinyurl.com/mcvp-packt）的 Chapter07 文件夹中的 Calculating_Intersection_Over_Union.ipynb 获得。

下面定义一个函数，它以两个边界框为输入，返回 IoU 作为输出。

1.定义 get_iou 函数，将 boxA 和 boxB 作为输入，其中 boxA 和 boxB 是两个不同的边界框（可以将 boxA 视为真值边界框，将 boxB 视为区域建议）：

```
def get_iou(boxA, boxB, epsilon=1e-5):
```

我们定义 epsilon 参数来处理两个边界框的并集为 0，导致被零除的罕见情形。注意，在每个边界框中，有四个值分别对应于边界框的四个角。

2.计算交点框的坐标：

```
x1 = max(boxA[0], boxB[0])
y1 = max(boxA[1], boxB[1])
x2 = min(boxA[2], boxB[2])
y2 = min(boxA[3], boxB[3])
```

注意，x1 存储两个边界框之间最左边 x 值的最大值。类似地，y1 存储最上面的 y 值，x2 和 y2 分别存储最右边的 x 值和最下面的 y 值，可以使用这些值计算两个边界框的相交区域。

3.计算相交区域（重叠区域）对应的 width 和 height：

```
width = (x2 - x1)
height = (y2 - y1)
```

4.计算重叠面积（area_overlap）：

```
if (width<0) or (height <0):
    return 0.0
area_overlap = width * height
```

注意，在上面的代码中，我们指定如果重叠区域对应的宽度或高度小于 0，则交点面积为 0。否则，我们计算重叠（交点）面积的方法类似于计算矩形的面积，即宽度乘以高度。

5.计算两个边框对应的合并面积：

```
area_a = (boxA[2] - boxA[0]) * (boxA[3] - boxA[1])
area_b = (boxB[2] - boxB[0]) * (boxB[3] - boxB[1])
area_combined = area_a + area_b - area_overlap
```

在上面的代码中，我们计算了 area_a 和 area_b 两个边界框的合并面积，然后在计算 area_combined 时减去重叠面积，因为 area_overlap 计算了两次，一次是在计算 area_a 的时候，另一次是在计算 area_b 的时候。

6.计算 IoU 并返回：

```
iou = area_overlap / (area_combined+epsilon)
return iou
```

在上面的代码中，我们将 iou 计算为重叠面积（area_overlap）与合并区域面积（area_combined）的比值，并将其返回。

到目前为止，我们已经学习了创建真值和计算 IoU，这有助于准备训练数据。接下来，将使用目标检测模型实现对图像中目标的检测。最后，我们将评估模型的性能，并使用该模型对新的图像进行推断。

目标检测模型的训练比较复杂，我们也必须在进行模型训练之前学习更多的组件，在介绍完下一小节内容之后再完成对模型的构建。在下一小节中，我们将学习非极大抑制方法的相关知识。在使用已训练模型对新图像进行推断时，非极大抑制方法有助于从目标周围多个不同边界框筛选出比较合理的边界框。

7.5 非极大抑制

想象下列场景：现在已经生成了多个区域建议，并且这里区域建议之间有很大的重叠。本质上，所有预测出的边界框坐标（与区域建议的偏移量）应该都有显著的重叠。例如，对于图 7-10 中的图像，生成了很多关于人的区域建议。

图   7-10

对于图 7-10 中的图像，我要求你从众多的区域建议中找出包含某个目标的边界框和被丢弃的边界框。此时，非极大抑制方法就很有用。下面来解释"非极大抑制"这个术语。

非极大的含义是这些边界框中没有最可能含有目标的边界框，**抑制**指的是要丢弃这些不包含最可能含有目标的边界框。使用非极大抑制方法，我们可以识别出所有具有最高概率包含目标的边界框，并且从这些边界框中删除所有 IoU 大于某一阈值的边界框。

在 PyTorch 中，使用 torchvision.ops 模块中的 nms 函数执行非极大抑制。nms 函数获取边界框坐标、边界框中包含目标的置信度以及跨边界框的 IoU 的阈值，以识别出需要保留的边界框。在基于 R-CNN 和 Fast R-CNN 的目标检测训练过程中，我们将分别使用 nms 函数。

7.6 mAP

到目前为止，我们已经理解了如何获得包含图像目标的边界框和边界框中目标类别的输出。现在下一个问题来了：如何度量模型预测的准确度？

mAP 指标在这种情况下起到了关键的作用。在我们尝试理解 mAP 之前，首先需要理解一下精度的概念，然后是平均精度的概念，最后是 mAP 的概念：

❑ 精度：我们通常按下列公式计算精度，即

$$精度 = \frac{正确肯定}{(正确肯定 + 错误肯定)}$$

正确肯定指的是正确地预测了某类目标的类别，并且预测边界框与真值边界框之间 IoU 大于某个给定的阈值。错误肯定指的是错误地预测了目标的类别，或者预测边界框与真值边界框之间 IoU 小于某个给定的阈值。此外，如果为同一个真值边界框标识了多个边界框，那么只有一个边界框可以作为正确肯定，并将其他所有边界框都作为错误肯定。

❑ 平均精度：平均精度是指在各种 IoU 阈值上算出的精度值的平均值。

❑ mAP：mAP 是对数据集中所有目标类的各种 IoU 阈值算出的精度值的平均值。

到目前为止，我们已经理解了如何为模型训练准备一个训练数据集，使用非极大抑制方法实现模型的预测功能，并评估模型的预测精度。下面将（分别基于 R-CNN 和 Fast R-CNN）训练目标检测模型。

7.7 训练基于 R-CNN 的定制目标检测器

R-CNN 是 Region-based Convolutional Neural Network 的缩写。R-CNN 中的 region-based 含义是指区域建议。R-CNN 模型使用区域建议识别图像中的目标。注意，R-CNN 可以识别图像中的目标及其在图像中的位置。

下面首先学习 R-CNN 的工作细节，然后在自定义数据集上进行模型训练。

7.7.1 R-CNN 的工作细节

首先通过图 7-11 从一个较高的层次来理解基于 R-CNN 的目标检测。

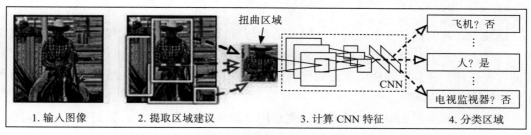

图 7-11

可以通过以下步骤使用 R-CNN 模型进行目标检测：

1. 从图像中提取区域建议：确保我们提取了大量的区域建议，不要错过图像中任何潜在的目标。

2. 调整（扭曲）所提取的区域建议，使得它们具有相同的尺寸大小。

3. 将调整过尺寸大小的区域建议传递到网络模型：通常使用预训练模型（如 VGG16 或 ResNet50）传递区域建议，并提取网络模型中全连接层的特征。

4. 创建用于模型训练的数据，其中输入为使用预训练模型提取的关于区域建议的特征，输出为每个区域建议对应的类别，以及区域建议与真值区域的偏移量：如果区域建议与目标区域的 IoU 大于某一阈值，则使用该区域建议预测与其重叠的目标的类别，并计算区域建议与包含该目标的真值边界框之间的偏移量。

为某个区域建议创建边界框偏移量和目标类别的结果示例如图 7-12 所示。

图   7-12

在图 7-12 中，o 表示区域建议（虚线边界框）的中心，x 表示猫类对应的真值边界框（实线边界框）的中心。我们计算两个边界框之间的中心坐标差（dx, dy）和高度宽度差（dw, dh），作为区域建议边界框和真值边界框之间的偏移量。

5. 连接两个输出端，一个对应图像的类别，另一个对应区域建议与真值边界框的偏移量，用于提取目标的精细边界框：这里的情形与第 5 章的案例比较类似，我们基于某个人的面部图像预测其性别（分类变量，类似于这里的目标类别预测）和年龄（连续变量，类似于这里的区域建议偏移量预测）。

6. 最后，需要编写一个自定义的损失函数，使得目标分类错误和边界框偏移误差达到最小。

请注意，我们这里使用的最小化损失函数与原始论文中用于最优化计算的损失函数不同。这样做是为了避免从零开始构建 R-CNN 和 Fast R-CNN 的复杂性。一旦读者熟悉了模型的工作原理，并且能够使用下面的代码完成模型的构建，我们就强烈建议他们从头开始实现原始论文中的模型。

下面我们将学习如何获取数据集并创建用于训练的数据。然后，我们将学习如何设计和训练模型，并使用训练完成的模型预测新图像中的目标类别和边界框。

7.7.2   基于定制数据集实现 R-CNN 目标检测模型

目前，我们对 R-CNN 的工作原理有了一个理论上的理解。这里将学习如何创建用于模型训练的数据。这个过程包括以下步骤：

1. 下载数据集。

2. 准备数据集。

3. 定义区域建议提取和 IoU 计算函数。

4. 创建训练数据：

1）为模型创建输入数据：

❑ 调整区域建议的大小；

❑ 通过某个预训练模型获取全连接层的取值。

2）为模型创建输出数据：

❑ 使用类别或背景标签标记每个区域建议；

❑ 如果区域建议对应的是某个目标而不是背景，则计算区域建议与真值之间的偏移量。

5. 定义和训练模型。

6. 使用已训练模型对新图像进行预测。

下面开始编写代码。

下载数据集

对于目标检测的场景，我们将从 Google Open Images v6 数据集中下载数据（网址为 https://storage.googleapis.com/openimages/v5/test-annotations-bbox.csv）。然而，在代码中，我们只处理公交车或卡车的图像，以确保图像可以训练（因为你很快就会注意到与使用 selectivesearch 相关的内存问题）。我们将扩大类别的数量（更多是除了公交车和卡车之外的类别），我们将在第 10 章中进行训练。

> ℹ 下面的代码可以从本书 GitHub 库（`https://tinyurl.com/mcvp-packt`）的 Chapter07 文件夹中的 `Training_RCNN.ipynb` 获得。该代码包含用于下载中等规模数据的 URL。我们强烈建议你在 GitHub 中通过执行 notebook 程序重现结果，这样可以更好地理解和解释这里介绍的执行步骤和各种代码组件。

导入相关的软件包，下载包含图像及其真值的文件：

```
!pip install -q --upgrade selectivesearch torch_snippets
from torch_snippets import *
import selectivesearch
from google.colab import files
files.upload() # upload kaggle.json file
!mkdir -p ~/.kaggle
!mv kaggle.json ~/.kaggle/
!ls ~/.kaggle
!chmod 600 /root/.kaggle/kaggle.json
!kaggle datasets download -d sixhky/open-images-bus-trucks/
!unzip -qq open-images-bus-trucks.zip
from torchvision import transforms, models, datasets
from torch_snippets import Report
```

```
from torchvision.ops import nms
device = 'cuda' if torch.cuda.is_available() else 'cpu'
```

一旦我们执行了上述代码，就可以将图像及其真值存储在一个可用的 CSV 文件中。

准备数据集

现在已经下载了数据集，下面完成对数据集的准备工作，具体包含以下步骤：

1. 获取每个图像及其对应的类别和边界框值。

2. 获取每个图像中的区域建议，及其对应的 IoU，以及区域建议关于真值的修正量 delta。

3. 为每个类别分配数字标签（包含一个额外的背景类，即除公交车类和卡车类之外的类别，或者它与真值边界框之间的 IoU 小于阈值）。

4. 将每个区域的大小调整为通用大小，以便将其传递给网络模型。

在本练习结束时，我们将调整区域建议的大小，为每个区域建议分配类别真值，并计算区域建议关于真值边界框的偏移量。我们将从上一小节结束的地方继续编写代码。

1. 指定图像的位置并读取已下载 CSV 文件中的真值：

```
IMAGE_ROOT = 'images/images'
DF_RAW = pd.read_csv('df.csv')
print(DF_RAW.head())
```

以上数据帧示例如图 7-13 所示。

	ImageID	Source	LabelName	Confidence	XMin	XMax	YMin	YMax	IsOccluded	IsTruncated	IsGroupOf	IsDepiction	IsInside
20	002f8241bd829022	xclick	Bus	1	0.257812	0.515625	0.485417	0.891667	1	0	0	0	0
21	002f8241bd829022	xclick	Bus	1	0.535937	0.907813	0.347917	0.997917	1	1	0	0	0
191	013b99371484d3d5	xclick	Bus	1	0.154688	0.920312	0.102083	0.872917	0	0	0	0	0
322	01 f8886b50a031a1	xclick	Truck	1	0.012821	0.987179	0.000000	0.969512	0	0	0	0	0
405	02717d30304f4849	xclick	Bus	1	0.106250	0.926562	0.266667	0.635417	0	0	0	0	0

图　7-13

注意，XMin、XMax、YMin 和 YMax 对应于图像边界框的真值，LabelName 提供了图像的类别。

2. 定义一个类，用于返回图像及其类别、真值、文件路径：

❏ 将数据帧（df）和包含图像的文件夹路径（image_folder）作为输入传递给 __init__ 方法，并获取数据帧中唯一的 ImageID 值（self.unique_images）。这样做是因为一个图像可以包含多个目标，所以可以有多个行对应相同的ImageID值：

```
class OpenImages(Dataset):
    def __init__(self, df, image_folder=IMAGE_ROOT):
        self.root = image_folder
        self.df = df
        self.unique_images = df['ImageID'].unique()
    def __len__(self): return len(self.unique_images)
```

❏ 定义 __getitem__ 方法，在该方法中获取对应于索引 ix 的图像（image_id），获取其边界框坐标（boxes）、classes，并返回图像、边界框、类别和图像路径：

```
def __getitem__(self, ix):
    image_id = self.unique_images[ix]
    image_path = f'{self.root}/{image_id}.jpg'
    # Convert BGR to RGB
    image = cv2.imread(image_path, 1)[...,::-1]
    h, w, _ = image.shape
    df = self.df.copy()
    df = df[df['ImageID'] == image_id]
    boxes = df['XMin,YMin,XMax,YMax'.split(',')].values
    boxes = (boxes*np.array([w,h,w,h])).astype(np.uint16)\
                                        .tolist()
    classes = df['LabelName'].values.tolist()
    return image, boxes, classes, image_path
```

3. 检查某个样本图像及其对应的类别和边界框真值：

```
ds = OpenImages(df=DF_RAW)
im, bbs, clss, _ = ds[9]
show(im, bbs=bbs, texts=clss, sz=10)
```

上述代码的运行结果如图 7-14 所示。

图　7-14

4. 定义 extract_iou 和 extract_candidates 函数：

```
def extract_candidates(img):
    img_lbl,regions = selectivesearch.selective_search(img, \
                                    scale=200, min_size=100)
    img_area = np.prod(img.shape[:2])
    candidates = []
    for r in regions:
        if r['rect'] in candidates: continue
        if r['size'] < (0.05*img_area): continue
        if r['size'] > (1*img_area): continue
        x, y, w, h = r['rect']
        candidates.append(list(r['rect']))
    return candidates
def extract_iou(boxA, boxB, epsilon=1e-5):
    x1 = max(boxA[0], boxB[0])
    y1 = max(boxA[1], boxB[1])
    x2 = min(boxA[2], boxB[2])
```

```
        y2 = min(boxA[3], boxB[3])
        width = (x2 - x1)
        height = (y2 - y1)
        if (width<0) or (height <0):
            return 0.0
        area_overlap = width * height
        area_a = (boxA[2] - boxA[0]) * (boxA[3] - boxA[1])
        area_b = (boxB[2] - boxB[0]) * (boxB[3] - boxB[1])
        area_combined = area_a + area_b - area_overlap
        iou = area_overlap / (area_combined+epsilon)
        return iou
```

目前，我们已经定义了数据准备和初始化所需的所有函数。在下一小节中，我们将获取区域建议（模型的输入区域）和边界框关于真值的偏移量，以及作为预期输出的目标类别。

获取区域建议和关于真值的偏移量

在本小节中，我们将学习如何创建对应于模型的输入和输出值。模型输入为使用 selectivesearch 方法提取的候选区域，输出是与候选区域相对应的目标类别，以及候选区域相对于与其重叠最多的边界框（如果候选区域包含一个目标）的偏移量。我们将从上一部分结束的地方继续编写代码。

1. 初始化一个空列表来存储文件路径（FPATHS）、边界框真值（GTBBS）、目标的类别（CLSS）、边界框与区域建议的 delta 偏移量（DELTAS）、区域建议的位置（ROIS），以及区域建议与真值之间的 IoU（IoUS）：

```
FPATHS, GTBBS, CLSS, DELTAS, ROIS, IOUS = [],[],[],[],[],[]
```

2. 循环遍历数据集并填充上述初始化列表。

❑ 对于这个练习，我们可以使用所有的数据点进行完整训练，或者只使用前 500 个数据点进行演示性训练。你可以在两者中任选其一，这种选择决定了训练时间和训练准确度（数据点越多，训练时间就越长，准确度就越高）：

```
N = 500
for ix, (im, bbs, labels, fpath) in enumerate(ds):
    if(ix==N):
        break
```

上述代码指定只处理 500 个图像。

❑ 使用 extract_candidates 函数从每个图像（im）中获取候选区域的绝对像素值。注意，XMin、Xmax、YMin 和 YMax 是下载数据帧中的图像形状比例。对于提取的候选区域，需要将区域坐标从（x, y, w, h）转换为（x, y, x+w, y+h）：

```
H, W, _ = im.shape
candidates = extract_candidates(im)
candidates = np.array([(x,y,x+w,y+h) \
                       for x,y,w,h in candidates])
```

❑ 将 ious、rois、deltas 和 clss 初始化为列表，用于存储每个候选对象的 iou、区域建议位置、边界框偏移量和每个图像中每个候选对象的类别。我们将浏览来自 SelectiveSearch 的所有区域建议，并将那些具有高 IoU 值的区域建议存储为公交车 / 卡车区域建议（以标签类别为准），其余的作为背景区域建议：

```
ious, rois, clss, deltas = [], [], [], []
```

❑ 存储一个图像中所有候选对象关于真值的 IoU，其中 bbs 是图像中不同目标的真值边界框，candidates 是上一步得到的区域建议：

```
ious = np.array([[extract_iou(candidate, _bb_) for \
        candidate in candidates] for _bb_ in bbs]).T
```

❑ 循环遍历每个候选对象并存储候选对象的 XMin（cx）、YMin（cy）、XMax（cX）和 YMax（cY）值：

```
for jx, candidate in enumerate(candidates):
    cx,cy,cX,cY = candidate
```

❑ 在获取 ious 列表的列表时，根据所有已经计算过的真值边界框，提取对应于候选对象的 IoU：

```
candidate_ious = ious[jx]
```

❑ 找到最高 IoU 的候选对象（best_iou_at）索引和对应的真值（best_bb）：

```
best_iou_at = np.argmax(candidate_ious)
best_iou = candidate_ious[best_iou_at]
best_bb = _x,_y,_X,_Y = bbs[best_iou_at]
```

❑ 如果候选对象的 IoU（best_iou）大于阈值（0.3），那么分配与其相对应的类别标签，否则将其划分为背景类别：

```
if best_iou > 0.3: clss.append(labels[best_iou_at])
else : clss.append('background')
```

❑ 获取所需的偏移量（delta），以便将当前区域建议转换为最佳区域建议的候选方案（即边界框真值）——best_bb，换句话说，将当前区域建议的左、右、上、下边距应进行适当调整，使其能够与真值的 best_bb 进行精确对准：

```
delta = np.array([_x-cx, _y-cy, _X-cX, _Y-cY]) /\
            np.array([W,H,W,H])
deltas.append(delta)
rois.append(candidate / np.array([W,H,W,H]))
```

❑ 添加文件路径、IoU、RoI、类别 delta 和边界框真值：

```
FPATHS.append(fpath)
IOUS.append(ious)
```

```
ROIS.append(rois)
CLSS.append(clss)
DELTAS.append(deltas)
GTBBS.append(bbs)
```

❑ 获取图像路径名称，并将获取的所有信息 FPATHS、IOUS、ROIS、CLSS、DELTAS 和 GTBBS 存储在一个列表的列表中：

```
FPATHS = [f'{IMAGE_ROOT}/{stem(f)}.jpg' for f in FPATHS]
FPATHS, GTBBS, CLSS, DELTAS, ROIS = [item for item in \
                                    [FPATHS, GTBBS, \
                                     CLSS, DELTAS, ROIS]]
```

注意，类别的名称目前是可用的。现在，我们将它们转换成相应的索引：背景类别的索引为 0，公交车类别的索引为 1，卡车类别的索引为 2。

3. 给每个类别分配索引：

```
targets = pd.DataFrame(flatten(CLSS), columns=['label'])
label2target = {l:t for t,l in \
                enumerate(targets['label'].unique())}
target2label = {t:l for l,t in label2target.items()}
background_class = label2target['background']
```

到目前为止，我们已经为每个区域建议分配了一个类别，并创建了边界框关于真值的偏移量。在下一小节中，我们将获取与所获得信息（FPATHS、IOUS、ROIS、CLSS、DELTAS 和 GTBBS）相对应的数据集和数据加载器。

创建训练数据

到目前为止，我们已经获取了数据、所有图像的区域建议，准备了每个区域建议的目标类别真值，以及具有高重叠（IoU）的每个区域建议与图像中目标之间的偏移量。

在本小节中，我们首先基于步骤 8 结束时获得的区域建议真值准备一个数据集类，并从中创建数据加载器。接下来，我们对每个区域建议进行归一化处理，将每个区域建议的大小调整为相同的形状。从上部分结束的地方继续编写代码：

1. 定义图像归一化函数：

```
normalize= transforms.Normalize(mean=[0.485, 0.456, 0.406], \
                                std=[0.229, 0.224, 0.225])
```

2. 定义用于实现图像（img）预处理的函数（preprocess_image），完成通道切换、图像归一化，并将图像数据注册到设备上：

```
def preprocess_image(img):
    img = torch.tensor(img).permute(2,0,1)
    img = normalize(img)
    return img.to(device).float()
```

❑ 定义用于预测类别的函数 decode：

```
def decode(_y):
```

```
      _, preds = _y.max(-1)
      return preds
```

3. 使用预处理步骤获得的区域建议和前文获得的真值数据定义数据集（RCNNDataset）：

```
class RCNNDataset(Dataset):
    def __init__(self, fpaths, rois, labels, deltas, gtbbs):
        self.fpaths = fpaths
        self.gtbbs = gtbbs
        self.rois = rois
        self.labels = labels
        self.deltas = deltas
    def __len__(self): return len(self.fpaths)
```

❑ 提取区域建议，以及其他与目标类别和边界框偏移量相关的真值：

```
    def __getitem__(self, ix):
        fpath = str(self.fpaths[ix])
        image = cv2.imread(fpath, 1)[...,::-1]
        H, W, _ = image.shape
        sh = np.array([W,H,W,H])
        gtbbs = self.gtbbs[ix]
        rois = self.rois[ix]
        bbs = (np.array(rois)*sh).astype(np.uint16)
        labels = self.labels[ix]
        deltas = self.deltas[ix]
        crops = [image[y:Y,x:X] for (x,y,X,Y) in bbs]
        return image,crops,bbs,labels,deltas,gtbbs,fpath
```

❑ 定义collate_fn，用于实现对图像大小的调整和归一化处理（preprocess_image）：

```
    def collate_fn(self, batch):
        input, rois, rixs, labels, deltas =[],[],[],[],[]
        for ix in range(len(batch)):
            image, crops, image_bbs, image_labels, \
                image_deltas, image_gt_bbs, \
                image_fpath = batch[ix]
            crops = [cv2.resize(crop, (224,224)) \
                    for crop in crops]
            crops = [preprocess_image(crop/255.)[None] \
                    for crop in crops]
            input.extend(crops)
                labels.extend([label2target[c] \
                            for c in image_labels])
                deltas.extend(image_deltas)
            input = torch.cat(input).to(device)
            labels = torch.Tensor(labels).long().to(device)
            deltas = torch.Tensor(deltas).float().to(device)
            return input, labels, deltas
```

4. 创建训练数据集和验证数据集，以及数据加载器：

```
n_train = 9*len(FPATHS)//10
train_ds = RCNNDataset(FPATHS[:n_train], ROIS[:n_train], \
                    CLSS[:n_train], DELTAS[:n_train], \
                    GTBBS[:n_train])
```

```
test_ds = RCNNDataset(FPATHS[n_train:], ROIS[n_train:], \
                      CLSS[n_train:], DELTAS[n_train:], \
                      GTBBS[n_train:])

from torch.utils.data import TensorDataset, DataLoader
train_loader = DataLoader(train_ds, batch_size=2, \
                          collate_fn=train_ds.collate_fn, \
                          drop_last=True)
test_loader = DataLoader(test_ds, batch_size=2, \
                         collate_fn=test_ds.collate_fn, \
                         drop_last=True)
```

目前我们已经理解了如何准备数据，下面将学习如何定义和训练用于预测类别和偏移量的模型，使得区域建议能够适配图像中目标的边界框。

R-CNN 网络架构

在准备好数据之后，我们将在本小节中学习如何构建模型，该模型可以预测区域建议的类别和相应的偏移量，以便可以在图像中目标的周围绘制一个紧密的边界框。我们采取的策略如下：

1. 定义 VGG 模型的主干网。

2. 使用预训练模型获取经过归一化裁剪后的特征。

3. 在 VGG 主干网上附加一个带有 sigmoid 激活的线性层来预测区域建议的类别。

4. 附加一个线性层用于预测四个边界框偏移量。

5. 分别为两个输出定义损失计算公式（一个用于预测类别，另一个用于预测四个边界框偏移量）。

6. 训练用于预测区域建议类别和四个边界框偏移量的模型。

执行以下代码。我们将从上一部分结束的地方继续编写代码。

1. 定义 VGG 主干网

```
vgg_backbone = models.vgg16(pretrained=True)
vgg_backbone.classifier = nn.Sequential()
for param in vgg_backbone.parameters():
    param.requires_grad = False
vgg_backbone.eval().to(device)
```

2. 定义 RCNN 网络模块：

❑ 定义类：

```
class RCNN(nn.Module):
    def __init__(self):
        super().__init__()
```

❑ 定义主干网（self.backbone）、类别得分的计算公式（self.cls_score），以及边界框偏移值（self.bbox）：

```
feature_dim = 25088
self.backbone = vgg_backbone
```

```
self.cls_score = nn.Linear(feature_dim, \
                           len(label2target))
self.bbox = nn.Sequential(
                nn.Linear(feature_dim, 512),
                nn.ReLU(),
                nn.Linear(512, 4),
                nn.Tanh(),
            )
```

❑ 分别定义对应于类别预测（self.cel）和边界框偏移量回归（self.sl1）的损失函数：

```
self.cel = nn.CrossEntropyLoss()
self.sl1 = nn.L1Loss()
```

❑ 定义前馈方法，使用 VGG 主干网（self.backbone）获取图像特征（feat），然后，分别使用分类方法和边界框回归分析方法获取类别概率（cls_score）和边界框偏移量（bbox）：

```
def forward(self, input):
    feat = self.backbone(input)
    cls_score = self.cls_score(feat)
    bbox = self.bbox(feat)
    return cls_score, bbox
```

❑ 定义损失函数（calc_loss）计算公式。注意，如果实际类别是背景类别，则不计算相应的偏移量回归损失：

```
def calc_loss(self, probs, _deltas, labels, deltas):
    detection_loss = self.cel(probs, labels)
    ixs, = torch.where(labels != 0)
    _deltas = _deltas[ixs]
    deltas = deltas[ixs]
    self.lmb = 10.0
    if len(ixs) > 0:
        regression_loss = self.sl1(_deltas, deltas)
        return detection_loss + self.lmb *\
            regression_loss, detection_loss.detach(), \
            regression_loss.detach()
    else:
        regression_loss = 0
        return detection_loss + self.lmb *\
            regression_loss, detection_loss.detach(), \
            regression_loss
```

在有了模型类之后，下一步定义用于训练和验证模型的函数。

3. 定义 train_batch 函数：

```
def train_batch(inputs, model, optimizer, criterion):
    input, clss, deltas = inputs
    model.train()
    optimizer.zero_grad()
    _clss, _deltas = model(input)
```

```
        loss, loc_loss, regr_loss = criterion(_clss, _deltas, \
                                                clss, deltas)
        accs = clss == decode(_clss)
        loss.backward()
        optimizer.step()
        return loss.detach(), loc_loss, regr_loss, \
            accs.cpu().numpy()
```

4. 定义 validate_batch 函数:

```
@torch.no_grad()
def validate_batch(inputs, model, criterion):
    input, clss, deltas = inputs
    with torch.no_grad():
        model.eval()
        _clss,_deltas = model(input)
        loss,loc_loss,regr_loss = criterion(_clss, _deltas, \
                                              clss, deltas)
        _, _clss = _clss.max(-1)
        accs = clss == _clss
    return _clss,_deltas,loss.detach(),loc_loss, regr_loss, \
        accs.cpu().numpy()
```

5. 现在创建一个模型对象, 获取损失标准, 然后定义优化器和轮数:

```
rcnn = RCNN().to(device)
criterion = rcnn.calc_loss
optimizer = optim.SGD(rcnn.parameters(), lr=1e-3)
n_epochs = 5
log = Report(n_epochs)
```

6. 通过不断增加轮数进行模型训练:

```
for epoch in range(n_epochs):

    _n = len(train_loader)
    for ix, inputs in enumerate(train_loader):
        loss, loc_loss,regr_loss,accs = train_batch(inputs, \
                            rcnn, optimizer, criterion)
        pos = (epoch + (ix+1)/_n)
        log.record(pos, trn_loss=loss.item(), \
                    trn_loc_loss=loc_loss, \
                    trn_regr_loss=regr_loss, \
                    trn_acc=accs.mean(), end='\r')
    _n = len(test_loader)
    for ix,inputs in enumerate(test_loader):
        _clss, _deltas, loss, \
        loc_loss, regr_loss, \
        accs = validate_batch(inputs, rcnn, criterion)
        pos = (epoch + (ix+1)/_n)
        log.record(pos, val_loss=loss.item(), \
                    val_loc_loss=loc_loss, \
                    val_regr_loss=regr_loss, \
                    val_acc=accs.mean(), end='\r')

    # Plotting training and validation metrics
    log.plot_epochs('trn_loss,val_loss'.split(','))
```

关于训练数据和验证数据的总体损失变化曲线如图 7-15 所示。

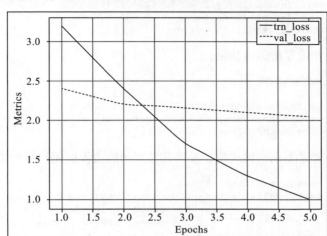

图 7-15

现在，已经完成了对一个模型的训练。我们将在下一小节使用该模型对新图像进行预测。

对新图像进行预测

在本小节中，我们使用已训练的模型预测和绘制新图像中目标的边界框，并预测边界框内目标的类别。我们采取的策略如下：

1. 从新图像中提取区域建议。

2. 归一化调整每个区域建议的大小。

3. 对加工过的结果进行前馈计算，以进行目标分类和偏移量的预测。

4. 使用非极大抑制方法获取以最高置信度包含目标的边界框。

我们通过一个函数来执行上述策略，该函数以一个图像作为输入，并接受一个真值边界框（仅用于比较真值边界框和预测边界框之间的差异）。我们从上一小节结束的地方继续编写代码。

1. 定义 `test_predictions` 函数以对新图像进行预测：

❑ 该函数以 `filename` 作为输入：

```
def test_predictions(filename, show_output=True):
```

❑ 读取该图像并提取候选图像：

```
img = np.array(cv2.imread(filename, 1)[...,::-1])
candidates = extract_candidates(img)
candidates = [(x,y,x+w,y+h) for x,y,w,h in candidates]
```

❑ 循环调整候选图像的大小并对图像进行预处理：

```
input = []
for candidate in candidates:
```

```
    x,y,X,Y = candidate
    crop = cv2.resize(img[y:Y,x:X], (224,224))
    input.append(preprocess_image(crop/255.)[None])
input = torch.cat(input).to(device)
```

❑ 预测目标类和边界框的偏移量：

```
with torch.no_grad():
    rcnn.eval()
    probs, deltas = rcnn(input)
    probs = torch.nn.functional.softmax(probs, -1)
    confs, clss = torch.max(probs, -1)
```

❑ 提取不属于背景类别的候选项，并将其与预测的边界框偏移量相加：

```
candidates = np.array(candidates)
confs,clss,probs,deltas =[tensor.detach().cpu().numpy() \
                                for tensor in [confs, \
                                        clss, probs, deltas]]
ixs = clss!=background_class
confs, clss,probs,deltas,candidates = [tensor[ixs] for \
        tensor in [confs,clss, probs, deltas,candidates]]
bbs = (candidates + deltas).astype(np.uint16)
```

❑ 使用非极大抑制 nms 方法消除重复的边界框（在本例中，IoU 大于 0.05 的边界框对被认为是重复的）。在这些重复的边界框中，我们选择置信度最高的边界框，并丢弃其余的边界框：

```
ixs = nms(torch.tensor(bbs.astype(np.float32)), \
            torch.tensor(confs), 0.05)
confs,clss,probs,deltas,candidates,bbs = [tensor[ixs] \
                                    for tensor in \
                        [confs, clss, probs, deltas, \
                            candidates, bbs]]
if len(ixs) == 1:
    confs, clss, probs, deltas, candidates, bbs = \
            [tensor[None] for tensor in [confs, clss,
                            probs, deltas, candidates, bbs]]
```

❑ 获取置信度最高的边界框：

```
if len(confs) == 0 and not show_output:
    return (0,0,224,224), 'background', 0
if len(confs) > 0:
    best_pred = np.argmax(confs)
    best_conf = np.max(confs)
    best_bb = bbs[best_pred]
    x,y,X,Y = best_bb
```

❑ 将预测的边界框绘制在图像上：

```
_, ax = plt.subplots(1, 2, figsize=(20,10))
show(img, ax=ax[0])
ax[0].grid(False)
ax[0].set_title('Original image')
```

```
if len(confs) == 0:
    ax[1].imshow(img)
    ax[1].set_title('No objects')
    plt.show()
    return
ax[1].set_title(target2label[clss[best_pred]])
show(img, bbs=bbs.tolist(),
    texts=[target2label[c] for c in clss.tolist()],
    ax=ax[1], title='predicted bounding box and class')
plt.show()
return (x,y,X,Y),target2label[clss[best_pred]],best_conf
```

2. 对新图像执行上述函数：

```
image, crops, bbs, labels, deltas, gtbbs, fpath = test_ds[7]
test_predictions(fpath)
```

上述代码生成的图像如图 7-16 所示。

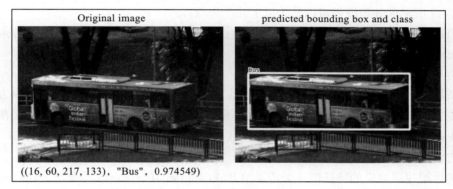

图 7-16

从图 7-16 中可以看出，图像的类别预测是准确的，边框的预测效果也不错。注意，为该图像生成上述预测大约需要 1.5 s 的时间。

这些时间都消耗在生成区域建议、调整每个区域建议的大小、将它们传递到 VGG 主干网进行计算，以及使用定义好的模型生成预测。然而，大多数时间都花在通过 VGG 主干网传递每个区域建议的环节。在下一节中，我们将学习如何使用基于 Fast R-CNN 架构的模型来绕过这个"将每个建议传递给 VGG"的问题。

7.8 训练基于 Fast R-CNN 的定制目标检测器

R-CNN 的一个主要缺点是生成预测需要相当长的时间，其中为每个图像生成区域建议、调整区域建议的大小、提取每个结果对应的特征（区域建议）是瓶颈。

Fast R-CNN 模型解决了这个问题，它使用预训练模型对整个图像进行特征提取，获取与区域建议（通过 selectivesearch 得到）相对应的特征区域。下面介绍 Fast R-CNN

的工作细节，然后在定制数据集上进行模型训练。

7.8.1 Fast R-CNN 的工作细节

可以通过图 7-17 来理解 Fast R-CNN。

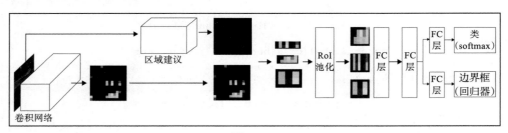

图 7-17

图 7-17 所示的处理流程可以分为以下几个步骤：

1. 将图像传递给预训练模型，提取扁平化层之前的特征。我们将这里的输出称为特征图（feature map）。

2. 提取图像对应的区域建议。

3. 提取与区域建议相对应的特征区域。注意，当图像遍历 VGG16 架构时，因为执行了 5 个池化操作，所以图像在输出处被缩小为原来的 1/32。因此，如果原始图像中存在一个边界框为（40, 32, 200, 240）的区域，那么该区域在特征图中就对应于边界框（5, 4, 25, 30）所界定的区域。

4. 将区域建议对应的特征图逐个传递给 RoI（Region of Interest）池化层，使得所有区域建议的特征图都具有相似的形状。这替换了 R-CNN 中的扭曲技术。

5. 将 RoI 池化层的输出值传递给全连接层。

6. 训练用于预测每个区域建议所含目标类别和偏移量的模型。

> ℹ 需要注意的是，R-CNN 和 Fast R-CNN 的最大区别在于，在 R-CNN 中，我们通过预训练模型一次只传递一个结果（已调整大小的区域建议），而在 Fast R-CNN 中，我们裁剪每个区域建议对应的特征图（通过预训练模型传递整个图像得到），从而避免了需要通过预训练模型逐个传递每个调整了大小的区域建议。

在理解了 Fast R-CNN 工作原理的基础上，我们将在下一小节使用前述 R-CNN 用过的相同数据集来构建模型。

7.8.2 基于定制数据集实现 Fast R-CNN 目标检测模型

本小节使用 Fast R-CNN 模型训练我们的自定义目标检测器。为了保持简洁，这里只提供额外或更改的代码（你应该运行所有的代码，直到 7.7.2 节中"创建训练数据"小节的第 2 步）：

> ℹ️ 为保持简洁，这里只提供关于训练 Fast R-CNN 模型的额外代码。可以通过本书的 GitHub 库 Chapter07 文件夹中的 Training_Fast_R_CNN.ipynb 获取完整代码。

1. 创建一个 `FRCNNDataset` 类，返回图像、标签、真值、区域建议和每个区域建议对应的 delta：

```
class FRCNNDataset(Dataset):
    def __init__(self, fpaths, rois, labels, deltas, gtbbs):
        self.fpaths = fpaths
        self.gtbbs = gtbbs
        self.rois = rois
        self.labels = labels
        self.deltas = deltas
    def __len__(self): return len(self.fpaths)
    def __getitem__(self, ix):
        fpath = str(self.fpaths[ix])
        image = cv2.imread(fpath, 1)[...,::-1]
        gtbbs = self.gtbbs[ix]
        rois = self.rois[ix]
        labels = self.labels[ix]
        deltas = self.deltas[ix]
        assert len(rois) == len(labels) == len(deltas), \
            f'{len(rois)}, {len(labels)}, {len(deltas)}'
        return image, rois, labels, deltas, gtbbs, fpath

    def collate_fn(self, batch):
        input, rois, rixs, labels, deltas = [],[],[],[],[]
        for ix in range(len(batch)):
            image, image_rois, image_labels, image_deltas, \
                image_gt_bbs, image_fpath = batch[ix]
            image = cv2.resize(image, (224,224))
            input.append(preprocess_image(image/255.)[None])
            rois.extend(image_rois)
            rixs.extend([ix]*len(image_rois))
            labels.extend([label2target[c] for c in \
                                image_labels])
            deltas.extend(image_deltas)
        input = torch.cat(input).to(device)
        rois = torch.Tensor(rois).float().to(device)
        rixs = torch.Tensor(rixs).float().to(device)
        labels = torch.Tensor(labels).long().to(device)
        deltas = torch.Tensor(deltas).float().to(device)
        return input, rois, rixs, labels, deltas
```

注意，上述代码与我们在 7.7.2 节学到的非常相似，唯一的变化是这里返回了更多的信息（rois 和 rixs）。

rois 矩阵保存了在该批中哪个 RoI 属于哪个图像的信息。注意，input 包含了多个图像，而 rois 则是一个边界框列表。我们不知道有多少 rois 属于第一个图像，有多少属于第二个图像，以此类推。这就是需要 ridx 的地方。ridx 是一个索引列表，列表中的每个整数都将相应的边界框与适当的图像关联起来。例如，如果 ridx 是 [0,0,0,1,1,2,3,3,3]，那么我们就知道前三个边界框属于这批图像中的第一个图像，后两个属于这批图像中的第二个图像。

2. 创建训练数据集和测试数据集：

```
n_train = 9*len(FPATHS)//10
train_ds = FRCNNDataset(FPATHS[:n_train], ROIS[:n_train], \
                        CLSS[:n_train], DELTAS[:n_train], \
                        GTBBS[:n_train])
test_ds = FRCNNDataset(FPATHS[n_train:], ROIS[n_train:], \
                       CLSS[n_train:], DELTAS[n_train:], \
                       GTBBS[n_train:])
from torch.utils.data import TensorDataset, DataLoader
train_loader = DataLoader(train_ds, batch_size=2, \
                          collate_fn=train_ds.collate_fn, \
                          drop_last=True)
test_loader = DataLoader(test_ds, batch_size=2, \
                         collate_fn=test_ds.collate_fn, \
                         drop_last=True)
```

3. 定义一个使用数据集进行训练的模型：

❑ 首先，导入 torchvision.ops 类中的 RoIPool 方法：

```
from torchvision.ops import RoIPool
```

❑ 定义 FRCNN 网络模块：

```
class FRCNN(nn.Module):
    def __init__(self):
        super().__init__()
```

❑ 加载预训练模型，冻结参数：

```
rawnet = torchvision.models.vgg16_bn(pretrained=True)
for param in rawnet.features.parameters():
    param.requires_grad = True
```

❑ 提取特征直到最后一层：

```
self.seq = nn.Sequential(*list(\
                         rawnet.features.children())[:-1])
```

❑ 指定 RoIPool 提取一个 7×7 的输出。这里，spatial_scale 是区域建议（来自原始图像）需要收缩的因子，以便每个输出在通过扁平层之前具有相同的形状。图像尺寸为 224×224，特征图尺寸为 14×14：

```
self.roipool = RoIPool(7, spatial_scale=14/224)
```

❑ 定义输出头——cls_score 和 bbox：

```
feature_dim = 512*7*7
self.cls_score = nn.Linear(feature_dim, \
                           len(label2target))
self.bbox = nn.Sequential(
                nn.Linear(feature_dim, 512),
```

```
            nn.ReLU(),
            nn.Linear(512, 4),
            nn.Tanh(),
        )
```

❏ 定义损失函数：

```
self.cel = nn.CrossEntropyLoss()
self.sl1 = nn.L1Loss()
```

❏ 定义 forward 方法，将图像、区域建议和区域建议的索引作为前面已定义网络模型的输入：

```
def forward(self, input, rois, ridx):
```

❏ 将 input 图像传递给预训练模型进行处理：

```
res = input
res = self.seq(res)
```

❏ 创建一个 rois 矩阵作为 self.roipool 的输入。首先将连接的 ridx 作为第一列，接下来的四列是区域建议边界框的绝对值：

```
rois = torch.cat([ridx.unsqueeze(-1), rois*224], \
                        dim=-1)
res = self.roipool(res, rois)
feat = res.view(len(res), -1)
cls_score = self.cls_score(feat)
bbox=self.bbox(feat)#.view(-1,len(label2target),4)
return cls_score, bbox
```

❏ 定义损失值计算公式（calc_loss），与 7.7.2 节所做工作一样：

```
def calc_loss(self, probs, _deltas, labels, deltas):
    detection_loss = self.cel(probs, labels)
    ixs, = torch.where(labels != background_class)
    _deltas = _deltas[ixs]
    deltas = deltas[ixs]
    self.lmb = 10.0
    if len(ixs) > 0:
        regression_loss = self.sl1(_deltas, deltas)
        return detection_loss +\
            self.lmb * regression_loss, \
            detection_loss.detach(), \
            regression_loss.detach()
    else:
        regression_loss = 0
        return detection_loss + \
            self.lmb * regression_loss, \
            detection_loss.detach(), \
            regression_loss
```

4. 定义用于批处理训练数据和验证数据的函数，与 7.7.2 节所做工作一样：

```
def train_batch(inputs, model, optimizer, criterion):
```

```
        input, rois, rixs, clss, deltas = inputs
        model.train()
        optimizer.zero_grad()
        _clss, _deltas = model(input, rois, rixs)
        loss, loc_loss, regr_loss = criterion(_clss, _deltas, \
                                               clss, deltas)
        accs = clss == decode(_clss)
        loss.backward()
        optimizer.step()
        return loss.detach(), loc_loss, regr_loss, \
            accs.cpu().numpy()
def validate_batch(inputs, model, criterion):
        input, rois, rixs, clss, deltas = inputs
        with torch.no_grad():
            model.eval()
            _clss,_deltas = model(input, rois, rixs)
            loss, loc_loss,regr_loss = criterion(_clss, _deltas, \
                                                  clss, deltas)
            _clss = decode(_clss)
            accs = clss == _clss
        return _clss, _deltas,loss.detach(), loc_loss,regr_loss, \
            accs.cpu().numpy()
```

5. 通过不断增加轮数进行模型训练：

```
frcnn = FRCNN().to(device)
criterion = frcnn.calc_loss
optimizer = optim.SGD(frcnn.parameters(), lr=1e-3)
n_epochs = 5
log = Report(n_epochs)
for epoch in range(n_epochs):

    _n = len(train_loader)
    for ix, inputs in enumerate(train_loader):
        loss, loc_loss,regr_loss, accs = train_batch(inputs, \
                                frcnn, optimizer, criterion)
        pos = (epoch + (ix+1)/_n)
        log.record(pos, trn_loss=loss.item(), \
                    trn_loc_loss=loc_loss, \
                    trn_regr_loss=regr_loss, \
                    trn_acc=accs.mean(), end='\r')
    _n = len(test_loader)
    for ix,inputs in enumerate(test_loader):
        _clss, _deltas, loss, \
        loc_loss, regr_loss, accs = validate_batch(inputs, \
                                        frcnn, criterion)
        pos = (epoch + (ix+1)/_n)
        log.record(pos, val_loss=loss.item(), \
                val_loc_loss=loc_loss, \
                val_regr_loss=regr_loss, \
                val_acc=accs.mean(), end='\r')

# Plotting training and validation metrics
log.plot_epochs('trn_loss,val_loss'.split(','))
```

总损失的变化曲线如图 7-18 所示。

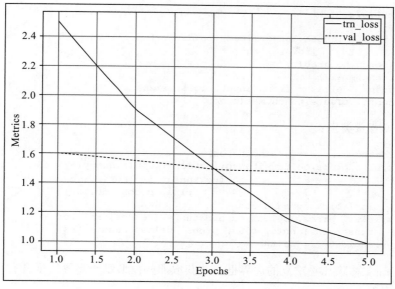

图　7-18

6. 定义一个用于对测试图像进行预测的函数：

❏ 定义一个函数，它以文件名作为输入，然后读取文件并将其大小调整为 224×224：

```python
import matplotlib.pyplot as plt
%matplotlib inline
import matplotlib.patches as mpatches
from torchvision.ops import nms
from PIL import Image
def test_predictions(filename):
    img = cv2.resize(np.array(Image.open(filename)), \
                             (224,224))
```

❏ 获取区域建议并将它们转换为（$x1, y1, x2, y2$）格式（顶部像素和底部像素坐标），然后将这些值转换为与图像成比例的高宽比：

```python
candidates = extract_candidates(img)
candidates = [(x,y,x+w,y+h) for x,y,w,h in candidates]
```

❏ 预处理图像并缩放感兴趣的区域（rois）：

```python
input = preprocess_image(img/255.)[None]
rois = [[x/224,y/224,X/224,Y/224] for x,y,X,Y in \
            candidates]
```

❏ 由于所有的区域建议都属于同一个图像，rixs 将是一个值为 0 的列表（表中元素数量与区域建议的数量一样多）：

```python
rixs = np.array([0]*len(rois))
```

❏ 将输入和 rois 传递给已训练模型进行前向传播，得到每个区域建议的置信度和目标类别得分：

```
rois,rixs = [torch.Tensor(item).to(device) for item in \
                [rois, rixs]]
with torch.no_grad():
    frcnn.eval()
    probs, deltas = frcnn(input, rois, rixs)
    confs, clss = torch.max(probs, -1)
```

❑ 过滤掉背景类别：

```
candidates = np.array(candidates)
confs,clss,probs,deltas=[tensor.detach().cpu().numpy() \
                            for tensor in [confs, \
                                clss, probs, deltas]]
ixs = clss!=background_class
confs, clss, probs, deltas,candidates = [tensor[ixs] for \
        tensor in [confs, clss, probs, deltas,candidates]]
bbs = candidates + deltas
```

❑ 使用 nms 移除几乎重复的边界框，并获取那些模型赋予高置信度含有目标的区域建议的索引：

```
ixs = nms(torch.tensor(bbs.astype(np.float32)), \
            torch.tensor(confs), 0.05)
confs, clss, probs,deltas,candidates,bbs = [tensor[ixs] \
                        for tensor in [confs,clss,probs, \
                            deltas, candidates, bbs]]
if len(ixs) == 1:
    confs, clss, probs, deltas, candidates, bbs = \
            [tensor[None] for tensor in [confs,clss, \
                probs, deltas, candidates, bbs]]
bbs = bbs.astype(np.uint16)
```

❑ 绘制获得的边界框：

```
_, ax = plt.subplots(1, 2, figsize=(20,10))
show(img, ax=ax[0])
ax[0].grid(False)
ax[0].set_title(filename.split('/')[-1])
if len(confs) == 0:
    ax[1].imshow(img)
    ax[1].set_title('No objects')
    plt.show()
    return
else:
    show(img,bbs=bbs.tolist(),texts=[target2label[c] for \
                            c in clss.tolist()],ax=ax[1])
    plt.show()
```

7. 对测试图像进行预测：

```
test_predictions(test_ds[29][-1])
```

上述代码的运行结果如图 7-19 所示。

图 7-19

上述代码执行时间为 0.5s，明显优于 R-CNN 模型。但是，这种模型预测的实时性仍然较低。这主要是因为我们仍然使用两个不同的模型，一个用来生成区域建议，另一个用来预测目标类别和偏移量。在下一章中，我们将学习使用单个模型进行预测，以便能够在应用场景中进行快速的实时推断。

7.9 小结

在本章中，我们首先学习如何为目标定位和检测应用创建一个训练数据集。然后，学习了 SelectiveSearch 技术，这是一种基于邻近像素具有相似性的区域建议生成技术。接下来，我们学习了如何通过计算 IoU 指标来理解图像中目标边界框预测效果的优劣。再接下来，我们学习了如何使用非极大抑制方法来获取图像中每个目标的唯一边界框。我们从零开始构建了 R-CNN 和 Fast R-CNN 模型，还理解了 R-CNN 模型预测速度较慢的原因，以及 Fast R-CNN 如何通过使用 RoI 池化和从特征图中获取区域建议的方式提高模型预测速度。最后，我们了解到使用独立模型获得的区域建议会导致模型在新图像上的预测时间较长。

在下一章中，我们将学习一些现代目标检测技术，可以将这些技术用在具有实时性要求的场合，实现对目标定位和检测的实时性预测。

7.10 课后习题

1. 区域建议技术是如何生成区域建议的？
2. 如果在一个图像中包含多个目标，那么如何计算 IoU？
3. 为什么 R-CNN 模型要花很长时间来生成预测？
4. 为什么 Fast R-CNN 模型的预测比 R-CNN 模型更快？
5. RoI 池化的工作原理是什么？
6. 在预测边界框修正量时，如果没有获得多层特征图，那么会有什么影响？
7. 为什么在计算整体损失时，我们必须给回归损失赋予更高的权重？
8. 非极大抑制的工作原理是什么？

第 **8** 章

目标检测进阶

在前一章中，我们学习了 R-CNN 和 Fast R-CNN 技术，它们利用区域建议来生成图像中目标位置的预测，以及图像中目标对应的类别。此外，我们还了解了制约模型预测速度的瓶颈，这是因为使用了两个不同的模型——一个模型用于生成区域建议，另一个模型用于目标检测。在本章中，我们将学习不同的现代目标检测技术，如 Faster R-CNN、YOLO 和单发检测器（SSD），这些技术使用单个模型在单个阶段中对目标类别和边界框进行预测，能够克服预测时间缓慢的问题。我们将首先学习锚盒，然后继续了解每一项技术的工作原理，以及如何使用这些技术实现对图像中目标的检测和定位。

8.1 现代目标检测算法的组成

R-CNN 和 Fast R-CNN 技术的缺点是它们有两个不相连的网络：一个用于识别可能包含目标的区域，另一个用于修正被识别目标的边界框。此外，由于存在区域建议，这两种模型都需要进行与区域建议一样多的前向传播计算。现代目标检测算法着重于训练一个单一的神经网络，并有能力在一次前向传播计算中检测所有目标。在接下来的章节中，我们将学习一个典型现代目标检测算法的各个组成部分：
- ❑ 锚盒；
- ❑ 区域建议网（RPN）；
- ❑ RoI（Region of Interest）池化。

8.1.1 锚盒

到目前为止，我们已经有了通过 selectivesearch 方法获得的区域建议。锚盒作为选择性搜索方法的一种方便替代，我们将在本小节学习如何使用锚盒方法取代基于 selectivesearch 的区域建议方法。

大多数同类物体通常具有比较相似的形状。例如，在大多数情况下，人体图像边界框的高度要大于宽度，卡车图像边界框的宽度则大于高度。因此，即使在训练模型之前（通过检查各种类别边界框的真值)，我们也会对图像中目标的高度和宽度有一个很好的理解。

此外，在一些图像中，感兴趣的目标可能会被缩放，从而导致高度和宽度比平均值小得多或大得多，但仍然保持长宽比（即 $\frac{高度}{宽度}$）基本不变。

一旦我们对图像中目标的长宽比、高度和宽度（可以从数据集中的真值获得）有了一个很好的理解，就可以用代表数据集中大多数目标的边界框高度和宽度来定义锚盒。

通常可以在图像中目标真值边界框的顶部使用 K-means 聚类方法获得上述信息。

在了解了如何获得锚盒高度和宽度的基础上，下面学习如何使用锚盒：

1. 将每个锚盒从左上滑到右下。

2. 与目标 IoU 有较大交集的锚盒将有一个标签，表明锚盒包含了一个目标，其他锚盒标记为 0：我们可以修改 IoU 的阈值，即如果 IoU 大于某个阈值，则目标类为 1；如果 IoU 小于另外某个阈值，则对象类为 0，否则为未知。

在获得了预先定义的真值之后，就可以建立一个模型，该模型可以预测某个目标的位置，也可以预测锚盒的偏移量，从而将其与真值进行匹配。下面进一步理解图 8-1 所示的锚盒。

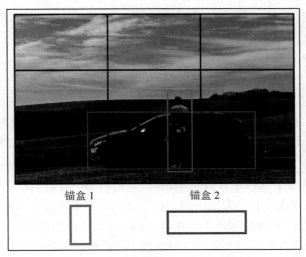

图　8-1

在图 8-1 中，我们有两个锚盒，一个高度大于宽度，另一个宽度大于高度，它们分别对应图像中人和车这两种目标（类别）。

我们在图像上滑动这两个锚盒，并注意锚盒与真值之间 IoU 值最高的位置，这个特定位置表示包含一个目标，其他位置则表示不包含目标。

除了上面的两个锚盒之外，可以创建更多具有不同比例的锚盒，以便适应图像中不同目标的不同比例。图 8-2 是多种不同比例锚盒的示例。

请注意，所有的锚盒都有相同的中心，但它们长宽比或大小比例是不同的。

我们将在下一小节了解 RPN，它使用锚盒来预测可能包含目标的区域。

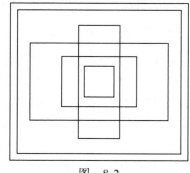

图　8-2

8.1.2　区域建议网络

想象一个场景，我们有一个尺寸为 224×224×3 的图像，并假设锚盒的形状为 8×8。如果步长是 8 像素，那么图片中的每一行将获得 224/8=28 个结果，即从整张图片中可获得 28×28=576 个结果。然后，我们获取每个结果，并将它们传递给一个名为区域建议网络（RPN）的模型。该模型可以预测这些结果是否包含图像中的目标。本质上讲，RPN 表示的是这些结果中包含目标的可能性。

让我们比较一下 selectivesearch 的输出和 RPN 的输出。

selectivesearch 每次根据关于像素值的一组计算给出一候选区域。然而，RPN 根据锚盒和锚盒以一定步长在图像上滑动的方式生成候选区域。一旦使用这两种方法中的任何一种获得了候选区域，我们就可以识别出其中最有可能包含目标的候选区域。

基于 selectivesearch 的区域建议生成过程则是在神经网络之外完成的。其实，我们可以建立一个 RPN，并将它作为目标检测网络的一部分。使用 RPN，我们可以不需要通过那些不必要的计算来生成网络外的区域建议。这样，我们就可以使用一个单一的模型来完成候选区域识别、图像中目标类别识别，以及目标边界框位置的识别。

接下来，我们将学习 RPN 如何识别候选区域（滑动锚盒后获得的裁剪）是否包含目标。在我们的训练数据中包含目标的真值。分别将每个候选区域与图像中目标的真值边界框进行比较，以确定候选区域和真值边界框之间的 IoU 是否大于某个阈值。如果 IoU 大于某个阈值（例如 0.5），则表明候选区域中包含某个目标；如果 IoU 小于阈值（例如 0.1），则表明候选区域不包含目标，并且在训练时忽略所有 IoU 值在两个阈值之间（0.1～0.5）的候选区域。

在训练完成一个用于预测候选区域是否包含目标的模型之后，通常会执行非极大抑制方法获得唯一的边界框，因为通常会有很多个重叠的候选区域包含同一个目标。

总之，RPN 通过执行以下步骤来完成对模型的训练，以便能够使用该模型识别出极有可能包含目标的区域建议：

1. 在图像上滑动不同长宽比和大小的锚盒，以获取图像的裁剪。

2. 计算图像中目标的真值边界框与裁剪结果之间的 IoU。

3. 使用以下标准构建训练数据集：IoU 大于某个阈值的裁剪结果包含目标，而 IoU 小于另外某个阈值的裁剪结果不包含目标。

4. 训练模型以识别包含目标的区域。

5. 通过非极大抑制方法识别出包含目标概率最大的候选区域，并剔除与之高度重叠的其他候选区域。

分类和回归

到目前为止，为了能够识别图像中的目标类别和边界框偏移量，我们已经学习了以下步骤：

1. 标识图像中包含目标的区域。

2. 使用 RoI 池化方法（在前一章学习过）确保所有区域的特征图（不管区域的形状如何）大小完全相同。

上述步骤会面临如下两个问题：

1. 区域建议与目标的对应关系不够紧密（IoU > 0.5 是我们在 RPN 中的阈值）。

2. 可以确定该区域是否包含目标，但不确定位于该区域中的目标的类别。

我们将在这一节解决上述问题，将之前获得的形状均匀的特征图通过网络模型进行传递，使用网络模型预测区域内包含的目标的类别，以及该区域对应边界框的偏移量，以确保边界框紧密地贴合目标区域。

可以使用图 8-3 来理解上述解决方法。

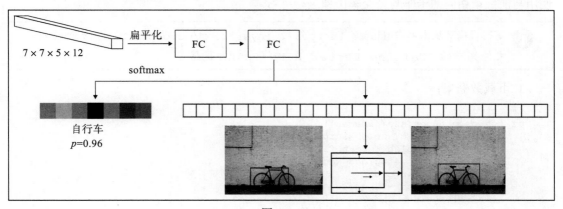

图　8-3

在图 8-3 中，我们将 RoI 池化的输出作为输入（形状为 7×7×512），将其扁平化后连接到一个密集层，然后做出如下两个方面的预测：

1. 预测该区域内目标的类别。

2. 调整该区域预测边界框的偏移量，使其与真值之间的 IoU 值最大。

因此，如果数据集中有 20 个目标类别，那么神经网络模型总共包含 25 个输出——21

个类别（包括背景类别）以及用于表示边界框高度、宽度和两个中心坐标的 4 个偏移量。

目前已经学习了目标检测管道的不同组成部分，可以使用图 8-4 对其进行总结。

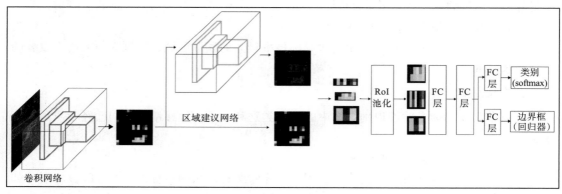

图 8-4

在充分理解 Faster R-CNN 每个组件的工作细节之后，我们将在下一节中使用 Faster R-CNN 算法编写目标检测模型的实现代码。

8.2 基于定制数据集训练 Faster R-CNN

在下面的代码中，我们将训练 Faster R-CNN 模型用于检测图像中目标的边界框。这里使用与前一章相同的卡车与公交车图像进行练习。

> ⓘ 下列代码可从本书 GitHub 库（https://tinyurl.com/mcvp-packt）的 Chapter08 文件夹中的 Training_Faster_RCNN.ipynb 获得。

1. 下载数据集：

```
import os
if not os.path.exists('images'):
    !pip install -qU torch_snippets
    from google.colab import files
    files.upload() # upload kaggle.json
    !mkdir -p ~/.kaggle
    !mv kaggle.json ~/.kaggle/
    !ls ~/.kaggle
    !chmod 600 /root/.kaggle/kaggle.json
    !kaggle datasets download \
        -d sixhky/open-images-bus-trucks/
    !unzip -qq open-images-bus-trucks.zip
    !rm open-images-bus-trucks.zip
```

2. 读取包含图像及其边界框、目标类别信息的元数据的 DataFrame：

```
from torch_snippets import *
from PIL import Image
```

```
IMAGE_ROOT = 'images/images'
DF_RAW = df = pd.read_csv('df.csv')
```

3. 定义标签和目标对应的索引：

```
label2target = {l:t+1 for t,l in \
                enumerate(DF_RAW['LabelName'].unique())}
label2target['background'] = 0
target2label = {t:l for l,t in label2target.items()}
background_class = label2target['background']
num_classes = len(label2target)
```

4. 定义用于图像预处理的函数 preprocess_image：

```
def preprocess_image(img):
    img = torch.tensor(img).permute(2,0,1)
    return img.to(device).float()
```

5. 定义数据集类 OpenDataset：

❑ 定义一个 __init__ 方法，将包含图像的文件夹和包含图像元数据的 DataFrame 作为输入：

```
class OpenDataset(torch.utils.data.Dataset):
    w, h = 224, 224
    def __init__(self, df, image_dir=IMAGE_ROOT):
        self.image_dir = image_dir
        self.files = glob.glob(self.image_dir+'/*')
        self.df = df
        self.image_infos = df.ImageID.unique()
```

❑ 定义 __getitem__ 方法，在这里返回经过预处理的图像和目标值：

```
def __getitem__(self, ix):
    # load images and masks
    image_id = self.image_infos[ix]
    img_path = find(image_id, self.files)
    img = Image.open(img_path).convert("RGB")
    img = np.array(img.resize((self.w, self.h), \
                        resample=Image.BILINEAR))/255.
    data = df[df['ImageID'] == image_id]
    labels = data['LabelName'].values.tolist()
    data = data[['XMin','YMin','XMax','YMax']].values
    # Convert to absolute coordinates
    data[:,[0,2]] *= self.w
    data[:,[1,3]] *= self.h
    boxes = data.astype(np.uint32).tolist()
    # torch FRCNN expects ground truths as
    # a dictionary of tensors
    target = {}
    target["boxes"] = torch.Tensor(boxes).float()
    target["labels"] = torch.Tensor([label2target[i] \
                            for i in labels]).long()
    img = preprocess_image(img)
    return img, target
```

> ℹ️ 注意，第一次返回的输出是张量字典，而不是张量列表。这是因为 FRCNN 类的官方 PyTorch 实现的期望目标包含边界框的绝对坐标和标签信息。

❑ 定义 collate_fn 方法（在默认情况下，collate_fn 只适用于张量作为输入，但在这里，我们处理的是字典列表）和 __len__ 方法：

```
def collate_fn(self, batch):
    return tuple(zip(*batch))

def __len__(self):
    return len(self.image_infos)
```

6. 创建训练数据集、验证数据集和数据加载器：

```
from sklearn.model_selection import train_test_split
trn_ids, val_ids = train_test_split(df.ImageID.unique(), \
                    test_size=0.1, random_state=99)
trn_df, val_df = df[df['ImageID'].isin(trn_ids)], \
                    df[df['ImageID'].isin(val_ids)]

train_ds = OpenDataset(trn_df)
test_ds = OpenDataset(val_df)

train_loader = DataLoader(train_ds, batch_size=4, \
            collate_fn=train_ds.collate_fn, drop_last=True)
test_loader = DataLoader(test_ds, batch_size=4, \
            collate_fn=test_ds.collate_fn, drop_last=True)
```

7. 定义模型：

```
import torchvision
from torchvision.models.detection.faster_rcnn import
FastRCNNPredictor

device = 'cuda' if torch.cuda.is_available() else 'cpu'

def get_model():
    model = torchvision.models.detection\
                .fasterrcnn_resnet50_fpn(pretrained=True)
    in_features = model.roi_heads.box_predictor\
                    .cls_score.in_features
    model.roi_heads.box_predictor = FastRCNNPredictor(\
                            in_features, num_classes)
    return model
```

该模型包含图 8-5 所示的关键子模块。

需要注意到以下几点：

❑ GeneralizedRCNNTransform 是一个简单的大小调整，然后是一个归一化转换，如图 8-6 所示。

❑ BackboneWithFPN 是一个将输入转换为特征图的神经网络。

```
===================================================================
Layer (type:depth-idx)                      Param #
===================================================================
├─GeneralizedRCNNTransform: 1-1             --
├─BackboneWithFPN: 1-2                      (26,799,296)
├─RegionProposalNetwork: 1-3               593,935
├─RoIHeads: 1-4                            13,905,930
===================================================================
Total params: 41,299,161
Trainable params: 14,499,865
Non-trainable params: 26,799,296
===================================================================
```

图　8-5

```
(transform): GeneralizedRCNNTransform(
    Normalize(mean=[0.485, 0.456, 0.406], std=[0.229, 0.224, 0.225])
    Resize(min_size=(800,), max_size=1333, mode='bilinear')
)
```

图　8-6

❑ RegionProposalNetwork 为上述特征图生成锚盒，并为分类和回归任务预测目标个体特征图，如图 8-7 所示。

```
(rpn): RegionProposalNetwork(
  (anchor_generator): AnchorGenerator()
  (head): RPNHead(
    (conv): Conv2d(256, 256, kernel_size=(3, 3), stride=(1, 1), padding=(1, 1))
    (cls_logits): Conv2d(256, 3, kernel_size=(1, 1), stride=(1, 1))
    (bbox_pred): Conv2d(256, 12, kernel_size=(1, 1), stride=(1, 1))
  )
)
```

图　8-7

❑ RoIHeads 获取上述特征图，使用 RoI 池化对其进行对齐处理，并返回每个建议的目标类别概率和相应的边界框偏移量：

```
(roi_heads): RoIHeads(
  (box_roi_pool): MultiScaleRoIAlign()
  (box_head): TwoMLPHead(
    (fc6): Linear(in_features=12544, out_features=1024, bias=True)
    (fc7): Linear(in_features=1024, out_features=1024, bias=True)
  )
  (box_predictor): FastRCNNPredictor(
    (cls_score): Linear(in_features=1024, out_features=2, bias=True)
    (bbox_pred): Linear(in_features=1024, out_features=8, bias=True)
  )
)
```

8. 定义函数来完成对批量数据的训练，并计算模型在验证数据集上的损失值：

```
# Defining training and validation functions
def train_batch(inputs, model, optimizer):
    model.train()
    input, targets = inputs
    input = list(image.to(device) for image in input)
    targets = [{k: v.to(device) for k, v \
```

```
                     in t.items()} for t in targets]
    optimizer.zero_grad()
    losses = model(input, targets)
    loss = sum(loss for loss in losses.values())
    loss.backward()
    optimizer.step()
    return loss, losses

@torch.no_grad()
def validate_batch(inputs, model):
    model.train()
#to obtain losses, model needs to be in train mode only
#Note that here we arn't defining the model's forward method
#hence need to work per the way the model class is defined
    input, targets = inputs
    input = list(image.to(device) for image in input)
    targets = [{k: v.to(device) for k, v \
                in t.items()} for t in targets]

    optimizer.zero_grad()
    losses = model(input, targets)
    loss = sum(loss for loss in losses.values())
    return loss, losses
```

9. 通过不断增加轮数实现对模型的训练：

❑ 定义模型：

```
model = get_model().to(device)
optimizer = torch.optim.SGD(model.parameters(), lr=0.005, \
                            momentum=0.9,weight_decay=0.0005)
n_epochs = 5
log = Report(n_epochs)
```

❑ 训练模型，并分别计算模型在训练数据集和测试数据集上的损失值：

```
for epoch in range(n_epochs):
    _n = len(train_loader)
    for ix, inputs in enumerate(train_loader):
        loss, losses = train_batch(inputs, model, optimizer)
        loc_loss, regr_loss, loss_objectness, \
            loss_rpn_box_reg = \
                [losses[k] for k in ['loss_classifier', \
                'loss_box_reg', 'loss_objectness', \
                'loss_rpn_box_reg']]
        pos = (epoch + (ix+1)/_n)
        log.record(pos, trn_loss=loss.item(), \
                trn_loc_loss=loc_loss.item(), \
                trn_regr_loss=regr_loss.item(), \
                trn_objectness_loss=loss_objectness.item(), \
               trn_rpn_box_reg_loss=loss_rpn_box_reg.item(), \
                end='\r')

    _n = len(test_loader)
    for ix,inputs in enumerate(test_loader):
        loss, losses = validate_batch(inputs, model)
        loc_loss, regr_loss, loss_objectness, \
```

```
                loss_rpn_box_reg = \
                     [losses[k] for k in ['loss_classifier', \
                     'loss_box_reg', 'loss_objectness', \
                     'loss_rpn_box_reg']]
            pos = (epoch + (ix+1)/_n)
            log.record(pos, val_loss=loss.item(), \
                    val_loc_loss=loc_loss.item(), \
                    val_regr_loss=regr_loss.item(), \
                    val_objectness_loss=loss_objectness.item(), \
                    val_rpn_box_reg_loss=loss_rpn_box_reg.item(), \
                    end='\r')
        if (epoch+1)%(n_epochs//5)==0: log.report_avgs(epoch+1)
```

10. 绘制各种损失值随轮数变化的曲线：

```
log.plot_epochs(['trn_loss','val_loss'])
```

输出结果如图 8-8 所示。

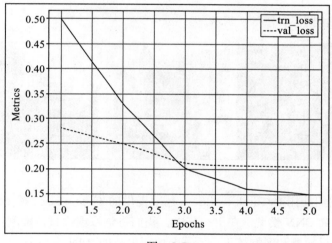

图 8-8

11. 使用已训练模型对新图像进行预测：

❑ 已训练模型的输出包含与目标类别相对应的边界框、标签和得分。在下面的代码
中，我们定义了一个 decode_output 函数，它接受模型的输出，并在经过非极
大抑制处理后输出关于边界框、得分和目标类别的列表：

```
from torchvision.ops import nms
def decode_output(output):
    'convert tensors to numpy arrays'
    bbs = \
    output['boxes'].cpu().detach().numpy().astype(np.uint16)
    labels = np.array([target2label[i] for i in \
                output['labels'].cpu().detach().numpy()])
    confs = output['scores'].cpu().detach().numpy()
    ixs = nms(torch.tensor(bbs.astype(np.float32)),
                    torch.tensor(confs), 0.05)
    bbs, confs, labels = [tensor[ixs] for tensor in [bbs, \
```

```
                                        confs, labels]]
    if len(ixs) == 1:
        bbs,confs,labels = [np.array([tensor]) for tensor \
                            in [bbs, confs, labels]]
    return bbs.tolist(), confs.tolist(), labels.tolist()
```

❑ 获取测试图像上边界框和目标类别预测值：

```
model.eval()
for ix, (images, targets) in enumerate(test_loader):
    if ix==3: break
    images = [im for im in images]
    outputs = model(images)
    for ix, output in enumerate(outputs):
        bbs, confs, labels = decode_output(output)
        info = [f'{l}@{c:.2f}' for l,c in zip(labels, confs)]
        show(images[ix].cpu().permute(1,2,0), bbs=bbs, \
             texts=labels, sz=5)
```

上述代码的输出结果如图 8-9 所示。

图　8-9

在本节中，我们使用 PyTorch `models` 包中提供的 `fasterrcnn_resnet50_fpn` 模型类训练了 Faster R-CNN 模型。在下一节中，我们将学习现代目标检测算法 YOLO，它在单个阶段中执行目标检测和区域校正，不需要使用单独的 RPN 模型。

8.3　YOLO 的工作细节

YOLO（You Only Look Once）及其变体是著名的目标检测算法之一。在本节中，我们将在较高的层次上理解 YOLO 算法的工作原理，以及 YOLO 所克服的 R-CNN 目标检测框架的潜在局限性。

首先了解一下 R-CNN 目标检测算法可能存在的局限性。在 Faster R-CNN 中，我们使用锚盒在图像上滑动，并识别可能包含目标的区域，然后对目标的边界框进行修正。然而，在网络模型的全连接层中，只将检测到的区域 RoI 池化输出作为输入传递到网络模型中，对于没有完全包围目标的区域（即目标超出区域建议的边界框），网络模型必须猜测目标的实际边界在哪里，因为网络模型并没有看到完整的图像（只看到了区域建议）。

YOLO 在这种情况下很有用，因为它会查看整个图像，同时预测图像中目标的边界框。

此外，Faster R-CNN 仍然很慢，这是因为它有两个网络模型：RPN 模型和用于预测目标类别与边界框的最终网络。

在这里，我们将了解 YOLO 如何克服 Faster R-CNN 的限制。YOLO 通过一次查看整个图像并使用一个单一的网络模型进行预测。我们将通过以下示例来了解如何为 YOLO 算法准备数据。

1. 对于给定图像创建一个用于训练模型的真值：

❑ 对于图 8-10 所示的带有红色边界框的图片。

图　8-10

❑ 将图像划分为 $N \times N$ 个网格单元格。现假设 $N = 3$，如图 8-11 所示。

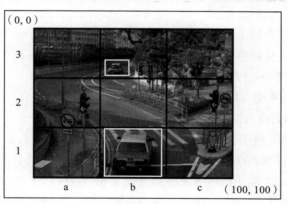

图　8-11

❑ 识别那些至少包含一个真值边界框中心点的网格单元格。在本例中，它们是 3×3 网格图像中的 b1 和 b3 单元格。

❑ 真值边界框中心点所在的单元格负责预测目标的边界框。下面创建每个单元格对应的真值。

❑ 每个单元格对应的真值输出结果如图 8-12 所示。其中，pc（目标得分）是单元格包含目标的概率。

	pc
	bx
	by
y=	bw
	bh
	c1
	c2
	c3

图 8-12

下面介绍如何计算 bx、by、bw 和 bh。

首先，将网格单元格（这里考虑网格单元格 b1）视为全部考察范围，并将其归一化为 0 和 1 之间的尺度，如图 8-13 所示。

如前述定义，bx 和 by 是真值边界框相对于图像（网格单元格）的中点位置。在本例中，bx=0.5，因为真值边界框的中点距离原点 0.5 个单位。同样可知，by=0.5，如图 8-14 所示。

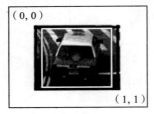

图 8-13

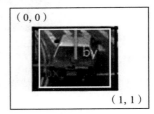

图 8-14

目前，我们计算了从网格单元格中心到真值边界框中心的距离，并将其作为图像中的目标边界框的偏移量。现在介绍 bw 和 bh 的计算方法。

❑ bw 是边界框的宽度与网格单元格的宽度比值。

❑ bh 是边界框的高度与网格单元格的高度比值。

接下来预测网格单元格中目标对应的类别。假如有三个类别（c1——卡车，c2——汽车，c3——公交车），我们将预测单元格包含这三个类别中任意一个目标的概率。注意，这里不需要背景类别，因为 pc 对应于网格单元格是否包含一个目标。

现在我们已经理解了如何表示每个单元格的输出层，下面来理解如何构建 3×3 网格单元格的输出。

❑ 考虑网格单元格 a3 的输出。单元格 a3 的输出如图 8-15 所示。由于网格单元格不包含目标，第一个输出（pc）为 0，其余值无关紧要，因为单元格不包含任何目标的真值边界框的中心。

❑ 下面考虑网格单元 b1 的输出，如图 8-16 所示。因为该网格单元格包含一个具有 bx、by、bw 和 bh 值的目标，这些值的获得方法与之前相同，目标类别是 car，所以 c2 为 1，c1 和 c3 均为 0。

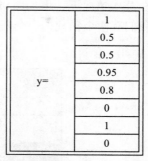

图 8-15 　　　　　　　　　　　图 8-16

注意，每个单元格有 8 个输出。因此，3×3 的网格有 3×3×8 个输出。

2. 定义模型，该模型的输入是一个图像，输出是 3×3×8，真值由上一步定义，如图 8-17 所示。

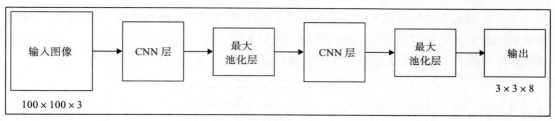

图 8-17

3. 使用锚盒定义真值。

到目前为止，我们已经构建了这样一个场景：一个网格单元格中最多只包含一个目标。然而，实际可能存在同一个网格单元格包含多个目标的情况。此时，有可能产生不正确的真值，如图 8-18 所示。

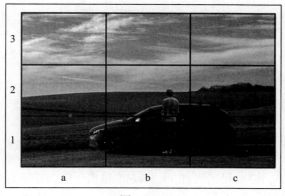

图 8-18

在图 8-18 中，汽车和人的真值边界框中心点均位于同一个单元格 b1。

避免出现这种情况的一种方法是使用具有更多行和列的网格，例如，使用 19×19 的网格。然而，在某些情况下，增加网格单元格的数量并没有什么帮助。此时，锚盒就派上了用场。假设我们有两个锚盒，一个高大于宽（对应于人），另一个宽大于高（对应于车），如图 8-19 所示。

图　8-19

通常，锚盒会以网格单元格中心为中心。对于使用两个锚盒的场景，可以将每个单元格的输出表示为两个锚盒预期输出的串联，如图 8-20 所示。这里，bx、by、bw 和 bh 代表锚盒的偏移量（此时考察范围是图 8-20 所示的整个场景，而不是网格单元格）。

$$
y=\begin{array}{|c|}
\hline
pc \\
\hline
bx \\
\hline
by \\
\hline
bh \\
\hline
bw \\
\hline
c1 \\
\hline
c2 \\
\hline
c3 \\
\hline
pc \\
\hline
bx \\
\hline
by \\
\hline
bh \\
\hline
bw \\
\hline
c1 \\
\hline
c2 \\
\hline
c3 \\
\hline
\end{array}
$$

图　8-20

从图 8-20 可以看出，该单元网格有 3×3×6 个输出，因为这里有两个锚盒。预期输出的形状为 $N×N×(\text{num\_classes}+1)×(\text{num\_anchor\_boxes})$，其中 $N×N$ 是整个网格中单元格的数量，num_classes 是数据集中目标类别的数量，num_anchor_boxes 是锚盒的数量。

4. 定义用于模型训练的损失函数。

在计算与模型相关的损失时，我们需要确保在目标类别得分小于某个阈值（表示单元格中不包含目标）的场合，不会计算回归损失和分类损失。

如果单元格中包含某个目标，则要确保对目标类别的分类尽可能准确。

最后，如果单元格包含某个目标，那么目标边界框的偏移量应该尽可能接近预期值。然而，由于与中心偏移量相比，宽度和高度偏移量可能会高很多（因为中心偏移量的范围在 0 和 1 之间，而宽度和高度的偏移量则没有这个限制），因此可以通过取平方根的方法给宽度和高度偏移量一个较低的权重。

定位和分类损失计算公式如下：

$$L_{\text{loc}} = \lambda_{\text{coord}} \sum_{i=0}^{S^2} \sum_{j=0}^{B} \mathbb{1}_{ij}^{\text{obj}} \left[(x_i - \hat{x}_i)^2 + (y_i - \hat{y}_i)^2 + (\sqrt{w_i} - \sqrt{\hat{w}_i})^2 + (\sqrt{h_i} - \sqrt{\hat{h}_i})^2 \right]$$

$$L_{\text{cls}} = \lambda_{\text{coord}} \sum_{i=0}^{S^2} \sum_{j=0}^{B} (\mathbb{1}_{ij}^{\text{obj}} + \lambda_{\text{noobj}} (1 - \mathbb{1}_{ij}^{\text{obj}}))(C_{ij} - \hat{C}_{ij})^2 + \sum_{i=0}^{S^2} \sum_{c \in C}^{B} \mathbb{1}_{i}^{\text{obj}} (p_i(c) - \hat{p}_i(c))^2$$

$$L = L_{\text{loc}} + L_{\text{cls}}$$

其中，λ_{coord} 是回归损失相关的权重；$\mathbb{1}_{ij}^{\text{obj}}$ 表示单元格中是否包含目标；$\hat{p}_i(c)$ 表示预测为某种目标类别的概率，C_{ij} 表示目标得分。模型总损失是分类和回归损失值的总和。

有了上述工作，现在可以训练一个用于预测目标边界框的模型。然而，为了更好地理解 YOLO 及其变体，我们建议你阅读原始论文。现在我们已经理解了 YOLO 如何在一个阶段完成目标类别和边界框的预测，下面进行编码实现。

8.4 基于定制数据集训练 YOLO

要想成为一名成功的深度学习实践者，善于在他人的工作基础上进行模型构建是非常重要的。对于这里的模型实现，我们将使用官方 YOLOv4 模型识别图像中公交车和卡车的位置。我们将复制官方代码 YOLO 实现模型，并使用以下代码对 YOLO 模型根据需要进行定制。

 以下代码可从本书 GitHub 库（`https://tinyurl.com/mcvp-packt`）的 Chapter08 文件夹中的 `Training_YOLO.ipynb` 获得。

8.4.1 安装 Darknet

首先，从 GitHub 中取出 `darknet` 库并在开发环境中进行编译。该模型使用一种名为 Darknet 的独立语言编写而成，这与 PyTorch 有所不同。我们将使用以下代码来完成上述工作：

1. 提取 Git repo：

```
!git clone https://github.com/AlexeyAB/darknet
%cd darknet
```

2. 重新配置 Makefile 文件：

```
!sed -i 's/OPENCV=0/OPENCV=1/' Makefile
# In case you dont have a GPU, make sure to comment out the
# below 3 lines
!sed -i 's/GPU=0/GPU=1/' Makefile
!sed -i 's/CUDNN=0/CUDNN=1/' Makefile
!sed -i 's/CUDNN_HALF=0/CUDNN_HALF=1/' Makefile
```

Makefile 是在环境中安装 darknet 所需的配置文件（可以将此过程看作与在 Windows 上安装软件时所做的选择类似）。我们强制 darknet 安装以下选项：OPENCV、GPU、CUDNN 和 CUDNN_HALF。这些都是可以加快训练过程的重要优化手段。此外，在上面的代码中，有一个名为 sed 的奇怪函数，它是一种流编辑器。sed 是一个强大的 Linux 命令，可以直接从命令提示符修改文本文件中的信息。具体来说，这里我们可以使用它的搜索 – 替换函数将 OPENCV=0 替换为 OPENCV=1，以此类推。这里要理解的语法是 sed 's/<search-string>/<replace-with>/' path/to/text/file。

3. 编译 darknet 源代码：

```
!make
```

4. 安装 torch_snippets 包：

```
!pip install -q torch_snippets
```

5. 下载并提取数据集，然后删除 ZIP 文件以节省空间：

```
!wget --quiet \
https://www.dropbox.com/s/agmzwk95v96ihic/open-images-bus-truc
ks.tar.xz
!tar -xf open-images-bus-trucks.tar.xz
!rm open-images-bus-trucks.tar.xz
```

6. 获取预先训练好的权重进行样本预测：

```
!wget --quiet\
https://github.com/AlexeyAB/darknet/releases/download/darknet_
yolo_v3_optimal/yolov4.weights
```

7. 运行如下命令测试安装是否成功：

```
!./darknet detector test cfg/coco.data cfg/yolov4.cfg\
yolov4.weights
 data/person.jpg
```

这里将使用 cfg/yolov4.cfg 和预训练权重（yolov4.weights）构建的网络对 data/person.jpg 进行预测。模型从 cfg/coco.data 中获取目标类别，也就是说，使用预训练权重预测目标类别。

使用上述代码对样本图像（`data/person.jpg`）的预测结果如图 8-21 所示。

```
data/person.jpg: Predicted in 54.532000 milli-seconds.
dog: 99%
person: 100%
horse: 98%
```

图　8-21

在学习了有关安装 darknet 的基础知识之后，我们将在下一小节中学习如何为定制数据集创建真值以便使用 darknet。

8.4.2　设置数据集格式

YOLO 使用固定的训练格式。一旦我们以所需的格式存储图像和标签，就可以使用一条命令对数据集进行训练。因此，下面来了解 YOLO 训练所需的文件格式和文件夹结构。

有三个重要步骤：

1. 创建一个包含目标类别名称的文本文件 `data/obj.names`，其中每一行一个类别。可以通过运行下列代码完成（`%%writefile` 是一个神奇的命令，它创建一个文本文件 `data/obj.names`，其中可以包含 notebook 单元格中存在的任何内容）：

```
%%writefile data/obj.names
bus
truck
```

2. 在 `data/obj` 处创建一个文本文件，用于描述数据集中参数值、训练图像和测试图像的文件夹路径、包含目标类别名称文件的位置，以及用于保存已训练模型的文件夹路径：

```
%%writefile data/obj.data
classes = 2
train = data/train.txt
valid = data/val.txt
names = data/obj.names
backup = backup/
```

> ⓘ 上述文本文件的扩展名不是 `.txt`。Yolo 使用硬编码的名称和文件夹来识别数据的位置。此时，如前所述，神奇的 `%%writefile` Jupyter 函数使用单元格中提到的内容创建文件。将每个 `%%writefile` 作为 Jupiter 上的一个独立单元格。

3. 将所有关于图像和真值的文本文件移动到 `data/obj` 文件夹。我们将需要的图像从 bus-trucks 数据集复制到这个文件夹，并附上标签：

```
!mkdir -p data/obj
!cp -r open-images-bus-trucks/images/* data/obj/
!cp -r open-images-bus-trucks/yolo_labels/all/\
{train,val}.txt data/
!cp -r open-images-bus-trucks/yolo_labels/all/\
labels/*.txt data/obj/
```

注意，所有的训练图像和验证图像都在同一个 data/obj 文件夹中。我们还将一些文本文件移动到这个文件夹中。每个包含图像基本信息的文件都与该图像具有相同的名称。例如，文件夹可能包含 1001.jpg 和 1001.txt，这意味着文本文件包含了该图像的标签和边界框。如果 data/train.txt 的其中一行包含 1001.jpg，那么它就是一个训练图像。如果它存在于 val.txt 中，那么它就是一个验证图像。

文本文件本身应该包含这样的信息：cls、xc、yc、w、h，其中 cls 是边界框中关于目标类别的索引，(xc, yc) 表示宽度为 w、高度为 h 的矩形的质心。每个 xc、yc、w 和 h 是关于图像宽度和高度的一个分数。每个目标项存储在单独的一行中。

例如，如果宽度为 800、高度为 600 的图像在中心（500, 300）和（100, 400）的地方分别包含一辆卡车和一辆公交车，并且宽度和高度分别为（200, 100）和（300, 50），那么相应的文本文件内容如下：

```
1 0.62 0.50 0.25 0.12
0 0.12 0.67 0.38 0.08
```

现在我们已经创建了数据集，下面配置网络架构。

8.4.3 配置架构

YOLO 附带了一系列的网络架构。有些网络架构很大，有些很小，分别适用于在较大或较小的数据集完成模型训练。配置可以包含不同的网络主干。有一些面向标准数据集的预训练配置。每个配置都是一个 .cfg 文件，存在于我们复制的同一个名为 GitHub repo 的 cfgs 文件夹中。它们每个都包含作为文本文件的网络架构（与我们使用 nn.module 类进行模型构建的方式相反），以及一些超参数，如批大小和学习率。这里使用最小的可用架构，使用我们的数据集进行配置：

```
# create a copy of existing configuration and modify it in place
!cp cfg/yolov4-tiny-custom.cfg cfg/\
yolov4-tiny-bus-trucks.cfg
# max_batches to 4000 (since the dataset is small enough)
!sed -i 's/max_batches = 500200/max_batches=4000/' \
cfg/yolov4-tiny-bus-trucks.cfg
# number of sub-batches per batch
!sed -i 's/subdivisions=1/subdivisions=16/' \
cfg/yolov4-tiny-bus-trucks.cfg
# number of batches after which learning rate is decayed
!sed -i 's/steps=400000,450000/steps=3200,3600/' \
cfg/yolov4-tiny-bus-trucks.cfg
# number of classes is 2 as opposed to 80
# (which is the number of COCO classes)
!sed -i 's/classes=80/classes=2/g' \
cfg/yolov4-tiny-bus-trucks.cfg
# in the classification and regression heads,
# change number of output convolution filters
# from 255 -> 21 and 57 -> 33, since we have fewer classes
# we don't need as many filters
```

```
!sed -i 's/filters=255/filters=21/g' \
cfg/yolov4-tiny-bus-trucks.cfg
!sed -i 's/filters=57/filters=33/g' \
cfg/yolov4-tiny-bus-trucks.cfg
```

通过这种方式，我们将 `yolov4-tiny` 重新定义为可在数据集上训练的模型。剩下的唯一步骤是加载预训练权重并进行模型训练，这将在下一小节中进行。

8.4.4 训练和测试模型

我们将从以下 GitHub 位置获取权重，并将它们存储在 `build/darknet/x64` 中：

```
!wget --quiet \
https://github.com/AlexeyAB/darknet/releases/download/darknet_yolo_v4_
pre/yolov4-tiny.conv.29
!cp yolov4-tiny.conv.29 build/darknet/x64/
```

最后，将使用下列一行代码进行模型训练：

```
!./darknet detector train data/obj.data \
cfg/yolov4-tiny-bus-trucks.cfg yolov4-tiny.conv.29 \
-dont_show -mapLastAt
```

`-dont_show` 表示跳过显示图像预测的中间结果，`-mapLastAt` 表示定期输出验证数据的 mAP。整个训练过程可能需要 1～2 小时。权重定期存储在一个备份文件夹中，可以在模型训练后用于图像预测，例如，可以使用下面的代码对一个新的图像进行预测：

```
!pip install torch_snippets
from torch_snippets import Glob, stem, show, read
# upload your own images to a folder
image_paths = Glob('images-of-trucks-and-busses')
for f in image_paths:
    !./darknet detector test \
    data/obj.data cfg/yolov4-tiny-bus-trucks.cfg\
    backup/yolov4-tiny-bus-trucks_4000.weights {f}
    !mv predictions.jpg {stem(f)}_pred.jpg
for i in Glob('*_pred.jpg'):
    show(read(i, 1), sz=20)
```

上述代码的运行结果如图 8-22 所示。

图 8-22

在了解了如何使用 YOLO 在自定义数据集上实现目标检测的基础上,我们将在下一节学习如何使用 SSD 模型实现目标检测。

8.5 SSD 模型的工作细节

到目前为止,我们已经看到了这样一个场景,模型在逐次对前一层输出进行卷积和池化计算之后做出预测。然而,我们知道不同的网络层对原始图像有着不同的感受野。例如,与具有较大感受野的最后一层相比,初始层具有较小的感受野。本节将考察 SSD 如何使用这种现象实现对图像边界框的预测。

SSD 模型解决不同尺度目标检测问题的工作原理如下:

- ❑ 利用预先训练的 VGG 网络,并对其网络层进行扩展,直到获得一个1×1的块为止。
- ❑ 不再只用最后一层进行边界框和目标类别的预测,而是使用网络的最后几层完成对边界框和目标类别的预测。
- ❑ 使用具有特定缩放比例和长宽比的默认边界框代替锚盒。
- ❑ 每个默认框都应该用于预测目标类别和边界框的偏移量,就像 YOLO 使用锚盒预测目标类别和偏移量一样。

在了解了 SSD 不同于 YOLO 的主要方式之后(SSD 使用默认框取代了 YOLO 中的锚盒,并且使用多层连接到 SSD 中的最后一层,而不是使用 YOLO 中的逐步卷积池化),下面介绍以下内容:

- ❑ SSD 的网络架构;
- ❑ 如何使用不同网络层实现对边界框和目标类别的预测;
- ❑ 如何在不同的网络层分配不同缩放比例和长宽比的默认框。

SSD 的网络架构如图 8-23 所示。

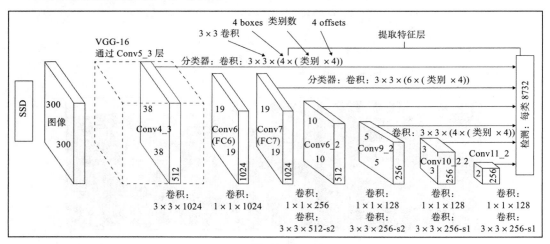

图 8-23

如图 8-23 所示，我们取一个 300×300×3 大小的图像，通过预先训练好的 VGG-16 网络，得到 conv5_3 层的输出。此外，我们通过在 conv5_3 输出中增加一些卷积的方式实现对网络的扩展。

接下来，我们获得每个单元格和每个默认框的边界框偏移量和类别预测结果（关于默认框的更多信息，请参见下一节。现在，让我们假设这里的默认框类似于锚盒）。来自 conv5_3 输出的预测总数是 38×38×4，其中 38×38 是 conv5_3 层的输出形状，4 是在 conv5_3 层上运行的默认框的数量。同理，整个网络模型的参数总数如下表所示：

层	参数数量
conv5_3	$38 \times 38 \times 4 = 5776$
FC6	$19 \times 19 \times 6 = 2166$
conv8_2	$10 \times 10 \times 6 = 600$
conv9_2	$5 \times 5 \times 6 = 150$
conv10_2	$3 \times 3 \times 4 = 36$
conv11_2	$1 \times 1 \times 4 = 4$
总参数	8732

请注意，与原始论文中描述的架构相比，这里的某些层有更多的默认框（6 个而不是 4 个）。现在来学习默认框的不同缩放比例和长宽比。我们首先讨论缩放比例，然后讨论长宽比。

让我们想象这样一个场景：目标的最小缩放是图像高度的 20% 和宽度的 20%，最大缩放是图像高度的 90% 和宽度的 90%。此时，我们可以逐渐增加层间的缩放比例（随着数据往后面网络层的传递，图像将逐步大幅度地缩小），如图 8-24 所示。

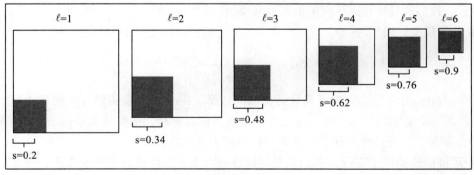

图　8-24

实现图像大小逐步缩放的公式如下：

$$水平索引：l = 1, 2, \cdots, L$$

$$框的缩放：s_l = s_{\min} + \frac{s_{\max} - s_{\min}}{L - 1}(l - 1)$$

现在了解了跨层缩放比例的计算公式，下面学习如何构造不同长宽比的默认框。

可能的长宽比如下：

$$长宽比：r \in \{1, 2, 3, 1/2, 1/3\}$$

不同层默认框的中心计算公式如下：

$$中心位置：(x_l^i, y_l^i) = \left(\frac{i+0.5}{m}, \frac{j+0.5}{n} \right)$$

这里 i 和 j 共同表示第 l 层中的某个单元格。

不同长宽比对应的宽度和高度计算公式如下：

$$宽度：w_l^r = s_l \sqrt{r}$$
$$高度：h_l^r = s_l / \sqrt{r}$$

请注意，在某些网络层中有 4 个默认框，在另外一些网络层中有 6 个默认框。如果我们想要有 4 个默认框，则需要移除长宽比 $\{3, 1/3\}$，否则需要考虑所有 6 个可能的默认框（其中 5 个默认框的缩放比例相同，1 个默认框的缩放比例不同）。第 6 个默认框的获得方式如下：

$$其他缩放：s_l' = \sqrt{s_l s_{l+1}}，当 r = 1 时$$

现在我们有了所有可能的默认框，下面介绍如何准备训练数据集。

IoU 大于阈值（比如 0.5）的默认框被认为是正匹配，其余为负匹配。

在 SSD 的输出中，我们预测默认框属于某个类别的概率（其中第 0 类代表背景），并且预测真值相对于默认框的偏移量。

最后，我们通过优化以下损失值来训练模型：

❑ **分类损失**：表示为

$$L_{cls} = -\sum_{i \in pos} 1_{ij}^k \log(\hat{c}_i^k) - \sum_{i \in neg} \log(\hat{c}_i^0)，其中 \hat{c}_i^k = softmax(c_i^k)$$

其中，pos 表示与真值高度重叠的少数默认框，neg 表示被错误分类的默认框，它被预测包含了某个类别的目标，但实际上并不包含目标。最后，需要确保 pos:neg 比率最多为 1:3，如果不执行这个采样，背景类别框将占主导地位。

❑ **定位损失**：对于定位，我们只在目标评分大于某个阈值时考虑损失值。这里的局部损失计算公式如下：

$$L_{loc} = \sum_{i,j} \sum_{m \in \{x,y,w,h\}} 1_{ij}^{match} L_1^{smooth} (d_m^i - t_m^j)^2$$

$$L_1^{smooth}(x) = \begin{cases} 0.5x^2，若 |x| < 1 \\ |x| - 0.5，其他 \end{cases}$$

$$t_x^j = (g_x^j - p_x^i) / p_w^i$$

$$t_y^j = (g_y^j - p_y^i) / p_h^i$$
$$t_w^j = \log(g_w^j / p_w^i)$$
$$t_h^j = \log(g_h^j / p_h^i)$$

这里 t 是预测的偏移量，d 是实际的偏移量。

在了解了如何训练 SSD 模型的基础上，我们将在下一节中使用 SSD 模型对公交车与卡车图像进行目标检测练习。

本节的核心实用函数在 GitHub repo 中：https://github.com/sizhky/ssd-utils/。请在模型训练过程开始之前逐一了解它们。

SSD 模型的代码组件

GitHub repo 中包含三个文件。我们需要在模型训练之前深入了解它们。请注意，这不是模型训练过程的一部分，而是为了理解训练期间使用的导入。

我们可以从 GitHub 库的 model.py 文件中导入 SSD300 和 MultiBoxLoss 类。下面来学习这两个类。

SSD300

当你查看 SSD300 的函数定义时，就会发现该模型包含三个子模块：

```
class SSD300(nn.Module):
    ...
    def __init__(self, n_classes, device):
        ...
        self.base = VGGBase()
        self.aux_convs = AuxiliaryConvolutions()
        self.pred_convs = PredictionConvolutions(n_classes)
        ...
```

我们首先将输入发送给 VGGBase，VGGBase 返回两个特征向量，维度分别为（N,512,38,38）和（N,1024,19,19）。第二个输出是作为 AuxiliaryConvolutions 的输入，返回更多的特征图（N,512,10,10）、（N,256,5,5）、（N,256,3,3）和（N,256,1,1）。最后，VGGBase 的第一个输出和这四个特征图被发送到 PredictionConvolutions，它返回 8732 个锚盒，正如我们之前讨论的那样。

SSD300 类的另一个关键要点是 create_prior_boxes 方法。对于每个特征图，都有三个与之关联的项：网格的大小，网格单元格的缩放比例（这是该特征图的基本锚盒），以及单元格中所有锚点的长宽比。通过这三种配置，代码使用一个三重 for 循环为所有 8732 个锚盒创建了一个（cx,cy,w,h）列表。

最后，detect_objects 方法获取（被预测锚盒）关于目标分类和回归值的张量，并将这些张量转换为实际的边界框坐标。

MultiBoxLoss

作为人类，我们只关心少数几个可控的边界框。但是，对于 SSD 的工作方式而言，我们需要比较来自几个特征图的 8732 个边界框，并预测锚盒是否包含有价值的信息。我们将这个损失计算任务分配给 `MultiBoxLoss`。

前向传播算法的输入是来自模型的锚盒预测和真值边界框。

首先，通过比较模型中的每个锚点与边界框，将真值边界框转换为一个包含 8732 个锚盒的列表。IoU 足够大的锚盒将具有非零的回归坐标，并将其与某个目标类别的真值相关联。自然地，大多数锚盒都会被关联为 `background`，因为它们与实际边界框的 IoU 很小，或者在相当多的情况下为零。

一旦将真值转换为这 8732 个锚盒回归和分类张量，就很容易将它们与模型的预测值进行比较，因为它们现在具有相同的形状。

我们使用 `MSE-Loss` 计算回归张量损失，使用 `CrossEntropy-Loss` 计算定位张量损失，并将它们加起来作为最终的损失进行返回。

8.6 基于定制数据集训练 SSD 模型

在下面的代码中，我们将训练 SSD 模型来检测图像中目标的边界框。这里将使用我们一直在考察的图像中卡车与公交车目标检测实例：

> ℹ️ 下面的代码可以从本书 GitHub 库（`https://tinyurl.com/mcvp-packt`）的 `Chapter08` 文件夹中的 `Training_SSD.ipynb` 中获得。该代码包含用于下载中等规模数据的 URL。我们强烈建议你在 GitHub 中执行 notebook 来重现结果，以便更好地理解这里介绍的执行步骤和各种代码组件。

1. 下载图像数据集，复制用于托管模型代码的 Git 存储库和其他用于处理数据的实用程序：

```
import os
if not os.path.exists('open-images-bus-trucks'):
    !pip install -q torch_snippets
    !wget --quiet https://www.dropbox.com/s/agmzwk95v96ihic/\
    open-images-bus-trucks.tar.xz
    !tar -xf open-images-bus-trucks.tar.xz
    !rm open-images-bus-trucks.tar.xz
    !git clone https://github.com/sizhky/ssd-utils/
%cd ssd-utils
```

2. 对数据进行预处理，就像 8.2 节所做的那样：

```
from torch_snippets import *
DATA_ROOT = '../open-images-bus-trucks/'
IMAGE_ROOT = f'{DATA_ROOT}/images'
DF_RAW = pd.read_csv(f'{DATA_ROOT}/df.csv')
df = DF_RAW.copy()

df = df[df['ImageID'].isin(df['ImageID'].unique().tolist())]
```

```
label2target = {l:t+1 for t,l in
enumerate(DF_RAW['LabelName'].unique())}
label2target['background'] = 0
target2label = {t:l for l,t in label2target.items()}
background_class = label2target['background']
num_classes = len(label2target)

device = 'cuda' if torch.cuda.is_available() else 'cpu'
```

3. 准备一个数据集类，就像 8.2 节所做的那样：

```
import collections, os, torch
from PIL import Image
from torchvision import transforms
normalize = transforms.Normalize(
            mean=[0.485, 0.456, 0.406],
            std=[0.229, 0.224, 0.225]
        )
denormalize = transforms.Normalize(
            mean=[-0.485/0.229,-0.456/0.224,-0.406/0.255],
            std=[1/0.229, 1/0.224, 1/0.255]
        )


def preprocess_image(img):
    img = torch.tensor(img).permute(2,0,1)
    img = normalize(img)
    return img.to(device).float()
class OpenDataset(torch.utils.data.Dataset):
    w, h = 300, 300
    def __init__(self, df, image_dir=IMAGE_ROOT):
        self.image_dir = image_dir
        self.files = glob.glob(self.image_dir+'/*')
        self.df = df
        self.image_infos = df.ImageID.unique()
        logger.info(f'{len(self)} items loaded')
    def __getitem__(self, ix):
        # load images and masks
        image_id = self.image_infos[ix]
        img_path = find(image_id, self.files)
        img = Image.open(img_path).convert("RGB")
        img = np.array(img.resize((self.w, self.h), \
                    resample=Image.BILINEAR))/255.
        data = df[df['ImageID'] == image_id]
        labels = data['LabelName'].values.tolist()
        data = data[['XMin','YMin','XMax','YMax']].values
        data[:,[0,2]] *= self.w
        data[:,[1,3]] *= self.h
        boxes = data.astype(np.uint32).tolist() # convert to
        # absolute coordinates
        return img, boxes, labels

    def collate_fn(self, batch):
        images, boxes, labels = [], [], []
        for item in batch:
            img, image_boxes, image_labels = item
            img = preprocess_image(img)[None]
```

```
            images.append(img)
            boxes.append(torch.tensor( \
                    image_boxes).float().to(device)/300.)
            labels.append(torch.tensor([label2target[c] \
                for c in image_labels]).long().to(device))
        images = torch.cat(images).to(device)
        return images, boxes, labels
    def __len__(self):
        return len(self.image_infos)
```

4. 准备训练数据集和测试数据集，以及数据加载器：

```
from sklearn.model_selection import train_test_split
trn_ids, val_ids = train_test_split(df.ImageID.unique(), \
                            test_size=0.1, random_state=99)
trn_df, val_df = df[df['ImageID'].isin(trn_ids)], \
                df[df['ImageID'].isin(val_ids)]

train_ds = OpenDataset(trn_df)
test_ds = OpenDataset(val_df)

train_loader = DataLoader(train_ds, batch_size=4, \
                        collate_fn=train_ds.collate_fn, \
                        drop_last=True)
test_loader = DataLoader(test_ds, batch_size=4, \
                        collate_fn=test_ds.collate_fn, \
                        drop_last=True)
```

5. 定义一个函数，用于对一批数据进行训练，并计算模型关于验证数据的准确度和损失值：

```
def train_batch(inputs, model, criterion, optimizer):
    model.train()
    N = len(train_loader)
    images, boxes, labels = inputs
    _regr, _clss = model(images)
    loss = criterion(_regr, _clss, boxes, labels)
    optimizer.zero_grad()
    loss.backward()
    optimizer.step()
    return loss
@torch.no_grad()
def validate_batch(inputs, model, criterion):
    model.eval()
    images, boxes, labels = inputs
    _regr, _clss = model(images)
    loss = criterion(_regr, _clss, boxes, labels)
    return loss
```

6. 导入模型：

```
from model import SSD300, MultiBoxLoss
from detect import *
```

7. 初始化模型、优化器和损失函数：

```
n_epochs = 5
```

```
model = SSD300(num_classes, device)
optimizer = torch.optim.AdamW(model.parameters(), lr=1e-4, \
                              weight_decay=1e-5)
criterion = MultiBoxLoss(priors_cxcy=model.priors_cxcy, \
                         device=device)

log = Report(n_epochs=n_epochs)
logs_to_print = 5
```

8. 通过不断增加轮数进行模型训练：

```
for epoch in range(n_epochs):
    _n = len(train_loader)
    for ix, inputs in enumerate(train_loader):
        loss = train_batch(inputs, model, criterion, \
                           optimizer)
        pos = (epoch + (ix+1)/_n)
        log.record(pos, trn_loss=loss.item(), end='\r')

    _n = len(test_loader)
    for ix,inputs in enumerate(test_loader):
        loss = validate_batch(inputs, model, criterion)
        pos = (epoch + (ix+1)/_n)
        log.record(pos, val_loss=loss.item(), end='\r')
```

训练损失和测试损失随轮数增加的变化曲线如图 8-25 所示。

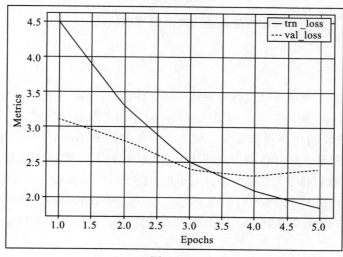

图 8-25

9. 获取对新图像的预测：

❑ 随机获取一个图像：

```
image_paths = Glob(f'{DATA_ROOT}/images/*')
image_id = choose(test_ds.image_infos)
img_path = find(image_id, test_ds.files)
original_image = Image.open(img_path, mode='r')
original_image = original_image.convert('RGB')
```

❑ 获取图像中目标的边界框、类别标签和得分：

```
bbs, labels, scores = detect(original_image, model, \
                             min_score=0.9, max_overlap=0.5,\
                             top_k=200, device=device)
```

❑ 将获得的输出叠加到图像上：

```
labels = [target2label[c.item()] for c in labels]
label_with_conf = [f'{l} @ {s:.2f}' \
                   for l,s in zip(labels,scores)]
print(bbs, label_with_conf)
show(original_image, bbs=bbs, \
     texts=label_with_conf, text_sz=10)
```

上述代码输出结果示例如图 8-26 所示（执行每次迭代都获取一个图像）。

图 8-26

由此可以看出，我们可以相当准确地检测出图像中的目标。

8.7 小结

在本章中，我们了解了现代目标检测算法的工作细节：Faster R-CNN、YOLO 和 SSD。我们了解了它们如何克服两个独立模型的局限：一个用于获取区域建议，另一个用于获取目标类别和区域建议的边界框偏移量。此外，我们使用 PyTorch 实现了 Faster R-CNN 模型，用 darknet 实现了 YOLO 模型，并从头开始学习如何构建 SSD 模型。

在下一章中，我们将学习图像分割，它识别对应于目标的像素，比目标定位更进一步。

此外，我们将在第 15 章中学习 DETR，它是一个基于 transformer 的目标检测算法。我们将在第 10 章中学习 Detectron2 框架，它不仅有助于检测目标，而且可以单发实现对目标的分割。

8.8 课后习题

1. 为什么 Faster R-CNN 比 Fast R-CNN 更快？
2. 与 Faster R-CNN 相比，为何 YOLO 和 SSD 更快？
3. 是什么让 YOLO 和 SSD 成为单发算法？
4. 目标得分和类别得分有什么区别？

第 **9** 章

图 像 分 割

在上一章中，我们学习了如何检测图像中的目标，并识别出目标的类别。在本章中，我们将更进一步，不仅仅是在目标的周围画一个边界框，而且需要精确地确定目标所包含的像素。除此之外，我们还将在本章末尾讨论如何分离出属于同一个类别的实例/目标。

在本章中，我们将通过考察 U-Net 和 Mask R-CNN 架构来学习图像分割和实例分割。我们使用图像分割实现的效果示例如图 9-1 所示（https://arxiv.org/pdf/1405.0312. pdf）。

a）图像分类 b）目标定位

c）语义分割 d）实例分割

图 9-1

9.1 探索 U-Net 架构

想象这样一个场景：给你一个图像，要求你预测图像中哪些像素属于哪些目标。对于使用网络模型实现图像中目标类别和边界框预测的情形，我们将图像传递到某个主干网络（如 VGG 或 ResNet），在网络中的某一层将输出进行扁平化后连接到一个附加的密集层，由此进行目标类别和边界框的预测。然而，对于图像分割的情形，我们要求输出图像与输入图像具有相同的形状，如果将卷积计算的输出进行扁平化处理，然后再对图像进行重建，就有可能会导致信息丢失。此外，在图像分割的情况下，原始图像中目标的轮廓和形状在输出图像中不应该发生变化，所以在执行图像分割时，我们目前所使用的网络架构（将最后一层扁平化，连接额外的密集层）并不是最优的。

在本节中，我们将学习如何实现图像分割。

进行图像分割时需要牢记如下两个方面：

❑ 在分割图像的输出结果中，原始图像中目标的形状和结构要保持不变。

❑ 使用全卷积网络架构（而不是扁平化某一层的结构）会有所帮助。这是因为我们使用一个图像作为输入，另一个图像作为输出。

U-Net 网络架构可以帮助我们实现这一点。U-Net 的典型结构如图 9-2 所示（输入图像为 $3 \times 96 \times 128$ 的形状，图像中存在的目标类别数为 21，这意味着输出层要包含 21 个通道）。

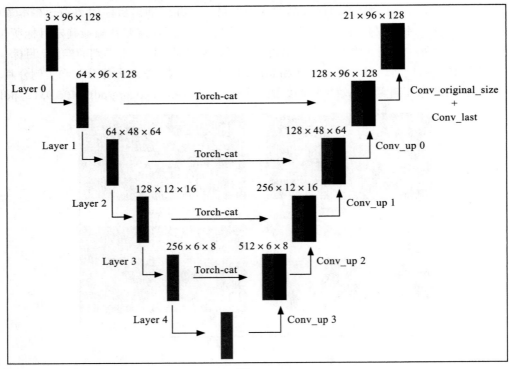

图 9-2

因为上面网络架构的形状像 "U"，所以被称为 **U-Net 架构**。

从图 9-2 的左半部分，我们可以看出图像通过卷积层，正如在之前的章节中介绍的，图像的大小在不断减小，通道的数量则在不断地增加。然而，右半部分则逐步放大被缩小的图像，使得图像恢复到原来的高度和宽度。但因为这里有很多的目标类别，所以有很多的通道。

此外，在对图像进行缩放的同时，我们还通过**跳接**使用左半部分对应层的信息，这样可以较好地保留原始图像中的结构 / 目标信息。

通过这种方式，U-Net 架构可以保留原始图像的结构（和目标的形状），并且可以使用卷积计算获得的特征来预测每个像素对应的类别。

输出层中的通道数量通常与我们想要预测的目标类别数量相同。

执行放大

在 U-Net 架构中，可以使用 nn.ConvTranspose2d 方法进行放大。该方法以输入通道数、输出通道数、内核大小和步长作为输入参数。ConvTranspose2d 的计算示例如图 9-3 所示。

输入数组

1	1	1
1	1	1
1	1	1

根据步长调整的输入数组

1	0	1	0	1
0	0	0	0	0
1	0	1	0	1
0	0	0	0	0
1	0	1	0	1

根据步长和填充调整的输入数组

0	0	0	0	0	0	0
0	1	0	1	0	1	0
0	0	0	0	0	0	0
0	1	0	1	0	1	0
0	0	0	0	0	0	0
0	1	0	1	0	1	0
0	0	0	0	0	0	0

滤波器 / 内核

1	1
1	1

输出数组

1	1	1	1	1
1	1	1	1	1
1	1	1	1	1
1	1	1	1	1
1	1	1	1	1
1	1	1	1	1

图　9-3

在上面的例子中，我们取一个形状为 3×3 的输入数组（**输入数组**），步长为 2，可以在其中分配输入值以适应步长（**根据步长调整的输入数组**），使用零对数组进行填充（**根据步长和填充调整的输入数组**），并将已填充的输入与滤波器（**滤波器 / 内核**）进行卷积运算以获得输出数组。

 通过利用填充和步长的组合，我们可以将形状为 3×3 的输入放大为形状为 6×6 的数组。上面的例子只是为了简要地说明求解思路，还需要学习最优的滤波器值（在模型训练过程获得最优的滤波器权重和偏置），以便尽可能准确地实现对原始图像的重建。

nn.ConvTranspose2d 中的超参数如图 9-4 所示。

```
help(nn.ConvTranspose2d)
|  Args:
|      in_channels (int): Number of channels in the input image
|      out_channels (int): Number of channels produced by the convolution
|      kernel_size (int or tuple): Size of the convolving kernel
|      stride (int or tuple, optional): Stride of the convolution. Default: 1
|      padding (int or tuple, optional): ``dilation * (kernel_size - 1) - padding`` zero-padding
|          will be added to both sides of each dimension in the input. Default: 0
|      output_padding (int or tuple, optional): Additional size added to one side
|          of each dimension in the output shape. Default: 0
|      groups (int, optional): Number of blocked connections from input channels to output channels. Default: 1
|      bias (bool, optional): If ``True``, adds a learnable bias to the output. Default: ``True``
|      dilation (int or tuple, optional): Spacing between kernel elements. Default: 1
```

图 9-4

为了更好地理解 nn.ConvTranspose2d 对数组增扩的作用，下面使用具体代码来进一步说明：

1. 导入相关的软件包：

```
import torch
import torch.nn as nn
```

2. 用 nn.ConvTranspose2d 方法初始化一个网络 m：

```
m = nn.ConvTranspose2d(1, 1, kernel_size=(2,2),
                       stride=2, padding = 0)
```

在上面的代码中，我们指定输入通道的值为 1，输出通道的值为 1，内核的大小为（2，2），步长为 2，填充规模为 0。

填充计算公式为：膨胀 × (kernel_size−1) − 填充。

因此有 $1 \times (2-1) - 0 = 1$。这里我们将规模为 1 的零填充添加到输入数组的两个维度中。

3. 初始化一个输入数组并将其传递给模型：

```
input = torch.ones(1, 1, 3, 3)
output = m(input)
output.shape
```

上面的代码生成的形状为 $1 \times 1 \times 6 \times 6$，如上面提供的示例图像所示。

现在我们了解了 U-Net 架构的工作原理以及 nn.ConvTranspose2d 如何实现图像放

大的，下面进行具体实现，预测道路图像中出现的不同目标。

9.2 使用 U-Net 实现语义分割

在本节中，我们将使用 U-Net 架构来预测图像中所有像素对应的类别。这种输入 – 输出组合的示例如图 9-5 所示。

图 9-5

请注意，在图 9-5 中，属于同一个类别的目标（左图——输入图像）具有相同的像素值（右图——输出图像）。因此，我们要**分割语义**上相似的像素。这也被称为语义分割。

现在来学习语义分割的代码实现。

> ℹ️ 下列代码可以从本书 GitHub 库（`https://tinyurl.com/mcvp-packt`）的 Chapter09 文件夹中的 `Semantic_Segmentation_with_U_Net.ipynb` 获得。代码中包含了一个下载中等规模数据的 URL。

1. 首先下载必要的数据集，安装必要的软件包，然后将其导入。之后定义设备：

```
import os
if not os.path.exists('dataset1'):
    !wget -q \
     https://www.dropbox.com/s/0pigmmmynbf9xwq/dataset1.zip
    !unzip -q dataset1.zip
    !rm dataset1.zip
    !pip install -q torch_snippets pytorch_model_summary

from torch_snippets import *
from torchvision import transforms
from sklearn.model_selection import train_test_split
device = 'cuda' if torch.cuda.is_available() else 'cpu'
```

2. 定义用于转换图像的函数（`tfms`）：

```
tfms = transforms.Compose([
        transforms.ToTensor(),
        transforms.Normalize([0.485, 0.456, 0.406],
                             [0.229, 0.224, 0.225])
    ])
```

3. 定义数据集类（SegData）：

❏ 在 __init__ 方法中指定包含图像的文件夹：

```
class SegData(Dataset):
    def __init__(self, split):
        self.items=stems(f'dataset1/images_prepped_{split}')
        self.split = split
```

❏ 定义 __len__ 方法：

```
def __len__(self):
    return len(self.items)
```

❏ 定义 __getitem__ 方法：

```
    def __getitem__(self, ix):
        image = read(f'dataset1/images_prepped_{self.split}/\
{self.items[ix]}.png', 1)
        image = cv2.resize(image, (224,224))
        mask=read(f'dataset1/annotations_prepped_{self.split}\
/{self.items[ix]}.png')
        mask = cv2.resize(mask, (224,224))
        return image, mask
```

在 __getitem__ 方法中，我们调整了输入（image）和输出（mask）图像的大小，使它们具有相同的形状。注意掩码图像包含的整数范围是 [0,11]。这表明有 12 个不同的目标类别。

❏ 定义一个函数 choose，用于随机选择图像索引（主要用于调试）：

```
def choose(self): return self[randint(len(self))]
```

❏ 定义 collate_fn 方法对一批图像进行预处理：

```
def collate_fn(self, batch):
    ims, masks = list(zip(*batch))
    ims = torch.cat([tfms(im.copy()/255.)[None] \
                    for im in ims]).float().to(device)
    ce_masks = torch.cat([torch.Tensor(mask[None]) for \
                    mask in masks]).long().to(device)
    return ims, ce_masks
```

在上面的代码中，我们对所有的输入图像进行预处理，这样一旦完成对缩放后图像的转换，它们就会有一个通道（使得每个图像都可以在后期通过一个 CNN 模型进行卷积运算）。注意，ce_masks 是一个长整数的张量，类似于交叉熵目标函数。

4. 定义训练数据集、验证数据集，以及数据加载器：

```
trn_ds = SegData('train')
val_ds = SegData('test')
trn_dl = DataLoader(trn_ds, batch_size=4, shuffle=True, \
                    collate_fn=trn_ds.collate_fn)
val_dl = DataLoader(val_ds, batch_size=1, shuffle=True, \
                    collate_fn=val_ds.collate_fn)
```

5. 定义神经网络模型：

❏ 定义卷积块（conv）：

```
def conv(in_channels, out_channels):
    return nn.Sequential(
        nn.Conv2d(in_channels,out_channels,kernel_size=3, \
                    stride=1, padding=1),
        nn.BatchNorm2d(out_channels),
        nn.ReLU(inplace=True)
    )
```

在上面的 conv 定义中，我们依次执行 Conv2d 运算、BatchNorm2d 运算和 ReLU 运算。

❏ 定义 up_conv 块：

```
def up_conv(in_channels, out_channels):
    return nn.Sequential(
        nn.ConvTranspose2d(in_channels, out_channels, \
                        kernel_size=2, stride=2),
        nn.ReLU(inplace=True)
    )
```

ConvTranspose2d 确保我们能够对图像进行放大。这与 Conv2d 运算不同，在 Conv2d 运算中，我们降低了图像的维度。它将一个具有 in_channels 通道数的图像作为输入通道，并生成一个具有 out_channels 输出通道数的图像。

❏ 定义网络类（UNet）：

```
from torchvision.models import vgg16_bn
class UNet(nn.Module):
    def __init__(self, pretrained=True, out_channels=12):
        super().__init__()

        self.encoder = \
                vgg16_bn(pretrained=pretrained).features
        self.block1 = nn.Sequential(*self.encoder[:6])
        self.block2 = nn.Sequential(*self.encoder[6:13])
        self.block3 = nn.Sequential(*self.encoder[13:20])
        self.block4 = nn.Sequential(*self.encoder[20:27])
        self.block5 = nn.Sequential(*self.encoder[27:34])

        self.bottleneck = nn.Sequential(*self.encoder[34:])
        self.conv_bottleneck = conv(512, 1024)

        self.up_conv6 = up_conv(1024, 512)
        self.conv6 = conv(512 + 512, 512)
        self.up_conv7 = up_conv(512, 256)
        self.conv7 = conv(256 + 512, 256)
        self.up_conv8 = up_conv(256, 128)
        self.conv8 = conv(128 + 256, 128)
        self.up_conv9 = up_conv(128, 64)
        self.conv9 = conv(64 + 128, 64)
        self.up_conv10 = up_conv(64, 32)
        self.conv10 = conv(32 + 64, 32)
        self.conv11 = nn.Conv2d(32, out_channels, \
                            kernel_size=1)
```

在上述 __init__ 方法中，我们定义了 forward 方法中需要使用的所有网络层。

❑ 定义 forward 方法：

```python
def forward(self, x):
    block1 = self.block1(x)
    block2 = self.block2(block1)
    block3 = self.block3(block2)
    block4 = self.block4(block3)
    block5 = self.block5(block4)

    bottleneck = self.bottleneck(block5)
    x = self.conv_bottleneck(bottleneck)

    x = self.up_conv6(x)
    x = torch.cat([x, block5], dim=1)
    x = self.conv6(x)

    x = self.up_conv7(x)
    x = torch.cat([x, block4], dim=1)
    x = self.conv7(x)

    x = self.up_conv8(x)
    x = torch.cat([x, block3], dim=1)
    x = self.conv8(x)

    x = self.up_conv9(x)
    x = torch.cat([x, block2], dim=1)
    x = self.conv9(x)

    x = self.up_conv10(x)
    x = torch.cat([x, block1], dim=1)
    x = self.conv10(x)

    x = self.conv11(x)

    return x
```

在上述代码中，我们使用 torch.cat 将卷积特征的缩小值和放大值连接在 U 型架构中适当的张量对上。

❑ 定义一个函数（UnetLoss）用于计算损失值和模型准确度：

```python
ce = nn.CrossEntropyLoss()
def UnetLoss(preds, targets):
    ce_loss = ce(preds, targets)
    acc = (torch.max(preds, 1)[1] == targets).float().mean()
    return ce_loss, acc
```

❑ 定义一个函数用于对批次样本进行模型训练（train_batch）并计算模型在验证数据集（validate_batch）上的指标：

```python
def train_batch(model, data, optimizer, criterion):
    model.train()
    ims, ce_masks = data
    _masks = model(ims)
```

```
    optimizer.zero_grad()
    loss, acc = criterion(_masks, ce_masks)
    loss.backward()
    optimizer.step()
    return loss.item(), acc.item()

@torch.no_grad()
def validate_batch(model, data, criterion):
    model.eval()
    ims, masks = data
    _masks = model(ims)
    loss, acc = criterion(_masks, masks)
    return loss.item(), acc.item()
```

❏ 定义模型、优化器、损失函数和轮数：

```
model = UNet().to(device)
criterion = UnetLoss
optimizer = optim.Adam(model.parameters(), lr=1e-3)
n_epochs = 20
```

6. 通过不断增加轮数进行模型训练：

```
log = Report(n_epochs)
for ex in range(n_epochs):
    N = len(trn_dl)
    for bx, data in enumerate(trn_dl):
        loss, acc = train_batch(model, data, optimizer, \
                                criterion)
        log.record(ex+(bx+1)/N,trn_loss=loss,trn_acc=acc, \
                                end='\r')

    N = len(val_dl)
    for bx, data in enumerate(val_dl):
        loss, acc = validate_batch(model, data, criterion)
        log.record(ex+(bx+1)/N,val_loss=loss,val_acc=acc, \
                                end='\r')
    log.report_avgs(ex+1)
```

7. 绘制模型验证损失和准确度随着轮数增加的变化曲线：

```
log.plot_epochs(['trn_loss','val_loss'])
```

运行上述代码获得的输出结果如图 9-6 所示。

8. 使用已训练模型对新图像进行预测：

❏ 获取关于新图像的模型预测结果：

```
im, mask = next(iter(val_dl))
_mask = model(im)
```

❏ 获取概率最大的通道：

```
_, _mask = torch.max(_mask, dim=1)
```

❏ 显示原始图像和预测图像：

```
subplots([im[0].permute(1,2,0).detach().cpu()[:,:,0], \
        mask.permute(1,2,0).detach().cpu()[:,:,0], \
        _mask.permute(1,2,0).detach().cpu()[:,:,0]],nc=3, \
        titles=['Original image','Original mask', \
        'Predicted mask'])
```

运行上述代码获得的输出结果如图 9-7 所示。

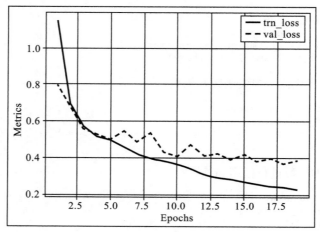

图　9-6

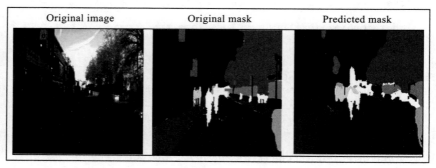

图　9-7

由图 9-7 可见，我们可以使用 U-Net 架构成功地生成一个分割掩码。但是，这里属于同一类别的所有实例具有相同的预测像素值。如果我们想要分离出图像中 Person 类别中的单个实例，那该怎么办呢？在下一节中，我们将学习 Mask R-CNN 网络架构，可以使用这种架构生成实例级的掩码，以便区分各个具体的实例（甚至属于同一个类别的实例）。

9.3　探索 Mask R-CNN 架构

Mask R-CNN 架构有助于识别 / 突出图像中给定类别的目标实例。在图像中有多个同类目标的场合，可以使用这种架构特别方便地进行实例分割。此外，术语 Mask 表示 Mask

R-CNN 架构可以在像素级别上完成的分割。

Mask R-CNN 架构是在上一章学习过的 Faster R-CNN 网络的扩展。但是，我们对 Mask R-CNN 架构进行了如下修改：

❏ RoI 池化层被 RoI 对齐层取代。

❏ 除了用于预测目标类别和边界框偏移量的头部，模型还包括了一个用于预测目标掩码的掩码头部。

❏ 使用全卷积网络（FCN）进行掩码预测。

在我们介绍每个组件如何工作之前，需要快速浏览一下 Mask R-CNN 架构中的一些操作，如图 9-8 所示（图片来源：https://arxiv.org/pdf/1703.06870.pdf）。

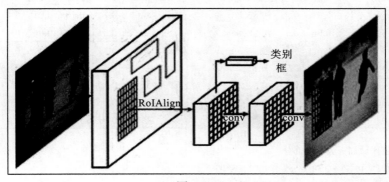

图　9-8

请注意在图 9-8 中，我们从一个网络层中获取目标类别和边界框信息，从另外一个网络层中获取掩码信息。

Mask R-CNN 架构的工作细节如图 9-9 所示。

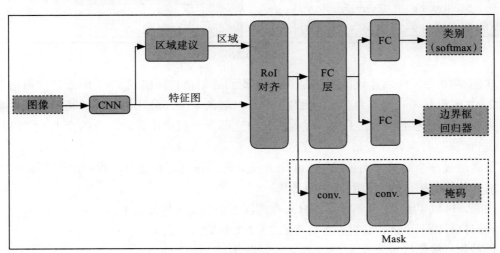

图　9-9

在实现 Mask R-CNN 架构之前,需要逐个了解它的一些重要组件。我们从 RoI 对齐开始。

9.3.1 RoI 对齐

通过 Faster R-CNN,我们已经了解了什么是 RoI 池化。RoI 池化有一个缺点,那就是在执行 RoI 池化操作时,很可能会丢失某些信息。这是因为在池化之前,有可能在图像的所有区域都有一个均匀的内容表示。

下面回顾一下上一章中的一个例子,如图 9-10 所示。

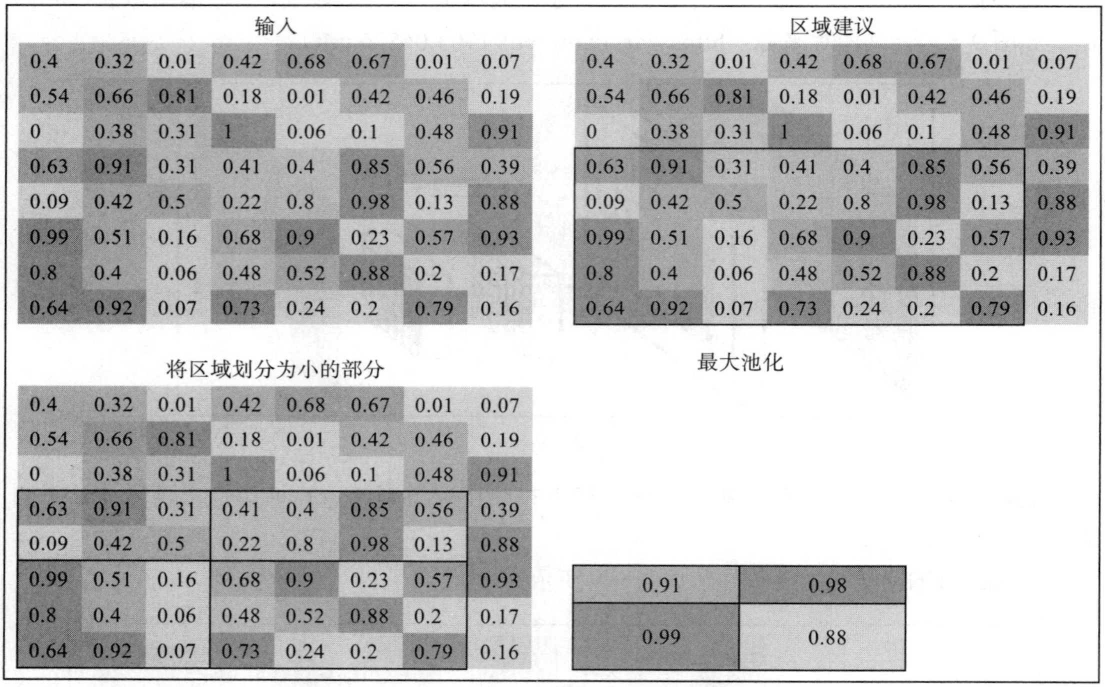

图 9-10

在图 9-10 中,区域建议的形状是 5×7,我们必须把它转换成 2×2 的形状。当把它转换成 2×2 的形状(一种称为量化的现象)时,区域的某个部分比该区域的其他部分具有更少的代表性。这会导致信息丢失,因为区域中这部分的权重比其他部分的要大。可以使用 RoI 对齐解决这种问题。

下面通过一个简单的例子理解 RoI 对齐是如何工作的。在这里,我们试图将图 9-11 所示区域(用虚线表示)转换成 2×2 的形状。

注意,区域(虚线)并不是平均分布在特征图中的所有单元格上。

我们执行以下步骤,获得一个合理的 2×2 形状的区域表示。

1. 首先,将该区域等分为 2×2 形状,如图 9-12 所示。

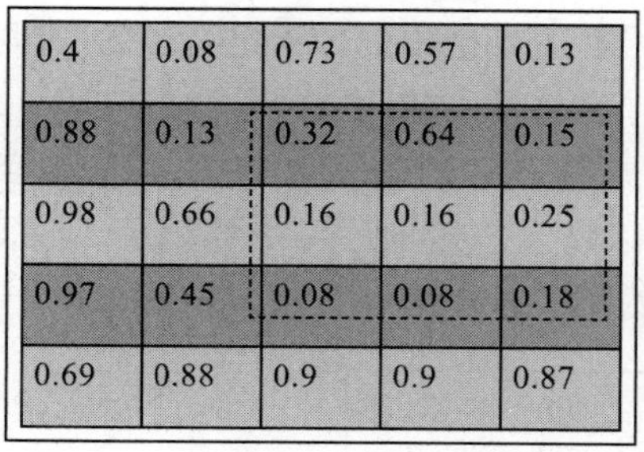

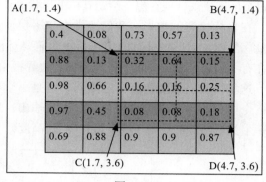

图 9-11   图 9-12

2. 在 2×2 区域的每个元格中定义四个等距的点，如图 9-13 所示。

注意，图 9-13 中两个相邻点之间的距离是 0.75。

3. 根据每个点到最近已知点的距离，计算每个点的加权平均值，如图 9-14 所示。

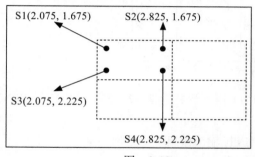

图   9-13

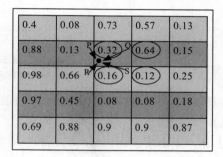

图   9-14

4. 对单元格中的所有四个点重复上述插值步骤，如图 9-15 所示。

5. 对单元内的所有四个点执行平均池化，如图 9-16 所示。

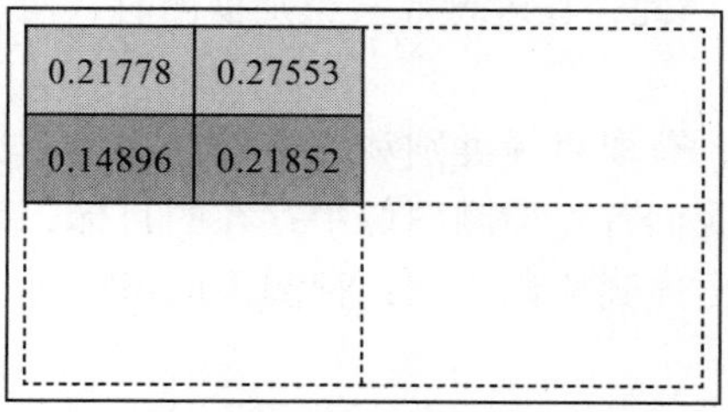

0.21778	0.27553
0.14896	0.21852

图   9-15

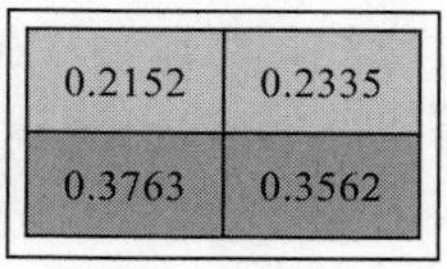

0.2152	0.2335
0.3763	0.3562

图   9-16

通过上述步骤，我们在执行 RoI 对齐时也就是说，当我们将所有的正确区域都放在同一个目标形状之内时，不会产生信息丢失现象。

9.3.2 掩码头部

使用 RoI 对齐，我们可以从区域建议网络获得一个更加准确的区域建议表示形式。对于每个区域建议，现在想在给定其标准形状 RoI 对齐输出的基础上，获得分割（掩码）输出。

在目标检测的情形，我们通常在扁平层使用 RoI 对齐，以预测目标的类别和边界框偏移量。然而，对图像分割的情形，我们需要对包含在目标边界框内的像素进行预测。因此，现在有了第三个输出（除了目标类别和边界框偏移量），它就是兴趣区域内预测的掩码。

这里，我们预测的是目标掩码，它是一个覆盖在原始图像上的图像。假设我们预测的是一个图像，而不是扁平化 RoI 对齐的输出，那么可以将它连接到另一个卷积层，以得到另一个类似图像的结构（维度为宽度 × 高度）。可以使用图 9-17 来理解这个做法。

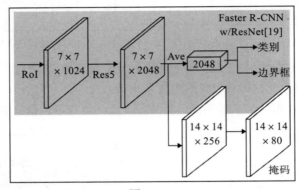

图 9-17

在图 9-17 中，我们使用**特征金字塔网络**（FPN）得到形状为 $7 \times 7 \times 2048$ 的输出，FPN 现在有两个分支：

❑ 第一个分支返回目标的类别和边界框，将 FPN 输出做扁平化处理。
❑ 第二个分支在 FPN 的输出上执行卷积运算以获得目标掩码。

与 14×14 输出相对应的真值是调整大小后的区域建议图像。如果数据集中有 80 种目标类别，那么区域建议的真值形状为 $80 \times 14 \times 14$。这个 $80 \times 14 \times 14$ 区域中每个像素的取值都是 1 或 0，表示该像素是否属于某个目标。因此，在进行像素类别预测时，使用的是二元交叉熵损失最小化优化方法。

经过模型训练，我们能够检测到目标区域，获取目标类别和边界框偏移量，也能够得到目标区域对应的目标掩码。在进行推断时，我们首先检测图像中存在的目标，并对目标边界框进行修正。然后，我们将修正后的区域传递到掩码头部，预测该区域中各个像素对应的掩码。

在了解了 Mask R-CNN 架构的工作原理之后，下面将对其进行编码实现，用于检测图像中的人体实例。

9.4 使用 Mask R-CNN 实现实例分割

为了帮助我们理解如何编码实现基于 Mask R-CNN 的实例分割，这里将使用一个数据集，这个数据集对图像中的人体进行掩码。可以从 ADE20K 数据集中创建这个数据集，通过 https://groups.csail.mit.edu/vision/datasets/ ADE20K/ 获得。我们只使用这些有人体掩码的图像。

这里将采取如下步骤：

1. 获取数据集，并从中创建数据集和数据加载器。

2. 以 PyTorch MaskR-CNN 官方格式创建真值。

3. 下载 Faster R-CNN 预训练模型，并给它附上一个 Mask R-CNN 头部。

4. 使用标准化 PyTorch 模型训练代码训练 Mask R-CNN 模型。

5. 对图像进行推断，首先进行非极大抑制处理，然后识别图像中人体目标的边界框和掩码。

下面编码实现上述步骤。

> ⓘ 下列代码可以从本书 GitHub 库（`https://tinyurl.com/mcvp-packt`）的 Chapter09 文件夹中的 `Instance_Segmentation.ipynb` 获得。该代码包含了用于下载中等规模数据的 URL。我们强烈建议你在 GitHub 中执行 notebook 代码来重现结果，以便能够更好地理解这里介绍的各个执行步骤和各种代码组件的解释。

1. 从 GitHub 导入相关的数据集和训练实用程序：

```
!wget --quiet \
http://sceneparsing.csail.mit.edu/data/ChallengeData2017/image
s.tar
!wget --quiet \
http://sceneparsing.csail.mit.edu/data/ChallengeData2017/annot
ations_instance.tar
!tar -xf images.tar
!tar -xf annotations_instance.tar
!rm images.tar annotations_instance.tar
!pip install -qU torch_snippets
!wget --quiet \
https://raw.githubusercontent.com/pytorch/vision/master/refere
nces/detection/engine.py
!wget --quiet \
https://raw.githubusercontent.com/pytorch/vision/master/refere
nces/detection/utils.py
!wget --quiet \
https://raw.githubusercontent.com/pytorch/vision/master/refere
nces/detection/transforms.py
!wget --quiet \
https://raw.githubusercontent.com/pytorch/vision/master/refere
nces/detection/coco_eval.py
!wget --quiet \
https://raw.githubusercontent.com/pytorch/vision/master/refere
nces/detection/coco_utils.py
!pip install -q -U \
'git+https://github.com/cocodataset/cocoapi.git#subdirectory=P
ythonAPI'
```

2. 导入所有必须的包并定义 device：

```
from torch_snippets import *

import torchvision
from torchvision.models.detection.faster_rcnn import

FastRCNNPredictor
from torchvision.models.detection.mask_rcnn import
MaskRCNNPredictor

from engine import train_one_epoch, evaluate
import utils
import transforms as T
device = 'cuda' if torch.cuda.is_available() else 'cpu'
```

3. 获取包含人体掩码的图像，如下所示：

❏ 循环遍历 images 和 annotations_instance 文件夹以获取文件名：

```
all_images = Glob('images/training')
all_annots = Glob('annotations_instance/training')
```

❏ 检查原始图像及其人体实例的掩码表示：

```
f = 'ADE_train_00014301'

im = read(find(f, all_images), 1)
an = read(find(f, all_annots), 1).transpose(2,0,1)
r,g,b = an
nzs = np.nonzero(r==4) # 4 stands for person
instances = np.unique(g[nzs])
masks = np.zeros((len(instances), *r.shape))
for ix,_id in enumerate(instances):
    masks[ix] = g==_id

subplots([im, *masks], sz=20)
```

上述代码的输出结果如图 9-18 所示。

图　9-18

我们可以看到，图 9-18 中每个人都有一个单独的掩码。这里包含了 Person 类别的四个实例。

> ℹ 这个特定的数据集以如下方式提供真值实例标注：RGB 中的红色通道对应目标的类别，绿色通道则对应实例编号（以防图像中有多个相同类别的对象——如这里的示例）。此外，Person 类被编码为 4。

❑ 循环遍历标注并存储其中至少包含一个人体目标的文件：

```
annots = []
for ann in Tqdm(all_annots):
    _ann = read(ann, 1).transpose(2,0,1)
    r,g,b = _ann
    if 4 not in np.unique(r): continue
    annots.append(ann)
```

❑ 将文件夹拆分为训练文件夹和验证文件夹：

```
from sklearn.model_selection import train_test_split
_annots = stems(annots)
trn_items,val_items=train_test_split(_annots,random_state=2)
```

4. 定义转换方法：

```
def get_transform(train):
    transforms = []
    transforms.append(T.ToTensor())
    if train:
        transforms.append(T.RandomHorizontalFlip(0.5))
    return T.Compose(transforms)
```

5. 创建数据集类 MasksDataset，如下所示：

❑ 定义 __init__ 方法，它接受图像名称（items）、转换方法（transforms）和文件数量（N）作为输入：

```
class MasksDataset(Dataset):
    def __init__(self, items, transforms, N):
        self.items = items
        self.transforms = transforms
        self.N = N
```

❑ 定义一个方法（get_mask），用于获取与图像中实例相同的掩码：

```
def get_mask(self, path):
    an = read(path, 1).transpose(2,0,1)
    r,g,b = an
    nzs = np.nonzero(r==4)
    instances = np.unique(g[nzs])
    masks = np.zeros((len(instances), *r.shape))
    for ix,_id in enumerate(instances):
        masks[ix] = g==_id
    return masks
```

❑ 获取图像及其需要返回的目标值。分别将每个人体（实例）视为一个不同的目标类别，也就是说，每个实例均属于单独一个不同于其他实例的目标类别。注意，与 Faster R-CNN 模型训练类似，返回的目标是一个张量字典。下面定义 __getitem__ 方法：

```
def __getitem__(self, ix):
    _id = self.items[ix]
    img_path = f'images/training/{_id}.jpg'
    mask_path=f'annotations_instance/training/{_id}.png'
```

```
masks = self.get_mask(mask_path)
obj_ids = np.arange(1, len(masks)+1)
img = Image.open(img_path).convert("RGB")
num_objs = len(obj_ids)
```

❑ 除了掩码本身，Mask R-CNN还需要边界框信息。这很容易准备，如下列代码所示：

```
boxes = []
for i in range(num_objs):
    obj_pixels = np.where(masks[i])
    xmin = np.min(obj_pixels[1])
    xmax = np.max(obj_pixels[1])
    ymin = np.min(obj_pixels[0])
    ymax = np.max(obj_pixels[0])
    if (((xmax-xmin)<=10) | (ymax-ymin)<=10):
        xmax = xmin+10
        ymax = ymin+10
    boxes.append([xmin, ymin, xmax, ymax])
```

在上述代码中，我们通过将边界框的 x 和 y 坐标最小值加上 10 像素，来针对不确定的情况（Person 类别的高度或宽度小于 10 像素）进行调整。

❑ 将所有的目标值转换为张量对象：

```
boxes = torch.as_tensor(boxes, dtype=torch.float32)
labels = torch.ones((num_objs,), dtype=torch.int64)
masks = torch.as_tensor(masks, dtype=torch.uint8)
area = (boxes[:, 3] - boxes[:, 1]) *\
            (boxes[:, 2] - boxes[:, 0])
iscrowd = torch.zeros((num_objs,), dtype=torch.int64)
image_id = torch.tensor([ix])
```

❑ 将目标值存储在字典中：

```
target = {}
target["boxes"] = boxes
target["labels"] = labels
target["masks"] = masks
target["image_id"] = image_id
target["area"] = area
target["iscrowd"] = iscrowd
```

❑ 指定转换方法和需要返回的图像，即 target：

```
if self.transforms is not None:
    img, target = self.transforms(img, target)
return img, target
```

❑ 指定 __len__ 方法：

```
def __len__(self):
    return self.N
```

❑ 定义用于随机选择图像的函数：

```
def choose(self):
    return self[randint(len(self))]
```

❑ 检查输入 – 输出组合：

```
x = MasksDataset(trn_items, get_transform(train=True), N=100)
im,targ = x[0]
inspect(im,targ)
subplots([im, *targ['masks']], sz=10)
```

运行上述代码后产生的输出结果示例如图 9-19 所示。

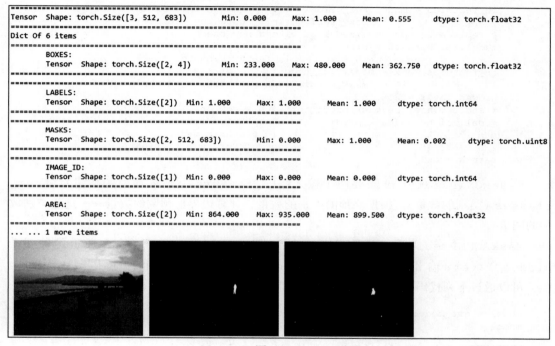

```
=====================================================================================
Tensor  Shape: torch.Size([3, 512, 683])      Min: 0.000    Max: 1.000    Mean: 0.555    dtype: torch.float32
Dict Of 6 items
=====================================================================================
      BOXES:
      Tensor  Shape: torch.Size([2, 4])      Min: 233.000   Max: 480.000   Mean: 362.750   dtype: torch.float32
=====================================================================================
      LABELS:
      Tensor  Shape: torch.Size([2]) Min: 1.000    Max: 1.000    Mean: 1.000    dtype: torch.int64
=====================================================================================
      MASKS:
      Tensor  Shape: torch.Size([2, 512, 683])    Min: 0.000    Max: 1.000    Mean: 0.002    dtype: torch.uint8
=====================================================================================
      IMAGE_ID:
      Tensor  Shape: torch.Size([1]) Min: 0.000    Max: 0.000    Mean: 0.000    dtype: torch.int64
=====================================================================================
      AREA:
      Tensor  Shape: torch.Size([2]) Min: 864.000   Max: 935.000   Mean: 899.500   dtype: torch.float32
=====================================================================================
... ... 1 more items
```

图　9-19

从上述输出结果，我们可以看到掩码的形状是 $2 \times 512 \times 683$，这表明图像中有两个人。

请注意，在 __getitem__ 方法中，图像中的掩码和边界框数量与图像中存在的目标（实例）数量相同。此外，因为我们只有两个类别（Background 类和 Person 类），所以我们将 Person 类别指定为 1。

到这一步结束时，我们的输出字典中包含了相当多的信息，即目标的类别、边界框、掩码、掩码的面积，以及是否单个掩码对应一个人群。所有这些信息都可以在 target 字典中找到。对于我们将要使用的模型训练函数，将数据按照 torchvision.models.detection .maskrcnn_resnet50_fpn 类要求的格式进行标准化是一件很重要的事情。

6. 接下来，我们需要定义实例分割模型（get_model_instance_segmentation）。我们将使用一个预训练模型，只是通过重新初始化头部的方式完成对两种类别（背景类和人体类）的预测。首先需要初始化一个预训练模型，替换 box_predictor 和 mask_

predictor 头部，这样就可以从头开始学习：

```
def get_model_instance_segmentation(num_classes):
    # load an instance segmentation model pre-trained on
    # COCO
    model = torchvision.models.detection\
                        .maskrcnn_resnet50_fpn(pretrained=True)

    # get number of input features for the classifier
    in_features = model.roi_heads\
                        .box_predictor.cls_score.in_features
    # replace the pre-trained head with a new one
    model.roi_heads.box_predictor = FastRCNNPredictor(\
                                    in_features,num_classes)
    in_features_mask = model.roi_heads\
                        .mask_predictor.conv5_mask.in_channels
    hidden_layer = 256
    # and replace the mask predictor with a new one
    model.roi_heads.mask_predictor = MaskRCNNPredictor(\
                                    in_features_mask,\
                                    hidden_layer, num_classes)
    return model
```

FastRCNNPredictor 需要两个输入：in_features（输入通道的数量）和 num_classes（类别的数量）。根据要预测类别的数量，计算边界框预测的数量——这是类别数量的四倍。

MaskRCNNPredictor 需要三个输入：in_features_mask（输入通道的数量）、hidden_layer（输出通道的数量）和 num_classes（要预测类别的数量）。

可以通过下列代码获得所定义模型的详细信息：

```
model = get_model_instance_segmentation(2).to(device)
model
```

模型的下半部分（即不包括模型主干的部分）如图 9-20 所示。

```
(roi_heads): RoIHeads(
  (box_roi_pool): MultiScaleRoIAlign()
  (box_head): TwoMLPHead(
    (fc6): Linear(in_features=12544, out_features=1024, bias=True)
    (fc7): Linear(in_features=1024, out_features=1024, bias=True)
  )
  (box_predictor): FastRCNNPredictor(
    (cls_score): Linear(in_features=1024, out_features=2, bias=True)
    (bbox_pred): Linear(in_features=1024, out_features=8, bias=True)
  )
  (mask_roi_pool): MultiScaleRoIAlign()
  (mask_head): MaskRCNNHeads(
    (mask_fcn1): Conv2d(256, 256, kernel_size=(3, 3), stride=(1, 1), padding=(1, 1))
    (relu1): ReLU(inplace=True)
    (mask_fcn2): Conv2d(256, 256, kernel_size=(3, 3), stride=(1, 1), padding=(1, 1))
    (relu2): ReLU(inplace=True)
    (mask_fcn3): Conv2d(256, 256, kernel_size=(3, 3), stride=(1, 1), padding=(1, 1))
    (relu3): ReLU(inplace=True)
```

图 9-20

```
    (mask_fcn4): Conv2d(256, 256, kernel_size=(3, 3), stride=(1, 1), padding=(1, 1))
    (relu4): ReLU(inplace=True)
 )
 (mask_predictor): MaskRCNNPredictor(
    (conv5_mask): ConvTranspose2d(256, 256, kernel_size=(2, 2), stride=(2, 2))
    (relu): ReLU(inplace=True)
    (mask_fcn_logits): Conv2d(256, 2, kernel_size=(1, 1), stride=(1, 1))
```

图   9-20（续）

请注意，Faster R-CNN 网络模型（我们在上一章中训练过）和 Mask R-CNN 模型之间的主要区别在于 roi_heads 模块，它本身包含了多个子模块。下面来学习这些子模块都执行的下列任务：

❑ roi_heads：对齐从 FPN 网络获取的输入，并创建两个张量。

❑ box_predictor：使用获得的输出预测每个 RoI 的目标类别和边界框偏移量。

❑ mask_roi_pool：RoI 对来自 FPN 网络的输出进行对齐。

❑ mask_head：将之前获得的对齐输出转换为可用于预测掩码的特征图。

❑ mask_predictor：从 mask_head 获取输出并预测最终掩码。

7. 获取训练图像数据集、验证图像数据集，以及数据加载器：

```
dataset = MasksDataset(trn_items, get_transform(train=True), \
                                                N=3000)
dataset_test = MasksDataset(val_items, \
                        get_transform(train=False), N=800)

# define training and validation data loaders
data_loader=torch.utils.data.DataLoader(dataset,batch_size=2,
\
                                shuffle=True, num_workers=0, \
                                 collate_fn=utils.collate_fn)

data_loader_test = torch.utils.data.DataLoader(dataset_test, \
                                batch_size=1, shuffle=False, \
                        num_workers=0,collate_fn=utils.collate_fn)
```

8. 定义模型、参数和优化准则：

```
num_classes = 2
model = get_model_instance_segmentation(\
                        num_classes).to(device)
params = [p for p in model.parameters() if p.requires_grad]
optimizer = torch.optim.SGD(params, lr=0.005, \
                        momentum=0.9,weight_decay=0.0005)
# and a learning rate scheduler
lr_scheduler = torch.optim.lr_scheduler.StepLR(optimizer, \
                                        step_size=3, \
                                        gamma=0.1)
```

上述定义的预训练模型架构以图像和 targets 字典作为输入，以减少损失值。通过运行以下命令，可以从模型获得如下输出示例：

```
# The following code is for illustration purpose only
model.eval()
pred = model(dataset[0][0][None].to(device))
inspect(pred[0])
```

上面的代码输出结果如图 9-21 所示。

```
=============================================================
Dict Of 4 items
=============================================================
    BOXES:
    Tensor  Shape: torch.Size([100, 4])      Min: 0.000      Max: 1024.000    Mean: 385.767    dtype: torch.float32
=============================================================
    LABELS:
    Tensor  Shape: torch.Size([100])         Min: 1.000      Max: 1.000       Mean: 1.000      dtype: torch.int64
=============================================================
    SCORES:
    Tensor  Shape: torch.Size([100])         Min: 0.491      Max: 0.648       Mean: 0.531      dtype: torch.float32
=============================================================
    MASKS:
    Tensor  Shape: torch.Size([100, 1, 692, 1024])  Min: 0.000   Max: 1.000   Mean: 0.012      dtype: torch.float32
=============================================================
```

图 9-21

在这里，我们可以看到一个字典，其中包含边界框（BOXES）、与边界框对应的类别（LABELS）、与类别预测对应的置信度得分（SCORES），以及掩码实例的位置（MASKS）。如你所见，该模型被硬编码为返回 100 个预测结果。因为我们不期望在典型图像中有超过 100 个对象，所以这是一种比较合理的做法。

可以通过下列代码获取已检测实例的数量：

```
# The following code is for illustration purpose only
pred[0]['masks'].shape
# torch.Size([100, 1, 536, 559])
```

上述代码可以为单个图像（以及对应于图像的尺寸）获取了最多 100 个掩码实例（其中每个实例分别对应一个非背景类别）。对于这 100 个实例，它还将返回相应的类别标签、边界框和关于这些类别的 100 个置信度得分。

9. 通过不断增加轮数实现对模型的训练：

```
num_epochs = 5

trn_history = []
for epoch in range(num_epochs):
    # train for one epoch, printing every 10 iterations
    res = train_one_epoch(model, optimizer, data_loader, \
                          device, epoch, print_freq=10)
    trn_history.append(res)
    # update the learning rate
    lr_scheduler.step()
    # evaluate on the test dataset
    res = evaluate(model, data_loader_test, device=device)
```

这样，我们现在可以将掩码覆盖在图像中的人物上。可以按照如下方式记录模型训练损失值随轮数增加的变化曲线：

```python
import matplotlib.pyplot as plt
plt.title('Training Loss')
losses =[np.mean(list(trn_history[i].meters['loss'].deque)) \
            for i in range(len(trn_history))]
plt.plot(losses)
```

上述代码的输出结果如图 9-22 所示。

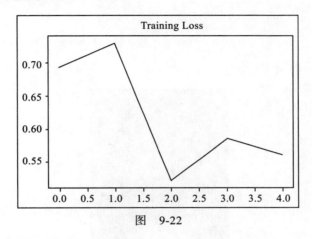

图　9-22

10. 对测试图像进行预测：

```python
model.eval()
im = dataset_test[0][0]
show(im)
with torch.no_grad():
    prediction = model([im.to(device)])
    for i in range(len(prediction[0]['masks'])):
        plt.imshow(Image.fromarray(prediction[0]['masks']\
                [i, 0].mul(255).byte().cpu().numpy()))
        plt.title('Class: '+str(prediction[0]['labels']\
                [i].cpu().numpy())+' Score:'+str(\
                prediction[0]['scores'][i].cpu().numpy()))
        plt.show()
```

上述代码的输出结果如图 9-23 所示。

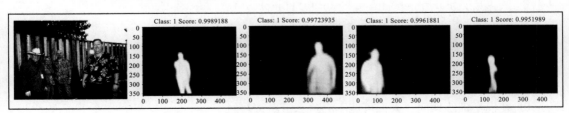

图　9-23

从图 9-23 中不难看出，我们可以成功地识别出图像中的四个人。此外，该模型预测了图像中其他多个片段（上述输出没有显示），这些片段的置信度较低。

现在模型能够很好地进行实例检测，可以使用这个已训练模型对所提供数据集中没有的新图像进行预测。

11. 使用已训练模型对新图像进行预测：

```
!wget https://www.dropbox.com/s/e92sui3a4ktvb4j/Hema18.JPG
img = Image.open('Hema18.JPG').convert("RGB")
from torchvision import transforms
pil_to_tensor = transforms.ToTensor()(img).unsqueeze_(0)
Image.fromarray(pil_to_tensor[0].mul(255)\
                        .permute(1, 2, 0).byte().numpy())
```

输入图 9-24 所示的图像。

图　9-24

❏ 获取输入图像的预测结果：

```
model.eval()
with torch.no_grad():
    prediction = model([pil_to_tensor[0].to(device)])
    for i in range(len(prediction[0]['masks'])):
        plt.imshow(Image.fromarray(prediction[0]['masks']\
                        [i, 0].mul(255).byte().cpu().numpy()))
        plt.title('Class: '+str(prediction[0]\
                        ['labels'][i].cpu().numpy())+'\
        Score:'+str(prediction[0]['scores'][i].cpu().numpy()))
        plt.show()
```

上述代码的输出结果如图 9-25 所示。

注意，在图 9-25 中，这个已训练模型并没有在这个新的测试图像上取得良好的效果。这可能是以下原因造成的：

❏ 在模型训练期间，人们可能不会这么近距离接触。

❏ 模型可能还没有使用目标区域占据了图像的较大部分的图像样本进行训练。

❑ 训练图像的数据分布与被预测图像的数据分布不同。

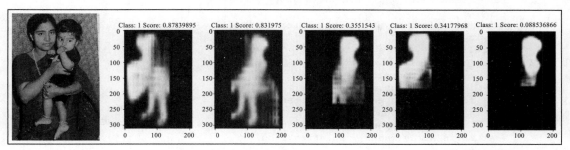

图 9-25

然而，尽管模型检测到一些重复的掩码区域，但是这些区域（从第三个掩码开始）只具有较低的分数，这是一个很好的标志，表明模型的预测结果中可能存在某些重复。

到目前为止，我们已经了解了如何对 Person 类别的多个实例进行分割。下面我们将学习如何对本节构建的代码进行调整，以便能够分割出图像中属于多个目标类别的多个实例。

预测多个目标类别的多个实例

在前文中，我们学习了如何对 Person 类别的实例进行分割。下面我们使用在前文中构建的模型，通过一次性的模型训练实现对人体和桌子这两个实例进行分割。

> ℹ 考虑到这里的大部分代码与前文相同，我们在这里将只解释一些额外的代码。在执行代码的时候，我们建议你执行 predicting_multiple_instances_of_ multiple_classes.ipynb notebook，它可以在本书 GitHub 库的 Chapter09 文件夹中找到。

1. 获取包含感兴趣目标类别——Person（类 ID 4）和 Table（类 ID 6）的图像：

```
classes_list = [4,6]
annots = []
for ann in Tqdm(all_annots):
    _ann = read(ann, 1).transpose(2,0,1)
    r,g,b = _ann
    if np.array([num in np.unique(r) for num in \
            classes_list]).sum()==0: continue
    annots.append(ann)
from sklearn.model_selection import train_test_split
_annots = stems(annots)
trn_items, val_items = train_test_split(_annots, \
                            random_state=2)
```

在上述代码中，我们将获取包含至少一个感兴趣目标类别（classes_list）的图像。

2. 修改 get_mask 方法，使它返回两个掩码，以及在 MasksDataset 类中对应每个掩码的类别：

```
def get_mask(self,path):
    an = read(path, 1).transpose(2,0,1)
    r,g,b = an
    cls = list(set(np.unique(r)).intersection({4,6}))
    masks = []
    labels = []
    for _cls in cls:
        nzs = np.nonzero(r==_cls)
        instances = np.unique(g[nzs])
        for ix,_id in enumerate(instances):
            masks.append(g==_id)
            labels.append(classes_list.index(_cls)+1)
    return np.array(masks), np.array(labels)
```

在上述代码中，我们获取了存在于图像中的目标类别，并将它们存储在 cls 中，然后遍历每个已标识的类别（cls），并将红色通道值所对应类别（cls）的位置存储在 nzs 中。接下来，获取这些位置中的实例 ID（instances）。此外，在返回关于 masks 和 labels 的 NumPy 数组之前，将 instances 附加到 masks 及其实例 labels 类别中。

3. 修改 __getitem__ 方法中的 labels 目标，使其包含从 get_mask 方法获得的类别标签，而不是使用 torch.ones 填充它。下面代码的粗体部分是在前文的 __getitem__ 方法中实现此更改的地方：

```
def __getitem__(self, ix):
    _id = self.items[ix]
    img_path = f'images/training/{_id}.jpg'
    mask_path = f'annotations_instance/training/{_id}.png'
    masks, labels = self.get_mask(mask_path)
    #print(labels)
    obj_ids = np.arange(1, len(masks)+1)
    img = Image.open(img_path).convert("RGB")
    num_objs = len(obj_ids)
    boxes = []
    for i in range(num_objs):
        obj_pixels = np.where(masks[i])
        xmin = np.min(obj_pixels[1])
        xmax = np.max(obj_pixels[1])
        ymin = np.min(obj_pixels[0])
        ymax = np.max(obj_pixels[0])
        if (((xmax-xmin)<=10) | (ymax-ymin)<=10):
            xmax = xmin+10
            ymax = ymin+10
        boxes.append([xmin, ymin, xmax, ymax])
    boxes = torch.as_tensor(boxes, dtype=torch.float32)
    labels = torch.as_tensor(labels, dtype=torch.int64)
    masks = torch.as_tensor(masks, dtype=torch.uint8)
    area = (boxes[:, 3] - boxes[:, 1]) * \
                (boxes[:, 2] - boxes[:, 0])
    iscrowd = torch.zeros((num_objs,), dtype=torch.int64)
    image_id = torch.tensor([ix])
    target = {}
    target["boxes"] = boxes
    target["labels"] = labels
    target["masks"] = masks
```

```
        target["image_id"] = image_id
        target["area"] = area
        target["iscrowd"] = iscrowd
        if self.transforms is not None:
            img, target = self.transforms(img, target)
        return img, target
    def __len__(self):
        return self.N
    def choose(self):
        return self[randint(len(self))]
```

4. 在定义 `model` 时指定包含三个类别而不是两个类别：

```
num_classes = 3
model=get_model_instance_segmentation(num_classes).to(device)
```

与前文一样，在模型训练过程中，随着轮数的增加，训练损失的变化曲线如图 9-26 所示。

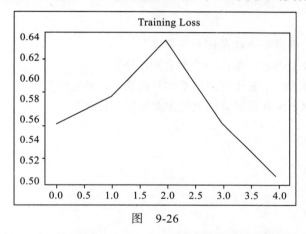

图　9-26

对于包含一个人体和一张桌子的样本图像，模型预测的分割结果如图 9-27 所示。

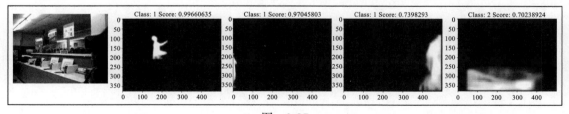

图　9-27

从图 9-27 中可以看出，我们可以使用相同的模型预测这两个目标类别。作为练习，我们建议你增加类别的数量和轮数，看看会得到什么结果。

9.5　小结

在本章中，我们学习了如何使用 U-Net 和 Mask R-CNN 模型实现图像分割。我们理解了 U-Net 架构如何使用卷积运算对图像进行缩小和放大处理，以保留图像的结构，并且能够预测图像中目标的掩码。然后，我们使用道路场景图像进行目标检测练习，将图像分割成多个类别，以巩固了我们对这一点的理解。接下来，我们学习了 RoI 对齐，它有助于解决由图像量化产生的与 RoI 池化相关问题。最后，我们了解了 Mask R-CNN 模型的工作原理，以便能够进行模型训练，并使用已训练模型预测图像中的人体实例，以及图像中的人体和桌子实例。

现在，我们已经很好地理解了各种目标检测技术和图像分割技术，在下一章中，我们将扩展预测类别的数量，将目前学到的技术用于解决实际问题。此外，我们还将了解 Detectron2 框架，它降低了构建 Faster R-CNN 和 Mask R-CNN 模型的代码复杂性。

9.6 课后习题

1. 对图像进行放大处理对 U-Net 架构有何帮助？
2. 为什么我们需要在 U-Net 中加入一个全卷积网络？
3. 在 Mask R-CNN 模型中，RoI 对齐技术如何提高 RoI 池化效果？
4. U-Net 和 Mask R-CNN 在图像分割上的主要区别是什么？
5. 什么是实例分割？

第 10 章

目标检测与分割的应用

在之前的章节中，我们学习了各种目标检测技术，如 R-CNN 系列算法、YOLO、SSD 目标检测算法，以及 U-Net、Mask R-CNN 图像分割算法。在本章中，我们将进一步学习面向实际应用场景的目标检测技术，学习使用更加优化的模型框架/架构来解决目标检测和分割问题。首先，使用 Detectron2 框架来训练和检测图像中出现的自定义目标。然后，使用预训练模型预测人体在图像中呈现的姿态。此外，我们将学习如何统计图像中的人数，学习如何使用分割技术来执行图像着色。最后，我们将学习 YOLO 模型的一个改进版本，通过从激光雷达传感器获得的点云数据来预测目标的三维边界框。

10.1 多目标实例分割

在前面的章节中，我们学习了各种目标检测算法。本节首先介绍 Detectron2 平台（ https://ai.facebook.com/blog/-detectron2-a-pytorch-based-modular- object-detection-library-/），然后使用谷歌 Open Images 数据集进行具体实现。Detectron2 是 Facebook 团队开发的一个平台，包含了最先进目标检测算法的高质量实现，例如 Musk R-CNN 模型家族的 DensePose。最初的 Detectron 框架由 Caffe2 编写，而 Detectron2 框架则使用 PyTorch 编写。

Detectron2 支持一系列与目标检测相关的任务。与最初的 Detectron 一样，它支持带有边界框和实例分割掩码的目标检测，以及人体姿态预测。除此之外，Detectron2 还增加了对语义分割和全视域分割（结合了语义分割和实例分割这两个任务）的支持。通过使用 Detectron2，我们只需要几行代码就可以构建目标检测、分割和姿态预测模型。

在本节中，我们将学习以下内容：

1. 从 open-images 存储库获取数据。

2. 将数据转换为 Detectron2 可以接受的 COCO 格式。

3. 训练用于实例分割的模型。

4. 对新图像进行推断。

下面分小节逐个介绍。

10.1.1 获取和准备数据

我们将处理谷歌（https://storage.googleapis.com/openimages/web/index.html.）提供的 Open Images 数据集（包含数百万张图片及其标注）中可用的图像。

在这部分代码中，我们将学习如何只获取所需图像，而非整个图像数据集。请注意，这一步是必需的，因为数据集的规模限制了没有大量数据资源的普通用户完成对模型的构建：

> ℹ️ 下面的代码可以从本书 GitHub 库（`https://tinyurl.com/mcvp-packt`）的 Chapter10 文件夹中的 `Multi_object_segmentation.ipynb` 获得。代码包含了下载中等规模数据的 URL。我们强烈建议你在 GitHub 中执行 notebook 来重现结果，这样你可以更好地理解这里介绍的执行步骤和各种代码组件。

1. 安装所需的软件包：

```
!pip install -qU openimages torch_snippets
```

2. 下载所需的标注文件：

```
from torch_snippets import *
!wget -O train-annotations-object-segmentation.csv -q
https://storage.googleapis.com/openimages/v5/train-annotations
-object-segmentation.csv
!wget -O classes.csv -q \
https://raw.githubusercontent.com/openimages/dataset/master/di
ct.csv
```

3. 指定希望模型预测的目标类别（可以通过访问 Open Images 网站查看包含所有目标类别的列表）：

```
required_classes = 'person,dog,bird,car,elephant,football,\
jug,laptop,Mushroom,Pizza,Rocket,Shirt,Traffic sign,\
Watermelon,Zebra'
required_classes = [c.lower() for c in \
                      required_classes.lower().split(',')]

classes = pd.read_csv('classes.csv', header=None)
classes.columns = ['class','class_name']
classes = classes[classes['class_name'].map(lambda x: x \
                                  in required_classes)]
```

4. 获取与 `required_classes` 对应的图像 ID 和掩码：

```
from torch_snippets import *
df = pd.read_csv('train-annotations-object-segmentation.csv')

data = pd.merge(df, classes, left_on='LabelName',
                right_on='class')

subset_data = data.groupby('class_name').agg( \
                      {'ImageID': lambda x: list(x)[:500]})
```

```
subset_data = flatten(subset_data.ImageID.tolist())
subset_data = data[data['ImageID'].map(lambda x: x \
                                        in subset_data)]
subset_masks = subset_data['MaskPath'].tolist()
```

Open Images 数据集的数据量非常大，我们在 subset_data 中每个目标类别只获取 500 个图像。对于每个目标类别，是获取较小的文件集还是较大的文件集，取决于你自己的选择。是否需要获取唯一的目标类别列表（required_classes），也取决于你自己的选择。

我们现在只有图像的 ImageId 和 MaskPath 值。下面从 open-images 下载实际图像及其掩码。

5. 现在有了要下载的掩码数据子集，下面开始下载。Open Images 有 16 个用于训练掩码的 ZIP 文件。每个 ZIP 文件只有几个来自 subset_masks 的掩码，因此我们在将所需的掩码移动到一个单独文件夹后删除其余掩码。下载→移动→删除操作将保持相对较小的内存占用。我们必须对所有的 16 个文件完成这一步的处理：

```
!mkdir -p masks
for c in Tqdm('0123456789abcdef'):
    !wget -q \
https://storage.googleapis.com/openimages/v5/train-masks/train
-masks-{c}.zip
    !unzip -q train-masks-{c}.zip -d tmp_masks
    !rm train-masks-{c}.zip
    tmp_masks = Glob('tmp_masks', silent=True)
    items = [(m,fname(m)) for m in tmp_masks]
    items = [(i,j) for (i,j) in items if j in subset_masks]
    for i,j in items:
        os.rename(i, f'masks/{j}')
    !rm -rf tmp_masks
```

6. 下载与 ImageId 对应的图像：

```
masks = Glob('masks')
masks = [fname(mask) for mask in masks]

subset_data = subset_data[subset_data['MaskPath'].map(lambda \
                                       x: x in masks)]
subset_imageIds = subset_data['ImageID'].tolist()

from openimages.download import _download_images_by_id
!mkdir images
_download_images_by_id(subset_imageIds, 'train', './images/')
```

7. 压缩并保存所有的图像、掩码和真值，以防系统崩溃。保存和检索文件对以后的模型训练很有帮助。在创建 ZIP 文件后，要确保将文件保存在你的驱动器中或将其下载到本地。文件大小总共约为 2.5 GB：

```
import zipfile
files = Glob('images') + Glob('masks') + \
['train-annotations-object-segmentation.csv', 'classes.csv']
with zipfile.ZipFile('data.zip','w') as zipme:
```

```
for file in Tqdm(files):
    zipme.write(file, compress_type=zipfile.ZIP_DEFLATED)
```

最后，将数据移动到单个目录：

```
!mkdir -p train/
!mv images train/myData2020
!mv masks train/annotations
```

考虑到目标检测代码中有很多移动组件，作为一种标准化的方式，Detectron 在模型训练中通常使用严格的数据格式。虽然我们可以自己编写数据集定义并将其提供给 Detectron，但以 COCO 格式保存整个训练数据会更加容易（也更有利可图）。这样，你就可以很方便地使用其他训练算法，如 detectron transformers (DETR)，而不需要对数据进行任何更改。首先，我们从目标类别的定义开始。

8. 以 COCO 格式定义所需的目标类别：

```
!pip install \
 git+git://github.com/waspinator/pycococreator.git@0.2.0
import datetime

INFO = {
    "description": "MyData2020",
    "url": "None",
    "version": "1.0",
    "year": 2020,
    "contributor": "sizhky",
    "date_created": datetime.datetime.utcnow().isoformat(' ')
}

LICENSES = [
    {
        "id": 1,
        "name": "MIT"
    }
]
CATEGORIES = [{'id': id+1, 'name': name.replace('/',''), \
              'supercategory': 'none'} \
             for id,(_,(name, clss_name)) in \
             enumerate(classes.iterrows())]
```

在上述代码的 CATEGORIES 定义中，我们创建了一个名为 supercategory 的新键。为了能够更好地理解 supercategory 的概念，我们来看下面这个例子：Man 和 Woman 类是属于 Person 这个超类的类别。这里我们假设对超类不感兴趣，将其指定为 none。

❑ 导入相关的包，并创建一个空的字典，其中包含保存 COCO JSON 文件所需的键：

```
!pip install pycocotools
from pycococreatortools import pycococreatortools
from os import listdir
from os.path import isfile, join
from PIL import Image

coco_output = {
```

```
        "info": INFO,
        "licenses": LICENSES,
        "categories": CATEGORIES,
        "images": [],
        "annotations": []
    }
```

❑ 设置一些包含图像位置和标注文件位置信息的变量：

```
ROOT_DIR = "train"
IMAGE_DIR, ANNOTATION_DIR = 'train/myData2020/', \
                            'train/annotations/'
image_files = [f for f in listdir(IMAGE_DIR) if \
                isfile(join(IMAGE_DIR, f))]
annotation_files = [f for f in listdir(ANNOTATION_DIR) if \
                    isfile(join(ANNOTATION_DIR, f))]
```

❑ 遍历每个图像文件名，并在 `coco_output` 字典中填充 `images` 键：

```
image_id = 1
# go through each image
for image_filename in Tqdm(image_files):
    image = Image.open(IMAGE_DIR + '/' + image_filename)
    image_info = pycococreatortools\
                    .create_image_info(image_id, \
                os.path.basename(image_filename), image.size)
    coco_output["images"].append(image_info)
    image_id = image_id + 1
```

9. 循环遍历每个分割标注并填充 `coco_output` 字典中的 `annotations` 键：

```
segmentation_id = 1
for annotation_filename in Tqdm(annotation_files):
    image_id = [f for f in coco_output['images'] if \
                stem(f['file_name']) == \
                annotation_filename.split('_')[0]][0]['id']
    class_id = [x['id'] for x in CATEGORIES \
                if x['name'] in annotation_filename][0]
    category_info = {'id': class_id, \
                    'is_crowd': 'crowd' in image_filename}
    binary_mask = np.asarray(Image.open(f'{ANNOTATION_DIR}/\
{annotation_filename}').convert('1')).astype(np.uint8)

    annotation_info = pycococreatortools\
                    .create_annotation_info( \
                    segmentation_id, image_id, category_info, \
                    binary_mask, image.size, tolerance=2)

    if annotation_info is not None:
        coco_output["annotations"].append(annotation_info)
        segmentation_id = segmentation_id + 1
```

10. 将 `coco_output` 保存为 JSON 文件：

```
coco_output['categories'] = [{'id': id+1, 'name':clss_name, \
                            'supercategory': 'none'} for \
                            id,(_,(name, clss_name)) in \
```

```
                              enumerate(classes.iterrows())]
import json
with open('images.json', 'w') as output_json_file:
    json.dump(coco_output, output_json_file)
```

这样，我们就有了 COCO 格式的文件，可以很容易地使用 Detectron2 框架完成对模型的训练。

10.1.2   训练用于实例分割的模型

只需下列几步就可以使用 Detectron2 完成模型训练：

1. 安装 Detectron2 包。在安装这个包之前，你应该检查你的 CUDA 和 PyTorch 版本。在写这本书的时候，Colab 包含 PyTorch 1.7 和 CUDA 10.1，所以我们将使用相应的文件：

```
!pip install detectron2 -f
https://dl.fbaipublicfiles.com/detectron2/wheels/cu101/torch1.
7/index.html
!pip install pyyaml==5.1 pycocotools>=2.0.1
```

在进行下一步之前，重新启动 Colab。

2. 导入相关的 detectron2 包：

```
from detectron2 import model_zoo
from detectron2.engine import DefaultPredictor
from detectron2.config import get_cfg
from detectron2.utils.visualizer import Visualizer
from detectron2.data import MetadataCatalog, DatasetCatalog
from detectron2.engine import DefaultTrainer
```

❑ 假设我们已经重启了 Colab，下面重新获取所需的类：

```
from torch_snippets import *
required_classes= 'person,dog,bird,car,elephant,football,jug,\
laptop,Mushroom,Pizza,Rocket,Shirt,Traffic sign,\
Watermelon,Zebra'
required_classes = [c.lower() for c in \
                       required_classes.lower().split(',')]

classes = pd.read_csv('classes.csv', header=None)
classes.columns = ['class','class_name']
classes = classes[classes['class_name'].map(lambda \
                        x: x in required_classes)]
```

3. 使用 register_coco_instances 注册创建的数据集：

```
from detectron2.data.datasets import register_coco_instances
register_coco_instances("dataset_train", {}, \
                       "images.json", "train/myData2020")
```

4. 定义 cfg 配置文件中所有的参数。

cfg 是一个特殊的 Detectron 对象，它保存了关于模型训练的所有相关信息：

```
cfg = get_cfg()
cfg.merge_from_file(model_zoo.get_config_file("COCO-\
InstanceSegmentation/mask_rcnn_R_50_FPN_3x.yaml"))
cfg.DATASETS.TRAIN = ("dataset_train",)
cfg.DATASETS.TEST = ()
cfg.DATALOADER.NUM_WORKERS = 2
cfg.MODEL.WEIGHTS = model_zoo.get_checkpoint_url("COCO-\
InstanceSegmentation/mask_rcnn_R_50_FPN_3x.yaml") # pretrained
# weights
cfg.SOLVER.IMS_PER_BATCH = 2
cfg.SOLVER.BASE_LR = 0.00025 # pick a good LR
cfg.SOLVER.MAX_ITER = 5000 # instead of epochs, we train on
# 5000 batches
cfg.MODEL.ROI_HEADS.BATCH_SIZE_PER_IMAGE = 512
cfg.MODEL.ROI_HEADS.NUM_CLASSES = len(classes)
```

从上述代码可以看出，你可以设置模型训练所需的所有主要超参数。merge_from_
file 正在从一个预先存在的配置文件中导入所有的核心参数，该配置文件使用带 FPN 的
mask_rccnn 预训练模型作为网络主干，还包含关于预训练实验的一些额外信息，如优化
器和损失函数。在 cfg 中设置的超参数是不言自明的。

5. 模型训练：

```
os.makedirs(cfg.OUTPUT_DIR, exist_ok=True)
trainer = DefaultTrainer(cfg)
trainer.resume_or_load(resume=False)
trainer.train()
```

使用上述代码，我们可以训练一个能够预测目标类别和边界框的模型，并且可以使用
这个模型完成对定制数据集中属于有定义类别的目标的分割。

❑ 将模型保存在一个文件夹中：

```
!cp output/model_final.pth output/trained_model.pth
```

至此，我们完成了对模型的训练。下一节将使用这个模型对新图像进行推断。

10.1.3　对新图像进行推断

为了使用这个模型对新图像进行推断，我们加载路径，设置概率阈值，并使用
DefaultPredictor 方法，如下所示：

1. 加载已训练模型的权重。使用相同的 cfg 并加载模型权重，如下列代码所示：

```
cfg.MODEL.WEIGHTS = os.path.join(cfg.OUTPUT_DIR, \
                                 "trained_model.pth")
```

2. 设置目标属于某个类别的概率阈值：

```
cfg.MODEL.ROI_HEADS.SCORE_THRESH_TEST = 0.25
```

3. 定义 predictor 方法：

```
predictor = DefaultPredictor(cfg)
```

4. 对图像进行分割并可视化。在下列代码中，我们随机绘制了 30 个训练图像（注意，我们还没有创建验证数据，我们把这个作为练习留给读者），其实也可以通过加载你自己的图像路径来代替 choose(files)：

```
from detectron2.utils.visualizer import ColorMode
files = Glob('train/myData2020')
for _ in range(30):
    im = cv2.imread(choose(files))
    outputs = predictor(im)
    v = Visualizer(im[:, :, ::-1], scale=0.5, \
                    metadata=MetadataCatalog.get(\
                            "dataset_train"), \
                    instance_mode=ColorMode.IMAGE_BW
# remove the colors of unsegmented pixels.
# This option is only available for segmentation models
    )

    out = v.draw_instance_predictions(\
                        outputs["instances"].to("cpu"))
    show(out.get_image())
```

Visualizer 是 Detectron2 绘制目标实例的方法。假设预测结果（呈现在输出变量中）只是张量字典，Visualizer 将它们转换为像素信息并将其绘制在图像上。

下面来学习每个输入项的含义：

❑ im：表示我们想要可视化的图像。

❑ scale：表示绘制图像大小。这里要求它将图像缩小 50%。

❑ metadata：表示数据集的类级信息，主要是索引到类别的映射，这样当我们发送原始张量作为绘制的输入时，可以使用这些类级信息将它们解码为人类可读的实际类别。

❑ instance_mode：表示要求模型只突出显示被分割的像素。

最后，一旦创建了类（在我们的示例中，它是 v），就可以要求它从模型中绘制实例预测并显示图像。

上述代码的输出结果如图 10-1 所示。

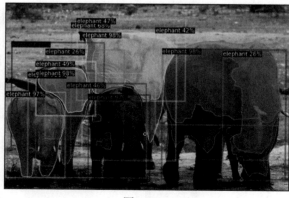

图   10-1

由图 10-1 可见，模型能够相当准确地识别与大象对应的像素。

目前已经理解了如何使用 Detectron2 来识别图像中与目标类别相对应的像素，下面我们将在此基础上进一步理解如何使用 Detectron2 完成对图像中人体姿态的检测。

10.2　人体姿态检测

在上一节中，我们学习了如何对图像中多个目标进行检测和分割。我们将在本节学习如何检测图像中的多个人体目标，并使用 Detectron2 检测图像中存在的各个身体部位关键点。身体部位关键点的检测在体育分析和公共安全等多个领域都具有重要的应用价值。

对于这个练习，我们将使用配置文件中可用的预训练关键点检测模型：

> ℹ️ 下列代码可以从本书 GitHub 库（https://tinyurl.com/mcvp-packt）的 Chapter10 文件夹中的 Human_pose_detection.ipynb 获得。该代码包含下载数据的 URL 地址。我们强烈建议你在 GitHub 中执行 notebook 来重现结果，以便能够更好地理解这里介绍的执行步骤和各种代码组件。

1. 安装上一节所示的所有需求：

```
!pip install detectron2 -f \
https://dl.fbaipublicfiles.com/detectron2/wheels/cu101/torch1.
7/index.html
!pip install torch_snippets
!pip install pyyaml==5.1 pycocotools>=2.0.1

from torch_snippets import *
import detectron2
from detectron2.utils.logger import setup_logger
setup_logger()

from detectron2 import model_zoo
from detectron2.engine import DefaultPredictor
from detectron2.config import get_cfg
from detectron2.utils.visualizer import Visualizer
from detectron2.data import MetadataCatalog, DatasetCatalog
```

2. 提取配置文件，并加载 Detectron2 中关键点检测预训练模型：

```
cfg = get_cfg() # get a fresh new config
cfg.merge_from_file(model_zoo.get_config_file("COCO-\
Keypoints/keypoint_rcnn_R_50_FPN_3x.yaml"))
```

3. 确定参数配置：

```
cfg.MODEL.ROI_HEADS.SCORE_THRESH_TEST = 0.5 # set threshold
# for this model
cfg.MODEL.WEIGHTS = model_zoo.get_checkpoint_url("COCO-\
```

```
Keypoints/keypoint_rcnn_R_50_FPN_3x.yaml")
predictor = DefaultPredictor(cfg)
```

4. 加载需要预测的图像：

```
from torch_snippets import read, resize
!wget -q https://i.imgur.com/ldzGSHk.jpg -O image.png
im = read('image.png',1)
im = resize(im, 0.5) # resize image to half its dimensions
```

5. 对图像进行预测，并标出关键点：

```
outputs = predictor(im)
v = Visualizer(im[:,:,::-1], \
                MetadataCatalog.get(cfg.DATASETS.TRAIN[0]), \
                scale=1.2)
out = v.draw_instance_predictions(\
                outputs["instances"].to("cpu"))
import matplotlib.pyplot as plt
%matplotlib inline
plt.imshow(out.get_image())
```

上述代码输出结果如图 10-2 所示。

图   10-2

从输出结果可以看出，模型能够准确地识别出图像中人体的各个关键点。

本节学习了如何使用 Detectron2 平台执行人体关键点检测。我们将在下一节学习如何从头实现一个改进的 VGG 架构，用于估计图像中出现的人数。

10.3   人群计数

请想象下列场景：给你一个人群图像，要求你估计图像中的人数。在这种情况下，人群计数模型就派上了用场。在构建用于人群统计的模型之前，我们先了解一下可用的数据和模型架构。

为了训练一个预测图像中人数的模型，我们必须首先加载训练图像。训练图像应该包含图像中所有人的头部中心位置信息。一个输入图像样本及图像中人头中心位置信息如图 10-3

所示（来源：ShanghaiTech 数据集，网址 https://github.com/desenzhou/ ShanghaiTechDataset）。

图　10-3

在图 10-3 所示的图像样本中，代表真值的图像（右边图像——表示图像中人头中心点）非常稀疏。一共有 N 个白色像素点，其中 N 是图像中的人数。放大图像左上角的效果如图 10-4 所示。

图　10-4

下一步，我们将真值稀疏图像转换为稠密的热点图像，表示图像中该区域的人数，如图 10-5 所示。

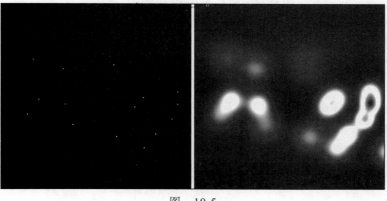

图　10-5

得到的输入 – 输出对如图 10-6 所示。

图   10-6

整个图像的热点图表示结果如图 10-7 所示。

图   10-7

注意，在图 10-7 中，当两个人比较靠近时，像素强度就比较高。当某个人远离其他人时，这个人对应的像素密度分布则相对比较均匀，使得其像素的强度较低。从本质上讲，热点图中像素值总和等于图像中出现的人数。

现在我们可以接受一个输入图像和图像中人头中心位置真值（以热点图的形式表示），这里将使用 "CSRNet:Dilated Convolutional Neural Networks for Understanding the Highly Congested Scenes" 这篇论文中介绍的架构来预测图像中出现的人数。

这个模型架构（https://arxiv.org/pdf/1802.10062.pdf）的基本信息如图 10-8 所示。

在上述模型架构的结构中，我们首先将图像传递给标准 VGG-16 主干，然后将其传递给额外的四层卷积。最后将得到的输出结果传递给四种配置中的一种，进行 $1 \times 1 \times 1$ 的卷积运算。我们将使用 A 配置，因为它的规模最小。

接下来，我们对输出图像进行**均方误差**（MSE）损失最小化计算，获得最优权重值，并使用 MAE 跟踪实际的人群计数结果。

该架构的另一个细节是使用了扩展卷积而不是普通卷积。

扩展卷积的一种典型计算方法如图 10-9 所示（图片来源：https://arxiv.org/pdf/1802.10062.pdf）。

CSRNet 的配置			
A	B	C	D
输入（非固定分辨率彩色图像）			
前端 （VGG-16 微调）			
conv3-64-1 conv3-64-1			
最大池化			
conv3-128-1 conv3-128-1			
最大池化			
conv3-256-1 conv3-256-1 conv3-256-1			
最大池化			
conv3-512-1 conv3-512-1 conv3-512-1			
后端（四种不同配置）			
conv3-512-1 conv3-512-1 conv3-512-1 conv3-256-1 conv3-128-1 conv3-64-1	conv3-512-2 conv3-512-2 conv3-512-2 conv3-256-2 conv3-128-2 conv3-64-2	conv3-512-2 conv3-512-2 conv3-512-2 conv3-256-4 conv3-128-4 conv3-64-4	conv3-512-4 conv3-512-4 conv3-512-4 conv3-256-4 conv3-128-4 conv3-64-4
conv1-1-1			

图　10-8

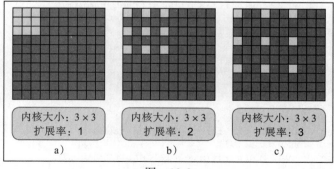

图　10-9

在图 10-9 中，图 a 表示我们一直在使用的一种典型内核。图 b 和图 c 则表示扩展内核，它们在单个像素之间存在差距。这样，内核就有了更大的感受野。当我们需要了解某个给定人附近有多少人，以便估计这个人的像素密度时，这个较大的感受野就可以派上用场。我们可以使用一个扩展内核（包含 9 个参数）而不是普通内核（包含 49 个参数，相当于 3 个内核的扩展率），实现以较少参数获得较多信息的效果。

理解了模型构建的正确方法之后，下面对模型进行编码，实现人群计数应用。（如果需要了解工作细节，建议阅读 https:// arxiv.org/pdf/1802.10062. pdf 这篇论文。下面介绍的模型训练方法主要是受到了这篇论文的启发。）

人群计数编码

人群计数的基本步骤如下：

1. 导入相关的包和数据集。

2. 要处理的数据集——ShanghaiTech 数据集——已经将人脸的中心点信息转换为基于高斯滤波器密度的分布，所以这里不需要进行热度图转换。可以直接使用网络模型建立图像输入和高斯密度图输出之间的映射关系。

3. 定义一个用于执行扩展卷积运算的函数。

4. 定义网络模型并对批量数据进行训练，使得 MSE 最小。

下面进行相关的代码实现。

> ℹ️ 下列代码可从本书 GitHub 库（`https://tinyurl.com/mcvp-packt`）的 Chapter10 文件夹中的 `crowd_counting.ipynb` 获得。该代码包含用于下载中等规模数据的 URL。我们强烈建议你在 GitHub 中执行 notebook 来重现结果，以便能够较好地理解这里介绍的执行步骤和各种代码组件。

1. 导入包并下载数据集：

```
%%time
import os
if not os.path.exists('CSRNet-pytorch/'):
    !pip install -U scipy torch_snippets torch_summary
    !git clone https://github.com/sizhky/CSRNet-pytorch.git
    from google.colab import files
    files.upload() # upload kaggle.json
    !mkdir -p ~/.kaggle
    !mv kaggle.json ~/.kaggle/
    !ls ~/.kaggle
    !chmod 600 /root/.kaggle/kaggle.json
    print('downloading data...')
    !kaggle datasets download -d \
        tthien/shanghaitech-with-people-density-map/
    print('unzipping data...')
    !unzip -qq shanghaitech-with-people-density-map.zip

%cd CSRNet-pytorch
!ln -s ../shanghaitech_with_people_density_map
from torch_snippets import *
import h5py
from scipy import io
```

❑ 提供图像的位置（`image_folder`）、真值（`gt_folder`）和热点图文件夹（`heatmap_`

```
folder):

    part_A = Glob('shanghaitech_with_people_density_map/\
    ShanghaiTech/part_A/train_data/');

    image_folder = 'shanghaitech_with_people_density_map/\
    ShanghaiTech/part_A/train_data/images/'
    heatmap_folder = 'shanghaitech_with_people_density_map/\
    ShanghaiTech/part_A/train_data/ground-truth-h5/'
    gt_folder = 'shanghaitech_with_people_density_map/\
    ShanghaiTech/part_A/train_data/ground-truth/'
```

2. 定义训练数据集、验证数据集和数据加载器：

```
device = 'cuda' if torch.cuda.is_available() else 'cpu'
tfm = T.Compose([
    T.ToTensor()
])

class Crowds(Dataset):
    def __init__(self, stems):
        self.stems = stems

    def __len__(self):
        return len(self.stems)

    def __getitem__(self, ix):
        _stem = self.stems[ix]
        image_path = f'{image_folder}/{_stem}.jpg'
        heatmap_path = f'{heatmap_folder}/{_stem}.h5'
        gt_path = f'{gt_folder}/GT_{_stem}.mat'

        pts = io.loadmat(gt_path)
        pts = len(pts['image_info'][0,0][0,0][0])

        image = read(image_path, 1)
        with h5py.File(heatmap_path, 'r') as hf:
            gt = hf['density'][:]
        gt = resize(gt, 1/8)*64
        return image.copy(), gt.copy(), pts

    def collate_fn(self, batch):
        ims, gts, pts = list(zip(*batch))
        ims = torch.cat([tfm(im)[None] for im in \
                         ims]).to(device)
        gts = torch.cat([tfm(gt)[None] for gt in \
                         gts]).to(device)
        return ims, gts, torch.tensor(pts).to(device)

    def choose(self):
        return self[randint(len(self))]

from sklearn.model_selection import train_test_split
trn_stems, val_stems = train_test_split(\
            stems(Glob(image_folder)), random_state=10)

trn_ds = Crowds(trn_stems)
```

```
val_ds = Crowds(val_stems)

trn_dl = DataLoader(trn_ds, batch_size=1, shuffle=True, \
                    collate_fn=trn_ds.collate_fn)
val_dl = DataLoader(val_ds, batch_size=1, shuffle=True, \
                    collate_fn=val_ds.collate_fn)
```

请注意，到目前为止，我们对典型数据集类所做的唯一增加就是前述代码中粗体显示的代码行。因为网络输出会将数据缩小到原始大小的 1/8，所以需要对真值图像的大小进行调整，将它放大 64 倍，使得图像像素的总和的尺度与原始图像中人群计数的尺度相匹配。

3. 定义网络架构：

❑ 定义允许扩展卷积的函数（make_layers）：

```
import torch.nn as nn
import torch
from torchvision import models
from utils import save_net,load_net

def make_layers(cfg, in_channels = 3, batch_norm=False,
                dilation = False):
    if dilation:
        d_rate = 2
    else:
        d_rate = 1
    layers = []
    for v in cfg:
        if v == 'M':
            layers += [nn.MaxPool2d(kernel_size=2, stride=2)]
        else:
            conv2d = nn.Conv2d(in_channels,v,kernel_size=3,\
                               padding=d_rate,
dilation=d_rate)
            if batch_norm:
                layers += [conv2d, nn.BatchNorm2d(v), \
                           nn.ReLU(inplace=True)]
            else:
                layers += [conv2d, nn.ReLU(inplace=True)]
            in_channels = v
    return nn.Sequential(*layers)
```

❑ 定义网络架构 CSRNet：

```
class CSRNet(nn.Module):
    def __init__(self, load_weights=False):
        super(CSRNet, self).__init__()
        self.seen = 0
        self.frontend_feat = [64, 64, 'M', 128, 128, 'M',256,
                              256, 256, 'M', 512, 512, 512]
        self.backend_feat = [512, 512, 512, 256, 128, 64]
        self.frontend = make_layers(self.frontend_feat)
        self.backend = make_layers(self.backend_feat,
                       in_channels = 512,dilation = True)
        self.output_layer = nn.Conv2d(64, 1, kernel_size=1)
        if not load_weights:
```

```
            mod = models.vgg16(pretrained = True)
            self._initialize_weights()
            items = list(self.frontend.state_dict().items())
            _items = list(mod.state_dict().items())
            for i in range(len(self.frontend.state_dict()\
                                .items())):
                items[i][1].data[:] = _items[i][1].data[:]
    def forward(self,x):
        x = self.frontend(x)
        x = self.backend(x)
        x = self.output_layer(x)
        return x
    def _initialize_weights(self):
        for m in self.modules():
            if isinstance(m, nn.Conv2d):
                nn.init.normal_(m.weight, std=0.01)
                if m.bias is not None:
                    nn.init.constant_(m.bias, 0)
            elif isinstance(m, nn.BatchNorm2d):
                nn.init.constant_(m.weight, 1)
                nn.init.constant_(m.bias, 0)
```

4. 定义用于训练和验证批量数据的函数：

```
def train_batch(model, data, optimizer, criterion):
    model.train()
    optimizer.zero_grad()
    ims, gts, pts = data
    _gts = model(ims)
    loss = criterion(_gts, gts)
    loss.backward()
    optimizer.step()
    pts_loss = nn.L1Loss()(_gts.sum(), gts.sum())
    return loss.item(), pts_loss.item()

@torch.no_grad()
def validate_batch(model, data, criterion):
    model.eval()
    ims, gts, pts = data
    _gts = model(ims)
    loss = criterion(_gts, gts)
    pts_loss = nn.L1Loss()(_gts.sum(), gts.sum())
    return loss.item(), pts_loss.item()
```

5. 通过不断增加轮数进行模型训练：

```
model = CSRNet().to(device)
criterion = nn.MSELoss()
optimizer = optim.Adam(model.parameters(), lr=1e-6)
n_epochs = 20

log = Report(n_epochs)
for ex in range(n_epochs):
    N = len(trn_dl)
    for bx, data in enumerate(trn_dl):
        loss,pts_loss=train_batch(model, data, optimizer, \
                                    criterion)
```

```
    log.record(ex+(bx+1)/N, trn_loss=loss,
                        trn_pts_loss=pts_loss, end='\r')

N = len(val_dl)
for bx, data in enumerate(val_dl):
    loss, pts_loss = validate_batch(model, data, \
                                    criterion)
    log.record(ex+(bx+1)/N, val_loss=loss,
                val_pts_loss=pts_loss, end='\r')

log.report_avgs(ex+1)
if ex == 10: optimizer = optim.Adam(model.parameters(), \
                                    lr=1e-7)
```

由上述代码得到的训练损失和验证损失的变化曲线（这里的损失是人群计数的 MAE）如图 10-10 所示。

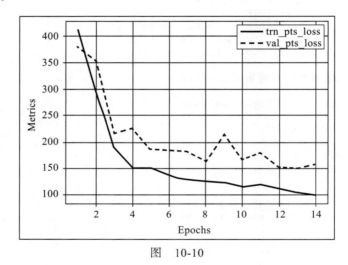

图　10-10

从图 10-10 中可以看出，我们的模型预测误差大约为 150 人。可以通过以下两种方式对模型进行改进：

❏ 对原始图像进行数据增强后进行模型训练。

❏ 通过使用更大的网络（我们使用 A 配置，而 B、C 和 D 是更大的配置）。

6. 对新图像进行推断：

❏ 获取一个测试图像并对其进行归一化处理：

```
from matplotlib import cm as c
from torchvision import datasets, transforms
from PIL import Image
transform=transforms.Compose([
                transforms.ToTensor(),transforms.Normalize(\
                    mean=[0.485, 0.456, 0.406],\
                    std=[0.229, 0.224, 0.225]),\
                ])
```

```
test_folder = 'shanghaitech_with_people_density_map/\
ShanghaiTech/part_A/test_data/'
imgs = Glob(f'{test_folder}/images')
f = choose(imgs)
print(f)
img = transform(Image.open(f).convert('RGB')).to(device)
```

❑ 将图像传递给已训练模型：

```
output = model(img[None])
print("Predicted Count : ", int(output.detach().cpu()\
                                        .sum().numpy()))
temp = np.asarray(output.detach().cpu()\
                    .reshape(output.detach().cpu()\
                    .shape[2],output.detach()\
                    .cpu().shape[3]))
plt.imshow(temp,cmap = c.jet)
plt.show()
```

由上述代码生成的输入图像（左图）的热点图（右图）如图 10-11 所示。

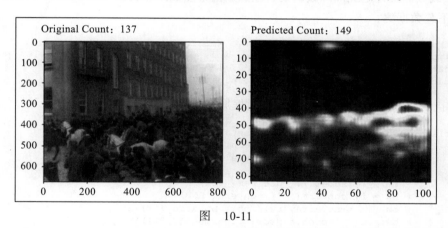

图 10-11

从上述输出结果可以看出，该模型对热点图的预测相当准确，模型预测人数比较接近实际值。

在下一节中，我们将利用 U-Net 架构完成图像着色任务。

10.4 图像着色

请想象下列场景：给你一堆黑白图像，要求你把它们变成彩色图像。你将如何解决这个问题？解决这个问题的一种方法是使用伪监督管道，将原始彩色图像转换成黑白图像，并将它们视为输入 – 输出对。这里通过对 CIFAR-10 数据集中图像进行着色来介绍这种方法。

对图像着色网络进行编码的基本步骤如下：

1. 将训练数据集中的原始彩色图像转换为灰度图像，获取模型输入（灰度图像）和输出

（原始彩色图像）的组合。

2. 对输入和输出进行归一化处理。

3. 构建一个 U-Net 架构。

4. 通过不断增加轮数实现对模型的训练。

下面根据上述步骤进行代码实现。

> ℹ 以下代码可以从本书 GitHub 库（https://tinyurl.com/mcvp-packt）的
> Chapter10 文件夹中的 Image colorization.ipynb 获得。

1. 安装并导入所需的软件包：

```
!pip install torch_snippets
from torch_snippets import *
device = 'cuda' if torch.cuda.is_available() else 'cpu'
```

2. 下载数据集并定义训练数据集、验证数据集和数据加载器：

❑ 下载数据集：

```
from torchvision import datasets
import torch
data_folder = '~/cifar10/cifar/'
datasets.CIFAR10(data_folder, download=True)
```

❑ 定义训练数据集、验证数据集和数据加载器：

```
class Colorize(torchvision.datasets.CIFAR10):
    def __init__(self, root, train):
        super().__init__(root, train)
    def __getitem__(self, ix):
        im, _ = super().__getitem__(ix)
        bw = im.convert('L').convert('RGB')
        bw, im = np.array(bw)/255., np.array(im)/255.
        bw, im = [torch.tensor(i).permute(2,0,1)\
                    .to(device).float() for i in [bw,im]]
        return bw, im

trn_ds = Colorize('~/cifar10/cifar/', train=True)
val_ds = Colorize('~/cifar10/cifar/', train=False)

trn_dl = DataLoader(trn_ds, batch_size=256, shuffle=True)
val_dl = DataLoader(val_ds, batch_size=256, shuffle=False)
```

❑ 输入和输出图像的示例如下：

```
a,b = trn_ds[0]
subplots([a,b], nc=2)
```

上述代码输出结果如图 10-12 所示。

注意，CIFAR-10 的图像形状为 32×32。

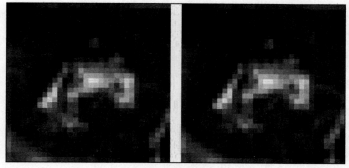

图　10-12

3. 定义网络架构:

```python
class Identity(nn.Module):
    def __init__(self):
        super().__init__()
    def forward(self, x):
        return x

class DownConv(nn.Module):
    def __init__(self, ni, no, maxpool=True):
        super().__init__()
        self.model = nn.Sequential(
            nn.MaxPool2d(2) if maxpool else Identity(),
            nn.Conv2d(ni, no, 3, padding=1),
            nn.BatchNorm2d(no),
            nn.LeakyReLU(0.2, inplace=True),
            nn.Conv2d(no, no, 3, padding=1),
            nn.BatchNorm2d(no),
            nn.LeakyReLU(0.2, inplace=True),
        )
    def forward(self, x):
        return self.model(x)

class UpConv(nn.Module):
    def __init__(self, ni, no, maxpool=True):
        super().__init__()
        self.convtranspose = nn.ConvTranspose2d(ni, no, \
                                                2, stride=2)
        self.convlayers = nn.Sequential(
            nn.Conv2d(no+no, no, 3, padding=1),
            nn.BatchNorm2d(no),
            nn.LeakyReLU(0.2, inplace=True),
            nn.Conv2d(no, no, 3, padding=1),
            nn.BatchNorm2d(no),
            nn.LeakyReLU(0.2, inplace=True),
        )
    def forward(self, x, y):
        x = self.convtranspose(x)
        x = torch.cat([x,y], axis=1)
        x = self.convlayers(x)
        return x
```

```
class UNet(nn.Module):
    def __init__(self):
        super().__init__()
        self.d1 = DownConv( 3, 64, maxpool=False)
        self.d2 = DownConv( 64, 128)
        self.d3 = DownConv( 128, 256)
        self.d4 = DownConv( 256, 512)
        self.d5 = DownConv( 512, 1024)
        self.u5 = UpConv (1024, 512)
        self.u4 = UpConv ( 512, 256)
        self.u3 = UpConv ( 256, 128)
        self.u2 = UpConv ( 128, 64)
        self.u1 = nn.Conv2d(64, 3, kernel_size=1, stride=1)

    def forward(self, x):
        x0 = self.d1( x) # 32
        x1 = self.d2(x0) # 16
        x2 = self.d3(x1) # 8
        x3 = self.d4(x2) # 4
        x4 = self.d5(x3) # 2
        X4 = self.u5(x4, x3)# 4
        X3 = self.u4(X4, x2)# 8
        X2 = self.u3(X3, x1)# 16
        X1 = self.u2(X2, x0)# 32
        X0 = self.u1(X1) # 3
        return X0
```

4. 定义模型、优化器和损失函数：

```
def get_model():
    model = UNet().to(device)
    optimizer = optim.Adam(model.parameters(), lr=1e-3)
    loss_fn = nn.MSELoss()
    return model, optimizer, loss_fn
```

5. 定义用于训练和验证批量数据的函数：

```
def train_batch(model, data, optimizer, criterion):
    model.train()
    x, y = data
    _y = model(x)
    optimizer.zero_grad()
    loss = criterion(_y, y)
    loss.backward()
    optimizer.step()
    return loss.item()

@torch.no_grad()
def validate_batch(model, data, criterion):
    model.eval()
    x, y = data
    _y = model(x)
    loss = criterion(_y, y)
    return loss.item()
```

6. 通过不断增加轮数实现对模型的训练：

```
model, optimizer, criterion = get_model()
exp_lr_scheduler = optim.lr_scheduler.StepLR(optimizer, \
                                    step_size=10, gamma=0.1)

_val_dl = DataLoader(val_ds, batch_size=1, shuffle=True)
n_epochs = 100
log = Report(n_epochs)
for ex in range(n_epochs):
    N = len(trn_dl)
    for bx, data in enumerate(trn_dl):
        loss = train_batch(model, data, optimizer, criterion)
        log.record(ex+(bx+1)/N, trn_loss=loss, end='\r')
        if (bx+1)%50 == 0:
            for _ in range(5):
                a,b = next(iter(_val_dl))
                _b = model(a)
                subplots([a[0], b[0], _b[0]], nc=3, \
                        figsize=(5,5))

    N = len(val_dl)
    for bx, data in enumerate(val_dl):
        loss = validate_batch(model, data, criterion)
        log.record(ex+(bx+1)/N, val_loss=loss, end='\r')
    exp_lr_scheduler.step()
    if (ex+1) % 5 == 0: log.report_avgs(ex+1)

    for _ in range(5):
        a,b = next(iter(_val_dl))
        _b = model(a)
        subplots([a[0], b[0], _b[0]], nc=3, figsize=(5,5))

log.plot_epochs()
```

上述代码输出结果如图 10-13 所示。

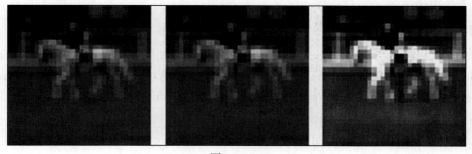

图　10-13

从上述输出结果可以看出，该模型能够很好地为灰度图像着色。

到目前为止，我们已经了解了使用 Detectron2 进行人体分割和关键点检测、人群计数中的扩展卷积，以及图像着色中的 U-Net。在下一节中，我们将学习如何使用 YOLO 模型进行三维目标检测。

10.5　面向点云的三维目标检测

我们已经学习了如何使用基于锚框概念的算法预测二维图像上的边界框，现在学习如何将这个概念扩展到预测三维目标边界框的情形。

在汽车自动驾驶应用场景，系统通常无法在不了解环境信息的情况下完成行人/障碍物检测和路线规划等任务。因此，预测三维目标的位置及其方向成为一项重要的任务。重要的不仅仅是障碍物目标的二维边界框信息，障碍物目标的距离、高度、宽度和方向信息对于三维安全导航也是至关重要的。

在本节中，我们将学习如何使用 YOLO 模型在真实数据集上预测汽车和行人的三维方向和位置。

> ⓘ 下载数据、训练集和测试集的说明都已在 GitHub repo 中给出，网址为 https://github.com/sizhky/Complex-YOLOv4-Pytorch/blob/master/README.md#training-instructions。考虑到开放的三维数据集非常少，这里选择了最常用的数据集进行练习，你需要注册下载。我们在上述链接中提供了注册说明。

10.5.1　理论

激光雷达（LIDAR）是一种用于实时采集三维数据的著名传感器。它是一个安装在旋转装置上的激光器，每秒发射数百束激光。可以使用另一个传感器接收来自周围物体的激光反射，并计算出激光在遇到障碍物之前行进的距离。如果在汽车的各个方向都进行这样的操作，那么就会产生一个反映汽车所处环境的三维距离点云信息。这里数据集中包含了从特定硬件 velodyne 获得的三维点云信息。下面介绍如何面向三维目标检测任务实现对模型输入和输出的编码。

对输入进行编码

原始输入将以 .bin 文件的形式呈现给三维点云。可以使用 np.fromfile(<filepath>) 作为 NumPy 数组加载每个文件，下面是关于数据文件的一个简单示例（根据 GitHub repo 指令在 dataset/.../training/velodyne 目录下载和移动原始文件后可以获得这些文件）：

```
files = Glob('training/velodyne')
F = choose(files)
pts = np.fromfile(F, dtype=np.float32).reshape(-1, 4)
pts
```

上述代码输出结果如图 10-14 所示。

```
array([[62.502,  8.628,  2.343,  0.  ],
       [62.468,  8.824,  2.342,  0.  ],
       [66.793, 10.832,  2.497,  0.  ],
       ...,
       [ 3.75 , -1.418, -1.753,  0.25 ],
       [ 3.759, -1.409, -1.756,  0.32 ],
       [ 3.767, -1.398, -1.758,  0.  ]], dtype=float32)
```

图　10-14

对其进行可视化表示的代码如下：

```
# take the points and remove faraway points
x,y,z = np.clip(pts[:,0], 0, 50),
        np.clip(pts[:,1], -25, 25),
        np.clip(pts[:,2],-3, 1.27)

fig = go.Figure(data=[go.Scatter3d(\
        x=x, y=y, z=z, mode='markers',
        marker=dict(
            size=2,
            color=z, # set color to a list of desired values
            colorscale='Viridis', # choose a colorscale
            opacity=0.8
        )
    )])

fig.update_layout(margin=dict(l=0, r=0, b=0, t=0))
fig.show()
```

上述代码输出结果如图 10-15 所示。

可以通过以下步骤将这些信息转换为鸟瞰图：

1. 将三维点云投影到 xy 平面（地面）上，并将其分割为单元格分辨率为 $8cm^2$ 的网格。

2. 对于每个单元格，计算以下内容并将它们与指定的通道进行关联：

❑ 红色通道：表示网格中最高点的高度；

❑ 绿色通道：表示网格中最高点的强度；

❑ 蓝色通道：表示网格中点的数量除以 64（这是一个归一化因子）。

例如，一种可能的点云数量鸟瞰图如图 10-16 所示。

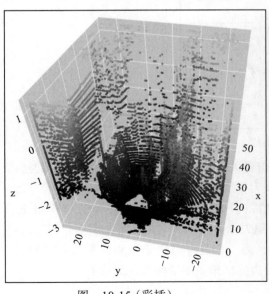

图 10-15（彩插）

图 10-16（彩插）

你可以清楚地看到图像中用于表示有障碍物的"阴影"。

这就是使用 LIDAR 点云数据创建图像的一种方法。

> ⓘ 我们以三维点云数据作为原始输入，将得到的鸟瞰图作为输出。这个图像创建步骤是一个必需的预处理步骤，这里所创建的图像将作为 YOLO 模型的输入。

对输出进行编码

现在已经有了（三维点云的）鸟瞰图作为模型的输入，我们需要使用模型预测以下一些现实世界的特征：

❑ 图像中呈现的目标（**类别**）；

❑ 目标与汽车在东西轴（**x**）上的距离（以米为单位）；

❑ 目标与汽车在南北轴（**y**）上的距离（以米为单位）；

❑ 目标的方向（**偏角**）；

❑ 目标的大小（目标的**长度**和**宽度**，以米为单位）。

模型虽然可以预测目标在像素坐标系统（鸟瞰图像）中的边界框，但没有任何现实世界的意义，因为预测结果面向的是像素空间（鸟瞰视图），而不是实际的三维空间。此时，我们需要将这些面向像素坐标（鸟瞰视图）系的边界框预测结果转换为真实世界三维坐标系中以米为单位的预测结果。为了避免后处理过程中的额外步骤，我们这里直接对真值进行预测。

此外，在现实场景中，目标可以面向任何方向。如果只计算长度和宽度，还不足以描述关于目标的精确边界框。例如，图 10-17 描述的情形。

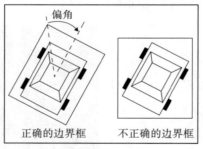

图 10-17

为了获得比较精确的目标边界框，我们还需要关于障碍物的方向信息，因此我们还需要额外的偏角参数。从形式上看，是以南北轴线为标准给出的方向。

首先，考虑到汽车的行车记录仪（以及激光雷达）的视野比高度更宽，YOLO 模型使用了 32 × 64 单元格的锚盒网格。该模型使用两个损失函数。第一个是在第 8 章中介绍过的正常 YOLO 损失函数（负责预测 x、y、l 和 w 类），另一个是专门用于预测偏角的 EULER 损失函数。从形式上看，用于从模型最终输出解得边界框预测结果的方程组如下：

$$b_x = \sigma(t_x) + c_x$$

$$b_y = \sigma(t_y) + c_y$$

$$b_w = p_w e^{t_w}$$

$$b_l = p_l e^{t_l}$$

$$b_\varphi = \arctan 2(t_{\mathrm{Im}}, t_{\mathrm{Re}})$$

式中，b_x、b_y、b_w、b_l 和 b_φ 分别是 x 和 z 坐标值、障碍物的宽度、长度和偏角；t_x、t_y、t_w、t_l、t_{Im} 和 t_{Re} 是 YOLO 预测的 6 个回归值；c_x 和 c_y 是网格单元格中心在 32×64 矩阵中的位置，p_w 和 p_l 是取汽车与行人的平均宽度和长度而得到的预定义先验值。此外，在实现中有 5 个先验（锚框）。

> ⓘ 同类的每个对象高度假定为某个固定的数字。

请参考图 10-18 给出的插图，它以图片的方式显示了这一点（图片来源：https://arxiv. org/pdf/1803.06199.pdf）。

总损失的计算公式如下：

$$\mathrm{Loss} = \mathrm{Loss}_{\mathrm{YOLO}} + \mathrm{Loss}_{\mathrm{EULER}}$$

上一章已经介绍了 $\mathrm{LOSS}_{\mathrm{YOLO}}$（将 t_x、t_y、t_w 和 t_l 作为目标）。另外，请注意：

$$\mathrm{Loss}_{\mathrm{EULER}} = \sum_{\text{所有目标}}^{} \sum_{}^{\text{所有网格单元格}} f(\text{目标,单元格})$$

$$f(\text{目标,单元格}) = \begin{cases} (t_{\mathrm{Im}} - \hat{t}_{\mathrm{Im}})^2 + (t_{\mathrm{Re}} - \hat{t}_{\mathrm{Re}})^2, & \text{若目标在单元格中} \\ 0, & \text{其他} \end{cases}$$

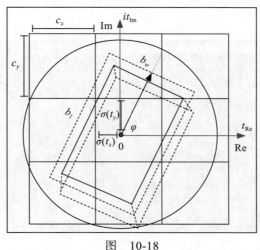

图　10-18

现在已经介绍解了三维目标检测的基本原理如何与二维目标检测保持一致（需要预测

更多的参数），以及关于这项任务的输入 – 输出对，下面使用现有的 GitHub repo 来训练我们的模型。

> 关于三维目标检测的更多细节，请参考论文"Complex YOLO"（https://arxiv.org/pdf/1803.06199.pdf）。

10.5.2　训练 YOLO 模型实现三维目标检测

借助于代码的标准化，可以在很大程度上将用户从编码工作中解放出来。就像使用 Detectron2 一样，我们只需要确保模型训练和测试算法使用的数据以正确的格式处在正确的位置即可。一旦确保了这一点，我们就可以用最少的代码量完成模型训练和测试。

首先需要复制 Complex-YOLOv4-Pytorch 存储库：

```
$ git clone https://github.com/sizhky/Complex-YOLOv4-Pytorch
```

按照 README.md 文件中的说明进行操作。下载并将数据集移动到正确的位置。

> 下载数据、训练集和测试集的说明都已在 GitHub repo 中给出：https://gitHub.com/sizhky/Complex-YOLOv4-Pytorch/blob/master/README.md#training-instructions。考虑到目前开放的三维数据集非常少，这里选择了最常用的数据集进行练习，你仍然需要注册下载。我们已经在前面的链接中给出了注册说明。

数据格式

我们可以使用任何带有真值的三维点云数据进行这个练习。参考 GitHub repo 上的 README 文件，可以了解更多关于如何下载和移动数据的说明。需要以图 10-19 所示的格式将数据保存在根目录。

图　10-19

这三个新文件夹是 velodyne、calib 和 label_2，关于它们的简介如下：

❑ velodyne 包含一个 .bin 文件列表，这些文件用于对 image_2 文件夹中图像的三维点云信息进行编码。

❑ calib 包含关于每个点云的校准文件。通过使用 calib 文件夹内每个文件中的 3×4 投影矩阵，可以将来自 LIDAR 点云坐标系的三维坐标投影到摄像机坐标系统（即图像）上。从本质上讲，LIDAR 传感器捕获的点位与摄像机捕获的点位稍微有点偏差。这种偏差是由于这两个传感器分别安装在相距几厘米的两个地方。知道正确的偏移量会帮助我们正确地将边界框和三维点云数据投影到摄像机获得的图像上。

❑ label_2 包含每个图像的真值（每行一个真值），其形式为 15 个值，如下表所示：

列	示例	描述	范围
类型	行人	类	汽车 / 行人
截断	0	目标是否离开图像边界	0/1
遮挡	0	目标是否被遮挡（0= 全部可见，1= 部分遮挡，2= 大部分遮挡，3= 不可见）	0, 1, 2, 3
alpha	−0.2	观测角度	-pi 到 pi
$x1$	712.4	bbox	图像坐标
$y1$	143	bbox	图像坐标
$x2$	810.73	bbox	图像坐标
$y2$	307.92	bbox	图像坐标
h	1.89	高度	米
w	0.48	宽度	米
l	1.2	长度	米
x	1.84	来自摄像机的目标位置	米
y	1.47	来自摄像机的目标位置	米
z	8.41	来自摄像机的目标位置	米
ry	0.01	目标围绕自身 y 轴的旋转	-pi 到 pi

注意，这里目标列是类型（类）、w、l、x、z 和 ry（偏角）。我们将忽略此任务中的其余值。

数据检查

可以通过以下操作来验证数据是否得到正确的下载：

```
$ cd Complex-YOLOv4-Pytorch/src/data_process
$ python kitti_dataloader.py --output-width 600
```

上述代码显示了多个图像，每次一个图像。图 10-20 是其中一个例子（图片来源：https:// arxiv.org/pdf/1803.06199.pdf）。

图　10-20

现在我们能够下载和查看一些图像。下面我们将学习如何训练用于预测三维边界框的模型。

训练

训练代码被打包在一个 Python 文件中，调用方法如下：

```
$ cd Complex-YOLOv4-Pytorch/src
$ python train.py --gpu_idx 0 --batch_size 2 --num_workers 4 \
                  --num_epochs 5
```

轮数的默认值是 300，但从第 5 轮开始获得的结果是相当合理的。在 GTX 1070 GPU 上，每轮需要 30 ~ 45 分钟。如果不能一次性完成训练，可以使用 --resume_path 恢复训练。该代码每隔 5 轮保存一个新的检查点。

测试

就像在数据检查部分那样，可以使用下列代码测试已训练模型：

```
$ cd Complex-YOLOv4-Pytorch/src
$ python test.py --gpu_idx 0 --pretrained_path
../checkpoints/complexer_yolo/Model_complexer_yolo_epoch_5.pth --
cfgfile ./config/cfg/complex_yolov4.cfg --show_image
```

代码的主要输入是检查点路径和模型配置路径。在给出这些输入信息并运行代码之后，会弹出图 10-21 所示的输出结果（图片来源：https://arxiv.org/pdf/1803.06199.pdf）。

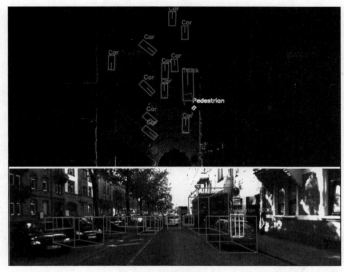

图　　10-21

由于模型比较简单，我们可以在普通 GPU 运行环境中使用这个模型，每秒可以得到大约 15 ～ 20 个预测结果。

10.6　小结

在本章中，我们学习了关于目标定位和分割的多种实际应用。具体来说，我们学习了如何使用 Detectron2 平台实现图像分割和目标检测，以及人体关键点检测。此外，我们还学习了从 Open images 数据集获取图像时面临的一些使用大型数据集涉及的复杂问题。接下来，我们分别使用 VGG 和 U-Net 架构完成了人群计数和图像着色任务。最后，我们学习了使用点云图像进行三维目标检测的理论和实现步骤。正如你可以从所有这些应用实例中学到的，底层的基本原理与前面章节中描述的相同，只是对网络的输入 / 输出进行了修改，以适应具体任务。

在下一章中，我们将转换方向，学习图像编码，这有助于识别相似的图像以及生成新的图像。

第三部分

图像处理

这个部分介绍和讨论各种图像处理技术，包括自编码器模型和各种类型的 GAN 模型，使用这些技术来改善图像质量，调整图像风格，在现有图像的基础上生成新的图像。

本部分包括以下三章：

第 11 章

自编码器与图像处理

在前面的章节中，我们学习了图像分类、图像中的目标检测，以及分割出与图像中目标相对应的像素。在本章中，我们将学习如何使用自编码器将图像表示成较低维度的形式，并在此基础上使用变分自编码器生成新的图像。较低维度的图像表示形式有助于我们实现对图像的处理（修改）。我们将学习如何使用图像的低维表示生成新的图像，以及基于两个不同内容和风格的图像生成新的图像。接下来，我们还将学习如何修改图像，使得图像视觉上保持不变，类别却发生变化。最后，我们将学习如何生成深度虚拟图像：给定某个人 A 的源图像，生成的目标图像是一个与 A 面部表情相似的人 B 的图像。

11.1 理解自编码器

到目前为止，我们已经在前面的章节中学习了如何根据输入图像及其对应的标签训练一个用于对图像进行分类的模型。现在，请你想象下列场景：需要根据图像之间的相似性对图像进行聚类，并限制它们没有相应的标签。自编码器在识别和分组相似图像方面很有用。

自编码器将图像作为输入，将其存储在较低维度的空间中，并试图重建出与输出相同的图像，因此使用了术语**自**（表示能够重建输入）。然而，如果我们只是在输出中对输入图像进行简单的复制，那就不需要网络模型，只需简单地将输入乘以 1 就可以了。自编码器的不同之处在于，它对图像信息进行低维编码，然后重新生成图像，因此有了**编码器**这个术语（它是图像信息的低维表示）。这样，相似的图像就会有相似的编码。此外，**解码器**从编码向量中重建原始图像。

为了进一步理解自编码器，请看图 11-1。

假设输入图像是 MNIST 手写数字的扁平化版本，输出图像与输入图像相同。最中间的一层是编码层，称为瓶颈层。输入层和瓶颈层之间的操作为编码器的工作，瓶颈层和输出层之间的操作为解码器工作。

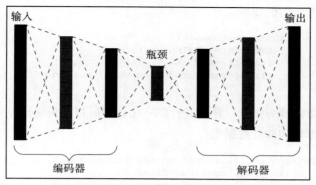

图 11-1

> 通过瓶颈层，可以使用较低的维数实现对图像的表示。此外，可以使用瓶颈层的信息重建原始图像。我们将在后续部分学习如何使用瓶颈层信息解决相似图像的识别问题，以及新图像的生成问题。

瓶颈层的作用如下：

❑ 具有类似瓶颈层值（编码表示）的图像很可能彼此相似。

❑ 通过改变瓶颈层的节点值，我们可以改变输出图像。

有了前面的理解，就可以进行下列操作：

❑ 从头开始实现自编码器。

❑ 基于瓶颈层的取值可视化图像的相似性。

下面我们将介绍自编码器的构建方法，并讨论瓶颈层中不同的单元对解码器输出的影响。

构建普通自编码器

为了理解如何构建自编码器，下面在包含手写数字图像的 MNIST 数据集上构建一个具体的自编码器：

> 以下代码可以从本书 GitHub 库（https://tinyurl.com/mcvp-packt）的 Chapter11 文件夹的 simple_auto_encoder_with_different_latent_size. ipynb 获得。因为代码比较长，所以我们强烈建议你在 GitHub 中执行 notebook 来重现结果，这样可以更好地理解这里介绍的执行步骤和各种代码组件。

1. 导入相关的包并定义设备：

```
!pip install -q torch_snippets
from torch_snippets import *
from torchvision.datasets import MNIST
from torchvision import transforms
device = 'cuda' if torch.cuda.is_available() else 'cpu'
```

2. 指定想让图像经历的变换：

```
img_transform = transforms.Compose([
                transforms.ToTensor(),
                transforms.Normalize([0.5], [0.5]),
                transforms.Lambda(lambda x: x.to(device))
            ])
```

上述代码将图像转换为张量，并在进行归一化处理后将其传递给设备。

3. 创建训练数据集和验证数据集：

```
trn_ds = MNIST('/content/', transform=img_transform, \
                train=True, download=True)
val_ds = MNIST('/content/', transform=img_transform, \
                train=False, download=True)
```

4. 定义数据加载器：

```
batch_size = 256
trn_dl = DataLoader(trn_ds, batch_size=batch_size, \
                    shuffle=True)
val_dl = DataLoader(val_ds, batch_size=batch_size, \
                    shuffle=False)
```

5. 定义网络架构。定义 AutoEncoder 类、包含编码器、解码器和瓶颈层维度的 __init__ 方法、latent_dim，以及 forward 方法，并可视化模型摘要信息：

- 定义 AutoEncoder 类和包含编码器、解码器、瓶颈层维度的 __init__ 方法：

```
class AutoEncoder(nn.Module):
    def __init__(self, latent_dim):
        super().__init__()
        self.latend_dim = latent_dim
        self.encoder = nn.Sequential(
                        nn.Linear(28 * 28, 128),
                        nn.ReLU(True),
                        nn.Linear(128, 64),
                        nn.ReLU(True),
                        nn.Linear(64, latent_dim))
        self.decoder = nn.Sequential(
                        nn.Linear(latent_dim, 64),
                        nn.ReLU(True),
                        nn.Linear(64, 128),
                        nn.ReLU(True),
                        nn.Linear(128, 28 * 28),
                        nn.Tanh())
```

- 定义 forward 方法：

```
def forward(self, x):
    x = x.view(len(x), -1)
    x = self.encoder(x)
    x = self.decoder(x)
    x = x.view(len(x), 1, 28, 28)
    return x
```

❑ 将上面的模型可视化：

```
!pip install torch_summary
from torchsummary import summary
model = AutoEncoder(3).to(device)
summary(model, torch.zeros(2,1,28,28))
```

上述代码的输出结果如图 11-2 所示。

```
========================================================================
Layer (type:depth-idx)              Output Shape          Param #
========================================================================
├─Sequential: 1-1                   [-1, 3]               --
│    └─Linear: 2-1                  [-1, 128]             100,480
│    └─ReLU: 2-2                    [-1, 128]             --
│    └─Linear: 2-3                  [-1, 64]              8,256
│    └─ReLU: 2-4                    [-1, 64]              --
│    └─Linear: 2-5                  [-1, 3]               195
├─Sequential: 1-2                   [-1, 784]             --
│    └─Linear: 2-6                  [-1, 64]              256
│    └─ReLU: 2-7                    [-1, 64]              --
│    └─Linear: 2-8                  [-1, 128]             8,320
│    └─ReLU: 2-9                    [-1, 128]             --
│    └─Linear: 2-10                 [-1, 784]             101,136
│    └─Tanh: 2-11                   [-1, 784]             --
========================================================================
Total params: 218,643
Trainable params: 218,643
Non-trainable params: 0
Total mult-adds (M): 0.43
```

图   11-2

由输出结果可见，Linear: 2-5 层是瓶颈层，其中每个图像都被表示为一个三维向量。此外，解码器层使用瓶颈层中的三个值重建原始图像。

6. 与前几章一样，定义一个用于训练批量数据的函数（train_batch）：

```
def train_batch(input, model, criterion, optimizer):
    model.train()
    optimizer.zero_grad()
    output = model(input)
    loss = criterion(output, input)
    loss.backward()
    optimizer.step()
    return loss
```

7. 定义用于验证批量数据的函数（validate_batch）：

```
@torch.no_grad()
def validate_batch(input, model, criterion):
    model.eval()
    output = model(input)
    loss = criterion(output, input)
    return loss
```

8. 定义模型、损失函数和优化器：

```
model = AutoEncoder(3).to(device)
criterion = nn.MSELoss()
```

```
optimizer = torch.optim.AdamW(model.parameters(), \
                              lr=0.001, weight_decay=1e-5)
```

9. 通过不断增加轮数进行模型训练：

```
num_epochs = 5
log = Report(num_epochs)

for epoch in range(num_epochs):
    N = len(trn_dl)
    for ix, (data, _) in enumerate(trn_dl):
        loss = train_batch(data, model, criterion, optimizer)
        log.record(pos=(epoch + (ix+1)/N), \
                   trn_loss=loss, end='\r')
    N = len(val_dl)
    for ix, (data, _) in enumerate(val_dl):
        loss = validate_batch(data, model, criterion)
        log.record(pos=(epoch + (ix+1)/N), \
                   val_loss=loss, end='\r')
    log.report_avgs(epoch+1)
```

10. 可视化训练损失和验证损失随轮数增加的变化：

```
log.plot_epochs(log=True)
```

上述代码片段的输出结果如图 11-3 所示。

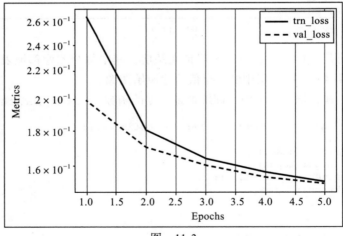

图　11-3

11. 使用训练期间没有出现的 `val_ds` 数据集进行模型验证：

```
for _ in range(3):
    ix = np.random.randint(len(val_ds))
    im, _ = val_ds[ix]
    _im = model(im[None])[0]
    fig, ax = plt.subplots(1, 2, figsize=(3,3))
    show(im[0], ax=ax[0], title='input')
    show(_im[0], ax=ax[1], title='prediction')
    plt.tight_layout()
    plt.show()
```

上述代码输出结果如图 11-4 所示。

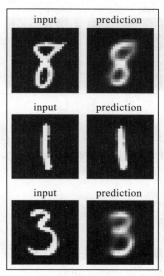

图　11-4

　　我们可以看到，即使瓶颈层只有三维大小，网络仍然能以非常高的精度重建输入图像。然而，重建的图像并不像我们期望的那样清晰。这主要是因为瓶颈层中节点数量较少。图 11-5 是使用不同瓶颈层大小（2, 3, 5, 10, 50）进行网络训练后，获得的重建图像的可视化效果。

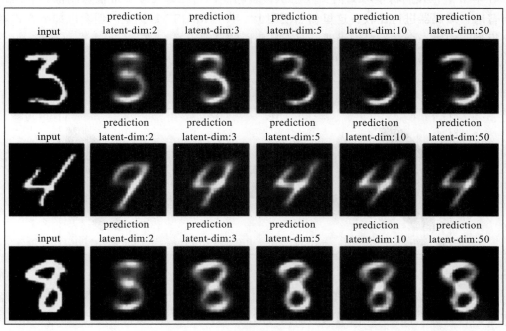

图　11-5

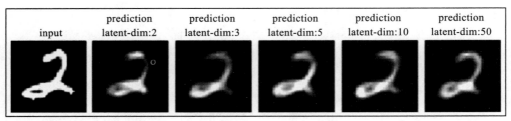

图　11-5（续）

可以看出，随着瓶颈层中向量数量的增加，重建图像的清晰度逐步提高。

在下一节中，我们将学习如何使用**卷积神经网络**（CNN）生成更清晰的图像，并学习如何将相似的图像进行分组。

11.2　理解卷积自编码器

在上一节中，我们学习了自编码器，并使用 PyTorch 进行了具体实现。虽然我们已经实现一个自编码器了，但使用的数据集比较简单，每个图像只有一个通道（均为黑白图像），而且图像尺寸相对较小（28×28）。因此，网络将输入进行了扁平化处理，使用 784 个输入值来预测 784（28×28）个输出值。然而，在现实中，我们通常会遇到包含3个通道的图像，比 28×28 的图像大得多。

在本节中，我们将学习如何实现卷积自编码器，它能够处理多维输入图像。然而，为了与普通自编码器进行比较，这里仍然使用上一节的 MNIST 数据集，但会以如下方式修改网络模型：构建一个卷积自编码器，而不是普通的自编码器。

卷积自编码器的基本结构如图 11-6 所示。

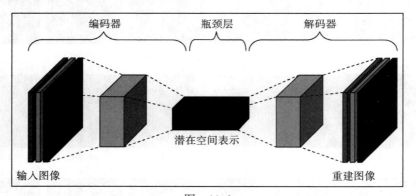

图　11-6

从图 11-6 可以看到，输入图像在瓶颈层中被表示为一个用于重建图像的块。图像经过多次卷积获取瓶颈表示（即使用**编码器**获得的瓶颈层），并对瓶颈表示进行放大获得对原始图像的重建效果（使用**解码器**重建原始图像）。

现在我们知道卷积自编码器是如何表示的，下面在以下代码中将其实现：

> ℹ 由于大多数代码与上一节中的代码相似，为简洁起见，这里只给出了额外代码。以下代码可从本书 **GitHub** 库（https://tinyurl.com/mcvp-packt）的 Chapter11 文件夹中的 `conv_auto_encoder.ipynb` 获得。如果你想查看完整的代码，我们建议你浏览 **GitHub** 中的 notebook。

1. 步骤 1 ～ 4 与普通自编码器部分完全相同，如下所示：

```
!pip install -q torch_snippets
from torch_snippets import *
from torchvision.datasets import MNIST
from torchvision import transforms
device = 'cuda' if torch.cuda.is_available() else 'cpu'
img_transform = transforms.Compose([
                    transforms.ToTensor(),
                    transforms.Normalize([0.5], [0.5]),
                    transforms.Lambda(lambda x: x.to(device))
                                ])

trn_ds = MNIST('/content/', transform=img_transform, \
              train=True, download=True)
val_ds = MNIST('/content/', transform=img_transform, \
              train=False, download=True)

batch_size = 128
trn_dl = DataLoader(trn_ds, batch_size=batch_size, \
                    shuffle=True)
val_dl = DataLoader(val_ds, batch_size=batch_size, \
                    shuffle=False)
```

2. 定义神经网络类 `ConvAutoEncoder`。

❑ 定义类和 `__init__` 方法：

```
class ConvAutoEncoder(nn.Module):
    def __init__(self):
        super().__init__()
```

❑ 定义 `encoder` 架构：

```
self.encoder = nn.Sequential(
                    nn.Conv2d(1, 32, 3, stride=3, \
                            padding=1),
                    nn.ReLU(True),
                    nn.MaxPool2d(2, stride=2),
                    nn.Conv2d(32, 64, 3, stride=2, \
                            padding=1),
                    nn.ReLU(True),
                    nn.MaxPool2d(2, stride=1)
                )
```

在上述代码中，我们从初始通道数（1）开始，将其增加到 32，然后进一步增加到 64，同时通过执行 `nn.MaxPool2d` 和 `nn.Conv2d` 运算减少输出值的大小。

❑ 定义 decoder 架构：

```
self.decoder = nn.Sequential(
            nn.ConvTranspose2d(64, 32, 3, \
                                stride=2),
            nn.ReLU(True),
            nn.ConvTranspose2d(32, 16, 5, \
                          stride=3,padding=1),
            nn.ReLU(True),
            nn.ConvTranspose2d(16, 1, 2, \
                          stride=2,padding=1),
            nn.Tanh()
        )
```

❑ 定义 forward 方法：

```
def forward(self, x):
    x = self.encoder(x)
    x = self.decoder(x)
    return x
```

3. 使用 summary 方法获得模型摘要信息：

```
model = ConvAutoEncoder().to(device)
!pip install torch_summary
from torchsummary import summary
summary(model, torch.zeros(2,1,28,28));
```

上述代码的输出结果如图 11-7 所示。

```
=================================================================
Layer (type:depth-idx)          Output Shape          Param #
=================================================================
├─Sequential: 1-1               [-1, 64, 2, 2]        --
|    └─Conv2d: 2-1              [-1, 32, 10, 10]      320
|    └─ReLU: 2-2               [-1, 32, 10, 10]      --
|    └─MaxPool2d: 2-3          [-1, 32, 5, 5]        --
|    └─Conv2d: 2-4            [-1, 64, 3, 3]        18,496
|    └─ReLU: 2-5             [-1, 64, 3, 3]        --
|    └─MaxPool2d: 2-6        [-1, 64, 2, 2]        --
├─Sequential: 1-2               [-1, 1, 28, 28]       --
|    └─ConvTranspose2d: 2-7     [-1, 32, 5, 5]        18,464
|    └─ReLU: 2-8               [-1, 32, 5, 5]        --
|    └─ConvTranspose2d: 2-9     [-1, 16, 15, 15]      12,816
|    └─ReLU: 2-10              [-1, 16, 15, 15]      --
|    └─ConvTranspose2d: 2-11    [-1, 1, 28, 28]       65
|    └─Tanh: 2-12             [-1, 1, 28, 28]       --
=================================================================
Total params: 50,161
Trainable params: 50,161
Non-trainable params: 0
Total mult-adds (M): 3.64
```

图 11-7

从上述摘要中可以看出，模型使用形状为批大小 $\times 64 \times 2 \times 2$ 的 MaxPool2d-6 层作为瓶颈层。

在模型训练的过程中（步骤 6、7、8 和 9），随着轮数的增加，训练损失和验证损失的变化曲线，以及模型对输入图像的预测如图 11-8 所示。

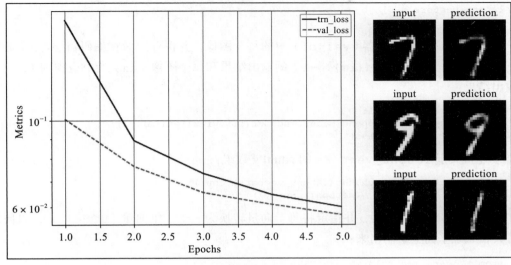

图　11-8

从图 11-8 我们可以看出，卷积自编码器获得的预测图像比普通自编码器获得的更加清晰。作为练习，我们建议你不断改变编码器和解码器中的通道数量，然后认真分析模型预测结果的变化情况。

在下一小节中，我们将介绍在没有图像标签的情况下，如何根据瓶颈层的取值对相似图像进行分组。

使用 t-SNE 对相似图像进行分组

在前几节中，我们以一个很低的维数表示每个图像，并假设相似的图像会具有相似的嵌入表示，不相似的图像具有不同的嵌入表示。然而，我们还没有讨论图像相似性的度量或详细考察图像的嵌入表示形式。

在本小节中，我们将绘制二维空间中的嵌入（瓶颈）向量。可以使用 t-SNE 技术将卷积自编码器的 64 维向量降低到二维空间（更多关于 t-SNE 的信息请访问 http://www.jmlr.org/papers/v9/vandermaaten08a.html）。这样我们就可以理解和验证相似图像会有相似的嵌入，因为在二维平面上，相似的图像应该聚集在一起。我们通过下列代码将所有的测试图像嵌入到一个二维平面中。

> ⓘ 下列代码是前文代码的延续，可从本书 GitHub 库（https://tinyurl.com/mcvp-packt）的 Chapter11 文件夹中 conv_auto_encoder.ipynb 获得。

1. 初始化列表，以便存储潜在向量（latent_vectors）和图像 classes（注意，存储每个图像的类别只是为了验证同类别图像之间是否真的具有很高的相似性，它们在潜在空间中的表示是否真的很接近）：

```
latent_vectors = []
classes = []
```

2. 遍历验证数据加载器（`val_dl`）中的每个图像，并保存图像在编码器层（`model.encoder(im).view(len(im), -1)`）的输出结果和每个图像（`im`）所对应类别（`clss`）的输出结果：

```
for im,clss in val_dl:
    latent_vectors.append(model.encoder(im).view(len(im),-1))
    classes.extend(clss)
```

3. 连接关于 `latent_vectors` 的 NumPy 数组：

```
latent_vectors = torch.cat(latent_vectors).cpu()\
                       .detach().numpy()
```

4. 导入 t-SNE（`TSNE`），并指定将每个向量转换为一个二维向量（`TSNE(2)`），以便能够将其在二维平面上绘制出来：

```
from sklearn.manifold import TSNE
tsne = TSNE(2)
```

5. 通过对图像的嵌入向量（`latent_vectors`）运行 `fit_transform` 方法来匹配 t-SNE：

```
clustered = tsne.fit_transform(latent_vectors)
```

6. 对拟合 t-SNE 后的数据点画出散点图：

```
fig = plt.figure(figsize=(12,10))
cmap = plt.get_cmap('Spectral', 10)
plt.scatter(*zip(*clustered), c=classes, cmap=cmap)
plt.colorbar(drawedges=True)
```

上述代码的输出结果如图 11-9 所示。

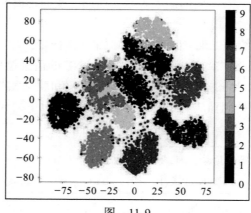

图 11-9

我们可以看出，相同类别的图像聚集在一起，这加强了我们的理解，即对于瓶颈层的取值而言，看起来相似的图像会有相似的取值。

到目前为止，我们已经介绍了如何使用自编码器将相似的图像分组在一起。我们将在下一节学习如何使用自编码器生成新的图像。

11.3　理解变分自编码器

目前，我们已经可以将相似的图像分组到相同的集簇中，并且知道对属于给定集簇中的图像嵌入表示形式，我们可以使用这种表示形式实现对原始图像的重建（解码）。然而，如果某个图像嵌入向量（潜在向量）落在两个集簇之间，那么就不能保证会生成真实的图像。此时可以使用变分自编码器。

在开始构建变分自编码器之前，我们探索一下使用不属于集簇（或处于不同集簇之间）的嵌入向量生成图像的限制。首先，通过样本向量生成图像。

> ⓘ 下列代码是前文代码的延续，可从本书的 **GitHub** 库（https://tinyurl.com/mcvp-packt）的 Chapter11 文件夹中的 conv_auto_encoder.ipynb 获得。

1. 计算前文中验证图像的潜在向量（嵌入向量）表示：

```
latent_vectors = []
classes = []
for im,clss in val_dl:
    latent_vectors.append(model.encoder(im))
    classes.extend(clss)
latent_vectors = torch.cat(latent_vectors).cpu()\
                      .detach().numpy().reshape(10000, -1)
```

2. 生成具有列平均值（mu）和标准差（sigma）的随机向量，并在标准差（torch.randn(1,100)）上添加一些噪声，然后根据平均值和标准差创建一个向量。最后，将它们保存在一个列表（rand_vectors）中：

```
rand_vectors = []
for col in latent_vectors.transpose(1,0):
    mu, sigma = col.mean(), col.std()
    rand_vectors.append(sigma*torch.randn(1,100) + mu)
```

3. 绘制使用前文训练的模型和第 2 步得到的向量重建的图像：

```
rand_vectors=torch.cat(rand_vectors).transpose(1,0).to(device)
fig,ax = plt.subplots(10,10,figsize=(7,7)); ax = iter(ax.flat)
for p in rand_vectors:
    img = model.decoder(p.reshape(1,64,2,2)).view(28,28)
    show(img, ax=next(ax))
```

上述代码输出结果如图 11-10 所示。

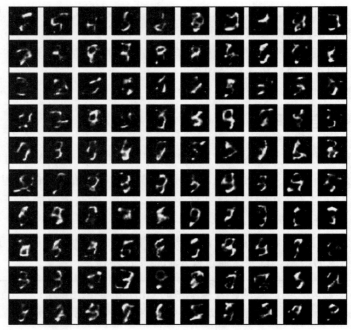

图　11-10

从上述输出可以看到，在使用已知列平均值和带噪声标准差的向量生成图像时，得到的图像比之前的图像更加不清晰。这是一个实际问题，因为我们事先不知道可生成真实图像的嵌入向量的范围。

变分自编码器（VAE）通过生成均值为 0、标准差为 1 的向量来帮助我们解决这个问题，从而确保我们生成的图像均值为 0、标准差为 1。

实际上，在 VAE 中，我们通常会指定瓶颈层遵循某种特定的概率分布。下面我们将学习使用 VAE 时采用的策略，还将学习 KL 散度损失函数，它将帮助我们获取遵循特定分布的瓶颈层特征。

11.3.1　VAE 的工作机制

在 VAE 中，我们构建网络的方式是，根据预先定义的概率分布生成随机向量，进而生成真实的图像。对于简单自编码器而言，这是一个不可能完成的任务。因为这里没有指定网络中生成图像的数据分布。这里将采用以下步骤实现 VAE：

1. 编码器的输出是每个图像的两个向量：

❑ 一个向量表示平均值。

❑ 另一个向量表示标准差。

2. 从这两个向量中，我们得到一个调整后的向量，它是平均值和标准差（乘以一个随机的小数字）的和。调整后的向量与每个向量的维数相同。

3. 将上一步中获得的调整后的向量作为输入传递给解码器以获取重建的图像。

4. 这里用于优化计算的损失值是均方误差损失和 KL 散度损失的组合：

❏ KL 散度损失分别度量均值向量和标准差向量分布与 0 和 1 之间的偏差。

❏ 均方损失是我们用来重建（解码）图像的优化计算。

通过指定均值向量分布以 0 为中心，标准差向量分布以 1 为中心，我们可以使用下列方法进行网络训练：当我们生成均值为 0、标准差为 1 的随机噪声时，模型中的解码器将能够生成真实的图像。

此外，需要注意的是，如果我们只最小化 KL 散度，编码器就会预测出平均向量的值为 0，且每个输入的标准差为 1。因此，将 KL 散度损失和均方损失同时进行最小化是很重要的。

在下一小节中，我们将学习 KL 散度，以便将其纳入模型损失值的计算当中。

11.3.2 KL 散度

KL 散度有助于解释两种数据分布之间的差异。在我们的具体案例中，希望瓶颈层特征向量遵循平均值为 0、标准差为 1 的正态分布。

因此，我们使用 KL 散度损失来理解瓶颈特征向量概率分布与均值为 0、标准差为 1 的期望分布有什么不同。

下面通过 KL 散度损失的计算公式来考察它的作用：

$$\sum_{i=1}^{n} \sigma_i^2 + \mu_i^2 - \log(\sigma_i) - 1$$

式中，σ 和 μ 分别表示每个输入图像的均值和标准差。

下面来理解上述计算公式背后的思想：

❏ 确保均值向量分布在 0 的附近：公式中的最小均方误差（μ_i^2）确保了 μ 尽可能接近于 0。

❏ 确保标准差向量分布在 1 的附近：公式中其余的项（除了 μ_i^2）确保了 σ（标准差向量）分布在 1 附近。

当均值（μ）为 0、标准差为 1 时，上述损失函数最小。此外，可以通过指定标准差的对数，确保 σ 值不可能为负。

我们已经理解了构建 VAE 的基本策略，并且可以通过最小化损失函数来获得编码器输出的预定义概率分布，下一小节将具体构建 VAE 模型。

11.3.3 构建 VAE 模型

在本小节中，我们将编写一个用于生成手写数字图像的 VAE 模型。

> ℹ️ 以下代码可从本书 **GitHub** 库（https://tinyurl.com/mcvp-packt）的 Chapter11
> 文件夹中的 VAE.ipynb 获得。

由于这里使用的是与前文相同的数据，因此，除了定义网络架构的步骤 5 和进行模型训练的步骤 6，这里所有的其他步骤都与 11.1 节的对应部分相同。具体代码如下。

1. 步骤 1 到步骤 4 的代码与普通自编码器中的完全相同，如下所示：

```
!pip install -q torch_snippets
from torch_snippets import *
import torch
import torch.nn as nn
import torch.nn.functional as F
import torch.optim as optim
from torchvision import datasets, transforms
from torchvision.utils import make_grid
device = 'cuda' if torch.cuda.is_available() else 'cpu'
train_dataset = datasets.MNIST(root='MNIST/', train=True, \
                        transform=transforms.ToTensor(), \
                                download=True)
test_dataset = datasets.MNIST(root='MNIST/', train=False, \
                        transform=transforms.ToTensor(), \
                                download=True)

train_loader = torch.utils.data.DataLoader(dataset = \
                    train_dataset, batch_size=64, shuffle=True)
test_loader = torch.utils.data.DataLoader(dataset= \
                    test_dataset, batch_size=64, shuffle=False)
```

2. 定义神经网络类 VAE：

❑ 在 __init__ 方法中定义将在其他方法中使用的网络层：

```
class VAE(nn.Module):
    def __init__(self, x_dim, h_dim1, h_dim2, z_dim):
        super(VAE, self).__init__()
        self.d1 = nn.Linear(x_dim, h_dim1)
        self.d2 = nn.Linear(h_dim1, h_dim2)
        self.d31 = nn.Linear(h_dim2, z_dim)
        self.d32 = nn.Linear(h_dim2, z_dim)
        self.d4 = nn.Linear(z_dim, h_dim2)
        self.d5 = nn.Linear(h_dim2, h_dim1)
        self.d6 = nn.Linear(h_dim1, x_dim)
```

注意，d1 和 d2 层对应于编码器部分，d5 和 d6 对应于解码器部分。d31 层和 d32 层分别对应均值向量和标准差向量。然而，为了方便起见，这里做了一个假设，我们将 d32 层的标准差向量表示为方差向量的对数形式。

❑ 定义 encoder 方法：

```
def encoder(self, x):
    h = F.relu(self.d1(x))
    h = F.relu(self.d2(h))
    return self.d31(h), self.d32(h)
```

请注意，编码器返回两个向量，其中一个向量用于表示均值（self.d31(h)），另一个向量用于表示方差值的对数（self.d32(h)）。

❏ 定义从编码器输出中采样（sampling）的方法：

```
def sampling(self, mean, log_var):
    std = torch.exp(0.5*log_var)
    eps = torch.randn_like(std)
    return eps.mul(std).add_(mean)
```

注意，0.5*log_var（torch.exp(0.5*log_var)）的指数表示标准差（std）。此外，我们返回的是标准差乘以由随机正态分布产生的噪声数据，然后与均值进行相加得到的和。通过乘以 eps，我们就能够确保即使编码器向量有轻微的变化也可以生成一个图像。

❏ 定义 decoder 方法：

```
def decoder(self, z):
    h = F.relu(self.d4(z))
    h = F.relu(self.d5(h))
    return F.sigmoid(self.d6(h))
```

❏ 定义 forward 方法：

```
def forward(self, x):
    mean, log_var = self.encoder(x.view(-1, 784))
    z = self.sampling(mean, log_var)
    return self.decoder(z), mean, log_var
```

在上述方法中，我们确保编码器返回平均值和方差的对数值。接下来，将对平均值与乘以 eps 的方差对数的和进行采样，并在传递给解码器后输出返回值。

3. 定义用于批训练模型和批验证模型的函数：

```
def train_batch(data, model, optimizer, loss_function):
    model.train()
    data = data.to(device)
    optimizer.zero_grad()
    recon_batch, mean, log_var = model(data)
    loss, mse, kld = loss_function(recon_batch, data, \
                                    mean, log_var)
    loss.backward()
    optimizer.step()
    return loss, mse, kld, log_var.mean(), mean.mean()

@torch.no_grad()
def validate_batch(data, model, loss_function):
    model.eval()
    data = data.to(device)
    recon, mean, log_var = model(data)
    loss, mse, kld = loss_function(recon, data, mean, \
                                    log_var)
    return loss, mse, kld, log_var.mean(), mean.mean()
```

4. 定义损失函数：

```
def loss_function(recon_x, x, mean, log_var):
    RECON = F.mse_loss(recon_x, x.view(-1, 784), \
                       reduction='sum')
    KLD = -0.5 * torch.sum(1 + log_var - mean.pow(2) - \
                           log_var.exp())
    return RECON + KLD, RECON, KLD
```

在上述代码中，我们获取的是原始图像（x）和重建图像（recon_x）之间的 MSE 损失（RECON）。接下来，我们将根据上文定义的公式计算 KL 散度损失（KLD）。注意，方差对数的指数就是方差值。

5. 定义模型对象（vae）和 optimizer 函数：

```
vae = VAE(x_dim=784, h_dim1=512, h_dim2=256, \
          z_dim=50).to(device)
optimizer = optim.AdamW(vae.parameters(), lr=1e-3)
```

6. 通过不断增加轮数进行模型训练：

```
n_epochs = 10
log = Report(n_epochs)

for epoch in range(n_epochs):
    N = len(train_loader)
    for batch_idx, (data, _) in enumerate(train_loader):
        loss, recon, kld, log_var, mean = train_batch(data, \
                                            vae, optimizer, \
                                            loss_function)
        pos = epoch + (1+batch_idx)/N
        log.record(pos, train_loss=loss, train_kld=kld, \
                   train_recon=recon,train_log_var=log_var, \
                   train_mean=mean, end='\r')
    N = len(test_loader)
    for batch_idx, (data, _) in enumerate(test_loader):
        loss, recon, kld,log_var,mean = validate_batch(data, \
                                         vae, loss_function)
        pos = epoch + (1+batch_idx)/N
        log.record(pos, val_loss=loss, val_kld=kld, \
                   val_recon=recon, val_log_var=log_var, \
                   val_mean=mean, end='\r')
    log.report_avgs(epoch+1)
    with torch.no_grad():
        z = torch.randn(64, 50).to(device)
        sample = vae.decoder(z).to(device)
        images = make_grid(sample.view(64, 1, 28, 28))\
                                 .permute(1,2,0)
        show(images)
log.plot_epochs(['train_loss','val_loss'])
```

虽然上述大部分代码我们都比较熟悉，但还是需要理解网格图像的生成过程。首先生成一个随机向量（z），并将其传递给解码器（vae.decoder）来获取图像样本。make_grid 函数用于实现对图像的绘制 [如果需要的话，模型在绘制之前会自动对图像进行反归一化（denormalize）处理]。

损失值的变化曲线和生成的图像样本如图 11-11 所示。

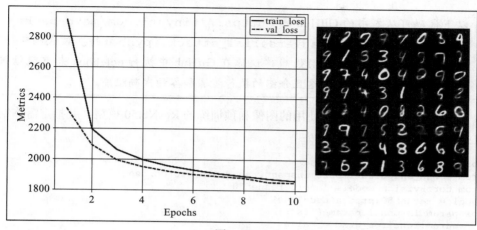

图　11-11

我们可以看到，这里能够生成原始图像中不存在的真实新图像。

到目前为止，我们已经介绍了如何使用 VAE 生成新图像的问题。然而，如果我们想修改图像，使得模型无法正确识别图像的类别，那该怎么办？我们将在下一节学习用于解决此问题的技术。

11.4　图像对抗性攻击

在上一节中，我们学习了如何使用 VAE 模型从随机噪声中生成图像，这是一个无监督练习。如果我们想修改一个图像，使其发生人眼不能察觉的微小变化，但网络模型会预测该图像属于不同的类别，那该怎么办？此时，对图像的对抗性攻击技术就会派上用场。

对抗性攻击指的是我们为满足某种特定的目标对输入图像数值（像素）所做出的改变。

在本节中，我们将学习如何对图像进行微小的修改，使得当前已训练模型将它们预测为（由用户指定）与先前预测结果不同的类别，具体做法如下：

1. 提供一个大象的图像。

2. 指定图像的目标类别。

3. 导入预训练模型，设置模型的参数（gradients=False），这样就不会更新模型。

4. 指定在输入图像的像素值上而不是在网络的权重值上计算梯度。这是因为在训练欺骗网络时，我们不能控制模型，只能控制发送给模型的图像。

5. 计算模型预测结果与目标类别相对应的损失。

6. 对模型进行反向传播。这一步帮助我们理解与每个输入像素值相关的梯度。

7. 基于每个输入像素值对应的梯度方向更新输入图像的像素值。

8. 将步骤 5、步骤 6 和步骤 7 重复多轮。

下面给出具体的代码实现。

> ℹ 以下代码可从本书的 **GitHub** 库（https://tinyurl.com/mcvp-packt）的
> Chapter11 文件夹中的 adversarial_attack.ipynb 获得。该代码包含下
> 载数据的 **URL** 地址。我们强烈建议你在 **GitHub** 中执行 notebook 来重现结果，
> 这样你就能够更好地理解这里介绍的执行步骤和各种代码组件。

1. 导入相关的包、这个用例使用的图像和预训练的 **ResNet50** 模型，并指定需冻结的模型参数：

```
!pip install torch_snippets
from torch_snippets import inspect, show, np, torch, nn
from torchvision.models import resnet50
model = resnet50(pretrained=True)
for param in model.parameters():
    param.requires_grad = False
model = model.eval()
import requests
from PIL import Image
url =
'https://lionsvalley.co.za/wp-content/uploads/2015/11/african-
elephant-square.jpg'
original_image = Image.open(requests.get(url, stream=True)\
                            .raw).convert('RGB')
original_image = np.array(original_image)
original_image = torch.Tensor(original_image)
```

2. 导入 **Imagenet** 类别并为每个类别分配 **ID**：

```
image_net_classes =
'https://gist.githubusercontent.com/yrevar/942d3a0ac09ec9e5eb3
a/raw/238f720ff059c1f82f368259d1ca4ffa5dd8f9f5/imagenet1000_cl
sidx_to_labels.txt'
image_net_classes = requests.get(image_net_classes).text
image_net_ids = eval(image_net_classes)
image_net_classes = {i:j for j,i in image_net_ids.items()}
```

3. 指定用于对图像进行归一化（image2tensor）和反规一化（tensor2image）的函数：

```
from torchvision import transforms as T
from torch.nn import functional as F
normalize = T.Normalize([0.485, 0.456, 0.406],
                        [0.229, 0.224, 0.225])
denormalize=T.Normalize( \
            [-0.485/0.229,-0.456/0.224,-0.406/0.225],
            [1/0.229, 1/0.224, 1/0.225])
def image2tensor(input):
    x = normalize(input.clone().permute(2,0,1)/255.)[None]
    return x
def tensor2image(input):
```

```
    x = (denormalize(input[0].clone()).permute(1,2,0)*255.)\
                                     .type(torch.uint8)
    return x
```

4. 定义用于对给定图像进行预测的函数（predict_on_image）：

```
def predict_on_image(input):
    model.eval()
    show(input)
    input = image2tensor(input)
    pred = model(input)
    pred = F.softmax(pred, dim=-1)[0]
    prob, clss = torch.max(pred, 0)
    clss = image_net_ids[clss.item()]
    print(f'PREDICTION: `{clss}` @ {prob.item()}')
```

在上述代码中，我们将输入图像转换为张量（这是一个使用前面已定义的 image2tensor 方法进行归一化的函数），并传递给 model 来获取图像对象的类别（clss）和预测概率（prob）。

5. 定义 attack 函数：

❑ attack 函数将 image、model 和 target 类别作为输入：

```
from tqdm import trange
losses = []
def attack(image, model, target, epsilon=1e-6):
```

❑ 将图像转换为一个张量，并指定计算梯度所需的输入：

```
input = image2tensor(image)
input.requires_grad = True
```

❑ 模型通过传递归一化输入（input）数据来计算预测结果，然后计算与指定目标类相对应的损失值：

```
pred = model(input)
loss = nn.CrossEntropyLoss()(pred, target)
```

❑ 执行反向传播来减少损失：

```
loss.backward()
losses.append(loss.mean().item())
```

❑ 基于损失变化的梯度方向对图像进行微小更新：

```
output = input - epsilon * input.grad.sign()
```

在上述代码中，我们以很小的量（乘以 epsilon）更新输入值。此外，这里不是使用梯度的大小更新图像，而是在将其乘以一个非常小的值（epsilon）后只更新梯度方向的图像（input.grad.sign()）。

❑ 在将张量转换为图像（tensor2image）后返回输出，并对图像进行反归一化处理：

```
output = tensor2image(output)
del input
```

```
return output.detach()
```

6. 修改图像，使其属于另外一个不同的类别：

❑ 指定图像转换的期望目标类别（desired_targets）：

```
modified_images = []
desired_targets = ['lemon', 'comic book', 'sax, saxophone']
```

❑ 循环遍历目标类别并在每次迭代中指定期望目标类别：

```
for target in desired_targets:
    target = torch.tensor([[image_net_classes[target]]])
```

❑ 通过不断增加轮数修改图像进行攻击，并将它们保存在一个列表中：

```
image_to_attack = original_image.clone()
for _ in trange(10):
    image_to_attack = attack(image_to_attack,model,target)
modified_images.append(image_to_attack)
```

❑ 使用下述代码产生修改后的图像及其所属类别：

```
for image in [original_image, *modified_images]:
    predict_on_image(image)
    inspect(image)
```

上述代码的生成结果如图 11-12 所示。

PREDICTION:'lemon'@0.9999923706054688   PREDICTION:'comic book'@0.9999936819076538   PREDICTION:'sax,saxophone'@0.9999990463256836

图 11-12

我们可以看到，对图像进行细微的修改后，得到的模型预测类别结果完全不同，却具有很高的置信度。

现在我们已经了解了如何通过修改图像，使得模型能够按照我们的主观意愿对其进行分类。在下一节中，我们将学习如何按照我们选择的风格修改图像（内容图像）。这里我们需要提供内容图像和风格图像。

11.5 图像风格迁移

图像风格迁移需要有一个内容图像和一个风格图像，我们将这两个图像进行组合，使得组合后的图像既保留了内容图像的内容，也保持了风格图像的风格。

风格图像和内容图像的示例如图 11-13 所示。

图　11-13

对于图 11-13 中的图像，我们希望保留右边图像（内容图像）中的内容，并将其与左边图像（风格图像）中的颜色和纹理风格相叠加。

下面介绍图像风格迁移的具体过程。我们将损失值分为**内容损失**和**风格损失**，由此实现对原始图像的修改。内容损失是指生成图像与内容图像之间的**差异**。风格损失是指生成图像与风格图像之间的**相关性**。

虽然我们提到损失是基于图像的差异进行计算，但在实践中，我们对此做细微的修改，以确保使用图像的特征层激活数据而不是原始图像数据实现对损失的计算。例如，第 2 层的内容损失将是图像传递给第 2 层时内容图像的激活与生成图像之间的平方差。

之所以使用特征层数据而不是原始图像数据计算损失，是因为特征层数据捕获了原始图像的某些属性（例如，上层特征数据对应原始图像的前景轮廓，下层特征数据对应图像中目标的细节特征）。

尽管内容损失的计算看起来比较简单，但是我们需要进一步理解如何计算生成图像和风格图像之间的相似度。此时，可以使用一种名为 Gram 矩阵（Gram matrix）的矩阵计算生成图像与风格图像之间的相似度，计算方法如下：

$$L_{GM}(S,G,l) = \frac{1}{4N_l^2 M_l^2} \sum_{ij} (\boldsymbol{GM}[l](S)_{ij} - \boldsymbol{GM}[l](G)_{ij})^2$$

GM[*l*] 是风格图像 *S* 和生成图像 *G* 在第 *l* 层的 Gram 矩阵值。

某个矩阵乘以它自身的转置就可以得到它的 Gram 矩阵。下面来了解一下这个运算的用法。

假设你正在处理一个具有 $32 \times 32 \times 256$ 特征输出的层。Gram 矩阵计算了通道中每个 32×32 值与所有通道值的相关性。因此，Gram 矩阵的计算结果是一个形状为 256×256 的矩阵。现在，我们通过比较风格图像 256×256 值和生成图像的相关性来计算风格损失。

下面介绍为什么 Gram 矩阵对于图像风格迁移很重要。

下面是一个成功的例子：我们把毕加索的风格转移到蒙娜丽莎身上。我们称毕加索风格为 *St*（表示风格），称蒙娜丽莎原作为 *So*（表示原始），称最终图像为 *Ta*（表示目标）。注意，在理想的场合，*Ta* 图像中的局部特征与 *St* 图像中的局部特征应该是相同的，即使内容可能不一样。将图像的颜色、形状和纹理等类似风格迁移到目标图像中是风格迁移的重要内容。

由此类推，如果我们将 *So* 发送到 VGG19 模型中，并从 VGG19 的中间层提取它的特征，则会与发送 *Ta* 到 VGG19 模型中得到的特征有所不同。但是，在每个特征集中，对应的向量会以相似的方式发生变化。例如，对于这两个特征集，第一个通道的均值与第二个通道的均值的比值将是相似的。因此，我们需要使用 Gram 损失进行计算。

> ⓘ 可以通过比较内容图像与生成图像在特征激活数据方面的差异来计算内容损失。对于风格损失的计算，可以首先计算预定义层中的 Gram 矩阵，然后通过比较生成图像和风格图像之间的 Gram 矩阵计算风格损失。

有了风格损失和内容损失的计算方法，那么修改输入图像得到的最终结果就是使得整体损失最小的图像，也就是使得风格损失和内容损失加权平均值最小的图像。

实现图像风格迁移的基本步骤如下：

1. 将输入图像传递给预训练模型。
2. 提取预定义层的数据。
3. 将生成图像传递给模型，并提取相同预定义层的数据。
4. 计算与内容图像和生成图像对应的每一层的内容损失。
5. 将风格图像传递给模型的多层，并计算风格图像的 Gram 矩阵值。
6. 将生成图像传递给风格图像所经过的相同层，并计算相应的 Gram 矩阵值。
7. 计算两个图像 Gram 矩阵值差值的平方，作为风格损失。
8. 将风格损失和内容损失进行加权平均，得到整体损失。
9. 将整体损失降到最低的输入图像就是我们需要的图像。

下面给出具体的代码实现。

> ⓘ 下列代码可从本书 GitHub 库（https://tinyurl.com/mcvp-packt）的 Chapter11 文件夹中的 neural_style_transfer.ipynb 获得。代码包含用于下载中等规模数据的 URL。我们强烈建议你在 GitHub 中执行 notebook 来重现结果，这样你可以更好地理解这里介绍的执行步骤和各种代码组件。

1. 导入相关软件包：

```
!pip install torch_snippets
from torch_snippets import *
from torchvision import transforms as T
from torch.nn import functional as F
device = 'cuda' if torch.cuda.is_available() else 'cpu'
```

2. 定义用于预处理和后处理数据的函数：

```
from torchvision.models import vgg19
preprocess = T.Compose([
                T.ToTensor(),
                T.Normalize(mean=[0.485, 0.456, 0.406],
                            std=[0.229, 0.224, 0.225]),
                T.Lambda(lambda x: x.mul_(255))
            ])
postprocess = T.Compose([
                T.Lambda(lambda x: x.mul_(1./255)),
                T.Normalize(\
                mean=[-0.485/0.229,-0.456/0.224,-0.406/0.225],
                            std=[1/0.229, 1/0.224, 1/0.225]),
            ])
```

3. 定义 GramMatrix 模块：

```
class GramMatrix(nn.Module):
    def forward(self, input):
        b,c,h,w = input.size()
        feat = input.view(b, c, h*w)
        G = feat@feat.transpose(1,2)
        G.div_(h*w)
        return G
```

在上述代码中，我们计算某特征向量与各个特征向量之间的内积，目的是考察该向量与各个向量之间的关系。

4. 定义 Gram 矩阵对应的 MSE 损失——GramMSELoss：

```
class GramMSELoss(nn.Module):
    def forward(self, input, target):
        out = F.mse_loss(GramMatrix()(input), target)
        return(out)
```

计算出这两个特征集的 Gram 向量之后的一个重要工作就是将它们进行匹配，使得它们之间的差异尽可能小，因此需要使用 mse_loss。

5. 定义模型类 vgg19_modified：

❑ 初始化类：

```
class vgg19_modified(nn.Module):
    def __init__(self):
        super().__init__()
```

❑ 提取特征：

```
features = list(vgg19(pretrained = True).features)
self.features = nn.ModuleList(features).eval()
```

❑ 定义 forward 方法，它接受层列表，并返回每一层对应的特征：

```
def forward(self, x, layers=[]):
    order = np.argsort(layers)
```

```
    _results, results = [], []
    for ix,model in enumerate(self.features):
        x = model(x)
        if ix in layers: _results.append(x)
    for o in order: results.append(_results[o])
    return results if layers is not [] else x
```

❑ 定义模型对象：

```
vgg = vgg19_modified().to(device)
```

6. 导入内容图像和风格图像：

```
!wget https://www.dropbox.com/s/z1y0fy2r6z6m6py/60.jpg
!wget
https://www.dropbox.com/s/1svdliljyo0a98v/style_image.png
```

❑ 确保将图像大小调整为相同的形状，即 $512 \times 512 \times 3$：

```
imgs = [Image.open(path).resize((512,512)).convert('RGB') \
        for path in ['style_image.png', '60.jpg']]
style_image,content_image=[preprocess(img).to(device)[None] \
                            for img in imgs]
```

7. 通过 `requires_grad =True` 指定需要修改的内容图像：

```
opt_img = content_image.data.clone()
opt_img.requires_grad = True
```

8. 指定用于定义内容损失和风格损失的层，也就是说，指定使用 VGG 模型哪个中间层来比较风格图像 Gram 矩阵和内容图像的原始特征向量：

```
style_layers = [0, 5, 10, 19, 28]
content_layers = [21]
loss_layers = style_layers + content_layers
```

9. 定义内容损失函数和风格损失函数：

```
loss_fns = [GramMSELoss()] * len(style_layers) + \
            [nn.MSELoss()] * len(content_layers)
loss_fns = [loss_fn.to(device) for loss_fn in loss_fns]
```

10. 定义与内容损失和风格损失相关的权重：

```
style_weights = [1000/n**2 for n in [64,128,256,512,512]]
content_weights = [1]
weights = style_weights + content_weights
```

11. 对图像进行操作，使得目标图像的风格与 style_image 尽可能相似。因此，我们使用从 VGG 的几个选定层获得的特征计算 GramMatrix，并通过 GramMatrix 计算 style_image 的 style_targets 值。因为要保留整体内容，所以我们选择 content_layer 变量来计算 VGG 的原始特征：

```
style_targets = [GramMatrix()(A).detach() for A in \
                 vgg(style_image, style_layers)]
content_targets = [A.detach() for A in \
                   vgg(content_image, content_layers)]
targets = style_targets + content_targets
```

12. 定义 optimizer 和迭代次数（max_iters）。尽管可以使用 Adam 或其他任何优化器，但 LBFGS 是一种能够在确定性场景下取得最好效果的优化器。此外，由于这里处理的是一个图像，所以没有任何随机的因素。许多实验表明，LBFGS 在图像风格迁移应用中可以收敛得更快并且能够把损失降得更低，所以这里使用 LBFGS 优化器：

```
max_iters = 500
optimizer = optim.LBFGS([opt_img])
log = Report(max_iters)
```

13. 执行优化。在确定性场景中，我们一次又一次地对同一个张量近似迭代计算，可以将优化器步骤封装为一个零参数函数进行重复调用，具体如下：

```
iters = 0
while iters < max_iters:
    def closure():
        global iters
        iters += 1
        optimizer.zero_grad()
        out = vgg(opt_img, loss_layers)
        layer_losses = [weights[a]*loss_fns[a](A,targets[a]) \
                        for a,A in enumerate(out)]
        loss = sum(layer_losses)
        loss.backward()
        log.record(pos=iters, loss=loss, end='\r')
        return loss
    optimizer.step(closure)
```

14. 绘制损失值变化曲线：

```
log.plot(log=True)
```

得到的输出结果如图 11-14 所示。

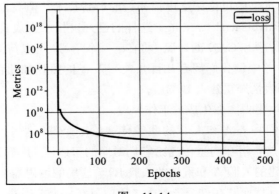

图　11-14

15. 使用内容图像和风格图像的组合进行图像绘制：

```
out_img = postprocess(opt_img[0]).permute(1,2,0)
show(out_img)
```

上述代码的输出结果如图 11-15 所示。

图　11-15

从图 11-15 我们可以看出，这个图像是内容图像和风格图像的组合。

至此，我们学习了图像处理的两种方法：修改图像类别的对抗性攻击方法，以及将某个图像的风格与另一个图像的内容结合起来的风格迁移方法。在下一节中，我们将学习如何生成深度虚拟图像，也就是可以将某个面部表情从一张人脸迁移到另外一张人脸上。

11.6　生成深度虚拟图像

到目前为止，我们已经学习了两个不同的图像到图像的任务：使用 UNet 进行语义分割和使用自编码器进行图像重建。深度虚拟图像生成也是一种从图像到图像的任务，使用的基本理论也非常相似。

假设有这样一个场景：你希望能够创建一个应用程序，对于给定的人脸图像，可以使用这个程序将该人脸图像的面部表情更改成你期望的类型。此时，深度虚拟技术就会派上用场。虽然我们不会在本书中讨论深度虚拟相关的最新技术，但我们会介绍使用诸如小样本对抗学习（few-shot adversarial learning）这样的已开发技术生成具有真实面部表情的图像。深度虚拟图像工作原理和 GAN 的知识（将在下一章学习）可以帮助你识别出虚拟视频。

在深度虚拟图像任务中，我们拥有几百张关于人 A 的照片和几百张关于人 B 的照片，目的是使用人 A 的面部表情来重建人 B 的脸，反之亦然。

图 11-16 解释了深度虚拟图像生成的工作原理。

在图 11-16 中，我们将人 A 和人 B 的图像传递给一个编码器。在获得人 A 和人 B 的潜在向量之后，我们将这些潜在向量传递给它们对应的解码器（解码器 A 和解码器 B），重建对应的原始图像（重建的人脸 A 和重建的人脸 B）。这里的编码器和解码器概念与我们在 11.1 节学到的非常相似。然而，在这个场景中，我们只有一个编码器，却有两个解码器（每个解码器对应不同的人)。这里使用从编码器获得的潜在向量表示图像中存在的面部表情信息，使用解码器获取与人对应的图像。在对编码器和两个解码器进行训练的同时，就可以生成深度虚拟图像，基本流程如图 11-17 所示。

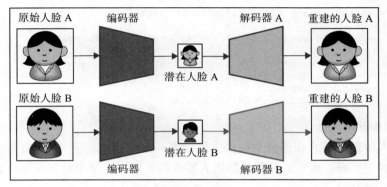

图 11-16

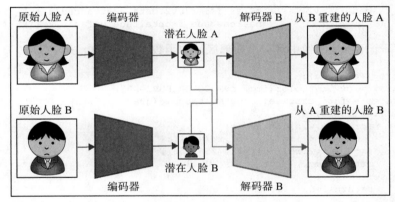

图 11-17

当人 A 的潜在向量传递给解码器 B 时，重建出关于人 B 的脸就会具有人 A 的表情特征（微笑的脸），而人 B 经过解码器 A 获得的面部特征（悲伤的脸）则相反。

> 💡 另一个有助于生成真实图像的技巧是将面部图像进行变形处理，并将其用于网络模型训练，将变形的面部图像作为输入，将原始图像作为预期的输出。

现在我们介绍了生成深度虚拟图像的工作原理，下面编码实现通过自编码器生成带有另一个人表情的虚拟图像。

> ℹ 以下代码可从 GitHub 库（https://tinyurl.com/mcvp-packt）的 Chapter11 文件夹中的 Generating_Deep_Fakes.ipynb 获得。代码包含用于下载中等规模数据的 URL。我们强烈建议你在 GitHub 中执行 notebook 来重现结果，可以更好地理解这里介绍执行的步骤和各种代码组件。

1. 下载数据和源代码：

```
import os
if not os.path.exists('Faceswap-Deepfake-Pytorch'):
    !wget -q
https://www.dropbox.com/s/5ji7jl7httso9ny/person_images.zip
    !wget -q
https://raw.githubusercontent.com/sizhky/deep-fake-util/main/r
andom_warp.py
    !unzip -q person_images.zip
!pip install -q torch_snippets torch_summary
from torch_snippets import *
from random_warp import get_training_data
```

2. 从图像中获取人脸：

❑ 定义人脸级联，它在图像中围绕人脸绘制一个边界框。第 18 章中有更多关于级联的内容。然而，现在，只需要知道人脸级联可以在图像中脸部周围绘制一个紧密的边界框就足够了：

```
face_cascade = cv2.CascadeClassifier(cv2.data.haarcascades + \
                      'haarcascade_frontalface_default.xml')
```

❑ 定义一个用于从图像中裁剪出面部区域的函数（crop_face）：

```
def crop_face(img):
    gray = cv2.cvtColor(img, cv2.COLOR_BGR2GRAY)
    faces = face_cascade.detectMultiScale(gray, 1.3, 5)
    if(len(faces)>0):
        for (x,y,w,h) in faces:
            img2 = img[y:(y+h),x:(x+w),:]
        img2 = cv2.resize(img2,(256,256))
        return img2, True
    else:
        return img, False
```

在上述函数中，我们通过人脸级联传递灰度图像（gray），并裁剪出包含人脸的矩形区域，然后返回一个已调整大小的图像（img2）。此外，为了说明在图像中没有检测到人脸的情形，这里将传递一个标志用于表示是否检测到人脸。

❑ 裁剪关于 personA 和 personB 的图像，并将它们放在不同的文件夹中：

```
!mkdir cropped_faces_personA
!mkdir cropped_faces_personB

def crop_images(folder):
    images = Glob(folder+'/*.jpg')
    for i in range(len(images)):
        img = read(images[i],1)
        img2, face_detected = crop_face(img)
        if(face_detected==False):
            continue
        else:
            cv2.imwrite('cropped_faces_'+folder+'/'+str(i)+ \
                '.jpg',cv2.cvtColor(img2, cv2.COLOR_RGB2BGR))
```

```
    crop_images('personA')
    crop_images('personB')
```

3. 创建一个数据加载器并检查数据：

```
class ImageDataset(Dataset):
    def __init__(self, items_A, items_B):
        self.items_A = np.concatenate([read(f,1)[None] \
                                      for f in items_A])/255.
        self.items_B = np.concatenate([read(f,1)[None] \
                                      for f in items_B])/255.
        self.items_A += self.items_B.mean(axis=(0, 1, 2)) \
                      - self.items_A.mean(axis=(0, 1, 2))

    def __len__(self):
        return min(len(self.items_A), len(self.items_B))
    def __getitem__(self, ix):
        a, b = choose(self.items_A), choose(self.items_B)
        return a, b

    def collate_fn(self, batch):
        imsA, imsB = list(zip(*batch))
        imsA, targetA = get_training_data(imsA, len(imsA))
        imsB, targetB = get_training_data(imsB, len(imsB))
        imsA, imsB, targetA, targetB = [torch.Tensor(i) \
                                        .permute(0,3,1,2) \
                                        .to(device) \
                                        for i in [imsA, imsB, \
                                        targetA, targetB]]
        return imsA, imsB, targetA, targetB

a = ImageDataset(Glob('cropped_faces_personA'), \
                Glob('cropped_faces_personB'))
x = DataLoader(a, batch_size=32, collate_fn=a.collate_fn)
```

数据加载器返回四个张量：imsA、imsB、targetA 和 targetB。第一个张量（imsA）是第三个张量（targetA）的变形版本，第二个张量（imsB）是第四个张量（targetB）的变形版本。

同样，正如代码行 a= imagedatset (Glob('cropped_faces_personA'), Glob ('cropped_faces_personB')) 所示，我们有两个图像文件夹，每个人一个文件夹。这两种面部图像之间没有任何关系，并且在 __iteritems__ 数据集中，我们每次都是随机获取这两种面部图像中的一种。

这一步的关键函数是 collate_fn 中的 get_training_data。这是一个关于变形人脸的增强函数。我们可以将失真的人脸图像作为输入传送到自编码器，并试图让模型预测出正常的人脸。

变形图像的优势在于，它不仅增加了训练数据的规模，而且还充当了网络模型的正则化器。变形图像样本尽管给出的是一张扭曲的脸部信息，但它可以迫使网络模型更好地理解关键面部特征。

下面来考察一些图像：

```
inspect(*next(iter(x)))

for i in next(iter(x)):
    subplots(i[:8], nc=4, sz=(4,2))
```

上述代码的输出结果如图 11-18 所示。

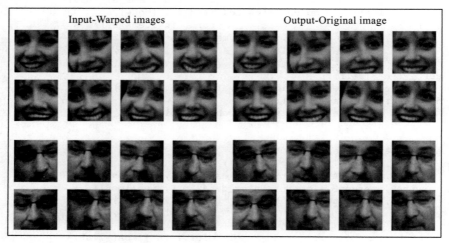

图 11-18

请注意，输入图像是扭曲的，输出图像则不是，并且输入图像和输出图像之间现在是一一对应的关系。

4. 构建模型并检查：

❑ 定义卷积（_ConvLayer）和放（_UpScale）函数，以及在构建模型时使用的 Reshape 类：

```
def _ConvLayer(input_features, output_features):
    return nn.Sequential(
        nn.Conv2d(input_features, output_features,
                kernel_size=5, stride=2, padding=2),
        nn.LeakyReLU(0.1, inplace=True)
    )

def _UpScale(input_features, output_features):
    return nn.Sequential(
        nn.ConvTranspose2d(input_features, output_features,
                        kernel_size=2, stride=2, padding=0),
        nn.LeakyReLU(0.1, inplace=True)
    )

class Reshape(nn.Module):
    def forward(self, input):
        output = input.view(-1, 1024, 4, 4) # channel * 4 * 4
        return output
```

❑ 定义 Autoencoder 模型类，它有一个 encoder 和两个解码器（decoder_A 和 decoder_B）：

```python
class Autoencoder(nn.Module):
    def __init__(self):
        super(Autoencoder, self).__init__()

        self.encoder = nn.Sequential(
                _ConvLayer(3, 128),
                _ConvLayer(128, 256),
                _ConvLayer(256, 512),
                _ConvLayer(512, 1024),
                nn.Flatten(),
                nn.Linear(1024 * 4 * 4, 1024),
                nn.Linear(1024, 1024 * 4 * 4),
                Reshape(),
                _UpScale(1024, 512),
                )

        self.decoder_A = nn.Sequential(
                _UpScale(512, 256),
                _UpScale(256, 128),
                _UpScale(128, 64),
                nn.Conv2d(64, 3, kernel_size=3, \
                        padding=1),
                nn.Sigmoid(),
                )

        self.decoder_B = nn.Sequential(
                _UpScale(512, 256),
                _UpScale(256, 128),
                _UpScale(128, 64),
                nn.Conv2d(64, 3, kernel_size=3, \
                        padding=1),
                nn.Sigmoid(),
                )

    def forward(self, x, select='A'):
        if select == 'A':
            out = self.encoder(x)
            out = self.decoder_A(out)
        else:
            out = self.encoder(x)
            out = self.decoder_B(out)
        return out
```

❑ 生成模型摘要信息：

```python
from torchsummary import summary
model = Autoencoder()
summary(model, torch.zeros(32,3,64,64), 'A');
```

上述代码的输出结果如图 11-19 所示。

```
=================================================================
Layer (type:depth-idx)              Output Shape          Param #
=================================================================
├─Sequential: 1-1                   [-1, 512, 8, 8]       --
│    └─Sequential: 2-1              [-1, 128, 32, 32]     --
│    │    └─Conv2d: 3-1             [-1, 128, 32, 32]     9,728
│    │    └─LeakyReLU: 3-2          [-1, 128, 32, 32]     --
│    └─Sequential: 2-2              [-1, 256, 16, 16]     --
│    │    └─Conv2d: 3-3             [-1, 256, 16, 16]     819,456
│    │    └─LeakyReLU: 3-4          [-1, 256, 16, 16]     --
│    └─Sequential: 2-3              [-1, 512, 8, 8]       --
│    │    └─Conv2d: 3-5             [-1, 512, 8, 8]       3,277,312
│    │    └─LeakyReLU: 3-6          [-1, 512, 8, 8]       --
│    └─Sequential: 2-4              [-1, 1024, 4, 4]      --
│    │    └─Conv2d: 3-7             [-1, 1024, 4, 4]      13,108,224
│    │    └─LeakyReLU: 3-8          [-1, 1024, 4, 4]      --
│    └─Flatten: 2-5                 [-1, 16384]           --
│    └─Linear: 2-6                  [-1, 1024]            16,778,240
│    └─Linear: 2-7                  [-1, 16384]           16,793,600
│    └─Reshape: 2-8                 [-1, 1024, 4, 4]      --
│    └─Sequential: 2-9              [-1, 512, 8, 8]       --
│    │    └─ConvTranspose2d: 3-9    [-1, 512, 8, 8]       2,097,664
│    │    └─LeakyReLU: 3-10         [-1, 512, 8, 8]       --
├─Sequential: 1-2                   [-1, 3, 64, 64]       --
│    └─Sequential: 2-10             [-1, 256, 16, 16]     --
│    │    └─ConvTranspose2d: 3-11   [-1, 256, 16, 16]     524,544
│    │    └─LeakyReLU: 3-12         [-1, 256, 16, 16]     --
│    └─Sequential: 2-11             [-1, 128, 32, 32]     --
│    │    └─ConvTranspose2d: 3-13   [-1, 128, 32, 32]     131,200
│    │    └─LeakyReLU: 3-14         [-1, 128, 32, 32]     --
│    └─Sequential: 2-12             [-1, 64, 64, 64]      --
│    │    └─ConvTranspose2d: 3-15   [-1, 64, 64, 64]      32,832
│    │    └─LeakyReLU: 3-16         [-1, 64, 64, 64]      --
│    └─Conv2d: 2-13                 [-1, 3, 64, 64]       1,731
│    └─Sigmoid: 2-14                [-1, 3, 64, 64]       --
=================================================================
Total params: 53,574,531
Trainable params: 53,574,531
Non-trainable params: 0
Total mult-adds (G): 1.29
```

图　11-19

5. 定义 train_batch 逻辑:

```
def train_batch(model, data, criterion, optimizes):
    optA, optB = optimizers
    optA.zero_grad()
    optB.zero_grad()
    imgA, imgB, targetA, targetB = data
    _imgA, _imgB = model(imgA, 'A'), model(imgB, 'B')

    lossA = criterion(_imgA, targetA)
    lossB = criterion(_imgB, targetB)
    lossA.backward()
    lossB.backward()

    optA.step()
    optB.step()

    return lossA.item(), lossB.item()
```

我们感兴趣的是运行 model(imgA, 'B')（这里将使用一个来自 A 类的输入图像，返回一个 B 类图像），但没有使用真值图像进行比较。因此，这里所做的是从 imgA 中预测 _imgA（其中 imgA 是 targetA 的变形版本），并使用 nn.L1Loss 实现 _imgA 与 targetA

的比较。

这里不需要 `validate_batch`，因为根本就没有验证数据集。我们将在训练过程中完成对新图像的预测，并定性地观察进展效果。

6. 创建模型训练所需的所有组件：

```
model = Autoencoder().to(device)

dataset = ImageDataset(Glob('cropped_faces_personA'), \
                       Glob('cropped_faces_personB'))
dataloader = DataLoader(dataset, 32, \
                        collate_fn=dataset.collate_fn)

optimizers=optim.Adam( \
              [{'params': model.encoder.parameters()}, \
               {'params': model.decoder_A.parameters()}], \
               lr=5e-5, betas=(0.5, 0.999)), \
        optim.Adam([{'params': model.encoder.parameters()}, \
               {'params': model.decoder_B.parameters()}], \
               lr=5e-5, betas=(0.5, 0.999))
criterion = nn.L1Loss()
```

7. 训练模型：

```
n_epochs = 1000
log = Report(n_epochs)
!mkdir checkpoint
for ex in range(n_epochs):
    N = len(dataloader)
    for bx,data in enumerate(dataloader):
        lossA, lossB = train_batch(model, data,
                                   criterion, optimizers)
        log.record(ex+(1+bx)/N, lossA=lossA,
                   lossB=lossB, end='\r')

    log.report_avgs(ex+1)
    if (ex+1)%100 == 0:
        state = {
                'state': model.state_dict(),
                'epoch': ex
            }
        torch.save(state, './checkpoint/autoencoder.pth')

    if (ex+1)%100 == 0:
        bs = 5
        a,b,A,B = data
        line('A to B')
        _a = model(a[:bs], 'A')
        _b = model(a[:bs], 'B')
        x = torch.cat([A[:bs],_a,_b])
        subplots(x, nc=bs, figsize=(bs*2, 5))

        line('B to A')
        _a = model(b[:bs], 'A')
        _b = model(b[:bs], 'B')
        x = torch.cat([B[:bs],_a,_b])
```

```
        subplots(x, nc=bs, figsize=(bs*2, 5))

log.plot_epochs()
```

上述代码得到的重建图像如图 11-20 所示。

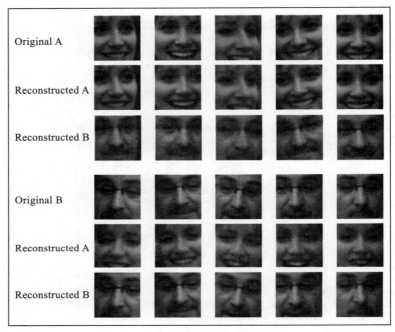

图　11-20

损失值的变化曲线如图 11-21 所示。

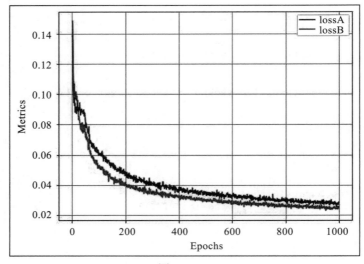

图　11-21

正如你所看到的，我们可以通过调整自编码器使其具有两个解码器而不是一个，从而可以将表情从一张人脸转换到另一张人脸上。而且，随着轮数的增加，重建出来的图像也更加逼真。

11.7　小结

在本章中，我们学习了自编码器的不同变体：普通自编码器、卷积自编码器和变分自编码器。我们还学习了瓶颈层的单元数如何影响图像的重建效果。然后，我们学习了如何使用 t-SNE 技术识别与给定图像相似的图像。对于通过传统自编码器使用样本向量不能获得真实图像的情形，可以使用变分自编码器生成新的图像，我们学习了如何通过使用重建损失和 KL 散度损失的组合来生成新的图像。接下来，我们学习了如何对图像进行对抗性攻击，在不改变图像感知内容的情况下修改图像所属的类别，并且学习了如何使用内容损失与基于 Gram 矩阵的风格损失之间的组合来优化图像的内容损失和风格损失，从而得到一个由两个不同输入图像组合而成的新图像。最后，我们学习了在没有任何监督信息的情况下如何通过调整自编码器交换两张人脸的表情。

在学习了如何从一组给定图像生成新图像的基础上，我们将在下一章中使用生成对抗网络（Generative Adversarial Network，GAN）生成全新的图像。

11.8　课后习题

1. 自编码器中的编码器是什么？
2. 自编码器优化计算中使用的损失函数是什么？
3. 自编码器如何有助于对相似图像进行分组？
4. 卷积自编码器在什么场合下比较有用？
5. 如果从普通 / 卷积自编码器获得的嵌入向量空间中进行随机采样，为什么会得到非直观的图像？
6. VAE 优化计算使用的损失函数是什么？
7. 如何克服普通 / 卷积自编码器的限制来生成新的图像？
8. 在对抗攻击模型训练中，为什么修改的是输入图像的像素而不是网络权重值？
9. 在风格迁移中，我们优化的损失是什么？
10. 在计算风格损失和内容损失时，为什么我们考虑的是不同层的激活而不是原始图像？
11. 在计算风格损失时，为什么我们考虑的是 Gram 矩阵损失而不是图像之间的差异？
12. 在构建模型生成深度虚拟图像时，为什么要变形图像？

第 12 章

基于 GAN 的图像生成

在前一章中，我们学习了如何实现图像风格的迁移，并将一个图像中的人脸表情叠加到另一个图像上。然而，如果我们给网络模型输入一些图像，让它自己生成一个全新的图像，会怎么样呢？

生成对抗网络（GAN）是朝着使用给定图像集合生成新图像这项技术迈出的伟大一步。在从零开始构建 GAN 之前，我们将首先学习 GAN 模型的基本思想。在撰写本书时，GAN 是一个正在不断扩展的领域。本章将通过三种 GAN 变体模型奠定 GAN 的基础，并在下一章学习更高级的 GAN 模型及其应用。

12.1　GAN 模型简介

要理解 GAN，首先需要理解生成器和判别器这两个术语。首先，我们应该有一个合理的样本图像。生成网络（生成器）从样本图像中学习数据表示，然后生成与样本图像相似的图像。判别网络（判别器）考察（由生成网络）生成的图像和原始样本图像，并将图像分类为样本（原始）图像或生成（虚拟）图像。

生成器生成图像的方式是让判别器将生成图像分类为真实的原始图像。判别器的目标是将生成图像分类为虚拟图像，将样本图像分类为真实的原始图像。

从本质上讲，GAN 模型中的对抗术语表示两个网络模型的相反性质——一个是用于生成图像以欺骗判别器网络的生成器网络，另一个是通过判断图像是生成图像还是原始图像，对每个图像进行分类的判别器网络。

图 12-1 表示 GAN 模型的数据处理流程。

在图 12-1 中，生成器网络以随机噪声为输入生成虚拟图像。判别器网络查看生成器生成的图像，并将它们与真实数据（图像样本）进行比较，以判别生成的图像是真实图像还是虚拟图像。生成器试图生成尽可能逼真的虚拟图像，而判别器试图检测出生成器生成的虚拟图像。如此一来，生成器就可以通过考察判别器识别图像真伪的方式来学习如何生成尽可能逼真的虚拟图像。

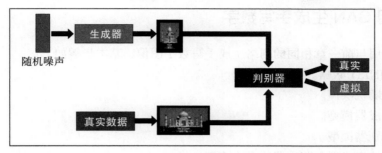

图　12-1

通常交替训练生成器和判别器。这就变成了一个警察和小偷的游戏，其中生成器是试图生成虚假数据的小偷，判别器则是试图识别数据真假的警察。

下面来理解如何计算生成器和判别器的损失值，并使用图 12-2 所示的流程和下面介绍的步骤来训练这两个网络。

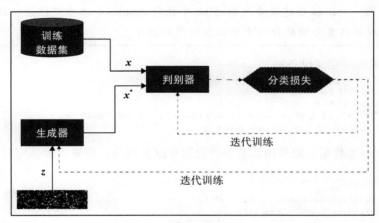

图　12-2

GAN 模型的训练步骤如下：

1. 训练生成器（而不是判别器）生成图像，使判别器将图像分类为真实图像。

2. 训练判别器（而不是生成器）将生成器生成的图像分类为虚拟图像。

3. 重复这个过程，直到达到平衡。

在上述场景中，当判别器能够很好地检测出生成图像时，生成器损失要比判别器损失高得多。

此时，需要调整梯度，使得判别器的损失高于生成器的损失。在下一次迭代中，再次调整梯度，使得生成器的损失高于判别器的损失。这样，关于生成器和判别器的训练就会一直进行下去，直到达到一个平衡点，即生成器生成非常逼真的虚拟图像，使得判别器无法区分它到底是真实图像还是生成图像。

在上述理解的基础上，下面生成与 MNIST 数据集相关的图像。

12.2　使用 GAN 生成手写数字

我们将使用与前一章相同的网络生成手写数字图像，基本步骤如下：

1. 导入 MNIST 数据。

2. 初始化随机噪声。

3. 定义生成器模型。

4. 定义判别器模型。

5. 交替训练生成器和判别器这两个模型。

6. 训练模型，直到生成器和判别器的损失基本相同。

我们使用下列代码实现上述步骤。

> ⓘ 以下代码可从本书 GitHub 库（https://tinyurl.com/mcvp-packt）的 Chapter12 文件夹中的 Handwritten_digit_generation_using_GAN.ipynb 获得。代码比较长，所以强烈建议你在 GitHub 中执行 notebook 来重现结果，这样你能够更好地理解这里介绍的执行步骤和各种代码组件。

1. 导入相关包并定义设备：

```
!pip install -q torch_snippets
from torch_snippets import *
device = "cuda" if torch.cuda.is_available() else "cpu"
from torchvision.utils import make_grid
```

2. 导入 MNIST 数据，定义内置数据转换的数据加载器，将输入数据缩放为均值 0.5 和标准差 0.5：

```
from torchvision.datasets import MNIST
from torchvision import transforms

transform = transforms.Compose([
            transforms.ToTensor(),
            transforms.Normalize(mean=(0.5,), std=(0.5,))
        ])

data_loader = torch.utils.data.DataLoader(MNIST('~/data', \
        train=True, download=True, transform=transform), \
        batch_size=128, shuffle=True, drop_last=True)
```

3. 定义 Discriminator 模型类：

```
class Discriminator(nn.Module):
    def __init__(self):
        super().__init__()
        self.model = nn.Sequential(
                            nn.Linear(784, 1024),
                            nn.LeakyReLU(0.2),
                            nn.Dropout(0.3),
                            nn.Linear(1024, 512),
```

```
                            nn.LeakyReLU(0.2),
                            nn.Dropout(0.3),
                            nn.Linear(512, 256),
                            nn.LeakyReLU(0.2),
                            nn.Dropout(0.3),
                            nn.Linear(256, 1),
                            nn.Sigmoid()
            )
    def forward(self, x): return self.model(x)
```

注意，在上述代码中，我们用 LeakyReLU 代替 ReLU 作为激活函数。判别器网络的摘要信息如下：

```
!pip install torch_summary
from torchsummary import summary
discriminator = Discriminator().to(device)
summary(discriminator,torch.zeros(1,784))
```

上述代码的输出结果如图 12-3 所示。

```
==================================================================
Layer (type:depth-idx)          Output Shape         Param #
==================================================================
├─Sequential: 1-1               [-1, 1]              --
│    └─Linear: 2-1              [-1, 1024]           803,840
│    └─LeakyReLU: 2-2           [-1, 1024]           --
│    └─Dropout: 2-3             [-1, 1024]           --
│    └─Linear: 2-4              [-1, 512]            524,800
│    └─LeakyReLU: 2-5           [-1, 512]            --
│    └─Dropout: 2-6             [-1, 512]            --
│    └─Linear: 2-7              [-1, 256]            131,328
│    └─LeakyReLU: 2-8           [-1, 256]            --
│    └─Dropout: 2-9             [-1, 256]            --
│    └─Linear: 2-10             [-1, 1]              257
│    └─Sigmoid: 2-11            [-1, 1]              --
==================================================================
Total params: 1,460,225
Trainable params: 1,460,225
Non-trainable params: 0
Total mult-adds (M): 2.92
==================================================================
```

图 12-3

4. 定义 Generator 模型类：

```
class Generator(nn.Module):
    def __init__(self):
        super().__init__()
        self.model = nn.Sequential(
                            nn.Linear(100, 256),
                            nn.LeakyReLU(0.2),
                            nn.Linear(256, 512),
                            nn.LeakyReLU(0.2),
                            nn.Linear(512, 1024),
                            nn.LeakyReLU(0.2),
                            nn.Linear(1024, 784),
                            nn.Tanh()
            )

    def forward(self, x): return self.model(x)
```

注意，生成器接受 100 维的输入（这是随机噪声），并使用输入数据生成虚拟图像。生成器模型的摘要信息如下：

```
generator = Generator().to(device)
summary(generator,torch.zeros(1,100))
```

上述代码的输出结果如图 12-4 所示。

```
===============================================================
Layer (type:depth-idx)              Output Shape       Param #
===============================================================
├─Sequential: 1-1                   [-1, 784]          --
|    └─Linear: 2-1                  [-1, 256]          25,856
|    └─LeakyReLU: 2-2               [-1, 256]          --
|    └─Linear: 2-3                  [-1, 512]          131,584
|    └─LeakyReLU: 2-4               [-1, 512]          --
|    └─Linear: 2-5                  [-1, 1024]         525,312
|    └─LeakyReLU: 2-6               [-1, 1024]         --
|    └─Linear: 2-7                  [-1, 784]          803,600
|    └─Tanh: 2-8                    [-1, 784]          --
===============================================================
Total params: 1,486,352
Trainable params: 1,486,352
Non-trainable params: 0
Total mult-adds (M): 2.97
===============================================================
```

图   12-4

5. 定义一个用于产生随机噪声的函数，并将其注册到设备上：

```
def noise(size):
    n = torch.randn(size, 100)
    return n.to(device)
```

6. 定义一个用于训练判别器的函数：

❑ 判别器训练函数（discriminator_train_step）将真实数据（real_data）和虚拟数据（fake_data）作为输入：

```
def discriminator_train_step(real_data, fake_data):
```

❑ 重置梯度：

```
d_optimizer.zero_grad()
```

❑ 在对损失值进行反向传播之前，对真实数据（real_data）进行预测并计算损失（error_real）：

```
prediction_real = discriminator(real_data)
error_real = loss(prediction_real, \
                  torch.ones(len(real_data),1).to(device))
error_real.backward()
```

> ⓘ 当我们计算关于真实数据的判别器损失时，期望判别器的预测输出结果为 1。因此，在判别器训练过程中，通过期望判别器预测输出为 1，并使用 torch.ones 计算判别器关于真实数据的模型预测损失。

❑ 对虚拟数据（fake_data）进行预测，并在对损失值进行反向传播之前计算相应
的损失（error_fake）：

```
prediction_fake = discriminator(fake_data)
error_fake = loss(prediction_fake, \
            torch.zeros(len(fake_data),1).to(device))
error_fake.backward()
```

> ℹ️ 当我们计算关于虚拟数据的判别器损失时，期望判别器的预测输出结果为 0。
> 因此，在判别器训练过程中，通过期望判别器预测输出为 0，并使用 torch.
> zeros 计算判别器关于虚拟数据的模型预测损失。

❑ 更新权重并返回整体损失值（将 real_data 上的 error_real 损失值和 fake_
data 上的 error_fake 损失值相加）：

```
d_optimizer.step()
return error_real + error_fake
```

7. 训练生成器模型：

❑ 定义用于训练生成器模型的函数（generator_train_step），接受虚拟数据
（fake_data）：

```
def generator_train_step(fake_data):
```

❑ 重置生成器模型训练优化器的梯度：

```
g_optimizer.zero_grad()
```

❑ 预测判别器关于虚拟数据（fake_data）的输出：

```
prediction = discriminator(fake_data)
```

❑ 因为我们此时期望判别器在训练生成器时输出值为 1，所以通过传递 prediction
值和期望值 torch.ones 来计算生成器损失值：

```
error = loss(prediction, \
            torch.ones(len(real_data),1).to(device))
```

❑ 通过执行反向传播的方式更新权重，并返回误差：

```
error.backward()
g_optimizer.step()
return error
```

8. 定义模型对象、生成器和判别器的优化器，以及要优化的损失函数：

```
discriminator = Discriminator().to(device)
generator = Generator().to(device)
d_optimizer= optim.Adam(discriminator.parameters(),lr=0.0002)
```

```
g_optimizer = optim.Adam(generator.parameters(), lr=0.0002)
loss = nn.BCELoss()
num_epochs = 200
log = Report(num_epochs)
```

9. 通过不断增加轮数进行模型训练：

❑ 在步骤 2 中获得的 data_loader 函数上循环 200 轮（num_epochs）：

```
for epoch in range(num_epochs):
    N = len(data_loader)
    for i, (images, _) in enumerate(data_loader):
```

❑ 加载真实数据（real_data）和虚拟数据（fake_data），其中虚拟数据通过 generator 网络传递的 noise（批大小为 real_data - len(real_data) 中的数据点数量）获得。请注意，运行 fake_data.detach() 函数是非常重要的，否则模型训练将不起作用。fake_data.detach() 函数创建了关于张量的一个新副本，这样当在 discriminator_train_step 中调用 error.backward() 时，与生成器相关联的张量（创建了 fake_data）就不会受到影响：

```
real_data = images.view(len(images), -1).to(device)
fake_data=generator(noise(len(real_data))).to(device)
fake_data = fake_data.detach()
```

❑ 使用步骤 6 中定义的 discriminator_train_step 函数训练判别器：

```
d_loss=discriminator_train_step(real_data, fake_data)
```

❑ 现在我们已经训练了判别器，在这一步中训练生成器。从噪声数据中生成一组新的虚拟图像（fake_data），并使用步骤 6 中定义的 generator_train_step 训练生成器模型：

```
fake_data=generator(noise(len(real_data))).to(device)
g_loss = generator_train_step(fake_data)
```

❑ 记录损失：

```
        log.record(epoch+(1+i)/N, d_loss=d_loss.item(), \
                    g_loss=g_loss.item(), end='\r')
    log.report_avgs(epoch+1)
log.plot_epochs(['d_loss', 'g_loss'])
```

判别器和生成器损失随轮数增加的变化曲线如图 12-5 所示。

10. 将模型训练后得到的虚拟数据进行可视化处理：

```
z = torch.randn(64, 100).to(device)
sample_images = generator(z).data.cpu().view(64, 1, 28, 28)
grid = make_grid(sample_images, nrow=8, normalize=True)
show(grid.cpu().detach().permute(1,2,0), sz=5)
```

运行上述代码获得的输出结果如图 12-6 所示。

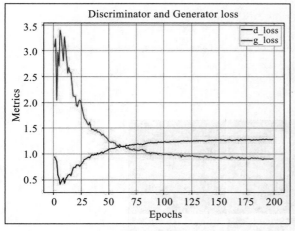

图　12-5　　　　　　　　　　　　　　　　图　12-6

由此可以发现，虽然可以使用 GAN 模型生成逼真的虚拟图像，但仍然有一定的改进空间。在下一节中，我们将学习如何使用深度卷积 GAN 模型生成更加逼真的虚拟图像。

12.3　使用 DCGAN 生成人脸图像

在上一节中，我们学习了如何使用 GAN 生成图像。然而，我们发现，与普通神经网络相比，卷积神经网络（CNN）在图像处理场合通常具有更好的表现。在本节中，我们将学习如何使用深度卷积生成对抗网络（DCGAN）生成图像，DCGAN 在网络模型中使用卷积和池化运算。

首先介绍使用一组 100 个随机数字生成图像的技术。先将噪声转换成批大小 ×100×1×1 的形状。在 DCGAN 中添加额外通道信息的原因在于，这里使用 CNN 模型要求输入数据的形式为批大小 × 通道 × 高度 × 宽度。

接下来使用 `ConvTranspose2d` 将生成的噪声转换为图像。

正如在第 9 章介绍的那样，`ConvTranspose2d` 做的是与卷积相反的运算，用一个尺寸（高度 × 宽度）较小的特征图作为输入，并使用预定义的内核大小、步长和填充将其上采样到较大的尺寸。通过这种方式，我们可以逐渐将一个向量从批大小 ×100×1×1 的形状转换为批大小 ×3×64×64 的形状。这样，我们将一个大小为 100 的随机噪声向量转换为一个人脸图像。

在上述理解的基础上，我们来构建用于生成人脸图像的模型。

> ⓘ　以下代码可从本书 GitHub 库（https://tinyurl.com/mcvp-packt）的 Chapter12 文件夹中的 `Face_generation_using_DCGAN.ipynb` 获得。代码包含用于下载中等规模数据的 URL。我们强烈建议你在 GitHub 中执行 notebook 来重现结果，这样你就能够更好地理解这里介绍的执行步骤和各种代码组件。

1. 下载并提取人脸图像：

```
!wget
https://www.dropbox.com/s/rbajpdlh7efkdo1/male_female_face_ima
ges.zip
!unzip male_female_face_images.zip
```

一些图像示例如图 12-7 所示。

图　12-7

2. 导入相关的软件包：

```
!pip install -q --upgrade torch_snippets
from torch_snippets import *
import torchvision
from torchvision import transforms
import torchvision.utils as vutils
import cv2, numpy as np, pandas as pd
device = "cuda" if torch.cuda.is_available() else "cpu"
```

3. 定义数据集和数据加载器：

❑ 确保对图像进行正确的裁剪，只保留面部信息并丢弃图像中的其他信息。首先下载
级联滤波器（更多关于 OpenCV 中级联滤波器的内容见第 18 章），它将有助于识别
图像中的人脸：

```
face_cascade = cv2.CascadeClassifier(cv2.data.haarcascades + \
                          'haarcascade_frontalface_default.xml')
```

❑ 创建一个新文件夹，并将所有裁剪的人脸图像转存到新文件夹：

```
!mkdir cropped_faces
images = Glob('/content/females/*.jpg') + \
            Glob('/content/males/*.jpg')
for i in range(len(images)):
    img = read(images[i],1)
    gray = cv2.cvtColor(img, cv2.COLOR_BGR2GRAY)
    faces = face_cascade.detectMultiScale(gray, 1.3, 5)
```

```
for (x,y,w,h) in faces:
    img2 = img[y:(y+h),x:(x+w),:]
cv2.imwrite('cropped_faces/'+str(i)+'.jpg', \
            cv2.cvtColor(img2, cv2.COLOR_RGB2BGR))
```

图 12-8 是一些人脸裁剪图像的例子。

图　12-8

请注意，只裁剪和保留图像中的人脸部分，即只保留想要生成的信息。

❏ 指定要对每个图像执行的变换：

```
transform=transforms.Compose([
                            transforms.Resize(64),
                            transforms.CenterCrop(64),
                            transforms.ToTensor(),
    transforms.Normalize((0.5, 0.5, 0.5), (0.5, 0.5, 0.5))])
```

❏ 定义 Faces 数据集类：

```
class Faces(Dataset):
    def __init__(self, folder):
        super().__init__()
        self.folder = folder
        self.images = sorted(Glob(folder))
    def __len__(self):
        return len(self.images)
    def __getitem__(self, ix):
        image_path = self.images[ix]
        image = Image.open(image_path)
        image = transform(image)
        return image
```

❏ 创建数据集对象 ds：

```
ds = Faces(folder='cropped_faces/')
```

❏ 定义 dataloader 类：

```
dataloader = DataLoader(ds, batch_size=64, shuffle=True, \
                        num_workers=8)
```

4. 定义权重初始化，使权重的分布范围较小：

```
def weights_init(m):
    classname = m.__class__.__name__
    if classname.find('Conv') != -1:
        nn.init.normal_(m.weight.data, 0.0, 0.02)
    elif classname.find('BatchNorm') != -1:
        nn.init.normal_(m.weight.data, 1.0, 0.02)
        nn.init.constant_(m.bias.data, 0)
```

5. 定义 Discriminator 模型类，它将形状为批大小 $\times 3 \times 64 \times 64$ 的图像作为输入，并预测输入图像是真还是假：

```
class Discriminator(nn.Module):
    def __init__(self):
        super(Discriminator, self).__init__()
        self.model = nn.Sequential(
                    nn.Conv2d(3,64,4,2,1,bias=False),
                    nn.LeakyReLU(0.2,inplace=True),
                    nn.Conv2d(64,64*2,4,2,1,bias=False),
                    nn.BatchNorm2d(64*2),
                    nn.LeakyReLU(0.2,inplace=True),
                    nn.Conv2d(64*2,64*4,4,2,1,bias=False),
                    nn.BatchNorm2d(64*4),
                    nn.LeakyReLU(0.2,inplace=True),
                    nn.Conv2d(64*4,64*8,4,2,1,bias=False),
                    nn.BatchNorm2d(64*8),
                    nn.LeakyReLU(0.2,inplace=True),
                    nn.Conv2d(64*8,1,4,1,0,bias=False),
                    nn.Sigmoid()
                    )
        self.apply(weights_init)
    def forward(self, input):
        return self.model(input)
```

获取已定义模型的摘要信息：

```
!pip install torch_summary
from torchsummary import summary
discriminator = Discriminator().to(device)
summary(discriminator,torch.zeros(1,3,64,64));
```

上述代码的输出结果如图 12-9 所示。

```
===================================================================
Layer (type:depth-idx)          Output Shape           Param #
===================================================================
├─Sequential: 1-1               [-1, 1, 1, 1]          --
|    └─Conv2d: 2-1              [-1, 64, 32, 32]       3,072
|    └─LeakyReLU: 2-2           [-1, 64, 32, 32]       --
|    └─Conv2d: 2-3              [-1, 128, 16, 16]      131,072
|    └─BatchNorm2d: 2-4         [-1, 128, 16, 16]      256
|    └─LeakyReLU: 2-5           [-1, 128, 16, 16]      --
|    └─Conv2d: 2-6              [-1, 256, 8, 8]        524,288
|    └─BatchNorm2d: 2-7         [-1, 256, 8, 8]        512
|    └─LeakyReLU: 2-8           [-1, 256, 8, 8]        --
|    └─Conv2d: 2-9              [-1, 512, 4, 4]        2,097,152
```

图 12-9

```
|    └─BatchNorm2d: 2-10              [-1, 512, 4, 4]          1,024
|    └─LeakyReLU: 2-11                [-1, 512, 4, 4]          --
|    └─Conv2d: 2-12                   [-1, 1, 1, 1]            8,192
|    └─Sigmoid: 2-13                  [-1, 1, 1, 1]            --
==============================================================================
Total params: 2,765,568
Trainable params: 2,765,568
Non-trainable params: 0
Total mult-adds (M): 106.58
```

图　12-9（续）

6. 定义 Generator 模型类，它从形状为批大小 $\times 100 \times 1 \times 1$ 的输入数据生成虚拟图像：

```python
class Generator(nn.Module):
    def __init__(self):
        super(Generator,self).__init__()
        self.model = nn.Sequential(
            nn.ConvTranspose2d(100,64*8,4,1,0,bias=False,),
            nn.BatchNorm2d(64*8),
            nn.ReLU(True),
            nn.ConvTranspose2d(64*8,64*4,4,2,1,bias=False),
            nn.BatchNorm2d(64*4),
            nn.ReLU(True),
            nn.ConvTranspose2d( 64*4,64*2,4,2,1,bias=False),
            nn.BatchNorm2d(64*2),
            nn.ReLU(True),
            nn.ConvTranspose2d( 64*2,64,4,2,1,bias=False),
            nn.BatchNorm2d(64),
            nn.ReLU(True),
            nn.ConvTranspose2d( 64,3,4,2,1,bias=False),
            nn.Tanh()
        )
        self.apply(weights_init)
    def forward(self,input): return self.model(input)
```

获得所定义模型的摘要信息：

```python
generator = Generator().to(device)
summary(generator,torch.zeros(1,100,1,1))
```

上述代码的输出结果如图 12-10 所示。

```
==============================================================================
Layer (type:depth-idx)               Output Shape             Param #
==============================================================================
├─Sequential: 1-1                    [-1, 3, 64, 64]          --
|    └─ConvTranspose2d: 2-1          [-1, 512, 4, 4]          819,200
|    └─BatchNorm2d: 2-2              [-1, 512, 4, 4]          1,024
|    └─ReLU: 2-3                      [-1, 512, 4, 4]          --
|    └─ConvTranspose2d: 2-4          [-1, 256, 8, 8]          2,097,152
|    └─BatchNorm2d: 2-5              [-1, 256, 8, 8]          512
|    └─ReLU: 2-6                      [-1, 256, 8, 8]          --
|    └─ConvTranspose2d: 2-7          [-1, 128, 16, 16]        524,288
|    └─BatchNorm2d: 2-8              [-1, 128, 16, 16]        256
|    └─ReLU: 2-9                      [-1, 128, 16, 16]        --
|    └─ConvTranspose2d: 2-10         [-1, 64, 32, 32]         131,072
|    └─BatchNorm2d: 2-11             [-1, 64, 32, 32]         128
|    └─ReLU: 2-12                     [-1, 64, 32, 32]         --
```

图　12-10

```
|     └─ConvTranspose2d: 2-13        [-1, 3, 64, 64]              3,072
|     └─Tanh: 2-14                   [-1, 3, 64, 64]              --
==================================================================================
Total params: 3,576,704
Trainable params: 3,576,704
Non-trainable params: 0
Total mult-adds (M): 431.92
```

图 12-10（续）

注意，这里使用 ConvTranspose2d 对数组逐步进行上采样，使其更接近图像。

7. 定义用于训练生成器（generator_train_step）和判别器（discriminator_train_step）的函数：

```python
def discriminator_train_step(real_data, fake_data):
    d_optimizer.zero_grad()
    prediction_real = discriminator(real_data)
    error_real = loss(prediction_real.squeeze(), \
                    torch.ones(len(real_data)).to(device))
    error_real.backward()
    prediction_fake = discriminator(fake_data)
    error_fake = loss(prediction_fake.squeeze(), \
                    torch.zeros(len(fake_data)).to(device))
    error_fake.backward()
    d_optimizer.step()
    return error_real + error_fake

def generator_train_step(fake_data):
    g_optimizer.zero_grad()
    prediction = discriminator(fake_data)
    error = loss(prediction.squeeze(), \
                torch.ones(len(real_data)).to(device))
    error.backward()
    g_optimizer.step()
    return error
```

上述代码在预测的基础上执行了一个 .squeeze 操作，因为模型输出的形状为批大小 × $1 \times 1 \times 1$，需要将其与形状为批大小 ×1 的张量进行比较。

8. 创建生成器和判别器模型对象、优化器和待优化判别器的损失函数：

```python
discriminator = Discriminator().to(device)
generator = Generator().to(device)
loss = nn.BCELoss()
d_optimizer = optim.Adam(discriminator.parameters(), \
                    lr=0.0002, betas=(0.5, 0.999))
g_optimizer = optim.Adam(generator.parameters(), \
                    lr=0.0002, betas=(0.5, 0.999))
```

9. 通过不断增加轮数进行模型训练：

❑ 在步骤 3 定义的 dataloader 函数上循环 25 轮：

```python
log = Report(25)
for epoch in range(25):
    N = len(dataloader)
    for i, images in enumerate(dataloader):
```

❑ 通过生成器网络加载真实数据（real_data），生成虚拟数据（fake_data）：

```
real_data = images.to(device)
fake_data = generator(torch.randn(len(real_data), \
                100, 1, 1).to(device)).to(device)
fake_data = fake_data.detach()
```

注意，在生成 real_data 的时候，普通 GAN 和 DCGAN 之间的主要区别在于使用 CNN 时，DCGAN 不需要将 real_data 进行扁平化处理。

❑ 使用步骤 7 中定义的 discriminator_train_step 函数训练判别器：

```
d_loss=discriminator_train_step(real_data, fake_data)
```

❑ 从噪声数据生成新的图像集（fake_data），并使用步骤 7 中定义的 generator_train_step 函数训练生成器：

```
fake_data = generator(torch.randn(len(real_data), \
                100, 1, 1).to(device)).to(device)
g_loss = generator_train_step(fake_data)
```

❑ 记录损失：

```
        log.record(epoch+(1+i)/N, d_loss=d_loss.item(), \
                g_loss=g_loss.item(), end='\r')
    log.report_avgs(epoch+1)
log.plot_epochs(['d_loss','g_loss'])
```

上述代码的输出结果如图 12-11 所示。

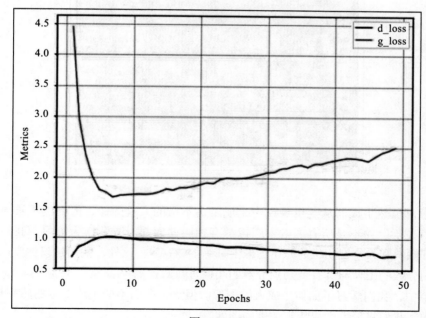

图 12-11

注意，这里生成器和判别器损失的变化不遵循在手写数字生成情形中发现的模式，原因如下：

1. 我们处理的是更大的图像（形状为 $64 \times 64 \times 3$ 的图像，而形状为 $28 \times 28 \times 1$ 的图像已经在上一节中看到了）。

2. 与人脸图像特征相比，数字的变化更少。

3. 与人脸图像中的信息相比，手写数字的信息只能在少数像素中获得。

模型训练完成后，就可以使用以下代码生成一个图像样本：

```
generator.eval()
noise = torch.randn(64, 100, 1, 1, device=device)
sample_images = generator(noise).detach().cpu()
grid = vutils.make_grid(sample_images,nrow=8,normalize=True)
show(grid.cpu().detach().permute(1,2,0), sz=10, \
    title='Generated images')
```

上述代码的图像生成结果如图 12-12 所示。

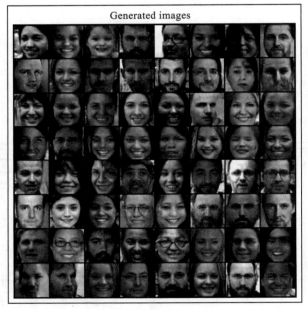

图　12-12

请注意，虽然生成器从随机噪声中生成了还不错的人脸图像，但仍然不够逼真。一个潜在的原因在于，并不是所有的输入图像都有相同的面部对齐。作为练习，我们建议你只在没有面部倾斜和人直视相机的原始图像上训练 DCGAN。此外，我们建议你尝试将生成的具有高判别分数的图像与具有低判别分数的图像进行对比。

在本节中，我们学习了如何生成人脸图像。但是，我们不能生成指定的感兴趣的图像。在下一节中，我们将努力生成特定类别的图像。

12.4 实现条件 GAN 模型

想象这样一个场景：想要生成我们感兴趣的特定类别的图像，例如，一只猫的图像、一只狗的图像或一个戴眼镜的人的图像。如何指定 GAN 生成一个感兴趣的图像？在这种情况下，条件 GAN 就派上了用场。

现在假设只有男性和女性人脸图像以及相应的标签。在本节中，我们将学习如何从随机噪声中生成感兴趣的特定类别的图像。

基本步骤如下：

1. 将想要生成的图像的标签表示为独热编码的形式。

2. 将标签传递到嵌入层以生成每个类别的多维表示。

3. 生成随机噪声，并与上一步生成的嵌入层数据进行拼接。

4. 就像在前几节中介绍的那样进行模型训练，但这一次是将噪声向量与希望生成的图像类别嵌入数据结合起来。

可以使用下列代码实现上述步骤。

> ⓘ 以下代码可从本书 GitHub 库（`https://tinyurl.com/mcvp-packt`）的 Chapter12 文件夹中的 `Face_generation_using_Conditional_GAN.ipynb` 获得。我们强烈建议你在 GitHub 中执行 notebook 来重现结果，这样你就能够更好地理解这里介绍的执行步骤和各种代码组件。

1. 导入图像和相关包：

```
!wget
https://www.dropbox.com/s/rbajpdlh7efkdo1/male_female_face_ima
ges.zip
!unzip male_female_face_images.zip
!pip install -q --upgrade torch_snippets
from torch_snippets import *
device = "cuda" if torch.cuda.is_available() else "cpu"
from torchvision.utils import make_grid
from torch_snippets import *
from PIL import Image
import torchvision
from torchvision import transforms
import torchvision.utils as vutils
```

2. 创建数据集和数据加载器：

❏ 男性和女性图像的存储路径：

```
female_images = Glob('/content/females/*.jpg')
male_images = Glob('/content/males/*.jpg')
```

❏ 确保所裁剪的图像内容只保留面部信息。首先，下载级联滤波器（关于级联滤波器的更多知识，参见第 18 章），它将有助于识别图像中的人脸目标：

```
face_cascade = cv2.CascadeClassifier(cv2.data.haarcascades + \
                        'haarcascade_frontalface_default.xml')
```

❑ 创建两个新文件夹（一个用于保存男性图像，另一个用于保存女性图像），并将所有裁剪后的人脸图像放入相应的文件夹中：

```
!mkdir cropped_faces_females
!mkdir cropped_faces_males

def crop_images(folder):
    images = Glob(folder+'/*.jpg')
    for i in range(len(images)):
        img = read(female_images[i],1)
        gray = cv2.cvtColor(img, cv2.COLOR_BGR2GRAY)
        faces = face_cascade.detectMultiScale(gray, 1.3, 5)
        for (x,y,w,h) in faces:
            img2 = img[y:(y+h),x:(x+w),:]
            cv2.imwrite('cropped_faces_'+folder+'/'+ \
                    str(i)+'.jpg',cv2.cvtColor(img2, \
                                cv2.COLOR_RGB2BGR))
crop_images('females')
crop_images('males')
```

❑ 指定需要对每个图像执行的变换：

```
transform=transforms.Compose([
                        transforms.Resize(64),
                        transforms.CenterCrop(64),
                        transforms.ToTensor(),
    transforms.Normalize((0.5, 0.5, 0.5), (0.5, 0.5, 0.5))
                        ])
```

❑ 创建Faces数据集类，返回图像及其中人物的性别：

```
class Faces(Dataset):
    def __init__(self, folders):
        super().__init__()
        self.folderfemale = folders[0]
        self.foldermale = folders[1]
        self.images = sorted(Glob(self.folderfemale)) + \
                        sorted(Glob(self.foldermale))
    def __len__(self):
        return len(self.images)
    def __getitem__(self, ix):
        image_path = self.images[ix]
        image = Image.open(image_path)
        image = transform(image)
        gender = np.where('female' in image_path,1,0)
        return image, torch.tensor(gender).long()
```

❑ 定义ds数据集和dataloader：

```
ds = Faces(folders=['cropped_faces_females', \
                    'cropped_faces_males'])
dataloader = DataLoader(ds, batch_size=64, \
                        shuffle=True, num_workers=8)
```

3. 定义权重初始化方法（与 12.3 节做的工作一样），这样随机初始化的权重值就不会产生很大的变化：

```python
def weights_init(m):
    classname = m.__class__.__name__
    if classname.find('Conv') != -1:
        nn.init.normal_(m.weight.data, 0.0, 0.02)
    elif classname.find('BatchNorm') != -1:
        nn.init.normal_(m.weight.data, 1.0, 0.02)
        nn.init.constant_(m.bias.data, 0)
```

4. 定义 Discriminator 模型类：

❑ 定义模型架构：

```python
class Discriminator(nn.Module):
    def __init__(self, emb_size=32):
        super(Discriminator, self).__init__()
        self.emb_size = 32
        self.label_embeddings = nn.Embedding(2, self.emb_size)
        self.model = nn.Sequential(
            nn.Conv2d(3,64,4,2,1,bias=False),
            nn.LeakyReLU(0.2,inplace=True),
            nn.Conv2d(64,64*2,4,2,1,bias=False),
            nn.BatchNorm2d(64*2),
            nn.LeakyReLU(0.2,inplace=True),
            nn.Conv2d(64*2,64*4,4,2,1,bias=False),
            nn.BatchNorm2d(64*4),
            nn.LeakyReLU(0.2,inplace=True),
            nn.Conv2d(64*4,64*8,4,2,1,bias=False),
            nn.BatchNorm2d(64*8),
            nn.LeakyReLU(0.2,inplace=True),
            nn.Conv2d(64*8,64,4,2,1,bias=False),
            nn.BatchNorm2d(64),
            nn.LeakyReLU(0.2,inplace=True),
            nn.Flatten()
        )
        self.model2 = nn.Sequential(
            nn.Linear(288,100),
            nn.LeakyReLU(0.2,inplace=True),
            nn.Linear(100,1),
            nn.Sigmoid()
        )
        self.apply(weights_init)
```

注意，在模型类中，我们有一个额外的参数 emb_size，它出现在条件 GAN 中，而不在 DCGAN 中。emb_size 表示将输入类标签（我们想要生成的图像类别）转换成嵌入数，存储为 label_embeddings。我们之所以将输入类标签从独热编码格式转换为更高维度的嵌入表示形式，是因为模型可以有更高的自由度来学习和调整以处理不同的类别。

虽然模型类在很大程度上仍然与 DCGAN 相同，但我们正在初始化另一个用于分类训练的模型（model2）。在接下来讨论 forward 方法之后，第二个模型将会起到更大的作用。你也会明白为什么 self.model2 在执行下列 forward 方法和模型摘要之后会将 288

个值作为输入。

- □ 定义 forward 方法，将图像及其标签作为输入：

```
def forward(self, input, labels):
    x = self.model(input)
    y = self.label_embeddings(labels)
    input = torch.cat([x, y], 1)
    final_output = self.model2(input)
    return final_output
```

在上述定义的 forward 方法中，我们获取第一个模型（self.model(input)）的输出和将 labels 传递给 label_embeddings 的输出，然后将输出连接起来。之后，我们将连接的输出传递给前面定义的第二个模型（self.model2），获取判别器的输出信息。

- □ 获得所定义模型的摘要信息：

```
!pip install torch_summary
from torchsummary import summary
discriminator = Discriminator().to(device)
summary(discriminator,torch.zeros(32,3,64,64).to(device), \
        torch.zeros(32).long().to(device));
```

上述代码的输出结果如图 12-13 所示。

```
=================================================================
Layer (type:depth-idx)              Output Shape          Param #
=================================================================
├─Sequential: 1-1                   [-1, 256]             --
│    └─Conv2d: 2-1                  [-1, 64, 32, 32]      3,072
│    └─LeakyReLU: 2-2               [-1, 64, 32, 32]      --
│    └─Conv2d: 2-3                  [-1, 128, 16, 16]     131,072
│    └─BatchNorm2d: 2-4             [-1, 128, 16, 16]     256
│    └─LeakyReLU: 2-5               [-1, 128, 16, 16]     --
│    └─Conv2d: 2-6                  [-1, 256, 8, 8]       524,288
│    └─BatchNorm2d: 2-7             [-1, 256, 8, 8]       512
│    └─LeakyReLU: 2-8               [-1, 256, 8, 8]       --
│    └─Conv2d: 2-9                  [-1, 512, 4, 4]       2,097,152
│    └─BatchNorm2d: 2-10            [-1, 512, 4, 4]       1,024
│    └─LeakyReLU: 2-11              [-1, 512, 4, 4]       --
│    └─Conv2d: 2-12                 [-1, 64, 2, 2]        524,288
│    └─BatchNorm2d: 2-13            [-1, 64, 2, 2]        128
│    └─LeakyReLU: 2-14             [-1, 64, 2, 2]        --
│    └─Flatten: 2-15                [-1, 256]             --
├─Embedding: 1-2                    [-1, 32]              64
├─Sequential: 1-3                   [-1, 1]               --
│    └─Linear: 2-16                 [-1, 100]             28,900
│    └─LeakyReLU: 2-17              [-1, 100]             --
│    └─Linear: 2-18                 [-1, 1]               101
│    └─Sigmoid: 2-19               [-1, 1]               --
=================================================================
Total params: 3,310,857
Trainable params: 3,310,857
Non-trainable params: 0
Total mult-adds (M): 109.25
=================================================================
```

图　12-13

注意 self.model2 将 288 个输入值作为 self.model 的输出，每个数据点有 256 个值，然后将它们与输入的类别标签的 32 个嵌入值连接起来，因此 self.model2 的输入个数为 256+32=288。

5. 定义 Generator 网络类：

❑ 定义 __init__ 方法：

```
class Generator(nn.Module):
    def __init__(self, emb_size=32):
        super(Generator,self).__init__()
        self.emb_size = emb_size
        self.label_embeddings = nn.Embedding(2, self.emb_size)
```

注意，在上述代码中，我们使用 nn.Embedding 将二维输入（也就是类别）转换为 32 维向量（self.emb_size）：

```
self.model = nn.Sequential(
    nn.ConvTranspose2d(100+self.emb_size,\
                        64*8,4,1,0,bias=False),
    nn.BatchNorm2d(64*8),
    nn.ReLU(True),
    nn.ConvTranspose2d(64*8,64*4,4,2,1,bias=False),
    nn.BatchNorm2d(64*4),
    nn.ReLU(True),
    nn.ConvTranspose2d(64*4,64*2,4,2,1,bias=False),
    nn.BatchNorm2d(64*2),
    nn.ReLU(True),
    nn.ConvTranspose2d(64*2,64,4,2,1,bias=False),
    nn.BatchNorm2d(64),
    nn.ReLU(True),
    nn.ConvTranspose2d(64,3,4,2,1,bias=False),
    nn.Tanh()
)
```

注意，在上述代码中，我们使用 nn.ConvTranspose2d 对获得的图像进行放大并将其作为输出结果。

❑ 使用权重初始化：

```
self.apply(weights_init)
```

❑ 定义将噪声值（input_noise）和输入标签（labels）作为输入并生成图像输出的 forward 方法：

```
def forward(self,input_noise,labels):
    label_embeddings = self.label_embeddings(labels) \
                        .view(len(labels), \
                            self.emb_size,1, 1)
    input = torch.cat([input_noise, label_embeddings], 1)
    return self.model(input)
```

❑ 获取已定义 generator 函数的摘要信息：

```
generator = Generator().to(device)
summary(generator,torch.zeros(32,100,1,1).to(device), \
        torch.zeros(32).long().to(device));
```

上述代码的输出结果如图 12-14 所示。

```
==================================================================
Layer (type:depth-idx)              Output Shape          Param #
==================================================================
├─Embedding: 1-1                    [-1, 32]              64
├─Sequential: 1-2                   [-1, 3, 64, 64]       --
│    └─ConvTranspose2d: 2-1         [-1, 512, 4, 4]       1,081,344
│    └─BatchNorm2d: 2-2             [-1, 512, 4, 4]       1,024
│    └─ReLU: 2-3                    [-1, 512, 4, 4]       --
│    └─ConvTranspose2d: 2-4         [-1, 256, 8, 8]       2,097,152
│    └─BatchNorm2d: 2-5             [-1, 256, 8, 8]       512
│    └─ReLU: 2-6                    [-1, 256, 8, 8]       --
│    └─ConvTranspose2d: 2-7         [-1, 128, 16, 16]     524,288
│    └─BatchNorm2d: 2-8             [-1, 128, 16, 16]     256
│    └─ReLU: 2-9                    [-1, 128, 16, 16]     --
│    └─ConvTranspose2d: 2-10        [-1, 64, 32, 32]      131,072
│    └─BatchNorm2d: 2-11            [-1, 64, 32, 32]      128
│    └─ReLU: 2-12                   [-1, 64, 32, 32]      --
│    └─ConvTranspose2d: 2-13        [-1, 3, 64, 64]       3,072
│    └─Tanh: 2-14                   [-1, 3, 64, 64]       --
==================================================================
Total params: 3,838,912
Trainable params: 3,838,912
Non-trainable params: 0
Total mult-adds (M): 436.38
```

图　12-14

6. 定义一个用于产生 100 个随机噪声值的函数（noise），并将其注册到设备上：

```
def noise(size):
    n = torch.randn(size, 100, 1, 1, device=device)
    return n.to(device)
```

7. 定义用于训练判别器的函数 discriminator_train_step：

❑ 判别器接受四种输入——真实图像（real_data）、真实标签（real_labels）、虚拟图像（fake_data）和虚拟标签（fake_labels）：

```
def discriminator_train_step(real_data, real_labels, \
                             fake_data, fake_labels):
    d_optimizer.zero_grad()
```

这里对判别器对应的梯度进行了重置。

❑ 计算与真实数据预测相对应的损失值（prediction_real）。将 real_data 和 real_labels 传递给 discriminator 网络时输出的损失值与（torch.ones (len(real_data), 1).to(device)）的期望值进行比较，在进行反向传播之前得到 error_real：

```
prediction_real = discriminator(real_data, real_labels)
error_real = loss(prediction_real, \
                  torch.ones(len(real_data),1).to(device))
error_real.backward()
```

❑ 计算与虚拟数据预测对应的损失值（prediction_fake）。将 fake_data 和

fake_labels 传递给 discriminator 网络时输出的损失值与（torch.zeros (len(fake_data)，1).to(device)）的期望值进行比较，在进行反向传播之前得到 error_fake：

```
prediction_fake = discriminator(fake_data, fake_labels)
error_fake = loss(prediction_fake, \
                  torch.zeros(len(fake_data),1).to(device))
error_fake.backward()
```

❑ 更新权重并返回损失值：

```
d_optimizer.step()
return error_real + error_fake
```

8. 定义生成器模型的训练步骤，其中将虚拟图像（fake_data）和虚拟标签（fake_labels）作为输入：

```
def generator_train_step(fake_data, fake_labels):
    g_optimizer.zero_grad()
    prediction = discriminator(fake_data, fake_labels)
    error = loss(prediction, \
                 torch.ones(len(fake_data), 1).to(device))
    error.backward()
    g_optimizer.step()
    return error
```

注意，generator_train_step 函数与 discriminator_train_step 类似。不同之处在于，如果我们正在训练生成器，那么它的输出值将是 torch.ones(len(fake_data),1).to(device))，而不是 0。

9. 定义 generator 和 discriminator 模型对象、损失优化器和 loss 函数：

```
discriminator = Discriminator().to(device)
generator = Generator().to(device)
loss = nn.BCELoss()
d_optimizer = optim.Adam(discriminator.parameters(), \
                         lr=0.0002, betas=(0.5, 0.999))
g_optimizer = optim.Adam(generator.parameters(), \
                         lr=0.0002, betas=(0.5, 0.999))
fixed_noise = torch.randn(64, 100, 1, 1, device=device)
fixed_fake_labels = torch.LongTensor([0]* \
                                     (len(fixed_noise)//2) \
                         + [1]*(len(fixed_noise)//2)).to(device)
loss = nn.BCELoss()
n_epochs = 25
img_list = []
```

上述代码在定义 fixed_fake_labels 时，指定一半的图像对应于一个类（类别 0），其余图像对应于另外一个类（类别 1）。另外，我们定义了用于从随机噪声生成图像的 fixed_noise。

10. 通过不断增加轮数（n_epochs）进行模型训练：

❑ 指定 `dataloader` 的长度：

```
log = Report(n_epochs)
for epoch in range(n_epochs):
    N = len(dataloader)
```

❑ 循环处理批图像及其标签：

```
for bx, (images, labels) in enumerate(dataloader):
```

❑ 指定 `real_data` 和 `real_labels`：

```
real_data, real_labels = images.to(device), \
                         labels.to(device)
```

❑ 初始化 `fake_data` 和 `fake_labels`：

```
fake_labels = torch.LongTensor(np.random.randint(0, \
                      2,len(real_data))).to(device)
fake_data=generator(noise(len(real_data)),fake_labels)
fake_data = fake_data.detach()
```

❑ 使用步骤 7 中定义的 `discriminator_train_step` 函数训练判别器，计算判别器损失（`d_loss`）：

```
d_loss = discriminator_train_step(real_data, \
              real_labels, fake_data, fake_labels)
```

❑ 重新生成虚拟图像（`fake_data`）和虚拟标签（`fake_labels`），并使用步骤 8 中定义的 `generator_train_step` 函数训练生成器，计算生成器损失（`g_loss`）：

```
fake_labels = torch.LongTensor(np.random.randint(0, \
                      2,len(real_data))).to(device)
fake_data = generator(noise(len(real_data)), \
                      fake_labels).to(device)
g_loss = generator_train_step(fake_data, fake_labels)
```

❑ 记录指标如下：

```
    pos = epoch + (1+bx)/N
    log.record(pos, d_loss=d_loss.detach(), \
            g_loss=g_loss.detach(), end='\r')
log.report_avgs(epoch+1)
```

模型训练完成后，就可以生成男性图像和女性图像：

```
with torch.no_grad():
    fake = generator(fixed_noise, \
                    fixed_fake_labels).detach().cpu()
    imgs = vutils.make_grid(fake, padding=2, \
                        normalize=True).permute(1,2,0)
    img_list.append(imgs)
    show(imgs, sz=10)
```

在上述代码中，我们将噪声（fixed_noise）和标签（fixed_fake_labels）传递给生成器用于生成 fake 图像。模型在经过 25 轮的训练之后，生成的虚拟图像如图 12-15 所示。

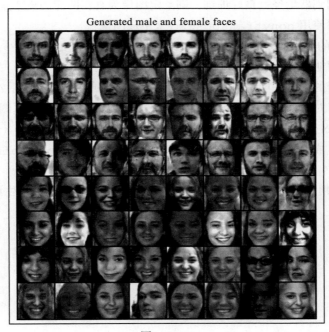

Generated male and female faces

图　12-15

从图 12-15 可以看出，前 32 个对应的是男性图像，后 32 个对应的是女性图像，这就证实了条件 GAN 的表现与预期相符。

12.5　小结

在本章中，我们学习了如何使用 GAN 模型中的两个不同的神经网络生成手写数字的新图像。然后，我们使用 DCGAN 模型生成逼真的人脸图像。最后，我们学习了条件 GAN 模型，它可以帮助我们生成特定类别的图像。对于这些使用不同技术生成的图像，我们仍然可以发现它们还不够逼真。此外，虽然我们可以在条件 GAN 中通过指定图像类别的方式生成想要的图像，但仍然不能进行图像转换，即使用另外某个对象替换图像中的某个对象，并保持图像中其他对象不变。此外，还没有一个图像生成机制，使得生成的图像类别（风格）数量更加无监督。

在下一章中，我们将学习如何使用 GAN 的一些最新变体生成更加逼真的图像，并学习如何以更加无监督的方式生成不同风格的图像。

12.6　课后习题

1. 如果生成器和判别器模型的学习率很高，会发生什么情况？
2. 如果生成器和判别器均经过良好训练，则给定图像为真实图像的概率是多少？
3. 为什么我们需要使用 `convtranspose2d` 来生成图像？
4. 与条件 GAN 中的类别数量相比，为什么我们有一个较高尺度的嵌入？
5. 怎样才能生成留胡子男人的图像？
6. 为什么在生成器的最后一层有 Tanh 激活而没有 ReLU 或 Sigmoid 激活？
7. 为什么即使没有对生成的数据进行反归一化处理，仍然可以得到逼真图像？
8. 如果在训练 GAN 之前不裁剪出图像中的人脸，会发生什么情况？
9. 为什么在训练生成器时没有更新判别器的权重（当 `generator_train_step` 函数涉及判别器网络时）？
10. 为什么在训练判别器时对真实图像和虚拟图像都有损失，而在训练生成器时只对虚拟图像有损失？

第 13 章

高级 GAN 图像处理

在前一章中，我们学习了如何使用生成对抗网络（GAN）生成逼真的图像。在本章中，我们将学习如何使用 GAN 进行图像处理。我们将学习基于 GAN 生成图像的两种不同方法：监督方法和非监督方法。在监督方法中，我们提供输入和输出组合对，基于输入图像的信息生成图像，这将在 13.1 节进行介绍。在非监督方法中，虽然我们也指定输入和输出，但是不提供输入和输出之间的一一对应关系。我们期望 GAN 学习两个类别的结构，并能够将图像从一个类别转换到另外一个类别，这将在 13.2 节进行介绍。

另一类无监督图像处理涉及从随机向量的潜在空间生成图像，并考察图像如何随着潜在向量值的变化而变化，这将在 13.3 节进行介绍。最后，我们将学习如何使用预训练 GAN——SRGAN 模型，这有助于将低分辨率图像转化为高分辨率图像。

13.1 使用 Pix2Pix GAN 模型

想象下面这个场景：我们有相互关联的图像对（例如，将某个对象的边缘图像作为输入，并将这个对象的实际图像作为输出）。给定的挑战是对于给定对象边缘的输入图像，生成一个逼真的图像。在传统的场合，这是一个简单的输入到输出的映射，因此是一个监督学习问题。然而，想象一下，你正在与一个创意团队一起工作，他们正试图为产品提供一个全新的外观。在这种情况下，监督学习没有多大的帮助，因为它只能从历史中学习。GAN 可以在这里大显身手，因为它可以确保生成的图像看起来足够逼真，并为实验调整留出空间（因为我们可以检查生成的图像是否属于我们感兴趣的一种类别）。

在本节中，我们将学习如何从一只鞋的手绘涂鸦（轮廓）生成鞋子图像。我们将采用如下步骤从涂鸦生成一个逼真的图像：

1. 获取大量的实际图像，并使用标准的 cv2 边缘检测技术创建相应的轮廓。

2. 从原始图像的补丁中采样颜色，使生成器知道要生成的颜色。

3. 构建 UNet 架构，它可以将带有补丁颜色样本的轮廓作为输入，并预测相应的图像——这是我们的生成器。

4. 构建判别器架构，它可以接受一个图像并预测该图像是真的还是虚拟的。

5. 一起训练生成器和判别器，使生成器生成的虚拟图像能够成功欺骗判别器。

下面编码实现上述步骤。

> ⓘ 以下代码可从本书 **GitHub** 库（`https://tinyurl.com/mcvp-packt`）的 Chapter13
> 文件夹中的 `Pix2Pix_GAN.ipynb` 获得。该代码包含用于下载中等规模数据的
> URL。我们强烈建议你在 GitHub 中执行 notebook 来重现结果，这样你可以更好
> 地理解这里介绍的执行步骤和各种代码组件。

1. 导入数据集并安装相关包：

```
try:
    !wget https://bit.ly/3kiuN93
    !mv 3kiuN93 ShoeV2.zip
    !unzip ShoeV2.zip
    !unzip ShoeV2_F/ShoeV2_photo.zip
except:
    !wget
https://www.dropbox.com/s/g6b6gtvmdu0h77x/ShoeV2_photo.zip
!pip install torch_snippets
from torch_snippets import *
device = 'cuda' if torch.cuda.is_available() else 'cpu'
```

上述代码下载鞋子图像。下载的图像示例如图 13-1 所示。

图 13-1

我们的目标是要画出具有上述轮廓（边缘）且具有样本补丁颜色的鞋子图像。下一步我们将获取一个具有给定边缘的鞋子图像。通过这种方法，我们可以训练一个模型，用于在给定鞋轮廓和样本补丁颜色的情况下重建出这种鞋的图像。

2. 定义一个用于从下载图像中获取边缘的函数：

```
def detect_edges(img):
    img_gray = cv2.cvtColor(img, cv2.COLOR_RGB2GRAY)
    img_gray = cv2.bilateralFilter(img_gray, 5, 50, 50)
    img_gray_edges = cv2.Canny(img_gray, 45, 100)
    # invert black/white
    img_gray_edges = cv2.bitwise_not(img_gray_edges)
    img_edges=cv2.cvtColor(img_gray_edges,cv2.COLOR_GRAY2RGB)
    return img_edges
```

在上述代码中，我们使用 OpenCV 包中的各种方法来获取图像的边缘信息（关于 OpenCV 方法工作的更多细节，请参见第 18 章）。

3. 定义图像变换管道（preprocess 和 normalize）：

```
IMAGE_SIZE = 256
preprocess = T.Compose([
                T.Lambda(lambda x: torch.Tensor(x.copy())\
                        .permute(2, 0, 1).to(device))
            ])
normalize = lambda x: (x - 127.5)/127.5
```

4. 定义数据集类（ShoesData）。这个数据集类返回原始图像和边缘图像。我们传递给网络的另一个输入是随机选择区域中的颜色补丁。这样就可以让用户获得一个手绘的轮廓图像，在图像的不同部分撒上所需的颜色，并生成一个新的图像。输入（第三个图像）和输出（第一个图像）的样本如图 13-2 所示。

图 13-2（彩插）

然而，我们在步骤 1 中得到的输入图像只是鞋子（第一个图像）——这里将使用它来提取鞋子的边缘（第二个图像）。此外，将在下一步中撒上颜色以获取关于前面图像的输入（第三个图像）和输出（第一个图像）组合。

在下列代码中，我们将构建一个类，用于获取图像轮廓、撒上颜色，并返回撒色图像和原始图像（用于生成轮廓的图像）对：

❑ 定义 ShoesData 类、__init__ 方法和 __len__ 方法：

```
class ShoesData(Dataset):
    def __init__(self, items):
        self.items = items
    def __len__(self): return len(self.items)
```

❑ 定义 __getitem__ 方法。在此方法中，我们会对输入图像进行处理，获取一个边缘图像，然后在该图像上撒上原始图像中存在的颜色。我们在这里获取给定图像的边缘：

```
def __getitem__(self, ix):
    f = self.items[ix]
    try: im = read(f, 1)
    except:
        blank = preprocess(Blank(IMAGE_SIZE, \
                                 IMAGE_SIZE, 3))
        return blank, blank
    edges = detect_edges(im)
```

❑ 在获取图像边缘之后，调整图像大小并进行归一化处理：

```
im, edges = resize(im, IMAGE_SIZE), \
            resize(edges, IMAGE_SIZE)
im, edges = normalize(im), normalize(edges)
```

❑ 对 edges 图像进行着色，对原始图像和 edges 图像进行 preprocess：

```
self._draw_color_circles_on_src_img(edges, im)
im, edges = preprocess(im), preprocess(edges)
return edges, im
```

❑ 定义用于撒上颜色的函数：

```
def _draw_color_circles_on_src_img(self, img_src, \
                                   img_target):
    non_white_coords = self._get_non_white_coordinates\
                           (img_target)
    for center_y, center_x in non_white_coords:
        self._draw_color_circle_on_src_img(img_src, \
                   img_target, center_y, center_x)

def _get_non_white_coordinates(self, img):
    non_white_mask = np.sum(img, axis=-1) < 2.75
    non_white_y, non_white_x = np.nonzero(non_white_mask)
    # randomly sample non-white coordinates
    n_non_white = len(non_white_y)
    n_color_points = min(n_non_white, 300)
    idxs = np.random.choice(n_non_white, n_color_points, \
                            replace=False)
    non_white_coords = list(zip(non_white_y[idxs], \
                                non_white_x[idxs]))
    return non_white_coords

def _draw_color_circle_on_src_img(self, img_src, \
                          img_target, center_y, center_x):
    assert img_src.shape == img_target.shape
    y0, y1, x0, x1 = self._get_color_point_bbox_coords(\
                                      center_y, center_x)
    color = np.mean(img_target[y0:y1, x0:x1],axis=(0, 1))
    img_src[y0:y1, x0:x1] = color

def _get_color_point_bbox_coords(self, center_y,center_x):
    radius = 2
    y0 = max(0, center_y-radius+1)
    y1 = min(IMAGE_SIZE, center_y+radius)
    x0 = max(0, center_x-radius+1)
    x1 = min(IMAGE_SIZE, center_x+radius)
    return y0, y1, x0, x1

def choose(self): return self[randint(len(self))]
```

5. 定义训练数据集、验证数据集和数据加载器：

```
from sklearn.model_selection import train_test_split
train_items, val_items = train_test_split(\
                    Glob('ShoeV2_photo/*.png'), \
                    test_size=0.2, random_state=2)
trn_ds, val_ds = ShoesData(train_items), ShoesData(val_items)

trn_dl = DataLoader(trn_ds, batch_size=32, shuffle=True)
val_dl = DataLoader(val_ds, batch_size=32, shuffle=True)
```

6. 定义生成器和判别器模型架构，这里使用权重初始化（weights_init_normal）、UNetDown 和 UNetUp 架构，就像我们在第 9 章和第 10 章中所做的那样，来定义 GeneratorUNet 和 Discriminator 模型架构。

❑ 初始化权重，使它们服从正态分布：

```python
def weights_init_normal(m):
    classname = m.__class__.__name__
    if classname.find("Conv") != -1:
        torch.nn.init.normal_(m.weight.data, 0.0, 0.02)
    elif classname.find("BatchNorm2d") != -1:
        torch.nn.init.normal_(m.weight.data, 1.0, 0.02)
        torch.nn.init.constant_(m.bias.data, 0.0)
```

❑ 定义 UNetDown 和 UNetUp 类：

```python
class UNetDown(nn.Module):
    def __init__(self, in_size, out_size, normalize=True, \
                 dropout=0.0):
        super(UNetDown, self).__init__()
        layers = [nn.Conv2d(in_size, out_size, 4, 2, 1, \
                            bias=False)]
        if normalize:
            layers.append(nn.InstanceNorm2d(out_size))
        layers.append(nn.LeakyReLU(0.2))
        if dropout:
            layers.append(nn.Dropout(dropout))
        self.model = nn.Sequential(*layers)

    def forward(self, x):
        return self.model(x)

class UNetUp(nn.Module):
    def __init__(self, in_size, out_size, dropout=0.0):
        super(UNetUp, self).__init__()
        layers = [
            nn.ConvTranspose2d(in_size, out_size, 4, 2, 1, \
                               bias=False),
            nn.InstanceNorm2d(out_size),
            nn.ReLU(inplace=True),
        ]
        if dropout:
            layers.append(nn.Dropout(dropout))

        self.model = nn.Sequential(*layers)
    def forward(self, x, skip_input):
        x = self.model(x)
        x = torch.cat((x, skip_input), 1)

        return x
```

❑ 定义 GeneratorUNet 类：

```python
class GeneratorUNet(nn.Module):
    def __init__(self, in_channels=3, out_channels=3):
        super(GeneratorUNet, self).__init__()
```

```python
        self.down1 = UNetDown(in_channels,64,normalize=False)
        self.down2 = UNetDown(64, 128)
        self.down3 = UNetDown(128, 256)
        self.down4 = UNetDown(256, 512, dropout=0.5)
        self.down5 = UNetDown(512, 512, dropout=0.5)
        self.down6 = UNetDown(512, 512, dropout=0.5)
        self.down7 = UNetDown(512, 512, dropout=0.5)
        self.down8 = UNetDown(512, 512, normalize=False, \
                            dropout=0.5)

        self.up1 = UNetUp(512, 512, dropout=0.5)
        self.up2 = UNetUp(1024, 512, dropout=0.5)
        self.up3 = UNetUp(1024, 512, dropout=0.5)
        self.up4 = UNetUp(1024, 512, dropout=0.5)
        self.up5 = UNetUp(1024, 256)
        self.up6 = UNetUp(512, 128)
        self.up7 = UNetUp(256, 64)

        self.final = nn.Sequential(
            nn.Upsample(scale_factor=2),
            nn.ZeroPad2d((1, 0, 1, 0)),
            nn.Conv2d(128, out_channels, 4, padding=1),
            nn.Tanh(),
        )

    def forward(self, x):
        d1 = self.down1(x)
        d2 = self.down2(d1)
        d3 = self.down3(d2)
        d4 = self.down4(d3)
        d5 = self.down5(d4)
        d6 = self.down6(d5)
        d7 = self.down7(d6)
        d8 = self.down8(d7)
        u1 = self.up1(d8, d7)
        u2 = self.up2(u1, d6)
        u3 = self.up3(u2, d5)
        u4 = self.up4(u3, d4)
        u5 = self.up5(u4, d3)
        u6 = self.up6(u5, d2)
        u7 = self.up7(u6, d1)
        return self.final(u7)
```

❑ 定义 Discriminator 类:

```python
class Discriminator(nn.Module):
    def __init__(self, in_channels=3):
        super(Discriminator, self).__init__()

        def discriminator_block(in_filters, out_filters, \
                            normalization=True):
            """Returns downsampling layers of each
            discriminator block"""
            layers = [nn.Conv2d(in_filters, out_filters, \
                            4, stride=2, padding=1)]
            if normalization:
                layers.append(nn.InstanceNorm2d(out_filters))
```

```
        layers.append(nn.LeakyReLU(0.2, inplace=True))
        return layers

    self.model = nn.Sequential(
        *discriminator_block(in_channels * 2, 64, \
                            normalization=False),
        *discriminator_block(64, 128),
        *discriminator_block(128, 256),
        *discriminator_block(256, 512),
        nn.ZeroPad2d((1, 0, 1, 0)),
        nn.Conv2d(512, 1, 4, padding=1, bias=False)
    )

def forward(self, img_A, img_B):
    img_input = torch.cat((img_A, img_B), 1)
    return self.model(img_input)
```

7. 定义 generator 和 discriminator 模型对象并获取摘要信息：

```
generator = GeneratorUNet().to(device)
discriminator = Discriminator().to(device)
!pip install torch_summary
from torchsummary import summary
print(summary(generator, torch.zeros(3, 3, IMAGE_SIZE, \
                        IMAGE_SIZE).to(device)))
print(summary(discriminator, torch.zeros(3, 3, IMAGE_SIZE, \
```

生成器架构的摘要信息如图 13-3 所示。

```
----------------------------------------------------------------------
      Layer (type)          Output Shape        Param #      Tr. Param #
======================================================================
        UNetDown-1     [3, 64, 128, 128]          3,072           3,072
        UNetDown-2     [3, 128, 64, 64]         131,072         131,072
        UNetDown-3     [3, 256, 32, 32]         524,288         524,288
        UNetDown-4     [3, 512, 16, 16]       2,097,152       2,097,152
        UNetDown-5       [3, 512, 8, 8]       4,194,304       4,194,304
        UNetDown-6       [3, 512, 4, 4]       4,194,304       4,194,304
        UNetDown-7       [3, 512, 2, 2]       4,194,304       4,194,304
        UNetDown-8       [3, 512, 1, 1]       4,194,304       4,194,304
          UNetUp-9      [3, 1024, 2, 2]       4,194,304       4,194,304
         UNetUp-10      [3, 1024, 4, 4]       8,388,608       8,388,608
         UNetUp-11      [3, 1024, 8, 8]       8,388,608       8,388,608
         UNetUp-12    [3, 1024, 16, 16]       8,388,608       8,388,608
         UNetUp-13     [3, 512, 32, 32]       4,194,304       4,194,304
         UNetUp-14     [3, 256, 64, 64]       1,048,576       1,048,576
         UNetUp-15    [3, 128, 128, 128]         262,144         262,144
       Upsample-16    [3, 128, 256, 256]              0               0
      ZeroPad2d-17    [3, 128, 257, 257]              0               0
         Conv2d-18      [3, 3, 256, 256]          6,147           6,147
           Tanh-19      [3, 3, 256, 256]              0               0
======================================================================
Total params: 54,404,099
Trainable params: 54,404,099
Non-trainable params: 0
```

图 13-3

判别器架构的摘要信息如图 13-4 所示。

```
============================================================================
       Layer (type)      Output Shape        Param #      Tr. Param #
============================================================================
          Conv2d-1     [3, 64, 128, 128]       6,208           6,208
       LeakyReLU-2     [3, 64, 128, 128]           0               0
          Conv2d-3      [3, 128, 64, 64]     131,200         131,200
    InstanceNorm2d-4    [3, 128, 64, 64]           0               0
       LeakyReLU-5      [3, 128, 64, 64]           0               0
          Conv2d-6      [3, 256, 32, 32]     524,544         524,544
    InstanceNorm2d-7    [3, 256, 32, 32]           0               0
       LeakyReLU-8      [3, 256, 32, 32]           0               0
          Conv2d-9      [3, 512, 16, 16]   2,097,664       2,097,664
   InstanceNorm2d-10    [3, 512, 16, 16]           0               0
      LeakyReLU-11      [3, 512, 16, 16]           0               0
      ZeroPad2d-12      [3, 512, 17, 17]           0               0
         Conv2d-13        [3, 1, 16, 16]       8,192           8,192
============================================================================
Total params: 2,767,808
Trainable params: 2,767,808
Non-trainable params: 0
```

图 13-4

8. 定义用于训练判别器的函数（discriminator_train_step）：

❑ 判别器函数将原始图像（real_src）、真实目标（real_trg）和虚拟目标（fake_trg）作为输入：

```
def discriminator_train_step(real_src, real_trg, fake_trg):
    d_optimizer.zero_grad()
```

❑ 通过比较目标的实际值（real_trg）和预测值（real_src）计算损失（error_real），这里期望判别器将真实图像预测为真实图像（由 torch.ones 表示），然后进行反向传播：

```
prediction_real = discriminator(real_trg, real_src)
error_real = criterion_GAN(prediction_real, \
            torch.ones(len(real_src), 1, 16, 16)\
                    .to(device))
error_real.backward()
```

❑ 计算判别器关于虚拟图像（fake_trg）的损失（error_fake），这里期望判别器将虚拟目标分类为虚拟图像（以 torch.zeros 表示），然后进行反向传播：

```
prediction_fake = discriminator( real_src, \
                            fake_trg.detach())
error_fake = criterion_GAN(prediction_fake, \
                    torch.zeros(len(real_src), 1, \
                            16, 16).to(device))
error_fake.backward()
```

❑ 执行优化器步骤，返回模型关于真实图像和虚拟目标预测的总误差和总损失：

```
    d_optimizer.step()
    return error_real + error_fake
```

9. 定义用于训练生成器（`generator_train_step`）的函数，该函数接受虚拟目标
（`fake_trg`），并对模型进行训练，使得判别器不大可能将虚拟图像识别为虚拟图像：

```
def generator_train_step(real_src, fake_trg):
    g_optimizer.zero_grad()
    prediction = discriminator(fake_trg, real_src)
    loss_GAN = criterion_GAN(prediction, torch.ones(\
                        len(real_src), 1, 16, 16)\
                        .to(device))
    loss_pixel = criterion_pixelwise(fake_trg, real_trg)
    loss_G = loss_GAN + lambda_pixel * loss_pixel

    loss_G.backward()
    g_optimizer.step()
    return loss_G
```

注意，在上述代码中，除了生成器损失，我们还获取了给定轮廓的生成图像与真实图
像之间差值对应的像素损失（`loss_pixel`）：

❑ 定义一个用于获取预测样本的函数：

```
denorm = T.Normalize((-1, -1, -1), (2, 2, 2))
def sample_prediction():
    """Saves a generated sample from the validation set"""
    data = next(iter(val_dl))
    real_src, real_trg = data
    fake_trg = generator(real_src)
    img_sample = torch.cat([denorm(real_src[0]), \
                        denorm(fake_trg[0]), \
                        denorm(real_trg[0])], -1)
    img_sample = img_sample.detach().cpu()\
                        .permute(1,2,0).numpy()
    show(img_sample, title='Source::Generated::GroundTruth', \
        sz=12)
```

10. 对生成器和判别器模型对象进行权重初始化（`weights_init_normal`）：

```
generator.apply(weights_init_normal)
discriminator.apply(weights_init_normal)
```

11. 指定损失标准和优化方法（`criterion_GAN` 和 `criterion_pixelwise`）：

```
criterion_GAN = torch.nn.MSELoss()
criterion_pixelwise = torch.nn.L1Loss()

lambda_pixel = 100
g_optimizer = torch.optim.Adam(generator.parameters(), \
                        lr=0.0002, betas=(0.5, 0.999))
d_optimizer = torch.optim.Adam(discriminator.parameters(), \
                        lr=0.0002, betas=(0.5, 0.999))
```

12. 对模型进行 100 轮以上训练：

```
epochs = 100
log = Report(epochs)
for epoch in range(epochs):
    N = len(trn_dl)
    for bx, batch in enumerate(trn_dl):
        real_src, real_trg = batch
        fake_trg = generator(real_src)
        errD = discriminator_train_step(real_src, real_trg, \
                                        fake_trg)
        errG = generator_train_step(real_src, fake_trg)
        log.record(pos=epoch+(1+bx)/N, errD=errD.item(), \
                   errG=errG.item(), end='\r')
    [sample_prediction() for _ in range(2)]
```

13. 在手绘轮廓样本上生成图像：

```
[sample_prediction() for _ in range(2)]
```

上述代码生成的图像如图 13-5 所示。

图　13-5（彩插）

注意，在上述输出结果中，我们生成了与原始图像颜色相似的图像。

在本节中，我们学习了如何使用图像轮廓来生成图像。不过这里需要提供输入和输出对，这有时是一个很乏味的过程。在下一节中，我们将学习不成对的图像变换，通过网络模型计算变换关系，而无须指定图像的输入和输出映射关系。

13.2 使用 CycleGAN 模型

假设有这样一个场景：我们需要将图像从一个类别转换到另外一个类别，却没有用于模型训练的输入和输出图像对。但是，我们分别在两个不同的文件夹中提供了关于这两个类别的图像。在这种情况下，可以使用 CycleGAN 模型。

在本节中，我们将学习如何训练 CycleGAN 模型将苹果图像转换为橙子图像，反之亦然。CycleGAN 模型中 Cycle 的含义是将图像从一个类别变换（转换）到另外一个类别，并返回原始类别。

总的来说，这个架构中有三个单独的损失值（这里提供了更多的细节）：

❑ **判别器损失**：确保在模型训练时可以修改对象类别（如前一节所示）。

❑ **循环损失**：从生成图像到原始图像的再循环损失，以确保对象周围的像素不变。

❑ **身份损失**：属于某个类别的图像通过生成器进行传递时的损失，该生成器期望将另外某个类别的图像转换为输入图像所属的类别。

下面给出构建 CycleGAN 模型的基本步骤：

1. 导入数据集并对其进行预处理。

2. 构建生成器和判别器网络 UNet 架构。

3. 定义两个生成器：

❑ G_AB：用于将 A 类图像转换为 B 类图像的生成器。

❑ G_BA：用于将 B 类图像转换为 A 类图像的生成器。

4. 定义**身份损失**：

❑ 如果你向橙子生成器发送一个橙子图像，那么在理想情况下，若生成器了解关于橙子的一切信息，它就不应该更改图像，而应该"生成"完全相同的图像。因此，我们利用这些知识创造了一种身份。

❑ 当通过 G_BA 传递 A 类图像（real_A）并与 real_A 进行比较时，身份损失应该是最小的。

❑ 当通过 G_AB 传递 B 类图像（real_B）并与 real_B 进行比较时，身份损失应该是最小的。

5. 定义 **GAN 损失**：

❑ real_A 和 fake_A 的判别器和生成器损失（通过 G_BA 传递 real_B 图像时获得 fake_A）。

❑ real_B 和 fake_B 的判别器和生成器损失（通过 G_AB 传递 real_A 图像时获得 fake_B）。

6. 定义**再循环损失**：

❑ 考虑这样一种情形：某个苹果图像被某个橙子生成器转换成一个虚拟橙子图像，而这个虚拟橙子图像又被苹果生成器转换成苹果图像。

❑ fake_B 是通过 G_AB 传递 real_A 时的输出，它应该在通过 G_BA 传递 fake_B 时重新生成 real_A。

❑ fake_A 是通过 G_BA 传递 real_B 时的输出，它应该在通过 G_AB 传递 fake_A 时重新生成 real_B。

7. 对这三个损失的加权损失进行优化。

现在我们已经理解了这些步骤，下面编写代码来将苹果图像转换成橙子图像，反之亦然。

> ℹ 以下代码可从本书 GitHub 库（https://tinyurl.com/mcvp-packt）的 Chapter13 文件夹中的 CycleGAN.ipynb 获得。该代码包含用于下载中等规模数据的 URL。我们强烈建议你在 GitHub 中执行 notebook 来重现结果，这样你能够更好地理解这里介绍的执行步骤和各种代码组件。

1. 导入相关的数据集和包：

❏ 下载并提取数据集：

```
!wget
https://www.dropbox.com/s/2xltmolfbfharri/apples_oranges.zip
!unzip apples_oranges.zip
```

图 13-6 是将要用到的图像样本。

图 13-6

注意，苹果和橙子图像之间没有一一对应的关系（不像我们在使用 Pix2Pix GAN 的情形）。

❏ 导入所需的软件包：

```
!pip install torch_snippets torch_summary
import itertools
from PIL import Image
from torch_snippets import *
from torchvision import transforms
from torchvision.utils import make_grid
from torchsummary import summary
```

2. 定义图像变换管道（`transform`）：

```
IMAGE_SIZE = 256
device = 'cuda' if torch.cuda.is_available() else 'cpu'
transform = transforms.Compose([
    transforms.Resize(int(IMAGE_SIZE*1.33)),
    transforms.RandomCrop((IMAGE_SIZE,IMAGE_SIZE)),
    transforms.RandomHorizontalFlip(),
    transforms.ToTensor(),
    transforms.Normalize((0.5, 0.5, 0.5), (0.5, 0.5, 0.5)),
])
```

3. 定义数据集类（`CycleGANDataset`），它以 apple 和 orange 文件夹（对下载的数据集进行解压缩后获得）作为输入，提供一批苹果图像和橙子图像：

```
class CycleGANDataset(Dataset):
    def __init__(self, apples, oranges):
        self.apples = Glob(apples)
        self.oranges = Glob(oranges)

    def __getitem__(self, ix):
        apple = self.apples[ix % len(self.apples)]
        orange = choose(self.oranges)
        apple = Image.open(apple).convert('RGB')
        orange = Image.open(orange).convert('RGB')
```

```
            return apple, orange

    def __len__(self): return max(len(self.apples), \
                                  len(self.oranges))
    def choose(self): return self[randint(len(self))]

    def collate_fn(self, batch):
        srcs, trgs = list(zip(*batch))
        srcs=torch.cat([transform(img)[None] for img in srcs]\
                       , 0).to(device).float()
        trgs=torch.cat([transform(img)[None] for img in trgs]\
                       , 0).to(device).float()
        return srcs.to(device), trgs.to(device)
```

4. 定义训练数据集、验证数据集和数据加载器：

```
trn_ds = CycleGANDataset('apples_train', 'oranges_train')
val_ds = CycleGANDataset('apples_test', 'oranges_test')

trn_dl = DataLoader(trn_ds, batch_size=1, shuffle=True, \
                    collate_fn=trn_ds.collate_fn)
val_dl = DataLoader(val_ds, batch_size=5, shuffle=True, \
                    collate_fn=val_ds.collate_fn)
```

5. 定义网络权重初始化方法（`weights_init_normal`），如前面小节定义的那样：

```
def weights_init_normal(m):
    classname = m.__class__.__name__
    if classname.find("Conv") != -1:
        torch.nn.init.normal_(m.weight.data, 0.0, 0.02)
        if hasattr(m, "bias") and m.bias is not None:
            torch.nn.init.constant_(m.bias.data, 0.0)
    elif classname.find("BatchNorm2d") != -1:
        torch.nn.init.normal_(m.weight.data, 1.0, 0.02)
        torch.nn.init.constant_(m.bias.data, 0.0)
```

6. 定义残差块网络（`ResidualBlock`），我们将在本例子中使用 ResNet：

```
class ResidualBlock(nn.Module):
    def __init__(self, in_features):
        super(ResidualBlock, self).__init__()

        self.block = nn.Sequential(
            nn.ReflectionPad2d(1),
            nn.Conv2d(in_features, in_features, 3),
            nn.InstanceNorm2d(in_features),
            nn.ReLU(inplace=True),
            nn.ReflectionPad2d(1),
            nn.Conv2d(in_features, in_features, 3),
            nn.InstanceNorm2d(in_features),
        )

    def forward(self, x):
        return x + self.block(x)
```

7. 定义生成器网络（`GeneratorResNet`）：

```python
class GeneratorResNet(nn.Module):
    def __init__(self, num_residual_blocks=9):
        super(GeneratorResNet, self).__init__()
        out_features = 64
        channels = 3
        model = [
            nn.ReflectionPad2d(3),
            nn.Conv2d(channels, out_features, 7),
            nn.InstanceNorm2d(out_features),
            nn.ReLU(inplace=True),
        ]
        in_features = out_features
        # Downsampling
        for _ in range(2):
            out_features *= 2
            model += [
                nn.Conv2d(in_features, out_features, 3, \
                        stride=2, padding=1),
                nn.InstanceNorm2d(out_features),
                nn.ReLU(inplace=True),
            ]
            in_features = out_features

        # Residual blocks
        for _ in range(num_residual_blocks):
            model += [ResidualBlock(out_features)]

        # Upsampling
        for _ in range(2):
            out_features //= 2
            model += [
                nn.Upsample(scale_factor=2),
                nn.Conv2d(in_features, out_features, 3, \
                        stride=1, padding=1),
                nn.InstanceNorm2d(out_features),
                nn.ReLU(inplace=True),
            ]
            in_features = out_features

        # Output layer
        model += [nn.ReflectionPad2d(channels), \
                nn.Conv2d(out_features, channels, 7), \
                nn.Tanh()]
        self.model = nn.Sequential(*model)
        self.apply(weights_init_normal)
    def forward(self, x):
        return self.model(x)
```

8. 定义判别器网络 (Discriminator):

```python
class Discriminator(nn.Module):
    def __init__(self):
        super(Discriminator, self).__init__()

        channels, height, width = 3, IMAGE_SIZE, IMAGE_SIZE

        def discriminator_block(in_filters, out_filters, \
```

```
                            normalize=True):
        """Returns downsampling layers of each
        discriminator block"""
        layers = [nn.Conv2d(in_filters, out_filters, \
                            4, stride=2, padding=1)]
        if normalize:
            layers.append(nn.InstanceNorm2d(out_filters))
        layers.append(nn.LeakyReLU(0.2, inplace=True))
        return layers

    self.model = nn.Sequential(
        *discriminator_block(channels,64,normalize=False),
        *discriminator_block(64, 128),
        *discriminator_block(128, 256),
        *discriminator_block(256, 512),
        nn.ZeroPad2d((1, 0, 1, 0)),
        nn.Conv2d(512, 1, 4, padding=1)
    )
    self.apply(weights_init_normal)

def forward(self, img):
    return self.model(img)
```

❑ 定义用于生成图像样本的函数（generate_sample）：

```
@torch.no_grad()
def generate_sample():
    data = next(iter(val_dl))
    G_AB.eval()
    G_BA.eval()
    real_A, real_B = data
    fake_B = G_AB(real_A)
    fake_A = G_BA(real_B)
    # Arange images along x-axis
    real_A = make_grid(real_A, nrow=5, normalize=True)
    real_B = make_grid(real_B, nrow=5, normalize=True)
    fake_A = make_grid(fake_A, nrow=5, normalize=True)
    fake_B = make_grid(fake_B, nrow=5, normalize=True)
    # Arange images along y-axis
    image_grid = torch.cat((real_A,fake_B,real_B,fake_A), 1)
    show(image_grid.detach().cpu().permute(1,2,0).numpy(), \
         sz=12)
```

9. 定义用于训练生成器的函数（generator_train_step）：

❑ 该函数将两个生成器模型（G_AB 和 G_BA 作为 Gs）、optimizer 和两类真实图像（real_A 和 real_B）作为输入：

```
def generator_train_step(Gs, optimizer, real_A, real_B):
```

❑ 指定生成器：

```
G_AB, G_BA = Gs
```

❑ 将优化器中的梯度设置为零：

```
optimizer.zero_grad()
```

❑ 如果你向橙子生成器发送一个橙子图像，那么在理想情况下，若生成器了解关于橙子的一切信息，它就不应该对该图像做任何更改，而应该"生成"准确的图像。因此，我们利用这些知识创建了一种身份。在模型训练之前，将给出与 criterion_identity 对应的损失函数。计算类别 A（苹果）和类别 B（橙子）图像的身份损失（loss_identity）：

```
loss_id_A = criterion_identity(G_BA(real_A), real_A)
loss_id_B = criterion_identity(G_AB(real_B), real_B)

loss_identity = (loss_id_A + loss_id_B) / 2
```

❑ 计算期望生成器生成的图像尽可能接近其他类别时的 GAN 损失（这是使用 np.ones 训练生成器时的一种情况，因为此时正在将一个类别的虚拟图像传递给同一类别的判别器）：

```
fake_B = G_AB(real_A)
loss_GAN_AB = criterion_GAN(D_B(fake_B), \
            torch.Tensor(np.ones((len(real_A), 1, \
                                  16, 16))).to(device))
fake_A = G_BA(real_B)
loss_GAN_BA = criterion_GAN(D_A(fake_A), \
            torch.Tensor(np.ones((len(real_A), 1, \
                                  16, 16))).to(device))

loss_GAN = (loss_GAN_AB + loss_GAN_BA) / 2
```

❑ 计算循环损失。考虑这样一种情形：苹果图像被橙子生成器转换成虚拟橙子，而这样一个虚拟橙子又被苹果生成器转换成苹果图像。如果生成器是完美的，这个过程应该能够返回原始图像，这就意味着下面的循环损失应该为零：

```
recov_A = G_BA(fake_B)
loss_cycle_A = criterion_cycle(recov_A, real_A)
recov_B = G_AB(fake_A)
loss_cycle_B = criterion_cycle(recov_B, real_B)

loss_cycle = (loss_cycle_A + loss_cycle_B) / 2
```

❑ 在返回计算结果之前，计算总体损失并执行反向传播：

```
loss_G = loss_GAN + lambda_cyc * loss_cycle + \
        lambda_id * loss_identity
loss_G.backward()
optimizer.step()
return loss_G, loss_identity, loss_GAN, loss_cycle, \
        loss_G, fake_A, fake_B
```

10. 定义用于训练判别器的函数（discriminator_train_step）：

```
def discriminator_train_step(D, real_data, fake_data, \
                                optimizer):
    optimizer.zero_grad()
```

```
        loss_real = criterion_GAN(D(real_data), \
                torch.Tensor(np.ones((len(real_data), 1, \
                                      16, 16))).to(device))
        loss_fake = criterion_GAN(D(fake_data.detach()), \
                torch.Tensor(np.zeros((len(real_data), 1, \
                                       16, 16))).to(device))
        loss_D = (loss_real + loss_fake) / 2
        loss_D.backward()
        optimizer.step()
        return loss_D
```

11. 定义生成器、判别器对象、优化器和损失函数：

```
G_AB = GeneratorResNet().to(device)
G_BA = GeneratorResNet().to(device)
D_A = Discriminator().to(device)
D_B = Discriminator().to(device)

criterion_GAN = torch.nn.MSELoss()
criterion_cycle = torch.nn.L1Loss()
criterion_identity = torch.nn.L1Loss()

optimizer_G = torch.optim.Adam(
    itertools.chain(G_AB.parameters(), G_BA.parameters()), \
    lr=0.0002, betas=(0.5, 0.999))
optimizer_D_A = torch.optim.Adam(D_A.parameters(), \
                        lr=0.0002, betas=(0.5, 0.999))
optimizer_D_B = torch.optim.Adam(D_B.parameters(), \
                        lr=0.0002, betas=(0.5, 0.999))

lambda_cyc, lambda_id = 10.0, 5.0
```

12. 通过不断增加轮数进行网络训练：

```
n_epochs = 10
log = Report(n_epochs)
for epoch in range(n_epochs):
    N = len(trn_dl)
    for bx, batch in enumerate(trn_dl):
        real_A, real_B = batch

        loss_G, loss_identity, loss_GAN, loss_cycle, \
        loss_G, fake_A, fake_B = generator_train_step(\
                                (G_AB,G_BA), optimizer_G, \
                                real_A, real_B)
        loss_D_A = discriminator_train_step(D_A, real_A, \
                                fake_A, optimizer_D_A)
        loss_D_B = discriminator_train_step(D_B, real_B, \
                                fake_B, optimizer_D_B)
        loss_D = (loss_D_A + loss_D_B) / 2
        log.record(epoch+(1+bx)/N, loss_D=loss_D.item(), \
            loss_G=loss_G.item(), loss_GAN=loss_GAN.item(), \
            loss_cycle=loss_cycle.item(), \
            loss_identity=loss_identity.item(), end='\r')
        if bx%100==0: generate_sample()

    log.report_avgs(epoch+1)
```

13. 模型训练完成后生成图像：

```
generate_sample()
```

上述代码生成的图像如图 13-7 所示。

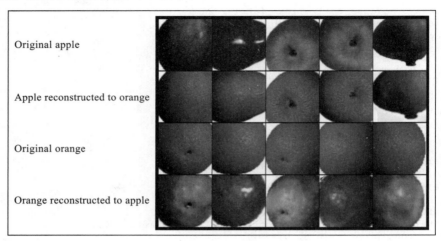

图   13-7

可以看到，我们成功地将苹果转化为橙子（前两行），并将橙子转化为苹果（后两行）。

目前，我们已经介绍了使用 Pix2PixGAN 进行图像到图像的成对转换，以及使用 CycleGAN 进行图像到图像的非成对转换。在下一节中，我们将学习如何使用 StyleGAN 将一种风格的图像转换为另一种风格的图像。

13.3 在定制图像上使用 StyleGAN 模型

首先了解 StyleGAN 出现之前的一些历史发展。正如我们所知，前一章介绍的虚拟人脸图像生成涉及 GAN 模型的应用研究。这项研究面临的最大问题是生成的图像较小（通常是 64×64）。任何生成较大尺寸图像的努力都会导致生成器或判别器陷入局部最小值，从而停止训练并产生混乱的结果。在生成高质量图像方面的一个重大飞跃涉及一篇名为"ProGAN"（Progressive GAN 的简称）的研究论文，其中包含了一个非常巧妙的技术。

生成器和判别器的尺寸都在逐渐增大。第一步是创建生成器和判别器，从一个潜在向量生成 4×4 的图像。然后，在训练好的生成器和判别器中加入额外的卷积（和放大）层，它负责接受 4×4 的图像（这些图像是由步骤 1 中的潜在向量生成的），并生成/判别 8×8 的图像。完成了这一步之后，将再次在生成器和判别器中创建新的图层，以训练生成更大的图像。可以通过这种方法逐步放大图像的尺寸。其逻辑是：在一个已经运行良好的网络上再添加一个网络层比从头学习所有层要容易得多。通过这种方式，可以将图像放大到 1024×1024 像素的分辨率，如图 13-8 所示（图像来源：https://arxiv.org/pdf/1710.10196v3.pdf）。

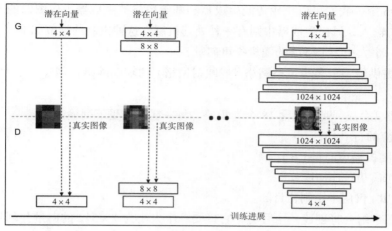

图 13-8

这种方法虽然取得了成功，但要控制生成图像的各方面属性（如性别和年龄）是相当困难的，主要是因为网络模型只有一个输入（图 13-8 网络顶部的潜在向量）。StyleGAN 解决了这个问题。

StyleGAN 使用类似的训练方案逐步生成图像，但每次网络增长时都会增加一组潜在输入。这就意味着该网络现在按照与生成图像大小相关的间隔规则逐步接受多个潜在向量。每个在生成阶段给出的潜在特征（风格）都决定了网络模型在这个阶段将要生成的特征（风格）。下面进一步讨论 StyleGAN 的工作细节，如图 13-9 所示（图像来源：https://arxiv.org/pdf/1812.04948.pdf）。

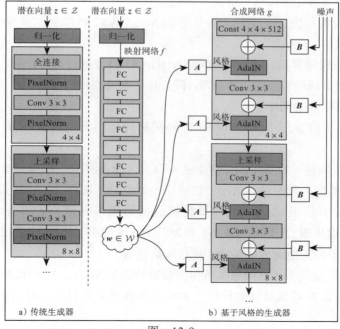

图 13-9

在图 13-8 中，我们可以比较传统生成器和基于风格的生成器生成图像的方式。传统生成器只有一个输入，风格生成器中则有一种处理机制。这种机制的细节如下：

1. 创建一个大小为 1×512 的随机噪声向量 z。

2. 将它提供给一个名为风格网络（或映射网络）的辅助网络，创建一个大小为 18×512 的张量 w。

3. 生成器（合成）网络包含 18 个卷积层。每一层将接受下列输入：

❑ w 对应的行 ('A')；

❑ 一个随机噪声向量 ('B')；

❑ 来自前一层的输出。

注意，噪声 ('B') 仅用于正则化目的。

前面的三个组合将创建一个管道，它接受一个大小为 1×512 的向量并创建一个大小为 1024×1024 的图像。

现在，让我们了解从映射网络生成的 18×512 向量中的 18 个 1×512 向量是如何在图像生成过程中发挥作用的。在合成网络前几层添加的 1×512 向量有助于提取图像中整体姿态和较大尺度的特征，如姿态、脸型等（因为它们负责生成 4×4、8×8 的图像，等等——这是最初的几个图像，将在后面的网络层中得到进一步的增强）。在中间层中添加的向量对应于较小尺度的特征，如发型、眼睛睁开 / 闭上（因为它们负责生成尺度为 16×16、32×32 和 64×64 的图像）。在网络模型最后几层中添加的向量对应于图像的配色方案和其他微观结构。当数据到达最后几层时，图像的结构信息已被保留，面部特征信息也已被保留，只有诸如照明条件等图像细节特征需要调整。

在本节中，我们将使用一个预先训练好的 StyleGAN2 模型来定制我们感兴趣的图像，使其具有不同的风格。

对于我们要完成的目标，我们将使用 StyleGAN2 模型进行风格迁移。下面主要从宏观的角度介绍人脸图像风格转换的工作原理（随着你不断考察代码运行的结果，对下面所介绍内容的理解会变得越来越清晰）：

❑ 假设 w_1 风格向量用于生成 face-1，w_2 风格向量用于生成 face-2。它们的大小都是 18×512。

❑ w_2 中 18 个向量（负责生成分辨率从 4×4 到 8×8 的图像）的前几个被 w_1 中相应的向量替换。然后，我们将非常粗糙的特征（如姿态）从 face-1 迁移到 face-2 上。

❑ 如果在 w_2 中使用 w_1 的风格向量替换后面的风格向量（比如 18×512 的第 3 到第 15——负责生成分辨率从 64×64 到 256×256 维的图像批次），那么我们可以对诸如眼睛、鼻子和其他面部中层特征进行风格迁移。

❑ 如果替换最后几个风格向量（负责生成分辨率从 512×512 到 1024×1024 维的图像批次），则可以对精细级别的特征，如肤色和背景（它们不会显著影响整个面部）进行风格迁移。

在理解了风格迁移基本原理之后，下面介绍如何使用 StyleGAN2 在定制图像上进行风格迁移：

1. 取一个定制图像。

2. 对齐定制图像，以便仅保存图像中的人脸区域。

3. 获取可能生成定制对齐图像的潜在向量。

4. 通过向映射网络传递一个随机潜在向量（1×512）生成一个图像。

经过这一步，我们就有了两个图像，即定制对齐图像和由 StyleGAN2 网络生成的图像。现在，我们希望将定制图像的一些风格特征迁移到生成图像，反之亦然。

下面编码实现上述步骤。

请注意，我们使用从 GitHub 库获取的一个预训练网络，因为从头训练这样的网络通常需要几天甚至几周的时间。

> ⓘ 你需要一个支持 CUDA 的环境来运行以下代码。以下代码可从本书 GitHub 库（https://tinyurl.com/mcvp-packt）的 Chapter13 文件夹中的 Customizing_StyleGAN2.ipynb 获得。该代码包含可以下载中等规模数据的 URL。我们强烈建议你在 GitHub 中执行 notebook 来重现结果，这样你能更好地理解这里介绍的执行步骤和各种代码组件。

1. 复制存储库，安装需求，并获取预训练模型的权重：

```
import os
if not os.path.exists('pytorch_stylegan_encoder'):
    !git clone
https://github.com/jacobhallberg/pytorch_stylegan_encoder.git
    %cd pytorch_stylegan_encoder
    !git submodule update --init --recursive
    !wget -q
https://github.com/jacobhallberg/pytorch_stylegan_encoder/rele
ases/download/v1.0/trained_models.zip
    !unzip -q trained_models.zip
    !rm trained_models.zip
    !pip install -qU torch_snippets
    !mv trained_models/stylegan_ffhq.pth
InterFaceGAN/models/pretrain
else:
    %cd pytorch_stylegan_encoder
from torch_snippets import *
```

2. 加载预训练生成器、合成网络和映射网络的权重：

```
from InterFaceGAN.models.stylegan_generator import
StyleGANGenerator
from models.latent_optimizer import PostSynthesisProcessing

synthesizer=StyleGANGenerator("stylegan_ffhq").model.synthesis
mapper = StyleGANGenerator("stylegan_ffhq").model.mapping
trunc = StyleGANGenerator("stylegan_ffhq").model.truncation
```

3. 定义用于从随机向量生成图像的函数：

```
post_processing = PostSynthesisProcessing()
post_process = lambda image: post_processing(image)\
                .detach().cpu().numpy().astype(np.uint8)[0]

def latent2image(latent):
    img = post_process(synthesizer(latent))
    img = img.transpose(1,2,0)
    return img
```

4. 生成一个随机向量：

```
rand_latents = torch.randn(1,512).cuda()
```

在上述代码中，我们将 1×512 维随机向量传递给映射和截断网络，生成 1×18×512 的向量。这些 18×512 向量决定了生成图像的风格。

5. 使用随机向量生成图像：

```
show(latent2image(trunc(mapper(rand_latents))), sz=5)
```

上述代码生成的图像如图 13-10 所示。

图　13-10

目前，我们已经生成了一个图像。在下列几行代码中，你将了解如何在已生成图像和你选择的图像之间进行风格迁移。

6. 获取一个定制图像（MyImage.jpg）并进行对齐。对齐对于生成合适的潜在向量是非常重要的，因为所有的生成图像在 StyleGAN 中都有面部居中和显著可见的面部特征：

```
!wget https://www.dropbox.com/s/lpw10qawsc5ipbn/MyImage.JPG\
 -O MyImage.jpg
!git clone https://github.com/Puzer/stylegan-encoder.git
!mkdir -p stylegan-encoder/raw_images
!mkdir -p stylegan-encoder/aligned_images
!mv MyImage.jpg stylegan-encoder/raw_images
```

7. 对定制图像：

```
!python stylegan-encoder/align_images.py \
stylegan-encoder/raw_images/ \
stylegan-encoder/aligned_images/
!mv stylegan-encoder/aligned_images/* ./MyImage.jpg
```

8. 使用对齐图像生成可以完美再现对齐图像的潜在向量。这是一个识别潜在向量组合的过程，以最小化对齐图像和由潜在向量所生成的图像之间的差异：

```
from PIL import Image
img = Image.open('MyImage.jpg')
show(np.array(img), sz=4, title='original')

!python encode_image.py ./MyImage.jpg\
pred_dlatents_myImage.npy\
--use_latent_finder true\
--image_to_latent_path ./trained_models/image_to_latent.pt

pred_dlatents = np.load('pred_dlatents_myImage.npy')
pred_dlatent = torch.from_numpy(pred_dlatents).float().cuda()
pred_image = latent2image(pred_dlatent)
show(pred_image, sz=4, title='synthesized')
```

上述代码的输出结果如图 13-11 所示。

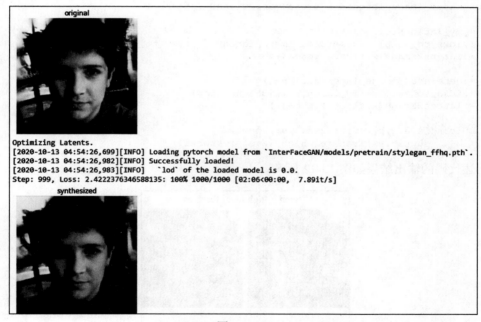

图　13-11

Python 脚本 `encode_image.py` 代码在高层执行如下操作：

（1）在空间中创建一个随机向量 w。

（2）使用这个向量合成一个图像。

（3）使用 VGG 的感知损失（与图像风格迁移中使用的感知损失相同）将合成图像与原始输入图像进行比较。

（4）对随机向量 w 进行反向传播，以减少固定迭代次数下的损失。

（5）将优化后的向量 w 合成一个图像，VGG 将为该图像提供与输入图像几乎相同的特征，因此这里合成的图像看起来会与输入图像比较相似。

现在，我们有了与感兴趣的图像对应的潜在向量，下面进行图像之间的风格迁移。

9. 执行风格转移：如前所述，风格迁移背后的核心逻辑实际上是风格张量的部分迁移，即对 18×512 风格张量中的 18 个子集进行迁移。在这里，我们将在一种情况下迁移前两行（18×512），在一种情况下迁移 3 ~ 15 行，在另一种情况下迁移 15 ~ 18 行。由于每一组向量负责生成图像的不同方面，因此对每一组向量进行交换后其实就是交换图像中不同类型的特征：

```
idxs_to_swap = slice(0,3)
my_latents=torch.Tensor(np.load('pred_dlatents_myImage.npy', \
                                allow_pickle=True))

A, B = latent2image(my_latents.cuda()),
latent2image(trunc(mapper(rand_latents)))
generated_image_latents = trunc(mapper(rand_latents))

x = my_latents.clone()
x[:,idxs_to_swap] = generated_image_latents[:,idxs_to_swap]
a = latent2image(x.float().cuda())

x = generated_image_latents.clone()
x[:,idxs_to_swap] = my_latents[:,idxs_to_swap]
b = latent2image(x.float().cuda())

subplots([A,a,B,b], figsize=(7,8), nc=2, \
        suptitle='Transfer high level features')
```

上述代码的输出结果如图 13-12 所示。

图 13-12

图 13-13 是将 `idxs_to_swap` 分别作为 `slice(4,15)` 和 `slice(15,18)` 的输出。

图 13-13

10. 接下来，我们推断出一种新的风格向量。这种新向量只会改变我们定制图像的微笑度。对此，你需要计算出潜在向量移动的正确方向。我们可以通过首先创建大量虚拟图像来实现这一点。然后，使用 SVM 分类器进行训练，并判断图像中的人是否在微笑。因此，这个 SVM 模型创建了一个超平面，将微笑和非微笑的面部图像区分开来。所需的移动方向将垂直于这个超平面，该超平面表示为 stylegan_ffhq_smile_w_boundary.npy。具体的实现细节可以在 InterfaceGAN/edit.py 代码中找到：

```
!python InterFaceGAN/edit.py\
 -m stylegan_ffhq\
 -o results_new_smile\
 -b
InterFaceGAN/boundaries/stylegan_ffhq_smile_w_boundary.npy\
 -i pred_dlatents_myImage.npy\
 -s WP\
 --steps 20

generated_faces = glob.glob('results_new_smile/*.jpg')

subplots([read(im,1) for im in sorted(generated_faces)], \
        figsize=(10,10))
```

图 13-14 是生成的图像。

总之，我们已经了解了使用 GAN 模型生成较高分辨率人脸图像的研究进展。诀窍是在增加分辨率的步骤中增加生成器和判别器的复杂性，这样在每一步中，两个模型都能很好地完成它们的任务。我们学习了如何通过每个分辨率层面上的特征来操纵生成图像的风格，这些特征均由名为风格向量的独立输入进行指定，还学习了如何通过将图像风格从一个图像切换到另一个图像来实现对不同风格图像的处理。

现在我们已经学会了如何使用预训练 StyleGAN2 模型实现图像风格迁移，我们将在下一节使用预训练超分辨率 GAN 模型来生成较高分辨率的图像。

图   13-14

13.4   超分辨率 GAN

在上一节中，我们利用预训练 StyleGAN 模型生成给定风格的图像。在本节中，我们将进一步了解如何利用预训练模型进行图像的超分辨率重建。在此之前，我们需要了解一下超分辨率 GAN 模型的架构。

首先，我们需要知道为什么 GAN 模型是完成图像超分辨率重建任务的一个良好解决方案。想象一下这样的场景：给你一个图像，并要求提高它的分辨率。直观上，你可以考虑使用各种插值技术进行图像超分辨率重建。图 13-15 是一个低分辨率样本图像以及各种超分辨率重建技术的输出结果（图像来源：https://arxiv.org/pdf/1609.04802.pdf）。

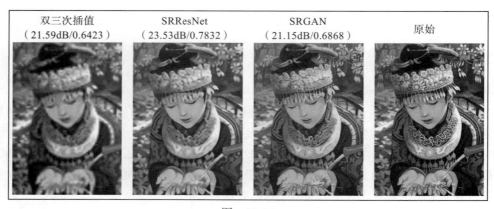

图   13-15

从图 13-15 中，我们可以看到传统的插值技术（如双三次插值）对于使用低分辨率（缩小原始图像为原来的 1/4）重建原始图像没有太大的帮助。

虽然基于 ResNet 的 UNet 模型在超分辨率重建这种场景可能比较有用，但 GAN 模型可能更加有用，因为它们模拟了人类的感知。既然判别器知道典型的超分辨率图像是什么样的，那么它就可以检测出这样一种情况，即生成图像具有那些高分辨率图像似乎不一定具有的属性。

由于需要建立用于超分辨率重建的 GAN 模型，这里先介绍预训练模型。

13.4.1　架构

虽然可以从头开始编码和训练用于超分辨率重建的 GAN 模型，但我们尽可能使用预训练模型。因此，本节将使用由 Christian Ledig 及其团队开发并发表在论文 "Photo-Realistic Single Image Super-Resolution Using a Generative Adversarial Network" 中的模型。

SRGAN 的架构如图 13-16 所示（图像来源：https://arxiv.org/pdf/1609.04802.pdf）。

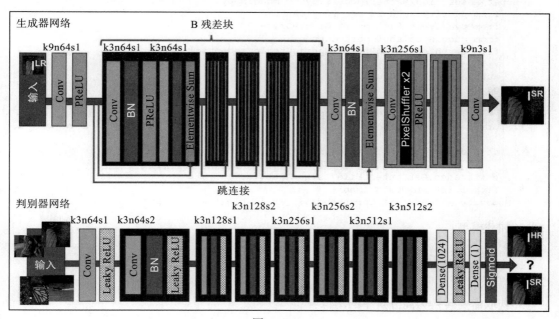

图　13-16

从图 13-15 中，我们可以看到判别器以高分辨率图像作为输入，训练出一个用于预测图像分辨率是高还是低的模型。生成网络以低分辨率图像作为输入，获得高分辨率图像。在模型训练时，内容损失和对抗性损失均为最小化。如果需要详细了解训练模型的相关细节，并对各种相关重建技术和重建效果进行分析比较，我们建议你阅读该论文。

在深入了解了如何构建模型之后，我们将编码实现基于预训练 SRGAN 模型将低分辨率图像转换为高分辨率图像。

13.4.2　编码 SRGAN

下面是加载预训练 SRGAN 模型并进行预测的步骤：

> ⓘ 下列代码可从本书 GitHub 库（https://tinyurl.com/mcvp-packt）的 Chapter13 文件夹中的 Image super resolution using SRGAN.ipynb 获得。该代码包含下载数据的 URL。我们强烈建议你在 GitHub 中执行 notebook 来重现结果，这样你能够更好地理解这里介绍的执行步骤和各种代码组件。

1. 导入相关包和预训练模型：

```
import os
if not os.path.exists('srgan.pth.tar'):
    !pip install -q torch_snippets
    !wget -q
https://raw.githubusercontent.com/sizhky/a-PyTorch-Tutorial-to
-Super-Resolution/master/models.py -O models.py
    from pydrive.auth import GoogleAuth
    from pydrive.drive import GoogleDrive
    from google.colab import auth
    from oauth2client.client import GoogleCredentials

    auth.authenticate_user()
    gauth = GoogleAuth()
    gauth.credentials = \
            GoogleCredentials.get_application_default()
    drive = GoogleDrive(gauth)

    downloaded = drive.CreateFile({'id': \
                    '1_PJ1Uimbr0xrPjE8U3Q_bG7XycGgsbVo'})
    downloaded.GetContentFile('srgan.pth.tar')
    from torch_snippets import *
    device = 'cuda' if torch.cuda.is_available() else 'cpu'
```

2. 加载模型：

```
model = torch.load('srgan.pth.tar',
map_location='cpu')['generator'].to(device)
model.eval()
```

3. 获取需要转换为高分辨率的图像：

```
!wget https://www.dropbox.com/s/nmzwu68nrl9j0lf/Hema6.JPG
```

4. 定义用于预处理和后处理图像的函数：

```
preprocess = T.Compose([
            T.ToTensor(),
            T.Normalize([0.485, 0.456, 0.406],
                        [0.229, 0.224, 0.225]),
            T.Lambda(lambda x: x.to(device))
        ])

postprocess = T.Compose([
```

```
            T.Lambda(lambda x: (x.cpu().detach()+1)/2),
            T.ToPILImage()
        ])
```

5. 加载图像并对其进行预处理：

```
image = readPIL('Hema6.JPG')
image.size
# (260,181)
image = image.resize((130,90))
im = preprocess(image)
```

请注意，在上述代码中，我们对原始图像进行了额外的调整，以进一步模糊图像，但这仅用于演示——因为当我们对图像进行缩小时，改进会更加明显。

6. 将预处理后的图像传递给加载的模型，并对模型输出进行后处理：

```
sr = model(im[None])[0]
sr = postprocess(sr)
```

7. 绘制原始图像和高分辨率图像：

```
subplots([image, sr], nc=2, figsize=(10,10), \
        titles=['Original image','High resolution image'])
```

上述代码的输出结果如图 13-17 所示。

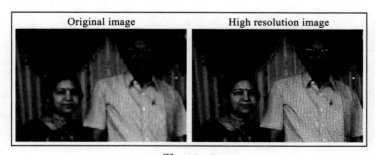

图　　13-17

从图 13-17 中我们可以看到，高分辨率图像捕捉到了原始图像中模糊的细节。

注意，如果原始图像是模糊的，那么原始图像和高分辨率图像之间的对比度差别就会很大。但是，如果原始图像不模糊，则对比度差别就不会那么大。我们建议你使用不同分辨率的图像进行尝试。

13.5　小结

在本章中，我们学习了如何使用 Pix2PixGAN 从给定的对象轮廓中生成图像。此外，我们还学习了通过 CycleGAN 中的各种损失函数，将属于某个类别的图像转换为属于另外某个类别的图像。然后，我们学习了如何使用 StyleGAN 模型生成逼真的虚拟人脸图像，以及如何根据生成器训练的方式将图像风格从一个图像复制到另外一个图像。最后，我们学习了如何使用预训练 SRGAN 模型生成高分辨率图像。

在下一章中，我们将转到如何基于很少的（通常少于 20）图像完成对图像分类模型的训练。

13.6　课后习题

1. 在诸如 U-Net 这样的监督学习算法可以从轮廓生成图像的情况下，为什么还需要 Pix2Pix GAN 之类的非监督学习算法？
2. 为什么在 CycleGAN 模型中需要优化三种不同的损失函数？
3. 如何使用 ProgressiveGAN 中的技巧帮助构建 StyleGAN？
4. 如何识别给定定制图像的潜在向量？

第四部分

计算机视觉与其他技术

在本书的最后一部分，我们将探讨把计算机视觉技术与诸如 NLP、强化学习和 OpenCV 之类的开发工具等其他领域的技术结合起来解决传统问题的新方法。

本部分包括下列章节：

第 14 章

使用小样本进行模型训练

到目前为止，我们已经在前面的章节中学习了如何对图像进行分类，每个类都使用成百上千样本进行模型训练。在本章中，我们将学习在模型训练样本很少的情况下，各种有助于对图像进行分类的技术。首先，我们将在有很少训练样本的情况下，训练一个用于预测图像类别的模型。然后，我们将进入这样的场景：在训练过程中，只出现少量图像属于我们要预测的类别。我们将对 Siamese 网络进行编码，该网络属于小样本学习的范畴，并了解关系网络和原型网络的工作细节。

14.1 实现零样本学习

假设有这样一个场景，我要求你预测一个之前从未见过的目标类别图像中目标的所属类别。在这种情况下，你会如何做出预测？

从直觉上说，我们应该考察图像中目标的特征，然后尝试识别出与目标特征匹配最多的类别。

在我们必须自动提出属性（这里没有给出用于训练的属性）的情况下，我们不得不使用一种名为词向量的特征。词向量包含了单词之间的语义相似度。例如，所有动物都有相似的词向量，汽车则有截然不同的词向量表示。虽然词向量的生成超出了本书的范围，但我们将使用预训练的词向量。从宏观上看，具有相似周边单词（上下文）的单词通常会具有相似的词向量。图 14-1 是单向量 t-SNE 表示示例。

在图 14-1 中，我们可以看到汽车对应的词向量分布在图的左边，动物对应的词向量则分布在图的右边。此外，相似的动物也有相似的词向量。

这就给了我们一种直觉，文字就像图像一样，也有助于获得相似度的向量嵌入表示形式。

当对零样本学习进行编码时，我们将利用这种现象来识别在模型训练期间没有看到过的类别。本质上，我们将学习如何将图像特征直接映射到单词特征。

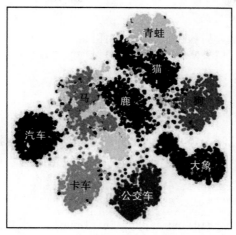

图　14-1

零样本学习的代码实现

我们将使用如下步骤编程实现零样本学习：

1. 导入数据集——该数据集由图像及其对应的类别组成。

2. 从预训练的词向量模型中获取每个类别对应的词向量。

3. 将图像传递给预训练图像模型（如 VGG16）。

4. 使用网络模型预测图像中目标对应的词向量。

5. 完成模型训练后，在新图像上预测词向量。

6. 将与预测词向量最接近的词向量的类别作为该图像的类别。

下面编码实现上述步骤。

> ⓘ 下列代码可以从本书 GitHub 库（https://tinyurl.com/mcvp-packt）的 Chapter14 文件夹中的 Zero_shot_learning.ipynb 获得。请确保从 GitHub 的 notebook 中复制 URL，以避免在重现结果时出现任何问题。

1. 复制 GitHub 库，其中包含了本练习的样本数据集，并导入相关的包：

```
!git clone https://github.com/sizhky/zero-shot-learning/
!pip install -Uq torch_snippets
%cd zero-shot-learning/src
import gzip, _pickle as cPickle
from torch_snippets import *
from sklearn.preprocessing import LabelEncoder, normalize
device = 'cuda' if torch.cuda.is_available() else 'cpu'
```

2. 定义特征样本数据（DATAPATH）和 word2vec 嵌入（WORD2VECPATH）的路径：

```
WORD2VECPATH = "../data/class_vectors.npy"
DATAPATH = "../data/zeroshot_data.pkl"
```

3. 提取可用的类别列表:

```
with open('train_classes.txt', 'r') as infile:
    train_classes = [str.strip(line) for line in infile]
```

4. 加载特征向量数据:

```
with gzip.GzipFile(DATAPATH, 'rb') as infile:
    data = cPickle.load(infile)
```

5. 定义训练样本和属于零样本的类别(训练期间不存在的类别)数据。注意,我们将只显示属于训练样本的类别,并在推断之前隐藏零样本的类别:

```
training_data = [instance for instance in data if \
                 instance[0] in train_classes]
zero_shot_data = [instance for instance in data if \
                  instance[0] not in train_classes]
np.random.shuffle(training_data)
```

6. 每个类别获取 300 个训练样本图像进行模型训练,剩余图像用于模型验证:

```
train_size = 300 # per class
train_data, valid_data = [], []
for class_label in train_classes:
    ctr = 0
    for instance in training_data:
        if instance[0] == class_label:
            if ctr < train_size:
                train_data.append(instance)
                ctr+=1
            else:
                valid_data.append(instance)
```

7. 置乱训练样本和验证样本,并将与类别对应的向量提取到一个字典(vectors):

```
np.random.shuffle(train_data)
np.random.shuffle(valid_data)
vectors = {i:j for i,j in np.load(WORD2VECPATH, \
                                  allow_pickle=True)}
```

8. 获取图像和词嵌入特征作为训练样本数据和验证样本数据:

```
train_data=[(feat,vectors[clss]) for clss,feat in train_data]
valid_data=[(feat,vectors[clss]) for clss,feat in valid_data]
```

9. 获取训练样本、验证样本和零样本类:

```
train_clss = [clss for clss,feat in train_data]
valid_clss = [clss for clss,feat in valid_data]
zero_shot_clss = [clss for clss,feat in zero_shot_data]
```

10. 定义训练样本、验证样本和零样本数据的输入和输出数组:

```
x_train, y_train = zip(*train_data)
x_train, y_train = np.squeeze(np.asarray(x_train)), \
                   np.squeeze(np.asarray(y_train))
```

```
x_train = normalize(x_train, norm='l2')

x_valid, y_valid = zip(*valid_data)
x_valid, y_valid = np.squeeze(np.asarray(x_valid)), \
                     np.squeeze(np.asarray(y_valid))
x_valid = normalize(x_valid, norm='l2')

y_zsl, x_zsl = zip(*zero_shot_data)
x_zsl, y_zsl = np.squeeze(np.asarray(x_zsl)), \
                 np.squeeze(np.asarray(y_zsl))
x_zsl = normalize(x_zsl, norm='l2')
```

11. 定义训练数据集、验证数据集和数据加载器：

```
from torch.utils.data import TensorDataset

trn_ds = TensorDataset(*[torch.Tensor(t).to(device) for t in \
                         [x_train, y_train]])
val_ds = TensorDataset(*[torch.Tensor(t).to(device) for t in \
                         [x_valid, y_valid]])
trn_dl = DataLoader(trn_ds, batch_size=32, shuffle=True)
val_dl = DataLoader(val_ds, batch_size=32, shuffle=False)
```

12. 建立以 4096 维特征为输入、以 300 维预测向量为输出的模型：

```
def build_model():
    return nn.Sequential(
        nn.Linear(4096, 1024), nn.ReLU(inplace=True),
        nn.BatchNorm1d(1024), nn.Dropout(0.8),
        nn.Linear(1024, 512), nn.ReLU(inplace=True),
        nn.BatchNorm1d(512), nn.Dropout(0.8),
        nn.Linear(512, 256), nn.ReLU(inplace=True),
        nn.BatchNorm1d(256), nn.Dropout(0.8),
        nn.Linear(256, 300)
    )
```

13. 定义用于训练和验证一批样本数据的函数：

```
def train_batch(model, data, optimizer, criterion):
    model.train()
    ims, labels = data
    _preds = model(ims)
    optimizer.zero_grad()
    loss = criterion(_preds, labels)
    loss.backward()
    optimizer.step()
    return loss.item()

@torch.no_grad()
def validate_batch(model, data, criterion):
    model.eval()
    ims, labels = data
    _preds = model(ims)
    loss = criterion(_preds, labels)
    return loss.item()
```

14. 通过不断增加轮数进行模型训练：

```
model = build_model().to(device)
criterion = nn.MSELoss()
optimizer = optim.Adam(model.parameters(), lr=1e-3)
n_epochs = 60

log = Report(n_epochs)
for ex in range(n_epochs):
    N = len(trn_dl)
    for bx, data in enumerate(trn_dl):
        loss = train_batch(model, data, optimizer, criterion)
        log.record(ex+(bx+1)/N, trn_loss=loss, end='\r')

    N = len(val_dl)
    for bx, data in enumerate(val_dl):
        loss = validate_batch(model, data, criterion)
        log.record(ex+(bx+1)/N, val_loss=loss, end='\r')

    if not (ex+1)%10: log.report_avgs(ex+1)

log.plot_epochs(log=True)
```

上述代码获得的输出结果如图 14-2 所示。

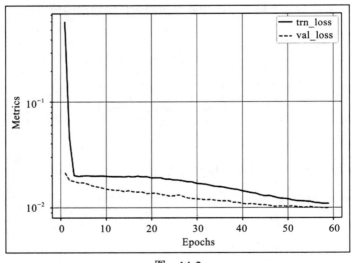

图 14-2

15. 预测图像（x_zsl）中包含的零样本类别（模型没有看到过的类别），并获取与所有可用类别对应的实际特征（vectors）和 classnames：

```
pred_zsl = model(torch.Tensor(x_zsl).to(device)).cpu()\
                .detach().numpy()
class_vectors = sorted(np.load(WORD2VECPATH, \
                allow_pickle=True), key=lambda x: x[0])
classnames, vectors = zip(*class_vectors)
classnames = list(classnames)

vectors = np.array(vectors)
```

16. 计算每个预测向量与可用类别对应的向量之间的距离，并度量前 5 个预测中存在的零样本类别的数量：

```
dists = (pred_zsl[None] - vectors[:,None])
dists = (dists**2).sum(-1).T

best_classes = []
for item in dists:
    best_classes.append([classnames[j] for j in \
                         np.argsort(item)[:5]])

np.mean([i in J for i,J in zip(zero_shot_clss, best_classes)])
```

我们可以看到，在模型的前 5 个预测结果中，对于包含在模型训练过程中不存在目标类别的图像，预测正确率约为 73%。注意，对于排名前 1、2 和 3 的预测，正确分类图像所占的百分比分别为 6%、14% 和 40%。

在学习了如何使用零样本模型训练技术对模型未见过图像类别进行预测之后，我们将在下一节中学习在只有少数几个训练样本的情形，如何构建能够对图像中目标类别进行预测的模型。

14.2　实现小样本学习

想象一下这样的场景：我们只给你 10 张关于某个人的照片，让你判断新照片上的人是否是这个人。作为人类，我们可以很容易完成这些分类任务。然而，目前的深度学习算法则需要成百上千的标记样本才能进行准确分类。

元学习范式领域的多种算法可用于解决这类小样本学习问题。在本节中，我们将学习 Siamese 网络、原型网络和关系匹配网络，这些网络主要致力于解决小样本学习问题。

这三种算法的目的都是比较两个图像，获得能够有效度量图像相似度的分数。

图 14-3 是一个例子，说明在小样本分类场合会发生什么。

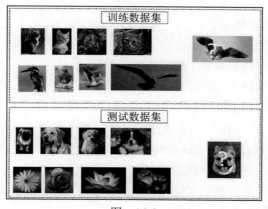

图　14-3

在图 14-3 所示的代表性数据集中，我们在模型训练时向网络展示了关于每个类别的一些图像，并要求网络模型能够根据这些图像正确预测出新图像的类别。

到目前为止，我们一直使用预训练模型来解决这类问题。然而，考虑到目前可用的样本数据量非常少，模型可能很快就会发生过拟合。

你可以使用多种指标、模型和基于优化的架构解决此类问题。在本节中，我们将学习一种基于最优度量的解决方案，无论使用欧氏距离度量还是余弦相似度度量，其目的都是将相似图像组合在一起，由此实现对新图像的预测。

N-shot k 类分类是指每个 k 类有 N 个图像来训练网络。

在下一小节中，我们将学习该方法的工作细节并编码实现 Siamese 网络，还将学习原型网络和关系网络的工作细节。

14.2.1 构建 Siamese 网络

Siamese 网络是两个图像（参考图像和查询图像）所通过的网络。下面简要介绍 Siamese 网络的工作细节，以及它们如何只借助关于某个人的少数几个图像就可以识别出这个人的其他图像。首先概述 Siamese 网络的工作原理，如图 14-4 所示。

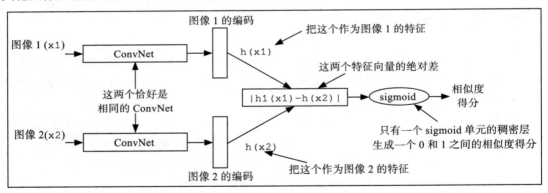

图　14-4

Siamese 网络的处理步骤如下：

1. 将图像传递给卷积网络。

2. 将另一个图像传递给与步骤 1 相同的神经网络。

3. 计算两个图像的编码（特征）。

4. 计算两个特征向量的差值。

5. 将差分向量传递给 sigmoid 函数激活，它表示两个图像是否相似。

从上述处理步骤可以看出，"Siamese"一词与将两个图像传递给孪生网络（通过复制网络以处理两个图像）来获取每个图像的编码特征有关。此外，我们可以通过比较两个图像的编码特征获得两个图像的相似度得分。如果相似度得分（或不相似度得分）超过某个阈值，就可以认为它们是同一个人的图像。

有了上述理论基础，下面给出用于预测图像对应类别的 Siamese 网络的代码实现，其中这种图像类别只在训练数据中出现少数几次。

Siamese 网络的代码实现

下面我们将学习 Siamese 网络的代码实现，以预测某个人的图像是否与数据库中的参考图像相匹配。

可以使用如下几个基本步骤：

1. 获取数据集。

2. 使用下列方式创建数据：降低属于同一个人的两个图像的不相似度，提高属于不同人的两个图像的不相似度。

3. 构建**卷积神经网络（CNN)**。

4. 使用对比损失进行 CNN 模型训练，对比损失将关于同一个人的图像所对应的分类损失值和两个图像之间的距离相加。

5. 通过不断增加轮数进行模型训练。

下面给出具体的代码实现。

> ℹ️ 下列代码可以从本书 **GitHub** 库（`https://tinyurl.com/mcvp-packt`）的 `Chapter14` 文件夹中的 `Siamese_networks.ipynb` 获得。请确保从 **GitHub** 的 notebook 中复制 URL，以避免在重现结果时出现任何问题。

1. 导入相关的包和数据集：

```
!pip install torch_snippets
from torch_snippets import *
!wget
https://www.dropbox.com/s/ua1rr8btkmpqjxh/face-detection.zip
!unzip face-detection.zip
device = 'cuda' if torch.cuda.is_available() else 'cpu'
```

训练样本数据包括 38 个文件夹（每个文件夹分别对应一个不同的人），每个文件夹包含同一个人 10 个样本图像。测试数据包括 3 个文件夹，每个文件夹分别包含 3 个不同的人，每个人 10 个图像。

2. 定义数据集类 `SiameseNetworkDataset`：

❑ `__init__` 方法将包含图像和要执行的变换（`transform`）的 `folder` 作为输入：

```
class SiameseNetworkDataset(Dataset):
    def __init__(self, folder, transform=None, \
                 should_invert=True):
        self.folder = folder
        self.items = Glob(f'{self.folder}/*/*')
        self.transform = transform
```

❑ 定义 `__getitem__` 方法：

```
def __getitem__(self, ix):
    itemA = self.items[ix]
    person = fname(parent(itemA))
    same_person = randint(2)
    if same_person:
        itemB = choose(Glob(f'{self.folder}/{person}/*', \
                            silent=True))
    else:
        while True:
            itemB = choose(self.items)
            if person != fname(parent(itemB)):
                break
    imgA = read(itemA)
    imgB = read(itemB)
    if self.transform:
        imgA = self.transform(imgA)
        imgB = self.transform(imgB)
    return imgA, imgB, np.array([1-same_person])
```

在上述代码中，我们获取了两个图像——imga 和 imgB，如果它们是同一个人，则返回 0；如果不是，则返回 1。

❑ 定义 __len__ 方法：

```
def __len__(self):
    return len(self.items)
```

3. 定义要执行的变换，并为训练数据和验证数据准备数据集和数据加载器：

```
from torchvision import transforms

trn_tfms = transforms.Compose([
        transforms.ToPILImage(),
        transforms.RandomHorizontalFlip(),
        transforms.RandomAffine(5, (0.01,0.2), \
                                scale=(0.9,1.1)),
        transforms.Resize((100,100)),
        transforms.ToTensor(),
        transforms.Normalize((0.5), (0.5))
    ])
val_tfms = transforms.Compose([
        transforms.ToPILImage(),
        transforms.Resize((100,100)),
        transforms.ToTensor(),
        transforms.Normalize((0.5), (0.5))
    ])

trn_ds=SiameseNetworkDataset(folder="./data/faces/training/" \
                            , transform=trn_tfms)
val_ds=SiameseNetworkDataset(folder="./data/faces/testing/", \
                            transform=val_tfms)

trn_dl = DataLoader(trn_ds, shuffle=True, batch_size=64)
val_dl = DataLoader(val_ds, shuffle=False, batch_size=64)
```

4. 定义神经网络架构：

❑ 定义卷积块（convBlock）：

```
def convBlock(ni, no):
    return nn.Sequential(
        nn.Dropout(0.2),
        nn.Conv2d(ni, no, kernel_size=3, padding=1, \
                  padding_mode='reflect'),
        nn.ReLU(inplace=True),
        nn.BatchNorm2d(no),
    )
```

❑ 定义给定输入返回五维编码的 SiameseNetwork 架构：

```
class SiameseNetwork(nn.Module):
    def __init__(self):
        super(SiameseNetwork, self).__init__()
        self.features = nn.Sequential(
            convBlock(1,4),
            convBlock(4,8),
            convBlock(8,8),
            nn.Flatten(),
            nn.Linear(8*100*100, 500), nn.ReLU(inplace=True),
            nn.Linear(500, 500), nn.ReLU(inplace=True),
            nn.Linear(500, 5)
        )

    def forward(self, input1, input2):
        output1 = self.features(input1)
        output2 = self.features(input2)
        return output1, output2
```

5. 定义 ContrastiveLoss 函数：

```
class ContrastiveLoss(torch.nn.Module):
    """
    Contrastive loss function.
    Based on:
    http://yann.lecun.com/exdb/publis/pdf/hadsell-chopra-lecun-06.
    pdf
    """

    def __init__(self, margin=2.0):
        super(ContrastiveLoss, self).__init__()
        self.margin = margin
```

注意，这里的边距（margin）就像 SVM 中的边距，我们期望属于两个不同类别的数据点之间的边距尽可能高。

❑ 定义 forward 方法：

```
def forward(self, output1, output2, label):
    euclidean_distance = F.pairwise_distance(output1, \
                          output2, keepdim = True)
    loss_contrastive = torch.mean((1-label) * \
                  torch.pow(euclidean_distance, 2) + \
                  (label) * torch.pow(torch.clamp( \
                  self.margin - euclidean_distance, \
```

```
                                        min=0.0), 2))
        acc = ((euclidean_distance>0.6)==label).float().mean()
        return loss_contrastive, acc
```

在上述代码中，我们获取了两个不同图像的编码——output1 和 output2，并计算了它们之间的 eucledian_distance。

然后，计算对比损失 loss_contrastive。这种损失惩罚具有高欧氏距离的相同标签图像，也惩罚具有较低的欧氏距离和 self.margin 的不同标签图像。

6. 定义用于对批数据进行训练和验证的函数：

```
def train_batch(model, data, optimizer, criterion):
    imgsA, imgsB, labels = [t.to(device) for t in data]
    optimizer.zero_grad()
    codesA, codesB = model(imgsA, imgsB)
    loss, acc = criterion(codesA, codesB, labels)
    loss.backward()
    optimizer.step()
    return loss.item(), acc.item()

@torch.no_grad()
def validate_batch(model, data, criterion):
    imgsA, imgsB, labels = [t.to(device) for t in data]
    codesA, codesB = model(imgsA, imgsB)
    loss, acc = criterion(codesA, codesB, labels)
    return loss.item(), acc.item()
```

7. 定义模型、损失函数和优化器：

```
model = SiameseNetwork().to(device)
criterion = ContrastiveLoss()
optimizer = optim.Adam(model.parameters(),lr = 0.001)
```

8. 通过不断增加轮数进行模型训练：

```
n_epochs = 200
log = Report(n_epochs)
for epoch in range(n_epochs):
    N = len(trn_dl)
    for i, data in enumerate(trn_dl):
        loss, acc = train_batch(model, data, optimizer, \
                                criterion)
        log.record(epoch+(1+i)/N,trn_loss=loss,trn_acc=acc, \
                   end='\r')
    N = len(val_dl)
    for i, data in enumerate(val_dl):
        loss, acc = validate_batch(model, data, \
                                   criterion)
        log.record(epoch+(1+i)/N,val_loss=loss,val_acc=acc, \
                   end='\r')
    if (epoch+1)%20==0: log.report_avgs(epoch+1)
```

❑ 绘制训练损失准确度和验证损失准确度的对数随轮数增加的变化曲线：

```
log.plot_epochs(['trn_loss','val_loss'])
log.plot_epochs(['trn_acc','val_acc'])
```

上述代码的输出结果如图 14-5 所示。

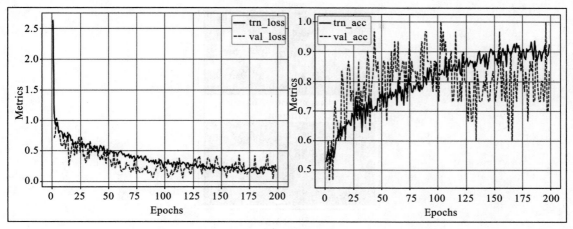

图 14-5

9. 在新图像上测试模型。请注意，模型从未见过这些新图像。在测试时，将随机获取一个测试图像，并将它与测试数据中的其他图像进行比较：

```
model.eval()
val_dl = DataLoader(val_ds,num_workers=6,batch_size=1, \
                    shuffle=True)
dataiter = iter(val_dl)
x0, _, _ = next(dataiter)

for i in range(2):
    _, x1, label2 = next(dataiter)
    concatenated = torch.cat((x0*0.5+0.5, x1*0.5+0.5),0)
    output1,output2 = model(x0.cuda(),x1.cuda())
    euclidean_distance = F.pairwise_distance(output1, output2)
    output = 'Same Face' if euclidean_distance.item() < 0.6 \
                        else 'Different'
    show(torchvision.utils.make_grid(concatenated), \
        title='Dissimilarity: {:.2f}\n{}'. \
        format(euclidean_distance.item(), output))
    plt.show()
```

上述代码的输出结果如图 14-6 所示。

可以看出，即使只有关于某个类别的少数几张图像，也可以识别出图像中属于这个类别的这个人。

> 💡 在实际应用场景（你可能会使用 Siamese 网络来跟踪考勤），最好能够在训练模型或根据新图像进行推断之前，从完整的图像中裁剪出人脸图像。

掌握了 Siamese 网络工作原理之后，我们将在下一小节中学习其他基于度量的技术——原型网络和关系网络。

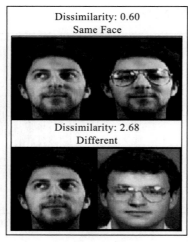

图 14-6

14.2.2 原型网络的工作细节

原型是关于某一类别的代表。假设有这样一个场景：我们为每个类别提供了 10 个图像，并且有 5 个这样的类别。原型网络通过取属于一个类别的每个图像的嵌入平均值，为每个类别提供一个具有代表性的嵌入（原型）。

现在考察下面这样一个实际场景：假设你有 5 类不同的图像类别，每个类别包含 10 个图像。此外，每个类别使用 5 个图像进行模型训练，并将剩余的 5 个图像用于测试已训练网络模型的准确度。我们将使用每个类别的一个图像和随机选择的测试图像作为查询来构建网络。任务是识别已知图像（训练图像）与查询图像（测试图像）相似度最高的类别。

对于人脸识别任务，原型网络的工作细节如下：

❏ 随机选择 N 个不同人的图像进行模型训练；

❏ 选择每个人对应的 k 个样本作为可用于训练的样本数据点——这是我们的支持集（对比图像集合）；

❏ 选择每个人对应的 q 个样本作为测试样本数据点——这是我们的查询集（待比较图像集合），如图 14-7 所示。

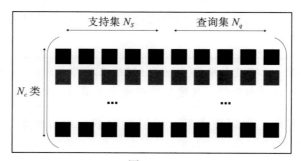

图 14-7

目前，我们选择了 N_c 类，支持集中有 N_s 个图像，查询集中有 N_q 个图像：

- ❑ 获取通过 CNN 网络时支持集（训练图像）和查询集（测试图像）内每个数据点的嵌入，期望 CNN 网络识别出训练图像与查询图像相似度最高的索引；
- ❑ 网络训练完成后，计算支持集（训练图像）嵌入对应的原型：原型是属于同一类别所有图像的均值嵌入，如图 14-8 所示。

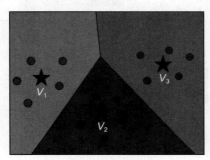

图　14-8

图 14-8 的演示示例中有三个类别，每个圆表示属于该类别的图像嵌入。每颗星（原型）是图像类别中所有图像（圆圈）嵌入的平均值：

- ❑ 计算查询嵌入和原型嵌入之间的欧氏距离：如果有 5 个查询图像和 10 个类别，则有 50 个欧氏距离；
- ❑ 在之前得到的欧氏距离上执行 softmax，以确定不同支持类别对应的概率；
- ❑ 训练模型，使其将查询图像分配给正确类别时的损失值最小。此外，当循环遍历数据集时，在下一次迭代中随机选择一组新的人员图像。

在迭代结束时，对于给定的若干支持集图像和查询图像，模型将学会识别查询图像所属的类别。

14.2.3　关系网络的工作细节

除了优化度量不是嵌入之间的 L1 距离而是关系得分之外，关系网络非常类似于 Siamese 网络。图 14-9 给出了关系网络的工作细节。

在图 14-9 中，左边的图像构成了 5 个类别的支持集，底部的狗图像是查询图像：

- ❑ 通过一个嵌入模块传递支持图像和查询图像，该模块为输入图像提供嵌入；
- ❑ 将支持图像的特征图与查询图像的特征图连接起来；
- ❑ 将拼接好的特征传递给 CNN 模块进行关系得分预测。

将关系得分最高的类别作为查询图像的预测类别。

通过这些，我们已经学习了小样本学习算法的不同工作方式。我们将给定的查询图像与支持图像集进行比较，得出支持集中与查询图像具有最高相似度的目标类别。

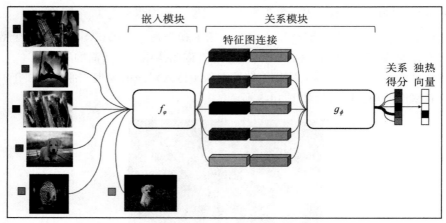

图　14-9

14.3　小结

在本章中，我们学习了如何使用词向量来解决被预测类别在训练期间不存在的情形。此外，我们还学习了 Siamese 网络，该网络通过学习两个图像之间的距离函数来识别相似的人物图像。最后，我们学习了原型网络和关系网络以及它们如何在小样本条件下实现对图像分类模型的训练。

在下一章中，我们将学习如何结合计算机视觉和自然语言处理技术来解决图像标注、图像中的目标检测和手写图像转录等问题。

14.4　课后习题

1. 如何获得预训练的词向量？
2. 零样本学习如何将图像特征嵌入映射到词嵌入？
3. Siamese 网络的含义是什么？
4. Siamese 网络如何得出两个图像之间的相似度？

第 15 章

计算机视觉与 NLP

在前一章中，我们学习了适用于小样本的新颖网络架构。在本章中，我们将学习将卷积神经网络（CNN）与循环神经网络（RNN）家族中多种算法相结合的方式。这种结合方式广泛应用于自然语言处理（NLP）领域（在写这本书的时候），以开发利用计算机视觉和 NLP 的解决方案。

为了理解 CNN 和 RNN 的结合，我们将首先了解 RNN 模型的工作原理及其改进模型，主要是长短期记忆（LSTM）模型，了解如何应用这些模型对于给定的输入图像预测出相应的标注。之后，我们将学习另一个名为连接时序分类（Connectionist Temporal Classification，CTC）损失函数的重要损失函数，并将它与 CNN 和 RNN 一起结合用于执行手写图像的转录。最后，我们将学习并使用 transformer 实现目标检测，其使用了 DETR（Detection with Transformer）架构。

15.1 RNN 模型简介

RNN 模型可以有多种不同的架构。图 15-1 是一些可能的 RNN 模型架构。

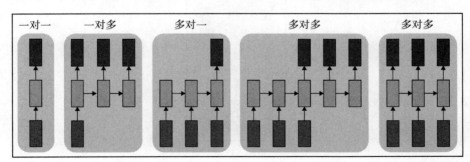

图　15-1

在图 15-1 中，最下面的方框是输入层，然后是隐藏层（中间的方框），最上面的方框是输出层。一对一架构是一种典型的神经网络架构，在输入层和输出层之间有一层隐藏层。

不同架构的应用示例如下：

- ❏ **一对多**：输入是一个图像，输出是图像的标题。
- ❏ **多对一**：输入是电影评论（输入中有多个单词），输出是与评论相关的情感。
- ❏ **多对多**：机器将一种语言的句子翻译成另一种语言的句子。

15.1.1　RNN 架构的应用场景

当根据一系列事件预测下一个事件时，RNN 非常有用。举个例子，我们可以预测这些单词后面的单词：This is an ___。

假设在现实中，这个句子是 This is an example。

传统的文本挖掘技术将按如下方式解决这个问题。

1. 对每个单词进行编码，同时对潜在的新单词添加一个索引：

This: {1, 0, 0, 0}

is: {0, 1, 0, 0}

an: {0, 0, 1, 0}

2. 编码短语 This is an：

This is an: {1, 1, 1, 0}

3. 创建训练数据集：

Input --> {1, 1, 1, 0}

Output --> {0, 0, 0, 1}

4. 使用给定的输入和输出组合构建模型：这种模型的一个主要缺点是，无论输入语句是 this is an、an is this 还是 this an is，输入表示形式都不会发生改变。

然而，我们凭直觉就可以知道上面每一个句子都是不同的，不能使用相同的结构进行数学表示。这就需要不同的架构，如图 15-2 所示。

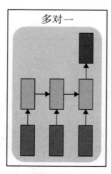

图　15-2

在图 15-2 所示的架构中，句子中的每个单词都单独占用一个输入框。这就保留了输入句子的结构。例如，this 输入第一个框，is 输入第二个框，an 输入第三个框。顶部的输出框为输出结果，即 example。

在理解了 RNN 架构的应用场景之后，下面介绍 RNN 模型的输出。

15.1.2 探索 RNN 的结构

可以把 RNN 看作一种保存记忆的机制，即使用隐藏层保存记忆。RNN 的展开形式如图 15-3 所示。

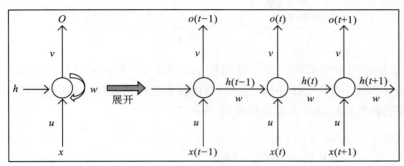

图   15-3

在图 15-3 中，右边网络是左边网络的一个展开形式。右边网络在每个时间步中接受一个输入，并在每个时间步产生输出。

注意，在预测第三个时间步的输出时，我们通过隐藏层将前两个时间步的值合并在一起，隐藏层将跨时间步的值连接起来。

下面考察上述图示：

- ❏ 权重 u 表示连接输入层和隐藏层的权重；
- ❏ 权重 w 表示隐藏层到隐藏层的连接；
- ❏ 权重 v 表示隐藏层到输出层的连接。

给定时间步的输出取决于当前时间步的输入和前一个时间步的隐藏层值。引入前一个时间步的隐藏层作为输入，加上当前时间步的输入，我们就可以获取前一个时间步的信息。这样就创建了一个连接管道，使得存储记忆变为可能。

15.1.3 为什么需要存储记忆

在上面的例子中，甚至在一般的文本生成过程中，都需要存储记忆，因为下一个单词预测结果不仅取决于前一个单词，还取决于前一个单词的上下文信息。

既然我们看到的是上一个单词，那么就应该有一种方法来记住它，这样就可以更准确地预测下一个单词。

我们也应该有记忆次序，因为在预测下一个单词时，与该单词较近的单词通常比较远的单词更加有用。

可以将基于多个时间步进行预测的传统 RNN 形象化表示为图 15-4。

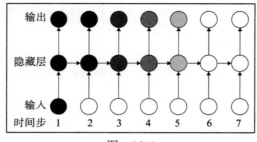

图　15-4

注意到随着时间步的增加，较早时间步（时间步 1）的输入对较晚时间步（时间步 7）的输出影响逐步降低。如下面的例子所示（后面我们忽略偏置项并假设隐藏层在时间步 1 的输入为 0，我们预测在时间步 5 隐藏层的值——h_5）：

$$h_5 = WX_5 + Uh_4$$
$$= WX_5 + U(WX_4 + Uh_3)$$
$$= WX_5 + U(WX_4 + U(WX_3 + Uh_2))$$
$$= WX_5 + U(WX_4 + U(WX_3 + U(WX_2 + Uh_1)))$$
$$= WX_5 + U(WX_4 + U(WX_3 + U(WX_2 + U(WX_1 + h_0))))$$
$$= WX_5 + UWX_4 + U^2WX_3 + U^3WX_2 + U^4WX_1 + U^4h_0$$

可以看出，随着时间步的增加，当 $U > 1$ 时，隐藏层（h_5）的值高度依赖于 X_1。但是，当 $U < 1$ 时，它对 X_1 的依赖要小得多。

对 U 的依赖也会导致隐藏层（h_5）值非常小，在 U 值非常小的时候会产生梯度消失现象，在 U 值非常大的时候会产生梯度爆炸现象。

在基于长期依赖关系预测下一个单词的场合，上述现象就会导致一个问题。为了解决这个问题，我们将使用 LSTM 架构。

15.2　LSTM 架构简介

在前一节中，我们了解到传统 RNN 面临着梯度消失或梯度爆炸问题，从而导致该模型无法适用于长期记忆的情形。在本节中，我们将学习如何使用 LSTM 模型解决这个问题。

为了通过示例进一步理解这个场景，现在考察下面这个句子：

I am from England. I speak __.

在上面的句子中，我们凭直觉就可以知道大多数来自英国的人说英语。要填充的空白值（English）是根据该人来自英国这一事实获得的。虽然在这个场景中，信号词（England）更接近空白值，但在现实的场景中，我们可能会发现信号词远离空白值（我们试图预测的词）。当信号词与空白值之间的距离较大时，由于梯度消失或梯度爆炸问题，基于传统 RNN

模型的预测结构可能会出错。我们将使用 LSTM 模型解决这个问题。

15.2.1 LSTM 的工作细节

标准的 LSTM 架构如图 15-5 所示。

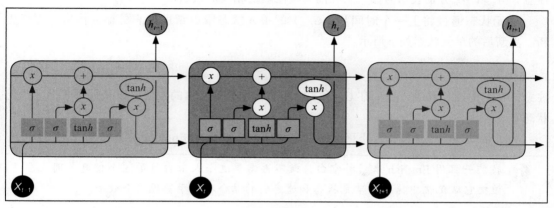

图　15-5

在图 15-5 中，你可以看到，虽然输入 X 和输出 h 仍然与 RNN 模型类似，但在 LSTM 中，输入和输出之间的计算关系是不同的。下面来了解在输入和输出之间发生的各种激活，如图 15-6 所示。

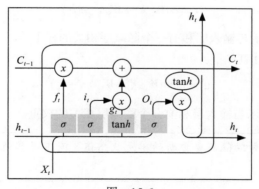

图　15-6

在图 15-6 中，我们可以看到：

- ❑ X_t 和 h_t 分别表示 t 时间步的输入和输出；
- ❑ C_t 表示单元状态，这可能有助于存储长期记忆；
- ❑ C_{t-1} 表示从上一个时间步转移过来的单元状态；
- ❑ h_{t-1} 表示上一个时间步的输出；
- ❑ f_t 表示帮助遗忘某些信息的激活；

❑ i_t 表示输入与前一个时间步输出（h_{t-1}）相对应的变换。

得到如下帮助遗忘的内容 f_t：

$$f_t = \sigma(W_{xf}X_t + W_{hf}h_{t-1} + b_f)$$

注意，W_{xf} 和 W_{hf} 分别表示与输入层和前一个隐藏层相关的权重。

单元状态通过将上一个时间步（C_{t-1}）的单元状态乘以帮助遗忘的输入内容 f_t 进行更新。更新后的单元状态如下所示：

$$C_t = (C_{t-1} \otimes f)$$

注意，在上面的步骤中，我们在 C_{t-1} 和 f_t 之间执行元素对元素的乘法，以获得修改后的单元状态 C_t。

为了帮助理解上述操作，下面考察输入语句：I am from England. I speak __。

> ⓘ 我们一旦用 English 来填补空白，就不再需要这个人来自英国这个信息，因此应该把它从记忆中抹去。单元状态和遗忘门的结合有助于实现这个效果。

在下一步中，我们将包括来自当前时间步的单元状态以及输出的附加信息。修改后的单元状态（在忘记需要忘记的信息之后）通过输入激活（基于当前时间步的输入和前一时间步的输出）和调制门 g_t（这有助于识别更新单元状态的数量）来更新。

输入激活的计算方法如下：

$$i_t = \sigma(W_{xi}X_t + W_{hi}h_{t-1} + b_i)$$

注意，W_{xi} 和 W_{hi} 分别表示与输入层和前一个隐藏层相关的权重。

修改后的门的激活计算如下：

$$g_t = \tanh(W_{xg}X_t + W_{hg}h_{t-1} + b_g)$$

注意，W_{xg} 和 W_{hg} 分别表示与输入层和前一个隐藏层相关的权重。

> ⓘ 修改后的门可以帮助隔离要更新的单元状态值，而不是其他值，以及确定需要更新的大小。

修改后的单元状态 C_t 将被传递到下一个时间步，现在为

$$C_t = (C_{t-1} \odot f_t) \oplus (i_t \odot g_t)$$

最后，将激活的更新单元状态（$\tanh(C_t)$）乘以激活的输出值 O_t，得到时间步 t 的最终输出 h_t：

$$O_t = \sigma(W_{xo}X_t + W_{ho}h_{t-1} + b_o)$$
$$h_t = O_t \odot \tanh(C_t)$$

这样，就可以使用 LSTM 中的各种门来有选择地记忆过长的时间步信息。

15.2.2 使用 PyTorch 实现 LSTM

在一个典型的关于文本的练习中，每个单词都是 LSTM 模型的输入——每个时间步一个单词。要使 LSTM 工作，需要执行以下两个步骤：

1. 将每个单词转换为一个嵌入向量。
2. 将时间步中相关单词对应的嵌入向量作为输入传递给 LSTM 模型。

下面来理解为什么必须要将输入单词转换为嵌入向量。如果词汇表中有 10 万个不同的单词，那么在将它们输入网络模型之前，必须对它们进行一次独热编码。但是，为每个单词创建一个独热编码向量就会失去单词的语义含义——例如，单词 like and enjoy 是相似的，它们应该有比较相似的向量。为了解决这种问题，我们需要使用词嵌入，这有助于自动学习单词的向量表示（因为它们是网络模型的一部分）。词嵌入的获取方法如下：

```
embed = nn.Embedding(vocab_size, embed_size)
```

在上述代码中，nn.Embedding 方法以维数 vocab_size 作为输入，返回输出维数 embed_size。这样，如果词汇表的规模为 10 万个单词，嵌入向量的维数大小为 128，那么 10 万个单词中的每个都表示为一个 128 维向量。执行这个步骤的一个好处在于，相似的单词通常会有相似的嵌入向量。

接下来，我们通过 LSTM 传递嵌入向量。LSTM 在 PyTorch 中使用 nn.LSTM 方法实现，如下所示：

```
hidden_state, cell_state = nn.LSTM(embed_size, \
                                   hidden_size, num_layers)
```

在上述代码中，embed_size 表示每个时间步对应的嵌入向量大小，hidden_size 对应隐藏层输出的维数，num_layers 表示 LSTM 相互叠加的次数。

此外，nn.LSTM 方法返回隐藏状态值和单元状态值。

在了解了 LSTM 和 RNN 的工作细节的基础上，我们将在下一节中介绍如何在预测给定图像标题的应用场合将二者与 CNN 模型结合起来。

15.3 生成图像标题

图像标题是指为图像生成标题。在本节中，我们将首先学习需要完成的预处理工作，以构建一个可以为图像生成文本标题的 LSTM 模型，然后学习如何结合 CNN 和 LSTM 来生成图像标题。在学习如何构建一个标题生成系统之前，先了解一下输入和输出示例，如图 15-7 所示。

In this image I can see few candles. The background is in black color.

图　15-7

在上面的示例中，图像是输入，预期输出则是图像的标题——在这个图像中，即为

In this image I can see few candles. The background is in black color.

我们将通过以下步骤解决这个问题：

1. 对输出进行预处理（真实数据标注 / 标题），以便每个单词都由唯一的 ID 表示。

2. 考虑到输出语句可以是任意长度，所以分别指定一个开始标记和一个结束标记，以便模型知道何时停止生成预测。此外，确保对所有的输入句子进行填充，使得所有输入都具有相同的长度。

3. 将输入图像传递给预训练模型，如 VGG16、ResNet-18 等，在扁平化层之前获取特征。

4. 使用图像的特征图并结合上一步获得的文本（如果是我们预测的第一个单词，则为开始标记）来预测下一个单词。

5. 重复上述步骤，直到获得结束标记。

在宏观上理解了要做的工作之后，我们将在下一小节通过代码实现上述步骤。

图像标题生成的代码

让我们编码实现上面给出的策略。

> ⓘ 下列代码可从本书 GitHub 库（https://tinyurl.com/mcvp-packt）的 Chapter15
> 文件夹中的 Image_captioning.ipynb 获得。该代码包含用于下载中等规模
> 数据的 URL。我们强烈建议你在 GitHub 中执行 notebook 来重现结果，这样你能
> 够更好地理解这里介绍的执行步骤和各种代码组件。

1. 从 Open Images 数据集中获取数据集，包括训练图像及其标注、验证数据集：

❏ 导入相关包，定义设备，获取包含要下载的图像信息的 JSON 文件：

```
!pip install -qU openimages torch_snippets urllib3
!wget -O open_images_train_captions.jsonl -q
```

```
https://storage.googleapis.com/localized-narratives/annotation
s/open_images_train_v6_captions.jsonl
from torch_snippets import *
import json
device = 'cuda' if torch.cuda.is_available() else 'cpu'
```

❑ 循环遍历 JSON 文件的内容，获取前 10 万个图像的信息：

```
with open('open_images_train_captions.jsonl', 'r') as \
                                                json_file:
    json_list = json_file.read().split('\n')
np.random.shuffle(json_list)
data = []
N = 100000
for ix, json_str in Tqdm(enumerate(json_list), N):
    if ix == N: break
    try:
        result = json.loads(json_str)
        x = pd.DataFrame.from_dict(result, orient='index').T
        data.append(x)
    except:
        pass
```

从 JSON 文件获得的信息样本如下所示。

```
result

{'annotator_id': 32,
 'caption': 'In this image I can see a crocodile in the water.',
 'dataset_id': 'open_images',
 'image_id': '027963e9948e1082'}
```

从上述样本中，可以看到 caption 和 image_id 是后续步骤中使用的关键信息。image_id 将用于获取相应的图像，caption 则用于将输出结果与从给定图像 ID 获得的图像进行关联。

❑ 将数据框（data）分解为训练数据集和验证数据集：

```
np.random.seed(10)
data = pd.concat(data)
data['train'] = np.random.choice([True,False], \
                                 size=len(data),p=[0.95,0.05])
data.to_csv('data.csv', index=False)
```

❑ 下载对应于 JSON 文件中相关图像 ID 的图像：

```
from openimages.download import _download_images_by_id
!mkdir -p train-images val-images
subset_imageIds = data[data['train']].image_id.tolist()
_download_images_by_id(subset_imageIds, 'train', \
                       './train-images/')

subset_imageIds = data[~data['train']].image_id.tolist()
_download_images_by_id(subset_imageIds, 'train', \
                       './val-images/')
```

2. 创建一个包含该数据框内所有标题中所有单词的词汇表：

❑ 词汇表对象可以将所有标题中的每个单词映射到一个唯一的整数，反之亦然。这里使用 torchtext 库的 Field.build_vocab 功能，它遍历所有单词（标注/标题）并将它们累积为两个计数器 stoi 和 itos，分别表示 "string to int"（字典）和 "int to string"（列表）：

```
from torchtext.data import Field
from pycocotools.coco import COCO
from collections import defaultdict

captions = Field(sequential=False, init_token='<start>', \
                 eos_token='<end>')
all_captions = data[data['train']]['caption'].tolist()
all_tokens = [[w.lower() for w in c.split()] \
              for c in all_captions]
all_tokens = [w for sublist in all_tokens \
              for w in sublist]
captions.build_vocab(all_tokens)
```

在上述代码中，captions 的 Field 是一个专门的对象，用于在 PyTorch 中构建更加复杂的 NLP 数据集。我们不能像处理图像那样直接对文本进行处理，因为字符串与张量不兼容。因此，我们需要跟踪所有的单词（也称为标记），这将有助于将每个单词与其唯一关联的整数进行一对一映射。例如，如果输入标题是 Cat sat on the mat，根据单词到整数的映射关系，这个单词序列将被转换为 [5 23 24 4 29]，其中 Cat 与整数 5 唯一关联。这种映射通常称为词汇表，它看起来可能像 {'<pad>': 0, '<unk>': 1,'<start>': 2, '<end>': 3, 'the': 4,'cat': 5, ...,'on': 24, 'sat': 23,...}。前几个标记用于特殊功能，如填充、未知、句子的开始和句子的结束。

❑ 我们只需要 captions 词汇表组件，因此在下面的代码中创建了一个虚拟 vocab 对象，它是轻量级的，并且有一个额外的 <pad> 标记，表示在 captions.vocab 中缺失：

```
class Vocab: pass
vocab = Vocab()
captions.vocab.itos.insert(0, '<pad>')
vocab.itos = captions.vocab.itos

vocab.stoi = defaultdict(lambda: \
                         captions.vocab.itos.index('<unk>'))
vocab.stoi['<pad>'] = 0
for s,i in captions.vocab.stoi.items():
    vocab.stoi[s] = i+1
```

注意 vocab.stoi 被定义为带有默认函数的 defaultdict。当某个键不存在时，Python 使用这个特殊的字典返回默认值。在我们的例子中，当尝试调用 vocab.stoi[<new-key/word>] 时，将返回一个 '<unk>' 标记。这在验证阶段非常方便，因为在验证阶段可能有一些标记没有出现在训练数据中。

3. 定义数据集类 CaptioningDataset：

❑ 定义 __init__ 方法，在其中提供之前获得的数据框（df）、包含图像的文件夹（root）、vocab 和图像转换管道（self.transform）：

```python
from torchvision import transforms
class CaptioningData(Dataset):
    def __init__(self, root, df, vocab):
        self.df = df.reset_index(drop=True)
        self.root = root
        self.vocab = vocab
        self.transform = transforms.Compose([
            transforms.Resize(224),
            transforms.RandomCrop(224),
            transforms.RandomHorizontalFlip(),
            transforms.ToTensor(),
            transforms.Normalize((0.485, 0.456, 0.406),
                                 (0.229, 0.224, 0.225))]
        )
```

❑ 定义 __getitem__ 方法，在该方法中获取图像及其对应的标题。此外，使用在上一步中构建的 vocab 表将目标转换为相应的单词 ID 列表：

```python
def __getitem__(self, index):
    """Returns one data pair (image and caption)."""
    row = self.df.iloc[index].squeeze()
    id = row.image_id
    image_path = f'{self.root}/{id}.jpg'
    image = Image.open(os.path.join(image_path))\
                        .convert('RGB')

    caption = row.caption
    tokens = str(caption).lower().split()
    target = []
    target.append(vocab.stoi['<start>'])
    target.extend([vocab.stoi[token] for token in tokens])
    target.append(vocab.stoi['<end>'])
    target = torch.Tensor(target).long()
    return image, target, caption
```

❑ 定义 __choose__ 方法：

```python
def choose(self):
    return self[np.random.randint(len(self))]
```

❑ 定义 __len__ 方法：

```python
def __len__(self):
    return len(self.df)
```

❑ 定义 collate_fn 方法用于处理批数据：

```python
def collate_fn(self, data):
    data.sort(key=lambda x: len(x[1]), reverse=True)
    images, targets, captions = zip(*data)
    images = torch.stack([self.transform(image) \
```

```
                               for image in images], 0)
    lengths = [len(tar) for tar in targets]
    _targets = torch.zeros(len(captions), \
                           max(lengths)).long()
    for i, tar in enumerate(targets):
        end = lengths[i]
        _targets[i, :end] = tar[:end]
    return images.to(device), _targets.to(device), \
torch.tensor(lengths).long().to(device)
```

在 collate_fn 方法中，我们计算样本批次中标题的最大长度（包含最多字数的标题），并将样本批次中其他标题填充为相同的长度。

4. 定义训练数据集、验证数据集和数据加载器：

```
trn_ds = CaptioningData('train-images', data[data['train']], \
                        vocab)
val_ds = CaptioningData('val-images', data[~data['train']], \
                        vocab)

image, target, caption = trn_ds.choose()
show(image, title=caption, sz=5); print(target)
```

图像示例及其对应的标题和标记词索引如图 15-8 所示。

In this image I can see few candles. The background is in black color.
tensor([2,   6,   15,   17,   18,   11,   10,   23, 1689,   4,   19,   9,
            6,   50,   68,   3])

图　15-8

5. 为数据集创建数据加载器：

```
trn_dl = DataLoader(trn_ds, 32, collate_fn=trn_ds.collate_fn)
val_dl = DataLoader(val_ds, 32, collate_fn=val_ds.collate_fn)
inspect(*next(iter(trn_dl)), names='images,targets,lengths')
```

一个样本批次将有如图 15-9 所示的实体。

```
========================================================
IMAGES:
Tensor  Shape: torch.Size([32, 3, 224, 224])   Min: -2.118    Max: 2.640    Mean: 0.026    dtype: torch.float32
========================================================
TARGETS:
Tensor  Shape: torch.Size([32, 65])    Min: 0.000    Max: 12523.000  Mean: 105.936  dtype: torch.int64
========================================================
LENGTHS:
Tensor  Shape: torch.Size([32]) Min: 12.000   Max: 65.000   Mean: 36.156   dtype: torch.int64
```

图　15-9

6. 定义网络类：

❏ 定义编码器架构（EncoderCNN）：

```python
from torch.nn.utils.rnn import pack_padded_sequence
from torchvision import models
class EncoderCNN(nn.Module):
    def __init__(self, embed_size):
        """Load the pretrained ResNet-152 and replace
        top fc layer."""
        super(EncoderCNN, self).__init__()
        resnet = models.resnet152(pretrained=True)
        # delete the last fc layer.
        modules = list(resnet.children())[:-1]
        self.resnet = nn.Sequential(*modules)
        self.linear = nn.Linear(resnet.fc.in_features, \
                                embed_size)
        self.bn = nn.BatchNorm1d(embed_size, \
                                momentum=0.01)
    def forward(self, images):
        """Extract feature vectors from input images."""
        with torch.no_grad():
            features = self.resnet(images)
        features = features.reshape(features.size(0), -1)
        features = self.bn(self.linear(features))
        return features
```

在上述代码中，使用预训练 ResNet-152 模型，删除最后一个 fc 层，连接到大小为 embed_size 的 Linear 层，然后将其传递给批归一化（bn）。

❏ 获取 encoder 类的摘要信息：

```python
encoder = EncoderCNN(256).to(device)
!pip install torch_summary
from torchsummary import summary
print(summary(encoder,torch.zeros(32,3,224,224).to(device)))
```

上述代码的输出结果如图 15-10 所示。

Layer (type)	Output Shape	Param #	Tr. Param #
Conv2d-1	[32, 64, 112, 112]	9,408	9,408
BatchNorm2d-2	[32, 64, 112, 112]	128	128
ReLU-3	[32, 64, 112, 112]	0	0
MaxPool2d-4	[32, 64, 56, 56]	0	0
Bottleneck-5	[32, 256, 56, 56]	75,008	75,008
Bottleneck-6	[32, 256, 56, 56]	70,400	70,400
Bottleneck-7	[32, 256, 56, 56]	70,400	70,400
Bottleneck-8	[32, 512, 28, 28]	379,392	379,392
Bottleneck-9	[32, 512, 28, 28]	280,064	280,064
Bottleneck-10	[32, 512, 28, 28]	280,064	280,064
Bottleneck-11	[32, 512, 28, 28]	280,064	280,064
Bottleneck-12	[32, 512, 28, 28]	280,064	280,064
Bottleneck-13	[32, 512, 28, 28]	280,064	280,064
Bottleneck-14	[32, 512, 28, 28]	280,064	280,064
Bottleneck-15	[32, 512, 28, 28]	280,064	280,064
Bottleneck-16	[32, 1024, 14, 14]	1,512,448	1,512,448
Bottleneck-17	[32, 1024, 14, 14]	1,117,184	1,117,184

图   15-10

```
Bottleneck-18          [32, 1024, 14, 14]       1,117,184       1,117,184
Bottleneck-19          [32, 1024, 14, 14]       1,117,184       1,117,184
Bottleneck-20          [32, 1024, 14, 14]       1,117,184       1,117,184
Bottleneck-21          [32, 1024, 14, 14]       1,117,184       1,117,184
Bottleneck-22          [32, 1024, 14, 14]       1,117,184       1,117,184
Bottleneck-23          [32, 1024, 14, 14]       1,117,184       1,117,184
Bottleneck-24          [32, 1024, 14, 14]       1,117,184       1,117,184
Bottleneck-25          [32, 1024, 14, 14]       1,117,184       1,117,184
Bottleneck-26          [32, 1024, 14, 14]       1,117,184       1,117,184
Bottleneck-27          [32, 1024, 14, 14]       1,117,184       1,117,184
Bottleneck-28          [32, 1024, 14, 14]       1,117,184       1,117,184
Bottleneck-29          [32, 1024, 14, 14]       1,117,184       1,117,184
Bottleneck-30          [32, 1024, 14, 14]       1,117,184       1,117,184
Bottleneck-31          [32, 1024, 14, 14]       1,117,184       1,117,184
Bottleneck-32          [32, 1024, 14, 14]       1,117,184       1,117,184
Bottleneck-33          [32, 1024, 14, 14]       1,117,184       1,117,184
Bottleneck-34          [32, 1024, 14, 14]       1,117,184       1,117,184
Bottleneck-35          [32, 1024, 14, 14]       1,117,184       1,117,184
Bottleneck-36          [32, 1024, 14, 14]       1,117,184       1,117,184
Bottleneck-37          [32, 1024, 14, 14]       1,117,184       1,117,184
Bottleneck-38          [32, 1024, 14, 14]       1,117,184       1,117,184
Bottleneck-39          [32, 1024, 14, 14]       1,117,184       1,117,184
Bottleneck-40          [32, 1024, 14, 14]       1,117,184       1,117,184
Bottleneck-41          [32, 1024, 14, 14]       1,117,184       1,117,184
Bottleneck-42          [32, 1024, 14, 14]       1,117,184       1,117,184
Bottleneck-43          [32, 1024, 14, 14]       1,117,184       1,117,184
Bottleneck-44          [32, 1024, 14, 14]       1,117,184       1,117,184
Bottleneck-45          [32, 1024, 14, 14]       1,117,184       1,117,184
Bottleneck-46          [32, 1024, 14, 14]       1,117,184       1,117,184
Bottleneck-47          [32, 1024, 14, 14]       1,117,184       1,117,184
Bottleneck-48          [32, 1024, 14, 14]       1,117,184       1,117,184
Bottleneck-49          [32, 1024, 14, 14]       1,117,184       1,117,184
Bottleneck-50          [32, 1024, 14, 14]       1,117,184       1,117,184
Bottleneck-51          [32, 1024, 14, 14]       1,117,184       1,117,184
Bottleneck-52          [32, 2048, 7, 7]         6,039,552       6,039,552
Bottleneck-53          [32, 2048, 7, 7]         4,462,592       4,462,592
Bottleneck-54          [32, 2048, 7, 7]         4,462,592       4,462,592
AdaptiveAvgPool2d-55   [32, 2048, 1, 1]                 0               0
Linear-56              [32, 256]                  524,544         524,544
BatchNorm1d-57         [32, 256]                      512             512
================================================================================
Total params: 58,668,864
Trainable params: 58,668,864
Non-trainable params: 0
--------------------------------------------------------------------------------
```

图 15-10（续）

❑ 定义解码器架构（DecoderRNN）：

```
class DecoderRNN(nn.Module):
    def __init__(self, embed_size, hidden_size, vocab_size, \
                 num_layers, max_seq_length=80):
        """Set the hyper-parameters and build the layers."""
        super(DecoderRNN, self).__init__()
        self.embed = nn.Embedding(vocab_size, embed_size)
        self.lstm = nn.LSTM(embed_size, hidden_size, \
                            num_layers, batch_first=True)
        self.linear = nn.Linear(hidden_size, vocab_size)
        self.max_seq_length = max_seq_length
    def forward(self, features, captions, lengths):
        """Decode image feature vectors and
        generates captions."""
```

```
embeddings = self.embed(captions)
embeddings = torch.cat((features.unsqueeze(1), \
                        embeddings), 1)
packed = pack_padded_sequence(embeddings, \
                        lengths.cpu(), batch_first=True)
outputs, _ = self.lstm(packed)
outputs = self.linear(outputs[0])
return outputs
```

下面介绍上述关于解码器代码的初始化内容：

❑ self.embed 是一个 vocab x embed_size 矩阵，创建并学习每个单词的唯一嵌入；

❑ self.lstm 将 CNNEncoder 的输出和前一个时间步的词嵌入输出作为输入，并返回每个时间步的隐藏状态；

❑ self.linear 将每个隐藏状态转换成 V 维向量，并使用 softmax 获得当前时间步可能的单词。

forward 方法完成如下工作：

1. 使用 self.embed 将标题（以整数形式发送）转换为嵌入形式。

2. EncoderCNN 的 features 被连接到 embeddings。如果每个标题的时间步（在下面的例子中是 L）是 80，那么串联之后的时间步将是 81。查看如图 15-11 所示的示例，了解在每个时间步中输入和预测的内容。

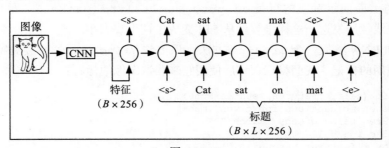

图　15-11

3. 使用 pack_padded_sequences，将连接的嵌入向量打包到一个数据结构中，该数据结构使得 RNN 模型的计算更高效。这是因为存在填充的时间步不进行展开。图 15-12 给出了直观的解释。

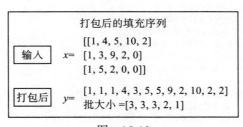

图　15-12

在图 15-12 中，我们有三个句子，它们使用相应的单词索引进行编码。单词索引为 0 表示填充索引。在装入方框之后，最后一个索引的批大小为 1，因为只有一句话中最后一个索引不是填充索引。

打包后的填充现在被传递给 LSTM，如图 15-13 所示。

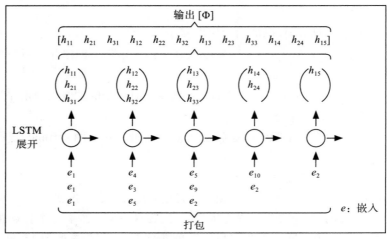

图   15-13

代码中与上面演示对应的行是 output,_=self.lstm(packed)。最后，LSTM 的输出通过一个线性层发送，这样维数就从 512 变成了词汇表大小。

我们还向 RNN 添加一个 predict 方法，该方法从 EncoderCNN 接受特征，并为每个特征返回预期的标记。我们将在训练后使用它来获取图像的标题：

```python
def predict(self, features, states=None):
    """Generate captions for given image
    features using greedy search."""
    sampled_ids = []
    inputs = features.unsqueeze(1)
    for i in range(self.max_seq_length):
        hiddens, states = self.lstm(inputs, states)
        # hiddens: (batch_size, 1, hidden_size)
        outputs = self.linear(hiddens.squeeze(1))
        # outputs: (batch_size, vocab_size)
        _, predicted = outputs.max(1)
        # predicted: (batch_size)
        sampled_ids.append(predicted)
        inputs = self.embed(predicted)
        # inputs: (batch_size, embed_size)
        inputs = inputs.unsqueeze(1)
        # inputs: (batch_size, 1, embed_size)

    sampled_ids = torch.stack(sampled_ids, 1)
    # sampled_ids: (batch_size, max_seq_length)
    # convert predicted tokens to strings
    sentences = []
```

```
for sampled_id in sampled_ids:
    sampled_id = sampled_id.cpu().numpy()
    sampled_caption = []
    for word_id in sampled_id:
        word = vocab.itos[word_id]
        sampled_caption.append(word)
        if word == '<end>':
            break
    sentence = ' '.join(sampled_caption)
    sentences.append(sentence)
return sentences
```

4. 定义用于训练批数据的函数：

```
def train_batch(data, encoder, decoder, optimizer, criterion):
    encoder.train()
    decoder.train()
    images, captions, lengths = data
    images = images.to(device)
    captions = captions.to(device)
    targets = pack_padded_sequence(captions, lengths.cpu(), \
                                    batch_first=True)[0]
    features = encoder(images)
    outputs = decoder(features, captions, lengths)
    loss = criterion(outputs, targets)
    decoder.zero_grad()
    encoder.zero_grad()
    loss.backward()
    optimizer.step()
    return loss
```

注意，我们这里创建了一个名为 targets 的张量，它将项目打包成一个向量。从上面的图中可以知道，pack_padded_sequence 有助于以更容易调用 nn.CrossEntropyLoss 的方式在带有打包的 target 值输出上进行打包预测。

5. 定义用于验证批数据的函数：

```
@torch.no_grad()
def validate_batch(data, encoder, decoder, criterion):
    encoder.eval()
    decoder.eval()
    images, captions, lengths = data
    images = images.to(device)
    captions = captions.to(device)
    targets = pack_padded_sequence(captions, lengths.cpu(), \
                                    batch_first=True)[0]
    features = encoder(images)
    outputs = decoder(features, captions, lengths)
    loss = criterion(outputs, targets)
    return loss
```

6. 定义模型对象、损失函数和优化器：

```
encoder = EncoderCNN(256).to(device)
decoder = DecoderRNN(256, 512, len(vocab.itos), 1).to(device)
criterion = nn.CrossEntropyLoss()
```

```
params = list(decoder.parameters()) + \
         list(encoder.linear.parameters()) + \
         list(encoder.bn.parameters())
optimizer = torch.optim.AdamW(params, lr=1e-3)
n_epochs = 10
log = Report(n_epochs)
```

7. 通过不断增加轮数对模型进行训练：

```
for epoch in range(n_epochs):
    if epoch == 5: optimizer = torch.optim.AdamW(params, \
                                                  lr=1e-4)
    N = len(trn_dl)
    for i, data in enumerate(trn_dl):
        trn_loss = train_batch(data, encoder, decoder, \
                               optimizer, criterion)
        pos = epoch + (1+i)/N
        log.record(pos=pos, trn_loss=trn_loss, end='\r')

    N = len(val_dl)
    for i, data in enumerate(val_dl):
        val_loss = validate_batch(data, encoder, decoder, \
                                  criterion)
        pos = epoch + (1+i)/N
        log.record(pos=pos, val_loss=val_loss, end='\r')

    log.report_avgs(epoch+1)

log.plot_epochs(log=True)
```

上述代码生成的训练损失和验证损失的变化曲线如图 15-14 所示。

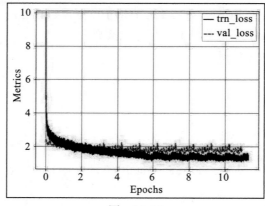

图　15-14

8. 定义一个函数，用于对给定图像生成预测结果：

```
def load_image(image_path, transform=None):
    image = Image.open(image_path).convert('RGB')
    image = image.resize([224, 224], Image.LANCZOS)
    if transform is not None:
        tfm_image = transform(image)[None]
    return image, tfm_image
```

```
def load_image_and_predict(image_path):
    transform = transforms.Compose([
                    transforms.ToTensor(),
                    transforms.Normalize(\
                        (0.485, 0.456, 0.406),
                        (0.229, 0.224, 0.225))
                    ])
    org_image, tfm_image = load_image(image_path, transform)
    image_tensor = tfm_image.to(device)
    encoder.eval()
    decoder.eval()
    feature = encoder(image_tensor)
    sentence = decoder.predict(feature)[0]
    show(org_image, title=sentence)
    return sentence

files = Glob('val-images')
load_image_and_predict(choose(files))
```

上述方法对图像生成的预测结果如图 15-15 所示。

<start> in this image we can see a few boats on the water, in the background we can see the sky with clouds. <end>

图　　15-15

可以看到，为给定图像生成了合理的标题（上例中作为标题显示）。

在本节中，我们学习了如何使用 CNN 和 RNN 这两个模型一起生成图像标题。在下一节中，我们将学习使用 CNN、RNN 和 CTC 损失函数来转录包含手写单词的图像。

15.4　转录手写图像

在上一节中，我们学习了如何从输入图像生成单词序列。在本节中，我们将学习如何将图像作为输入生成字符序列。此外，我们还将了解 CTC 损失函数，这个函数有助于转录手写图像。

在学习 CTC 损失函数之前，先了解一下为什么 15.3 节介绍的网络架构可能不适用于手写图像转录。在图像标题中，图像中的内容和输出的单词之间没有直接的关联，而在手写图像中，图像中出现的字符序列和输出的字符序列之间具有直接的关联。因此，我们将采用与上一节不同的架构。

此外，假设某个应用场景将图像分为 20 个部分（假设图像中的单词最多包含 20 个字符），其中每个部分对应一个字符。某个人的笔迹可能会确保每个字符完全适合一个方框，另一个人的笔迹则有可能混合在一起，比如每个方框包含两个字符，而还有一个人的两个字符之间的间距太大，以至于不可能将一个单词放入 20 个时间步（部分）中。这就需要使用一种不同的方法解决这个问题，它利用了 CTC 损失函数。

15.4.1　CTC 损失的工作细节

想象一个场景：我们正在转录一个包含单词 ab 的图像。图像可能看起来像以下三个图像中的某一个，不管选择以下三个图像中的哪一个，得到的输出总是 ab：

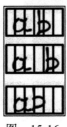

下一步，我们将上面的三个图像示例分成 6 个时间步，如图 15-16 所示（每个方框代表一个时间步）。

现在预测每个时间步的输出字符，输出结果是由 softmax 算出的词汇表中字母出现的概率。假设正在计算 softmax，通过模型（将在 15.4.2 节中定义）预测出每个时间步的输出字符，如图 15-17 所示（每个单元的输出结果显示在图像上方）。

图　15-16

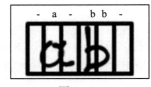

图　15-17

请注意，- 表示在相应的时间步中没有任何内容。此外，请注意字符 b 在两个不同的时间步中重复。

在最后一步中，我们对模型处理图像后获得的输出结果（一串字符）进行压缩，具体方式是将连续重复的字符压缩成一个字符。

如果有连续的相同字符预测，则对重复字符的输出进行压缩，得到的最终输出结果如下：

-a-b-

另一种情况下的输出是 abb，压缩后的最后输出结果是两个字符 b 之间有一个分隔符，如下所示：

-a-b-b-

现在我们已经理解了输入和输出值的概念，下面将介绍如何计算 CTC 损失值。

15.4.2　计算 CTC 损失值

对于在上一节中解决的问题，考虑以下场景：对于给定的时间步，在关于每个字符的圆圈中提供关于这个字符出现的概率（注意，从 t_0 到 t_5 的每个时间步的概率之和应为 1），如图 15-18 所示。

然而，为了便于理解 CTC 损失值是如何计算的，这里采取一个简单的场景：图像只包含字符 a，而不包含单词 ab。此外，为了简化计算，现在假设只有三个时间步，如图 15-19 所示。

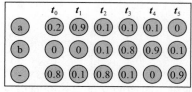

图　15-18

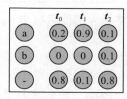

图　15-19

如果每个时间步中的 softmax 类似于以下 7 个场景中的任何一个，那么可以获得关于 a 的真实数据：

每个时间步的输出	t_0 中字母的概率	t_1 中字母的概率	t_2 中字母的概率	组合概率	最终概率
--a	0.8	0.1	0.1	$0.8 \times 0.1 \times 0.1$	0.008
-aa	0.8	0.9	0.1	$0.8 \times 0.9 \times 0.1$	0.072
aaa	0.2	0.9	0.1	$0.2 \times 0.9 \times 0.1$	0.018
-a-	0.8	0.9	0.8	$0.8 \times 0.9 \times 0.8$	0.576
-aa	0.8	0.9	0.1	$0.8 \times 0.9 \times 0.1$	0.072
a--	0.2	0.1	0.8	$0.2 \times 0.1 \times 0.8$	0.016
aa-	0.2	0.9	0.8	$0.2 \times 0.9 \times 0.8$	0.144
				总体概率	0.906

由以上结果可知，获得真实数据的总体概率为 0.906。

其余的 0.094 是没有获得真实数据的概率。

下面计算对应于所有可能真实数据总和的二元交叉熵损失。

CTC 损失是真实数据组合的总体概率和的负对数，即 $-\log(0.906)=0.1$。

在理解了 CTC 损失计算方式的基础上，下一小节将根据图像构建手写转录模型，并进行编码实现。

15.4.3 手写转录的代码实现

我们将采用如下步骤编码实现可用于转录手写文字图像的网络模型:

1. 导入图像及其转录的数据集。

2. 给每个字符一个索引。

3. 将图像传递给卷积网络获取该图像对应的特征图。

4. 通过 RNN 传递特征图。

5. 获取每个时间步的概率。

6. 使用 CTC 损失函数实现对输出结果的压缩,并提供转录结果和相应的损失。

7. 通过最小化 CTC 损失函数来优化网络的权重。

让我们通过下列代码实现上述步骤。

> ⓘ 下列代码可以从本书 GitHub 库(`https://tinyurl.com/mcvp-packt`)的
> Chapter15 文件夹中的 `Handwriting_transcription.ipynb` 获得。

1. 下载并导入图像数据集:

```
!wget
https://www.dropbox.com/s/l2ul3upj7dkv4ou/synthetic-data.zip
!unzip -qq synthetic-data.zip
```

在上述代码中,我们下载了提供图像的数据集,图像的文件名包含对应于该图像的真实转录数据。

下载的图像样本如图 15-20 所示。

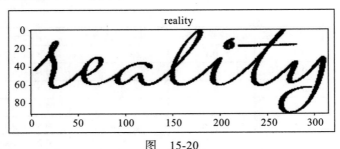

图 15-20

2. 安装并导入所需的软件包:

```
!pip install torch_snippets torch_summary editdistance
```

❑ 导入软件包:

```
from torch_snippets import *
from torchsummary import summary
import editdistance
```

3. 指定图像的位置并指定从图像中获取真实数据的函数:

```
device = 'cuda' if torch.cuda.is_available() else 'cpu'
fname2label = lambda fname: stem(fname).split('@')[0]
images = Glob('synthetic-data')
```

注意，我们创建的是 fname2label 函数，因为文件名中 @ 符号之后是图像的真实数据。文件名示例如图 15-21 所示。

```
[ 'synthetic-data/already@dPkHBT.png',
  'synthetic-data/bring@OzNTFr.png',
  'synthetic-data/few@EhVOvU.png'
  'synthetic-data/research@cgo7rI.png',
  'synthetic-data/fast@bQ8Wkm.png']
```

图   15-21

4. 定义图像的字符词汇量（vocab）、批大小（B）、RNN 的时间步（T）、词汇量长度（V）、高度（H）和宽度（W）：

```
vocab='QWERTYUIOPASDFGHJKLZXCVBNMqwertyuiopasdfghjklzxcvbnm'
B,T,V = 64, 32, len(vocab)
H,W = 32, 128
```

5. 定义 OCRDataset 数据集类：

❑ 定义 __init__ 方法，在该方法中指定字符到字符 ID 之间的映射（charList），以及通过 vocab 循环指定字符到字符 ID 之间的映射（invCharList），并获取图像（items）的时间步（timesteps）和文件路径。这里使用 charList 和 invCharList 而不是 torchtext 的 build 词汇表，是因为这个词汇表更容易处理（包含了较少的不同字符）：

```
class OCRDataset(Dataset):
    def __init__(self, items, vocab=vocab, \
                    preprocess_shape=(H,W), timesteps=T):
        super().__init__()
        self.items = items
        self.charList = {ix+1:ch for ix,ch \
                            in enumerate(vocab)}
        self.charList.update({0: '`'})
        self.invCharList = {v:k for k,v in \
                            self.charList.items()}
        self.ts = timesteps
```

❑ 定义 __len__ 和 __getitem__ 方法：

```
def __len__(self):
    return len(self.items)
def sample(self):
    return self[randint(len(self))]
def __getitem__(self, ix):
    item = self.items[ix]
    image = cv2.imread(item, 0)
    label = fname2label(item)
    return image, label
```

注意，在 `__getitem__` 方法中，我们读取图像并使用上面定义的 `fname2label` 创建标签。此外，我们定义了一个 `sample` 方法，有助于从数据集中随机采样图像。

- □ 定义 `collate_fn` 方法，该方法用于接收一批图像并将它们及其标签追加到不同的列表中。此外，它将图像对应的字符真值转换为向量格式（将每个字符转换为对应的 ID），最后存储每个图像的标签长度和输入长度（始终是时间步数）。在计算损失值时，CTC 损失函数需要使用标签长度和输入长度：

```python
def collate_fn(self, batch):
    images, labels, label_lengths = [], [], []
    label_vectors, input_lengths = [], []
    for image, label in batch:
        images.append(torch.Tensor(self.\
                             preprocess(image))[None,None])
        label_lengths.append(len(label))
        labels.append(label)
        label_vectors.append(self.str2vec(label))
        input_lengths.append(self.ts)
```

- □ 将上面的每个列表转换为一个 Torch 张量对象，并返回 `images`、`labels`、`label_lengths`、`label_vectors` 和 `input_lengths`：

```python
images = torch.cat(images).float().to(device)
label_lengths = torch.Tensor(label_lengths)\
                        .long().to(device)
label_vectors = torch.Tensor(label_vectors)\
                        .long().to(device)
input_lengths = torch.Tensor(input_lengths)\
                        .long().to(device)
return images, label_vectors, label_lengths, \
        input_lengths, labels
```

- □ 定义 `str2vec` 函数，它将输入的字符 ID 转换为字符串：

```python
def str2vec(self, string, pad=True):
    string = ''.join([s for s in string if \
                      s in self.invCharList])
    val = list(map(lambda x: self.invCharList[x], \
                   string))
    if pad:
        while len(val) < self.ts:
            val.append(0)
    return val
```

在 `str2vec` 函数中，我们从一个包含字符 ID 的字符串中获取字符，如果标签的长度（`len(val)`）小于时间步数（`self.ts`），则为向量添加一个填充索引 0。

- □ 定义 `preprocess` 函数，该函数以图像（`img`）和 `shape` 作为输入，将其处理为一致的 32×128 形状。注意，除了调整图像大小之外，还需要进行额外的预处理，因为图像要在保持长宽比的同时调整大小。

定义图像的 `preprocess` 函数和目标形状，目前初始化为空白图像（白色图像——

```
target):
```

```
    def preprocess(self, img, shape=(32,128)):
        target = np.ones(shape)*255
```

获取图像的形状和期望的形状：

```
try:
    H, W = shape
    h, w = img.shape
```

计算如何调整图像的大小并保持长宽比：

```
fx = H/h
fy = W/w
f = min(fx, fy)
_h = int(h*f)
_w = int(w*f)
```

调整图像的大小，并将其存储在上面定义的目标变量中：

```
_img = cv2.resize(img, (_w,_h))
target[:_h,:_w] = _img
```

返回经过归一化的图像（首先将图像转换为黑色背景，然后将像素值缩放到 0 和 1 之间）

```
except:
    ...
return (255-target)/255
```

❑ 定义用于将预测结果解码为字符的 decoder_chars 函数：

```
    def decoder_chars(self, pred):
        decoded = ""
        last = ""
        pred = pred.cpu().detach().numpy()
        for i in range(len(pred)):
            k = np.argmax(pred[i])
            if k > 0 and self.charList[k] != last:
                last = self.charList[k]
                decoded = decoded + last
            elif k > 0 and self.charList[k] == last:
                continue
            else:
                last = ""
        return decoded.replace(" "," ")
```

在上述代码中，我们一次循环遍历预测（pred）一个时间步，获取具有最高置信度（k）的字符，并将其与前一个时间步中置信度最高的字符（last）进行比较，如果上一个时间步中置信度最高的字符与当前时间步中置信度最高的字符不同，则将其附加到目前的 decoded 字符中（相当于我们在 15.4.1 节中讨论过的压缩操作）。

❑ 定义用于计算字符和单词准确度的方法：

```
    def wer(self, preds, labels):
        c = 0
```

```
        for p, l in zip(preds, labels):
            c += p.lower().strip() != l.lower().strip()
        return round(c/len(preds), 4)
    def cer(self, preds, labels):
        c, d = [], []
        for p, l in zip(preds, labels):
            c.append(editdistance.eval(p, l) / len(l))
        return round(np.mean(c), 4)
```

❑ 定义一个方法，该方法在一组图像上评估模型，并返回单词和字符错误率：

```
    def evaluate(self, model, ims, labels, lower=False):
        model.eval()
        preds = model(ims).permute(1,0,2) # B, T, V+1
        preds = [self.decoder_chars(pred) for pred in preds]
        return {'char-error-rate': self.cer(preds, labels), \
                'word-error-rate': self.wer(preds, labels), \
                'char-accuracy': 1-self.cer(preds, labels), \
                'word-accuracy' : 1-self.wer(preds, labels)}
```

在上述代码中，我们对输入图像的通道进行排列，使得数据按照模型的预期进行预处理，使用 decoder_chars 函数对预测结果进行解码，然后返回字符错误率、单词错误率及其相应的准确率。

6. 指定训练数据集、验证数据集，以及数据加载器：

```
from sklearn.model_selection import train_test_split
trn_items,val_items=train_test_split(Glob('synthetic-data'), \
                            test_size=0.2, random_state=22)
trn_ds = OCRDataset(trn_items)
val_ds = OCRDataset(val_items)

trn_dl = DataLoader(trn_ds, batch_size=B, \
                    collate_fn=trn_ds.collate_fn, \
                    drop_last=True, shuffle=True)
val_dl = DataLoader(val_ds, batch_size=B, \
                collate_fn=val_ds.collate_fn, drop_last=True)
```

7. 搭建网络架构：

❑ 构建 CNN 的基本块：

```
from torch_snippets import Reshape, Permute
class BasicBlock(nn.Module):
    def __init__(self, ni, no, ks=3, st=1, \
                    padding=1, pool=2, drop=0.2):
        super().__init__()
        self.ks = ks
        self.block = nn.Sequential(
            nn.Conv2d(ni, no, kernel_size=ks, \
                        stride=st, padding=padding),
            nn.BatchNorm2d(no, momentum=0.3),
            nn.ReLU(inplace=True),
            nn.MaxPool2d(pool),
            nn.Dropout2d(drop)
        )
    def forward(self, x):
        return self.block(x)
```

❑ 构建神经网络 OCR 类，这个类由 CNN 块和 RNN 块组成，它们分别通过 self.model 和 self.rnn 中的 __init__ 方法进行定义。然后定义 self.classification 层，它将 RNN 的输出结果经过密集层处理后传递给 softmax 激活函数：

```python
class Ocr(nn.Module):
    def __init__(self, vocab):
        super().__init__()
        self.model = nn.Sequential(
                    BasicBlock( 1, 128),
                    BasicBlock(128, 128),
                    BasicBlock(128, 256, pool=(4,2)),
                    Reshape(-1, 256, 32),
                    Permute(2, 0, 1) # T, B, D
                )
        self.rnn = nn.Sequential(
                nn.LSTM(256, 256, num_layers=2, \
                        dropout=0.2, bidirectional=True),
            )
        self.classification = nn.Sequential(
                nn.Linear(512, vocab+1),
                nn.LogSoftmax(-1),
            )
```

❑ 定义 forward 方法：

```python
def forward(self, x):
    x = self.model(x)
    x, lstm_states = self.rnn(x)
    y = self.classification(x)
    return y
```

在上述代码中，我们在第一步获取 CNN 输出，然后把它传递给 RNN 获取 lstm_states 和 RNN 输出 x，最后将输出传递给分类层（self.classification）并返回输出结果。

❑ 定义 CTC 损失函数：

```python
def ctc(log_probs, target, input_lengths, \
        target_lengths, blank=0):
    loss = nn.CTCLoss(blank=blank, zero_infinity=True)
    ctc_loss = loss(log_probs, target, \
                    input_lengths, target_lengths)
    return ctc_loss
```

在上述代码中，我们使用 nn.CTCLoss 方法来最小化 ctc_loss，它将置信矩阵、log_probs（每个时间步的预测）、target（真实数据值）、input_lengths 和 target_lengths 作为输入用于返回 ctc_loss 值。

❑ 获取已定义模型的摘要信息：

```python
model = Ocr(len(vocab)).to(device)
summary(model, torch.zeros((1,1,32,128)).to(device))
```

上述代码的输出结果如图 15-22 所示。

注意，输出结果中有 53 个概率与批数据中的每个图像相关联，因为词汇表有 53 个字符（26×2=52 个字母和一个分隔符）。

```
Layer (type)          Output Shape                    Param #      Tr. Param #
================================================================================
Conv2d-1              [1, 128, 32, 128]                1,280          1,280
BatchNorm2d-2         [1, 128, 32, 128]                  256            256
ReLU-3                [1, 128, 32, 128]                    0              0
MaxPool2d-4           [1, 128, 16, 64]                     0              0
Dropout2d-5           [1, 128, 16, 64]                     0              0
Conv2d-6              [1, 128, 16, 64]               147,584        147,584
BatchNorm2d-7         [1, 128, 16, 64]                   256            256
ReLU-8                [1, 128, 16, 64]                     0              0
MaxPool2d-9           [1, 128, 8, 32]                      0              0
Dropout2d-10          [1, 128, 8, 32]                      0              0
Conv2d-11             [1, 256, 8, 32]               295,168        295,168
BatchNorm2d-12        [1, 256, 8, 32]                    512            512
ReLU-13               [1, 256, 8, 32]                      0              0
MaxPool2d-14          [1, 256, 2, 16]                      0              0
Dropout2d-15          [1, 256, 2, 16]                      0              0
Reshape-16            [1, 256, 32]                         0              0
Permute-17            [32, 1, 256]                         0              0
LSTM-18      [32, 1, 512], [4, 1, 256], [4, 1, 256]  2,629,632      2,629,632
Linear-19             [32, 1, 53]                     27,189         27,189
LogSoftmax-20         [32, 1, 53]                          0              0
================================================================================
Total params: 3,101,877
Trainable params: 3,101,877
Non-trainable params: 0
```

图　15-22

8. 定义用于训练批数据的函数：

```
def train_batch(data, model, optimizer, criterion):
    model.train()
    imgs, targets, label_lens, input_lens, labels = data
    optimizer.zero_grad()
    preds = model(imgs)
    loss = criterion(preds, targets, input_lens, label_lens)
    loss.backward()
    optimizer.step()
    results = trn_ds.evaluate(model, imgs.to(device),labels)
    return loss, results
```

9. 定义用于对批数据进行验证的函数：

```
@torch.no_grad()
def validate_batch(data, model):
    model.eval()
    imgs, targets, label_lens, input_lens, labels = data
    preds = model(imgs)
    loss = criterion(preds, targets, input_lens, label_lens)
    return loss, val_ds.evaluate(model, imgs.to(device), \
                                 labels)
```

10. 定义模型对象、优化器、损失函数和轮数：

```
model = Ocr(len(vocab)).to(device)
criterion = ctc

optimizer = optim.AdamW(model.parameters(), lr=3e-3)
```

```
n_epochs = 50
log = Report(n_epochs)
```

11. 通过不断增加轮数进行模型训练：

```
for ep in range( n_epochs):
    N = len(trn_dl)
    for ix, data in enumerate(trn_dl):
        pos = ep + (ix+1)/N
        loss, results = train_batch(data, model, optimizer, \
                                    criterion)
        ca, wa = results['char-accuracy'], \
                 results['word-accuracy']
        log.record(pos=pos, trn_loss=loss, trn_char_acc=ca, \
                   trn_word_acc=wa, end='\r')
    val_results = []
    N = len(val_dl)
    for ix, data in enumerate(val_dl):
        pos = ep + (ix+1)/N
        loss, results = validate_batch(data, model)
        ca, wa = results['char-accuracy'], \
                 results['word-accuracy']
        log.record(pos=pos, val_loss=loss, val_char_acc=ca, \
                   val_word_acc=wa, end='\r')

    log.report_avgs(ep+1)
    print()
    for jx in range(5):
        img, label = val_ds.sample()
        _img=torch.Tensor(val_ds.preprocess(img)[None,None])\
                         .to(device)
        pred = model(_img)[:,0,:]
        pred = trn_ds.decoder_chars(pred)
        print(f'Pred: `{pred}` :: Truth: `{label}`')
    print()
```

上述代码的输出结果如图 15-23 所示。

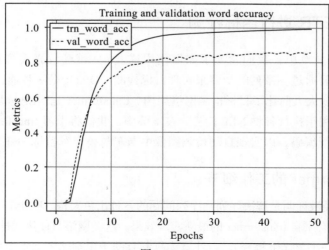

图 15-23

从图 15-23 可以看到，该模型在验证数据集上的单词准确率约为 80%。

此外，训练结束时获得的预测如图 15-24 所示。

图   15-24

目前，我们已经学习了如何结合使用 CNN 和 RNN。在下一节中，我们将学习如何使用 transformer 架构完成卡车与公交车数据集的目标检测，这是我们在前几章中讨论过的问题。

15.5　使用 DETR 进行目标检测

在第 7 章和第 8 章中，我们学习了如何使用锚盒 / 区域建议来实现目标分类和检测。然而，这些方法需要通过一系列的步骤来实现目标检测。DETR 是一种通过 transformer 获得的端到端管道技术，大大简化了目标检测网络架构。transformer 是 NLP 领域中一种较为流行和新颖的技术，可用于执行各种 NLP 任务。在本节中，我们将学习 transformer、DETR 的工作细节，并对其进行编码，以实现自动检测图像中卡车与公交车目标的任务。

15.5.1　transformer 的工作细节

transformer 已经被证明是解决序列到序列问题的一种出色架构。在撰写本书的时候，几乎所有的 NLP 任务都有来自 transformer 的最新实现效果。这类网络只使用线性层和 softmax 创建**自注意力机制**（下一小节详细解释）。自注意力机制有助于识别输入文本中单词之间的相互依赖关系。输入序列通常不超过 2048 项, 因为这对于文本应用程序来说已经足够大了。然而, 如果要求图像与 transformer 一起使用, 那么必须要将图像做扁平化处理, 这将创建一个包含数千 / 数百万像素的序列 (因为一个 300×300×3 的图像将包含 27 万像素), 这是不可行的。Facebook Research 提出了一种新颖的方法来绕过这个限制, 将特征图 (比输入图像的尺寸小) 作为 transformer 的输入。我们将首先了解 transformer 的基础知识, 然后给出相关的代码块。

transformer 的基础知识

transformer 的核心是自注意力机制模块。它以三个二维矩阵 [分别称为**查询 (Q)、键** (K) 和**值 (V) 矩阵**] 作为输入。矩阵可以有非常大的嵌入规模 (因为它们包含了文本嵌入向量 x 的数量), 所以在运行缩放点积注意力机制 (图 15-27 中的步骤 2) 之前, 它们要被分成更小的组件 (图 15-27 中的步骤 1)。

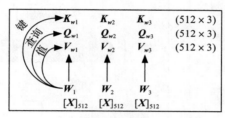

图 15-25

下面介绍自注意力机制的工作原理。假设在某个应用场景中, 序列长度为 3, 我们有三个作为输入的词嵌入向量 (W_1、W_2 和 W_3)。假设每个嵌入向量的大小是 512。每个嵌入向量被单独转换成三个额外的向量, 它们是每个输入对应的查询向量、键向量和值向量。

因为每个向量的大小都是 512, 所以在它们之间做矩阵乘法的计算成本很高。因此, 我们将这些向量分成 8 个部分, 对于每个键、查询和值张量, 我们有 8 组 (64×3) 向量, 其中 64 是从 512 (嵌入大小) /8 (多头) 得到的, 3 是序列长度, 如图 15-26 所示。

$$\begin{array}{|lll|} \hline K_{w11} & K_{w21} & K_{w31} & (64 \times 3) = K_w \\ Q_{w11} & Q_{w21} & Q_{w31} & (64 \times 3) = Q_w \\ V_{w11} & V_{w21} & V_{w31} & (64 \times 3) = V_w \\ \hline \end{array}$$

图 15-26

注意这里有 8 组张量, 因为有 8 个头, 以此类推。

在每一部分中, 我们首先执行键矩阵和查询矩阵之间的矩阵乘法。这样, 我们得到一个 3×3 矩阵。把它传递给 softmax 激活。现在, 我们使用一个矩阵来显示每个单词的重要性, 以及它们之间的关系:

$$\begin{pmatrix} K_w^{\mathrm{T}} Q_w \\ (3 \times 64)(64 \times 3) \\ 3 \times 3 \end{pmatrix} \rightarrow \underset{3 \times 3}{V_w^*} \rightarrow \underset{3 \times 3}{\mathrm{softmax}(V_w^*)}$$

最后，将上面的张量输出与值张量进行矩阵乘法运算，就可以得到自注意力机制的输出：

$$V_W \qquad V_W^* \qquad \to \qquad Z$$
$$(64\times3) \quad (3\times3) \qquad\qquad (64\times3)$$

然后，我们将这个步骤的 8 个输出组合起来，使用 concat 层返回（图 15-27 中的步骤 3），最后得到一个大小为 512×3 的张量。由于 Q、K 和 V 矩阵的拆分，该层也被称为多头自注意力机制（来源：https://arxiv.org/pdf/1706.03762.pdf）。

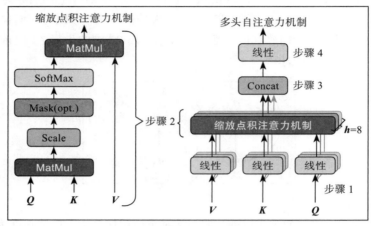

图　15-27

这种复杂网络背后的思想如下：

- 值（V）是处理过的嵌入向量，对于给定的输入，需要在键矩阵和查询矩阵的上下文信息中进行学习。
- 查询（Q）和键（K）以这样一种方式发生作用：它们的组合将创建正确的掩码，以便只有值矩阵的重要部分被提供给下一层。

以在计算机视觉领域的应用为例，当在图像中搜索某个目标（如马）时，查询应该包含搜索一个维度较大的、通常是棕色、黑色或白色的目标信息。缩放点积注意力机制的 softmax 输出将反映图像中包含这种颜色（棕色、黑色、白色等）的键矩阵的那些部分。因此，从自注意力机制层输出的值将包含图像中大致的颜色信息，并将这些信息保存在值矩阵中。

我们在网络中多次使用自注意力机制模块，如图 15-28 所示。transformer 网络包含一个编码网络（图的左边），它的输入是源序列。编码部分的输出作为解码部分的密钥和查询输入，而值输入将由神经网络独立于编码部分学习获得（来源：https://arxiv.org/pdf/1706.03762. pdf）。

最后，尽管这是一个输入序列，但没有确定哪个标记（单词）是第一个，哪个是下一个（因为线性层没有位置指示）。位置编码是可学习的嵌入向量（有时是硬编码向量），我们将其作为序列位置函数添加到每个输入中。这样做是为了让网络知道哪个词嵌入是序列中的第一个，哪个词嵌入是序列中的第二个，以此类推。

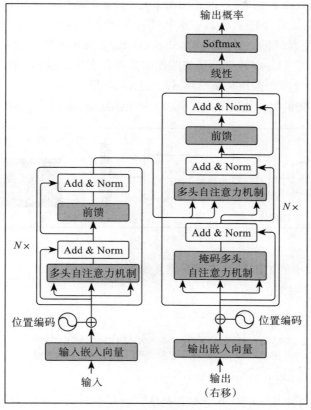

图　15-28

在 PyTorch 中创建 transformer 网络的方法非常简单。你可以创建一个内置的 transformer 块，就像这样：

```
from torch import nn
transformer = nn.Transformer(hidden_dim, nheads, \
                    num_encoder_layers, num_decoder_layers)
```

在这里，`hidden_dim` 是嵌入向量的大小，`nheads` 是多头自注意力机制中头的数量，`num_encoder_layers` 和 `num_decoder_layers` 分别是网络模型中编码块和解码块的数量。

15.5.2　DETR 的工作细节

普通 transformer 网络和 DETR 之间有一些关键的区别。首先，我们的输入是图像，而不是序列。因此，DETR 将图像传递给 ResNet 主干网，得到大小为 256 的向量，然后可以将其作为序列进行处理。在我们的例子中，解码器的输入是对象查询嵌入向量，这是在模型训练期间通过自动学习获得的。它们充当所有解码器层的查询矩阵。类似地,对于每一层,键矩阵和查询矩阵都是编码器块的最终输出矩阵,需要复制两次。transformer 的最终输出是一个 `Batch_Size×100×Embedding_Size` 的张量,其中模型以 100 作为序列长度进行训练,也就是说,它学习了 100 个对象查询嵌入向量,并每个图像返回 100 个向量,表明图像中是否有目标。这 `100×Embedding_Size` 矩阵分别被提供给目标分类模块和目标回归模块,它们分别独立地预测图像中是否存在某个目标(以及它是什么类别)和边界框坐标是什么。这两个模块都是简单 `nn.Linear` 层。

总的来说,DETR 的架构如图 15-29 所示(来源:https://arxiv.org/pdf/ 2005.12872.pdf)。

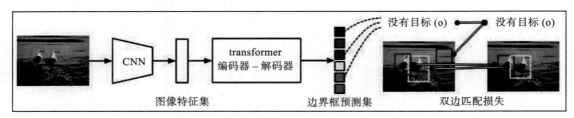

图 15-29

其中一种规模较小的 DETR 改进模型定义如下:

1. 创建 DETR 模型类:

```python
from collections import OrderedDict
class DETR(nn.Module):
    def __init__(self,num_classes,hidden_dim=256,nheads=8, \
                    num_encoder_layers=6, num_decoder_layers=6):
        super().__init__()
        self.backbone = resnet50()
```

2. 从 ResNet 中只取几个层,并丢弃其余层。这几个层包含如下列表中给出的名称:

```python
layers = OrderedDict()
for name,module in self.backbone.named_modules():
    if name in ['conv1','bn1','relu','maxpool', \
            'layer1','layer2','layer3','layer4']:
        layers[name] = module
self.backbone = nn.Sequential(layers)
self.conv = nn.Conv2d(2048, hidden_dim, 1)
self.transformer = nn.Transformer(\
                    hidden_dim, nheads, \
                    num_encoder_layers, \
                    num_decoder_layers)
self.linear_class = nn.Linear(hidden_dim, \
                                num_classes + 1)
self.linear_bbox = nn.Linear(hidden_dim, 4)
```

在上述代码中,我们指定了以下内容:
- 按顺序排列的感兴趣层(`self.backbone`);
- 卷积运算(`self.conv`);

- ❏ transformer 块 (`self.transformer`);
- ❏ 用于获取类数量的最后一个连接 (`self.linear_class`);
- ❏ 边界框 (`self.linear_box`)。

3. 定义编码器和解码器层的位置嵌入向量：

```
self.query_pos = nn.Parameter(torch.rand(100, \
                                          hidden_dim))
self.row_embed = nn.Parameter(torch.rand(50, \
                                          hidden_dim // 2))
self.col_embed = nn.Parameter(torch.rand(50, \
                                          hidden_dim // 2))
```

`self.query_pos` 是解码器层的位置嵌入输入，`self.row_embed` 和 `self.col_embed` 则形成编码器层的二维位置嵌入。

4. 定义 `forward` 方法：

```
def forward(self, inputs):
    x = self.backbone(inputs)
    h = self.conv(x)
    H, W = h.shape[-2:]
    '''Below operation is rearranging the positional
    embedding vectors for encoding layer'''
    pos = torch.cat([\
        self.col_embed[:W].unsqueeze(0).repeat(H, 1, 1),\
        self.row_embed[:H].unsqueeze(1).repeat(1, W, 1),\
        ], dim=-1).flatten(0, 1).unsqueeze(1)
    '''Finally, predict on the feature map obtained
    from resnet using the transformer network'''
    h = self.transformer(pos+0.1*h.flatten(2)\
                         .permute(2, 0, 1), \
                     self.query_pos.unsqueeze(1))\
                         .transpose(0, 1)
    '''post process the output `h` to obtain class
       probability and bounding boxes'''
    return {'pred_logits': self.linear_class(h), \
            'pred_boxes': self.linear_bbox(h).sigmoid()}
```

你可以加载一个预训练模型，在 COCO 数据集上进行训练，并使用它来预测一般性类别。预测逻辑将在下一小节中进行解释，你也可以在这个模型上使用相同的函数（当然，使用 COCO 类）：

```
detr = DETR(num_classes=91)
state_dict = torch.hub.load_state_dict_from_url(url=\
'https://dl.fbaipublicfiles.com/detr/detr_demo-da2a99e9.pth'\
,map_location='cpu', check_hash=True)
detr.load_state_dict(state_dict)
detr.eval();
```

请注意，与我们在第 7 章和第 8 章中学习的其他目标检测技术相比，DETR 可以通过单发获取预测结果。

图 15-30 是 DETR 架构的一个更详细版本（来源：https://arxiv.org/pdf/2005.12872.pdf）。

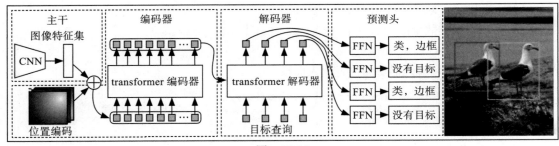

图 15-30

在图 15-30 所示的主干网段中，我们获取图像特征，然后将其传递给编码器。编码器将图像特征与位置嵌入连接起来。

本质上，位置嵌入向量在 `__init__` 方法中以 `self.row_embed` 和 `self.col_embed` 的方式出现，它有助于对图像中各种目标的位置信息进行编码。编码器将位置嵌入向量和图像特征拼接起来，得到一个隐藏状态向量 h（在 `forward` 方法中），它作为输入信息传递给解码器。这种 transformer 输出进一步馈送到两个线性网络，一个用于识别目标的类别，一个用于预测边界框的位置。transformer 的所有复杂性都隐藏在 `self.transformer` 模块中。

该训练使用一种新颖的匈牙利损失，负责将目标识别为一个集合，并惩罚多余的预测。这完全消除了对非极大抑制的需要。匈牙利损失的技术细节超出了本书的范围，我们建议你从相关原文了解具体的工作细节。

解码器接受编码器隐藏状态向量和目标查询的组合。目标查询的工作方式与位置嵌入 / 锚盒的工作方式类似，可以给出 5 个预测——一个用于预测目标的类别，其他 4 个用于预测目标的边界框。

具备了对 DETR 工作细节的直观和总体理解之后，下一小节将对其进行具体的编码实现。

15.5.3 目标检测的代码实现

我们通过下列编写 DETR 来预测我们感兴趣的目标——公交车和卡车：

> ℹ️ 下列代码可以从本书 GitHub 库（https://tinyurl.com/mcvp-packt）Chapter15 文件夹中的 `Object_detection_with_DETR.ipynb` 获得。代码包含下载中等规模数据的 URL。我们强烈建议你在 GitHub 中执行 notebook 来重现结果，这样你可以更好地理解这里介绍的执行步骤和各种代码组件。

1. 导入数据集并创建一个名为 `detr` 的文件夹：

```
import os
if not os.path.exists('open-images-bus-trucks'):
    !pip install -q torch_snippets torchsummary
    !wget --quiet
https://www.dropbox.com/s/agmzwk95v96ihic/open-images-bus-truc
ks.tar.xz
    !tar -xf open-images-bus-trucks.tar.xz
```

```
    !rm open-images-bus-trucks.tar.xz
    !git clone https://github.com/sizhky/detr/
%cd detr
```

❑ 将标注图像移动到 detr 文件夹：

```
%cd ../open-images-bus-trucks/annotations
!cp mini_open_images_train_coco_format.json\
 instances_train2017.json
!cp mini_open_images_val_coco_format.json\
 instances_val2017.json
%cd ..
!ln -s images/ train2017
!ln -s images/ val2017
%cd ../detr
```

❑ 定义感兴趣的目标类别：

```
CLASSES = ['', 'BUS','TRUCK']
```

2. 导入预训练的 DETR 模型：

```
from torch_snippets import *
if not os.path.exists('detr-r50-e632da11.pth'):
    !wget
https://dl.fbaipublicfiles.com/detr/detr-r50-e632da11.pth
    checkpoint = torch.load("detr-r50-e632da11.pth", \
                            map_location='cpu')
    del checkpoint["model"]["class_embed.weight"]
    del checkpoint["model"]["class_embed.bias"]
    torch.save(checkpoint,"detr-r50_no-class-head.pth")
```

3. 使用 open-images-bus-trucks 文件夹中的图像和标注进行模型训练：

```
!python main.py --coco_path ../open-images-bus-trucks/\
  --epochs 10 --lr=1e-4 --batch_size=2 --num_workers=4\
  --output_dir="outputs" --resume="detr-r50_no-class-head.pth"
```

4. 在完成模型训练之后，从文件夹中加载已训练模型：

```
from main import get_args_parser, argparse, build_model
parser=argparse.ArgumentParser('DETR training and \
            evaluation script', parents=[get_args_parser()])
args, _ = parser.parse_known_args()

model, _, _ = build_model(args)
model.load_state_dict(torch.load("outputs/checkpoint.pth")\
                        ['model']);
```

5. 对预测结果进行后处理，获取图像和目标的边界框：

```
from PIL import Image, ImageDraw, ImageFont

# standard PyTorch mean-std input image normalization
# colors for visualization
COLORS = [[0.000, 0.447, 0.741], [0.850, 0.325, 0.098],
          [0.929, 0.694, 0.125], [0.494, 0.184, 0.556],
          [0.466, 0.674, 0.188], [0.301, 0.745, 0.933]]
```

```
transform = T.Compose([
    T.Resize(800),
    T.ToTensor(),
    T.Normalize([0.485, 0.456, 0.406], [0.229, 0.224, 0.225])
])

# for output bounding box post-processing
def box_cxcywh_to_xyxy(x):
    x_c, y_c, w, h = x.unbind(1)
    b = [(x_c - 0.5 * w), (y_c - 0.5 * h), \
         (x_c + 0.5 * w), (y_c + 0.5 * h)]
    return torch.stack(b, dim=1)

def rescale_bboxes(out_bbox, size):
    img_w, img_h = size
    b = box_cxcywh_to_xyxy(out_bbox)
    b = b * torch.tensor([img_w, img_h, img_w, img_h], \
                          dtype=torch.float32)
    return b
def detect(im, model, transform):
    img = transform(im).unsqueeze(0)
    '''demo model only supports images up to 1600 pixels
     on each side'''
    assert img.shape[-2] <= 1600 and \
    img.shape[-1] <= 1600
    outputs = model(img)
    # keep only predictions with 0.7+ confidence
    probas=outputs['pred_logits'].softmax(-1)[0,:,:-1]
    keep = probas.max(-1).values > 0.7
    # convert boxes from [0; 1] to image scales
    bboxes_scaled = rescale_bboxes(outputs['pred_boxes']\
                                  [0, keep], im.size)
    return probas[keep], bboxes_scaled

def plot_results(pil_img, prob, boxes):
    plt.figure(figsize=(16,10))
    plt.imshow(pil_img)
    ax = plt.gca()
    for p, (xmin, ymin, xmax, ymax), c in zip(prob, \
                        boxes.tolist(), COLORS * 100):
        ax.add_patch(plt.Rectangle((xmin, ymin), \
                       xmax - xmin, ymax - ymin,\
                       fill=False, color=c, linewidth=3))
        cl = p.argmax()
        text = f'{CLASSES[cl]}: {p[cl]:0.2f}'
        ax.text(xmin, ymin, text, fontsize=15,\
               bbox=dict(facecolor='yellow', alpha=0.5))
    plt.axis('off')
    plt.show()
```

6. 预测新图像:

```
for _ in range(2):
    image = Image.open(choose(Glob(\
                '../open-images-bus-trucks/images/*')))\
              .resize((800,800)).convert('RGB')
    scores, boxes = detect(image, model, transform)
    plot_results(image, scores, boxes)
```

上述代码得到的输出结果如图 15-31 所示。

图 15-31

我们可以看到，经过训练的模型能够预测出图像中的目标。

请注意，这是一个在较小数据集上训练完成的模型，这种特殊情况下的目标检测准确度可能不是很高。可以将同样的方法扩展到大型数据集进行模型训练。作为练习，我们建议你使用同样的技术来检测图像中的多个目标，就像在第 10 章中所做的那样。

15.6 小结

在本章中，我们详细学习了 RNN 的工作方式，特别是其改进模型 LSTM 的工作方式。此外，我们了解了如何综合使用 CNN 和 RNN 模型。在图像标题生成应用场合，我们通过预训练的模型进行特征提取，并将特征作为时间步传递给 RNN 模型来提取单词。然后，我们将 CNN 和 RNN 的进行更进一步的组合，使用 CTC 损失函数实现手写图像的转录。CTC 损失函数有助于确保将来自后续时间步的相同字符压缩到单个字符中，并确保考虑到了所有可能的输出组合，然后根据组合结果评估损失。最后，了解了如何通过 transformer 来使用 DETR 模型实现目标检测。在此期间，我们还了解了 transformer 的工作方式，以及如何在目标检测场合应用它们。

在下一章中，我们将学习如何通过结合 CNN 和强化学习技术提出一个汽车自动驾驶系统原型，一个在学习完成 Bellman 方程后就可以在没有监督的情况下玩太空侵略者（Atari Space Invaders）游戏的智能体，它能够为给定的状态分配取值。

15.7 课后习题

1. 为什么在图像标题生成应用中可以组合使用 CNN 和 RNN？
2. 为什么开始和结束标记主要用于图像标题，而不是手写转录？
3. 为什么 CTC 损失函数能在手写图像转录中发挥作用？
4. transformer 是如何有助于目标检测的？

第 16 章

计算机视觉与强化学习

在上一章中，我们学习了如何将 NLP 技术（LSTM 和 transformer）与计算机视觉技术相结合。在本章中，我们将讨论如何将强化学习（主要是深度 Q 学习）与计算机视觉技术相结合。

我们从介绍强化学习的基础知识开始，然后讨论与在给定状态下采取某种行为的价值相关的术语（Q 值）和计算方法。接下来，我们将学习如何填充 Q 表，该表有助于识别与给定状态下的各种行为相关联的价值。此外，我们将学习识别各种行为的 Q 值。在状态数过多的情况下，使用 Q 表通常不可行，此时，我们会使用深度 Q 网络处理这种情形。在这里，我们将了解如何在神经网络模型中引入强化学习。接下来，我们将讨论深度 Q 网络模型不起作用的场景，并通过使用深度 Q 网络与目标固定模型一起解决这个问题。我们将使用 CNN 并结合强化学习玩一个称为 Pong 的视频游戏。最后，我们将使用所学到的知识构建一个可以在 CARLA 模拟环境中自动驾驶汽车的智能体。

16.1 强化学习基础知识

强化学习（RL）是机器学习的一个领域，它主要关注软件智能体如何在给定的环境状态下采取行为，以最大化累积奖励。

为了有助于理解 RL，让我们考虑下面一个简单的场景。想象一下，你正在与一台计算机下棋（在我们的例子中，计算机是一个已经学习或正在学习如何下棋的智能体）。游戏的设置（规则）构成了环境。此外，当我们移动棋子（采取行为）时，棋盘的状态（棋盘上各种棋子的位置）也会发生变化。在游戏的最后，根据游戏的胜负结果，智能体将获得相应的奖励。智能体的目标是使得获得的奖励最大。

如果机器（智能体 1）与人类对战，那么它所能玩的游戏数量是有限的（取决于人类能玩的游戏数量）。这可能会造成智能体学习的瓶颈。但是，如果智能体 1（正在学习游戏的智能体）可以与智能体 2（智能体 2 可能是正在学习国际象棋的另一个智能体，也可能是一个预先编程好的国际象棋软件）对弈，那会怎么样呢？从理论上讲，智能体之间可以进行无限次游戏，从而使得学习游戏的机会最大。

通过这种方式，智能体可以与他人玩多个游戏，学习中的智能体可能会学习如何处理多个不同的游戏场景/状态。

智能体学习的基本过程如下：

1. 首先，智能体在给定状态下随机采取一种行为。

2. 智能体将它在游戏的不同状态下所采取的行为存储在记忆体中。

3. 然后，智能体将不同状态下的行为结果与奖励联系起来。

4. 在玩了多款游戏之后，智能体可以通过回顾自己的游戏体验将状态中的行为与潜在奖励联系起来。

接下来的问题是如何量化表示在给定状态下采用某种行为的价值。我们将在下一小节中学习如何计算状态价值。

16.1.1　计算状态价值

为了理解如何量化表示状态的价值，让我们考察下面这个简单的场景：环境和目标的定义如下：

start	
	+1

环境是一个两行三列的网格。智能体从第一个单元格开始，如果它到达右下方的网格单元格，就完成了目标（获得 +1 的奖励）。如果转移到其他单元格，智能体就不会得到奖励。智能体可以通过向右、向左、向下或向上进行移动，这取决于移动的可行性（例如，智能体可以在第一个网格单元格中向右或向下移动）。对于到达除右下角单元格以外的其他任何单元格，智能体获得的奖励均为 0。

通过上述信息，让我们计算单元格（在给定快照中智能体所处的状态）价值。考虑到从一个单元格移动到另一个单元格的过程中需要消耗一些能量，我们用 γ 来折减到达单元格的价值，γ 表达从一个单元格到另一个单元格的过程中消耗的能量。此外，引入 γ 可以使智能体能够进行更快的学习。有了这个基础，我们可以形式化表示 Bellman 方程，该方程有助于计算单元格的价值：

$$给定状态下采取行为的价值 = 移动到下一个单元格$$
$$的奖励 + \gamma \times 下一个状态中最佳可能行为的价值$$

（在确定了在某个状态下的最佳行为后）可以使用上述公式计算所有单元格的价值，取 γ 值为 0.9（典型的值 γ 在 0.9 和 0.99 之间）：

$$V_{22} = R_{23} + \gamma \times V_{23} = 1 + \gamma \times 0 = 1$$
$$V_{13} = R_{23} + \gamma \times V_{23} = 1 + \gamma \times 0 = 1$$
$$V_{21} = R_{22} + \gamma \times V_{22} = 0 + \gamma \times 1 = 0.9$$

$$V_{12} = R_{13} + \gamma \times V_{13} = 0 + \gamma \times 1 = 0.9$$
$$V_{11} = R_{12} + \gamma \times V_{12} = 0 + \gamma \times 0.9 = 0.81$$

从上面的计算过程中,我们可以理解在使用给定该状态中的最佳行为时,如何计算给定状态(单元格)的价值。下面是最终的计算结果:

0.81	0.9	1
0.9	1	

在计算出这些价值之后,我们希望智能体遵循一个不断增加价值的路径进行移动。

在了解了如何计算状态价值的基础上,我们将在下一小节中了解如何计算与状态–行为组合相关联的价值。

16.1.2 计算状态–行为价值

在上一小节中,我们提供了一个场景,并且已知智能体采取的是最佳行为(这通常是不现实的)。我们将在本小节中考察另外一个场景,在这个场景中可以确定状态–行为组合的价值。

在图 16-1 中,单元格中的每个子单元格代表在该单元格中采取行为的价值。最初,各种行为的单元格价值如图 16-1 所示。

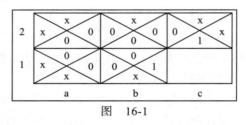

图 16-1

注意,在图 16-1 中,如果智能体从单元格 b1(第二行第二列)右移(因为它对应终点单元格),那么这个单元格的价值将为 1;其他行为产生的价值为 0。x 表示该行为是不可能的,因此没有与之相关的价值。

在 4 个迭代(步骤)中,给定状态下行为的单元格价值的更新如图 16-2 所示。

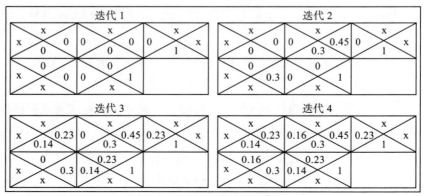

图 16-2

然后，经过多次迭代，就可以获得使得每个单元格价值最大的最佳行为。

下面介绍如何获得第二个表（图 16-2 中的迭代 2）中的单元格价值。让我们考察 0.3 这个结果，这是通过在第二个表的第 1 行第 2 列中使用向下移动行为获得的结果。当智能体采取向下行为时，它有 1/3 的机会在下一个状态中采取最佳行为。因此，采取向下行为的价值计算过程如下：

$$
\begin{aligned}
\text{采取向下行为的价值} &= \text{即时奖励} + \gamma \times \left(\frac{1}{3} \times 0 + \frac{1}{3} \times 0 + \frac{1}{3} \times 1 \right) \\
&= 0 + 0.9 \times \frac{1}{3} \\
&= 0.3
\end{aligned}
$$

可以使用类似方式得到不同单元格中采取不同行为的价值。

在知道了如何计算给定状态下的各种行为的价值后，我们将在下一节介绍 Q 学习，以及如何利用它和 Gym 环境，使得智能体能够玩各种游戏。

16.2　实现 Q 学习

在上一节中，我们手动计算了所有可能组合下的状态 – 行为价值。从技术上讲，既然我们已经计算出了所需的各种状态 – 行为价值，那么现在就可以确定在每个状态下将要采取的行为。然而，对于诸如玩电子游戏等更加复杂的场景，通常很难获得状态信息。这时候可以使用 OpenAI 的 Gym 开发环境。Gym 包含能够使得智能体玩游戏的预定义环境。对于给定在当前状态下执行的行为动作，Gym 可以获取下一个状态信息。到目前为止，我们已经考虑了选择最优路径的情形。然而，我们又会陷入局部最小值的情形。

在这一节中，我们将介绍 Q 学习相关知识，这有助于在给定状态中计算与行为相关的价值，还将介绍使用 Gym 环境的相关知识，以便我们可以让智能体玩各种游戏。这里主要考察一款名为 Frozen Lake 的简单游戏。我们还将讨论如何平衡探索新行为和利用已有行为这两种做法的矛盾关系，这有助于避免陷入局部最小值。但在此之前，我们需要首先了解 Q 值的概念。

16.2.1　Q 值

Q 学习或 Q 值中的 Q 代表行为的价值。下面介绍 Q 值的计算方法：

$$
\begin{aligned}
\text{给定状态下采取行为的价值} &= \text{移动到下一个单元格} \\
\text{的奖励} &+ \gamma \times \text{下一个状态中最佳可能行为的价值}
\end{aligned}
$$

我们已经知道，必须不断更新给定状态的状态 – 行为价值，直到达到最优值为止。因此，可以将上述公式做如下修改：

给定状态下采取行为的价值＝给定状态下采取行为的价值＋1×（移动到下一个单元格
获得的奖励＋γ×下一个状态中最佳可能行为的价值－给定状态下采取行为的价值）

在上述等式中，我们将 1 替换为学习率，这样就可以更加缓慢地更新给定状态下采取行为
的价值：

给定状态下采取行为的价值（Q值）＝给定状态下采取行为的价值＋学习率×（移动到下一个
单元格获得的奖励＋γ×下一个状态中最佳可能行为的价值－给定状态下采取行为的价值）

完成了 Q 值的形式化定义之后，我们将在下一小节中了解 Gym 环境，以及如何使用它
帮助我们获取 Q 表（它存储了在不同状态下所采取的各种行为的价值信息），从而可以获得
各个状态下的最佳行为。

16.2.2　了解 Gym 环境

在本小节中，我们将了解 Gym 环境以及其中的各种功能，并在 Gym 环境中玩 Frozen
Lake 游戏：

> ⓘ 下列代码可从本书的 GitHub 库（`https://tinyurl.com/mcvp-packt`）的
> `Chapter16` 文件夹中的 `Understanding_the_Gym_environment.ipynb` 获得。

1. 导入相关软件包：

```
import numpy as np
import gym
import random
```

2. 输出 Gym 环境中存在的各种环境：

```
from gym import envs
print(envs.registry.all())
```

上述代码可以输出一个包含 Gym 中所有可用游戏的字典。

3. 为选定的游戏创建一个环境：

```
env = gym.make('FrozenLake-v0', is_slippery=False)
```

4. 检查创建的环境：

```
env.render()
```

上述代码的输出结果如图 16-3 所示。

在图 16-3 中，智能体从 S 开始，这里的 F 表示该单元格位置被冻结，H
则表示该单元格位置是一个洞。如果智能体跑到 H 单元格，游戏终止，并且获
得的奖励为0。游戏的目标是智能体达到位置 G。

图　16-3

5. 输出游戏中状态空间的大小（状态数）：

```
env.observation_space.n
```

上述代码给出的输出是 16，表示该游戏拥有的 16 个单元格。

6. 输出可能行为的数量：

```
env.action_space.n
```

上述代码的输出结果为 4，表示可以采取 4 种可能行为。

7. 采样给定状态下的随机行为：

```
env.action_space.sample()
```

.sample() 指定在给定状态下获取 4 种可能行为中的一种。每种行为对应的标量可以与行为的名称相关联。这可以通过检查 GitHub（https://github. com/openai/gym/blob/master/gym/envs/toy_text/frozen_ lake.py）中的代码实现。

8. 将环境重置为初始状态：

```
env.reset()
```

9. 采取（步骤）行为：

```
env.step(env.action_space.sample())
```

上述代码可以获取下一个状态、奖励、游戏是否完成的标志等信息。我们可以使用 .step 来执行游戏，因为当环境被赋予带有行为的步骤时，它便能够提供下一个状态。

这些步骤构成了我们构建 Q 表的基础，Q 表决定了智能体在每个状态下采取的最佳行为。我们将在下一小节介绍 Q 表的构建。

16.2.3　构建 Q 表

在上一小节中，我们学习了如何手动计算关于各种状态–行为对的 Q 值。在本小节中，我们将使用 Gym 环境和与之关联的各种模块来填充 Q 表——其中行表示表示智能体可能处在的状态，列表示智能体可能采取的行为。Q 表中的每个值表示在给定状态下采取某种行为的价值（Q 值）。

可以使用以下步骤实现对 Q 表取值的填充：

1. 用 0 初始化游戏环境和 Q 表。
2. 采取随机行为，获取下一个状态、奖励、游戏是否完成的标志等信息。
3. 使用前文定义的 Bellman 方程更新 Q 值。
4. 重复步骤 2 和步骤 3，使每轮最多重复 50 次。
5. 在多轮中重复步骤 2、步骤 3 和步骤 4。

下面编码实现上述步骤。

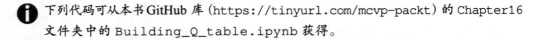

> 下列代码可从本书 **GitHub** 库（https://tinyurl.com/mcvp-packt）的 Chapter16
> 文件夹中的 `Building_Q_table.ipynb` 获得。

1. 初始化游戏环境：

```
import numpy as np
import gym
import random
env = gym.make('FrozenLake-v0', is_slippery=False)
```

❑ 用 0 初始化 Q 表：

```
action_size=env.action_space.n
state_size=env.observation_space.n
qtable=np.zeros((state_size,action_size))
```

上述代码检查可用于构建 Q 表的可能行为和状态。Q 表的维度是状态的数量乘以行为的数量。

2. 在采用随机行为后进行多轮。这里会在每轮的最后重置环境：

```
episode_rewards = []
for i in range(10000):
    state=env.reset()
```

❑ 每轮最多走 50 步：

```
total_rewards = 0
for step in range(50):
```

之所以每轮最多走 50 步，是因为智能体有可能永远在两种状态之间振荡（想象一下重复执行向左和向右行为）。因此，需要指定智能体可以执行的最大步数。

❑ 采样一个随机行为并采取（步骤）行为：

```
action=env.action_space.sample()
new_state,reward,done,info=env.step(action)
```

❑ 更新与状态和行为对应的 Q 值：

```
qtable[state,action]+=0.1*(reward+0.9*np.max(\
                        qtable[new_state,:]) \
                        -qtable[state,action])
```

在上述代码中，我们指定学习率为 0.1，并通过考虑下一个状态（`np.max(qtable[new_state,:])`）的最大 Q 值来更新状态 – 行为组合的 Q 值。

将 state 价值更新为之前获得的 new_state，并将 reward 累积到 total_rewards 中：

```
state=new_state
total_rewards+=reward
```

❏ 将奖励放在一个列表（episode_rewards）中并输出 Q-table（qtable）：

```
episode_rewards.append(total_rewards)
print(qtable)
```

上述代码获取一个状态下各种行为的 Q 值，结果如图 16-4 所示。

```
[[0.531441    0.59049     0.59049     0.531441   ]
 [0.531441    0.          0.6561      0.59049    ]
 [0.59049     0.729       0.59049     0.6561     ]
 [0.6561      0.          0.59049     0.59049    ]
 [0.59049     0.6561      0.          0.531441   ]
 [0.          0.          0.          0.         ]
 [0.          0.81        0.          0.6561     ]
 [0.          0.          0.          0.         ]
 [0.6561      0.          0.729       0.59049    ]
 [0.6561      0.81        0.81        0.         ]
 [0.729       0.9         0.          0.729      ]
 [0.          0.          0.          0.         ]
 [0.          0.81        0.9         0.72899998 ]
 [0.80999997  0.9         1.          0.81       ]
 [0.          0.          0.          0.         ]]
```

图　16-4

在下一小节中，我们将了解如何使用已构建的 Q 表。

到目前为止，我们每次都采取随机行为。然而，在现实场景中，一旦我们知道某些行为在某些状态下无法执行，就不再需要采取随机行为，反之亦然。探索 – 利用机制能够在这种情况下起到很大的作用。

16.2.4　探索 – 利用机制

在前文中，我们讨论了在给定状态空间中可能采取的行为。在本小节中，我们将学习探索 – 利用机制，具体描述如下：

❏ **探索**是一种策略，通过学习决定在给定状态下需要做什么（采取什么行为）。

❏ **利用**是一种策略，是利用已经学到的知识决定在给定状态下所采取的行为。

在最初阶段，理想情况是进行大量的探索，因为智能体不知道最优的初始行为是什么。随着时间的推移，智能体通过这些探索过程逐步学习到了各种状态 – 行为组合的 Q 值，后面就可以使用利用的概念执行能够带来高奖励的行为。

在具备了这种直觉理解之后，下面修改在上一小节中构建的 Q 值计算过程，使其包含这里介绍的探索 – 利用机制：

```
episode_rewards = []
epsilon=1
max_epsilon=1
min_epsilon=0.01
```

```
decay_rate=0.005
for episode in range(1000):
    state=env.reset()
    total_rewards = 0
    for step in range(50):
        exp_exp_tradeoff=random.uniform(0,1)
        ## Exploitation:
        if exp_exp_tradeoff>epsilon:
            action=np.argmax(qtable[state,:])
        else:
            ## Exploration
            action=env.action_space.sample()
        new_state,reward,done,info=env.step(action)
        qtable[state,action]+=0.1*(reward+0.9*np.max(\
                                qtable[new_state,:])\
                                -qtable[state,action])
        state=new_state
        total_rewards+=reward
    episode_rewards.append(total_rewards)
    epsilon=min_epsilon+(max_epsilon-min_epsilon)\
                        *np.exp(decay_rate*episode)
print(qtable)
```

上述代码中的加粗行是新增的内容。在这段代码中，我们指定随着轮数的增加，我们执行更多的利用而不是探索。

一旦获得了 Q 表，就可以用来确定智能体到达目的地需要采取的步骤：

```
env.reset()
for episode in range(1):
    state=env.reset()
    step=0
    done=False
    print("-----------------------")
    print("Episode",episode)
    for step in range(50):
        env.render()
        action=np.argmax(qtable[state,:])
        print(action)
        new_state,reward,done,info=env.step(action)
        if done:
            print("Number of Steps",step+1)
            break
        state=new_state
env.close()
```

在上述代码中，我们获取智能体所处的当前 state，识别在给定状态 – 行为组合中产生最大价值的 action，采取该行为（step）将智能体置于 new_state 对象，并重复这些步骤，直到游戏完成（终止）。

上述代码的输出如图 16-5 所示。

注意，这是一个简化的例子，因为状态空间是离散的，这样我们可以构建一个 Q 表。如果状态空间是连续的（例如，状态空间是游戏当前状态的快照），那会怎么样呢？此时，构建 Q 表会变得非常困难（因为可能状态数非常大）。此时，深度 Q 学习就派上用场了。我们将在下一节介绍深度 Q 学习。

```
Episode 0

SFFF
FHFH
FFFH
HFFG
action:  2
  (Right)
SFFF
FHFH
FFFH
HFFG
action:  2
  (Right)
SFFF
FHFH
FFFH
HFFG
action:  1
  (Down)
SFFF
FHFH
FFFH
HFFG
action:  1
  (Down)
SFFF
FHFH
FFFH
HFFG
action:  1
  (Down)
SFFF
FHFH
FFFH
HFFG
action:  2
Number of Steps 6
```

图 16-5

16.3 实现深度 Q 学习

到目前为止，我们已经学习了如何构建一个 Q 表，它通过在多轮中重玩一个游戏（本例中是 Frozen Lake 游戏）的方式提供对应于给定状态 – 行为组合的价值。然而，对连续状态空间情形（如 Pong 游戏的快照），可能的状态数量会变得巨大。我们将在本节以及下一节中使用深度 Q 学习来解决这个问题。在本节中，我们将学习如何在没有 Q 表的情况下使用神经网络来估计状态 – 行为组合的 Q 值，因此有了深度 Q 学习这个术语。

与 Q 表相比，深度 Q 学习使用神经网络将任何给定的状态 – 行为（其中状态可以是连续的或离散的）组合映射到 Q 值。

我们将在 Gym 环境中学习 CartPole 游戏（车杆游戏）。这个游戏的任务是尽可能长时间地平衡 CartPole。图 16-6 表示 CartPole 的环境状态。

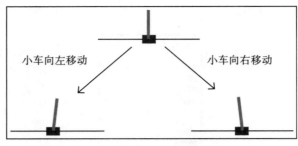

图　16-6

注意，当小车向右移动时，小杆向左移动，反之亦然。这个环境中的每个状态都由 4 个观察值定义，它们的名称、最小值和最大值如下表所示：

观察	最小值	最大值
小车位置	−2.4	2.4
小车速度	− ∞	∞
小杆角度	−41.8°	41.8°
顶端小杆速度	− ∞	∞

注意，表示状态的所有观察值都是连续的。

总的来说，用于 CartPole 平衡游戏的深度 Q 学习工作原理如下：

1. 获取输入值（游戏图像 / 游戏元数据）。

2. 使用具有尽可能多输出的网络传递输入值。

3. 输出层预测与在给定状态下执行行为相对应的价值。

网络模型的总体架构如图 16-7 所示。

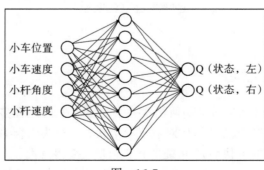

图　16-7

在图 16-7 中，网络架构以状态（4 个观察值）作为输入，以当前状态下左右行为的 Q 值作为输出。我们对神经网络模型进行如下训练：

1. 在探索阶段，执行一个在输出层中具有最高价值的随机行为。

2. 存储行为、下一个状态、奖励和表示游戏是否完成的标志。

3. 在给定状态下，如果游戏未完成，将计算该状态下采取行为的 Q 值，即奖励 + 折扣因子 × 下一状态下所有行为的最大可能 Q 值。

4. 除了步骤 2 中执行的行为外，当前状态 – 行为组合的 Q 值保持不变。

5. 重复执行步骤 1 到步骤 4，保存经验。

6. 拟合一个以状态为输入，以行为价值为预期输出（来自记忆和回放经验）的网络模型，并最小化 MSE 损失。

7. 在降低探索率的同时，在多轮中重复上述步骤。

根据上面的步骤编码深度 Q 学习，用于执行 CartPole 平衡游戏。

> ⓘ 下列代码可以从本书 GitHub 库（`https://tinyurl.com/mcvp-packt`）的 Chapter16 文件夹中的 `Deep_Q_Learning_Cart_Pole_balancing.ipynb` 获得。该代码包含用于下载中等规模数据的 URL。我们强烈建议你在 GitHub 中执行 notebook 来重现结果，这样你能够更好地理解这里介绍的执行步骤和各种代码组件。

1. 导入相关的软件包：

```python
import gym
import numpy as np
import cv2
from collections import deque
import torch
import torch.nn as nn
import torch.nn.functional as F
import random
from collections import namedtuple, deque
import torch.optim as optim
device = 'cuda' if torch.cuda.is_available() else 'cpu'
```

2. 定义环境：

```python
env = gym.make('CartPole-v1')
```

3. 定义网络架构：

```python
class DQNetwork(nn.Module):
    def __init__(self, state_size, action_size):
        super(DQNetwork, self).__init__()
        self.fc1 = nn.Linear(state_size, 24)
        self.fc2 = nn.Linear(24, 24)
        self.fc3 = nn.Linear(24, action_size)
    def forward(self, state):
        x = F.relu(self.fc1(state))
        x = F.relu(self.fc2(x))
        x = self.fc3(x)
        return x
```

注意，这个网络架构相当简单，因为它在两个隐藏层中只包含 24 个神经元。输出层包含了尽可能多的行为单元。

4. 定义 Agent 类，如下所示：

❏ 使用各种参数、网络和已定义的经验定义 `__init__` 方法：

```python
class Agent():
    def __init__(self, state_size, action_size):
        self.state_size = state_size
        self.action_size = action_size
        self.seed = random.seed(0)

        ## hyperparameters
        self.buffer_size = 2000
        self.batch_size = 64
        self.gamma = 0.99
        self.lr = 0.0025
        self.update_every = 4

        # Q-Network
        self.local = DQNetwork(state_size, action_size)\
                                        .to(device)
        self.optimizer=optim.Adam(self.local.parameters(), \
                                        lr=self.lr)
        # Replay memory
        self.memory = deque(maxlen=self.buffer_size)
        self.experience = namedtuple("Experience", \
                            field_names=["state", "action", \
                            "reward", "next_state", "done"])
        self.t_step = 0
```

❏ 定义 step 函数，它通过调用 learn 函数从内存中获取数据并将其与模型匹配：

```python
def step(self, state, action, reward, next_state, done):
    # Save experience in replay memory
    self.memory.append(self.experience(state, action, \
                                reward, next_state, done))
    # Learn every update_every time steps.
    self.t_step = (self.t_step + 1) % self.update_every
    if self.t_step == 0:
    # If enough samples are available in memory,
    # get random subset and learn
        if len(self.memory) > self.batch_size:
            experiences = self.sample_experiences()
            self.learn(experiences, self.gamma)
```

❏ 定义 act 函数，用于在给定状态下预测行为：

```python
def act(self, state, eps=0.):
    # Epsilon-greedy action selection
    if random.random() > eps:
        state = torch.from_numpy(state).float()\
                        .unsqueeze(0).to(device)
        self.local.eval()
        with torch.no_grad():
            action_values = self.local(state)
        self.local.train()
        return np.argmax(action_values.cpu().data.numpy())
    else:
        return random.choice(np.arange(self.action_size))
```

注意，在上述代码中，在确定要采取的行为时使用了探索 – 利用机制。

❑ 定义 learn 函数，该函数拟合模型，以便在给定状态时预测行为价值：

```python
def learn(self, experiences, gamma):
    states,actions,rewards,next_states,dones= experiences
    # Get expected Q values from local model
    Q_expected = self.local(states).gather(1, actions)
    # Get max predicted Q values (for next states)
    # from local model
    Q_targets_next = self.local(next_states).detach()\
                            .max(1)[0].unsqueeze(1)
    # Compute Q targets for current states
    Q_targets = rewards+(gamma*Q_targets_next*(1-dones))
    # Compute loss
    loss = F.mse_loss(Q_expected, Q_targets)

    # Minimize the loss
    self.optimizer.zero_grad()
    loss.backward()
    self.optimizer.step()
```

在上述代码中，我们正在获取采样体验，并预测所执行行为的 Q 值。此外，由于已经知道下一个状态，因此可以预测下一个状态下行为的最佳 Q 值。通过这种方式，可以知道对应于给定状态下执行行为的目标值。

最后，计算在当前状态下执行行为的 Q 值的目标值（Q_targets）和预测值（Q_expected）之间的损失。

❑ 定义 sample_experiences 函数用于从内存中采样经验：

```python
def sample_experiences(self):
    experiences = random.sample(self.memory, \
                                    k=self.batch_size)
    states = torch.from_numpy(np.vstack([e.state \
                for e in experiences if e is not None]))\
                .float().to(device)
    actions = torch.from_numpy(np.vstack([e.action \
                for e in experiences if e is not None]))\
                .long().to(device)
    rewards = torch.from_numpy(np.vstack([e.reward \
                for e in experiences if e is not None]))\
                .float().to(device)
    next_states=torch.from_numpy(np.vstack([e.next_state \
                for e in experiences if e is not None]))\
                .float().to(device)
    dones = torch.from_numpy(np.vstack([e.done \
                for e in experiences if e is not None])\
                .astype(np.uint8)).float().to(device)
    return (states, actions, rewards, next_states, dones)
```

5. 定义 agent 对象：

```python
agent = Agent(env.observation_space.shape[0], \
            env.action_space.n)
```

6. 进行深度 Q 学习，如下所示：

❑ 初始化列表：

```
scores = [] # list containing scores from each episode
scores_window = deque(maxlen=100) # last 100 scores
n_episodes=5000
max_t=5000
eps_start=1.0
eps_end=0.001
eps_decay=0.9995
eps = eps_start
```

❑ 重置每轮的环境并获取状态的形状，并对状态的形状进行重塑，以便可以将状态信息传递给网络模型：

```
for i_episode in range(1, n_episodes+1):
    state = env.reset()
    state_size = env.observation_space.shape[0]
    state = np.reshape(state, [1, state_size])
    score = 0
```

❑ 循环遍历 max_t 时间步，确定要执行的行为，并执行（step）它。然后对状态的大小进行重塑，将重塑后的状态信息传递给神经网络：

```
for i in range(max_t):
    action = agent.act(state, eps)
    next_state, reward, done, _ = env.step(action)
    next_state = np.reshape(next_state, [1, state_size])
```

❑ 通过在当前状态顶部指定 agent.step 来拟合模型，并将当前状态重置为下一个状态，以便在下一次迭代中使用：

```
reward = reward if not done or score == 499 else -10
agent.step(state, action, reward, next_state, done)
state = next_state
score += reward
if done:
    break
```

❑ 如果前 10 步得分均值大于 450，则存储、定期输出并停止模型训练：

```
scores_window.append(score) # save most recent score
scores.append(score) # save most recent score
eps = max(eps_end, eps_decay*eps) # decrease epsilon
print('\rEpisode {}\tReward {} \tAverage Score: {:.2f} \
    \tEpsilon: {}'.format(i_episode,score, \
                    np.mean(scores_window), eps), end="")
if i_episode % 100 == 0:
    print('\rEpisode {}\tAverage Score: {:.2f} \
    \tEpsilon: {}'.format(i_episode, \
                        np.mean(scores_window), eps))
if i_episode>10 and np.mean(scores[-10:])>450:
    break
```

7. 绘制得分关于轮数的分布变化图：

```
import matplotlib.pyplot as plt
%matplotlib inline
plt.plot(scores)
plt.title('Scores over increasing episodes')
```

得分关于轮数的分布变化图如图 16-8 所示。

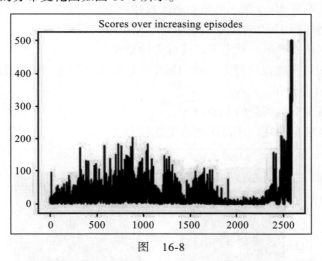

图　16-8

从图 16-8 中我们可以看到，在 2000 多轮之后，模型在平衡 CartPole 的时候获得了高分。

现在知道了如何实现深度 Q 学习，我们将在下一节学习如何在不同的状态空间中——Pong 中的视频帧——工作而不是在 CartPole 环境内定义的 4 个状态空间中工作。我们还将学习如何使用目标固定模型实现深度 Q 学习。

16.4　目标固定的深度 Q 学习

在上一节中，我们学习了如何使用深度 Q 学习模型玩 Gym 中的 CartPole 游戏。在这一节中，我们将讨论一个更复杂的 Pong 游戏，并了解目标固定深度 Q 学习模型如何解决游戏中的问题。在处理这个用例时，你还将学习如何使用基于 CNN 的模型（取代在上一节中使用的普通神经网络）解决问题。

这个用例的目标是构建一个可以与计算机（一个预先训练的非学习智能体）进行对抗的智能体，并在 Pong 游戏中击败它，并且这个智能体有望获得 21 分。

我们将采用如下步骤为 Pong 游戏创建一个成功的智能体。

裁剪图像中不相关的部分以获取当前帧（状态），如图 16-9 所示。

注意，在图 16-9 的左边为原始图像，右图是对原始图像进行二值化处理后得到的图像：

❑ 堆叠 4 个连续的帧——智能体需要通过状态序列来了解球是否正在接近它。

- ❑ 让智能体在一开始采取随机行为，并在记忆中不断收集当前状态、未来状态、所采取的行为和奖励。仅在记忆中保留关于最后 10 000 个行为的信息，并刷新 10 000 以上的历史行为。
- ❑ 建立一个网络（本地网络），从记忆中获取一个状态样本，并预测可能行为的价值。
- ❑ 定义另一个网络（目标网络），它是本地网络的副本。
- ❑ 每更新本地网络 1000 次，就更新一次目标网络。
- ❑ 使得目标网络每 1000 轮末尾的权重与本地网络的权重相同。
- ❑ 利用目标网络计算下一状态下最佳行为的 Q 值。
- ❑ 对于本地网络所建议的行为，我们期望它能够预测出下一个状态下的即时奖励和最佳行为 Q 值的总和。
- ❑ 最大限度减少本地网络的 MSE 损失。
- ❑ 让智能体继续玩游戏，使得获得的奖励最大。

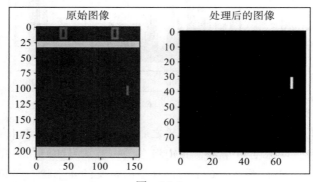

图   16-9

有了上面的步骤，我们现在就可以编码实现智能体，使其能够在玩 Pong 时能够获得尽可能多的奖励。

玩 Pong 的智能体的代码实现

按照以下步骤编写智能体代码，使其能够自己学习如何玩 Pong 游戏：

> ℹ 下列代码可以从本书 GitHub 库（https://tinyurl.com/mcvp-packt）的 Chapter16 文件夹中的 Pong_Deep_Q_Learning_with_Fixed_targets.ipynb 获得。该代码包含用于下载中等规模数据的 URL。我们强烈建议你在 GitHub 中执行 notebook 来重现结果，这样你可以更好地理解这里介绍的执行步骤和各种代码组件。

1. 导入相关软件包，设置游戏环境：

```
import gym
import numpy as np
```

```
import cv2
from collections import deque
import matplotlib.pyplot as plt
import torch
import torch.nn as nn
import torch.nn.functional as F
import random
from collections import namedtuple, deque
import torch.optim as optim
import matplotlib.pyplot as plt
%matplotlib inline

device = 'cuda' if torch.cuda.is_available() else 'cpu'

env = gym.make('PongDeterministic-v0')
```

2. 定义状态的规模和行为的规模：

```
state_size = env.observation_space.shape[0]
action_size = env.action_space.n
```

3. 定义一个用于二值化处理视频帧的函数，以便删除不相关的像素值：

```
def preprocess_frame(frame):
    bkg_color = np.array([144, 72, 17])
    img = np.mean(frame[34:-16:2,::2]-bkg_color,axis=-1)/255.
    resized_image = img
    return resized_image
```

4. 定义一个用于堆叠 4 个连续帧的函数，如下所示：

❑ 该函数以 stacked_frames、当前 state 和 is_new_episode 标志作为输入：

```
    def stack_frames(stacked_frames, state, is_new_episode):
        # Preprocess frame
        frame = preprocess_frame(state)
        stack_size = 4
```

❑ 如果这是新的一轮，那么将从初始帧开始：

```
    if is_new_episode:
        # Clear our stacked_frames
        stacked_frames = deque([np.zeros((80,80), \
                        dtype=np.uint8) for i in \
                            range(stack_size)], maxlen=4)
        # Because we're in a new episode,
        # copy the same frame 4x
        for i in range(stack_size):
            stacked_frames.append(frame)
        # Stack the frames
        stacked_state = np.stack(stacked_frames, \
                            axis=2).transpose(2, 0, 1)
```

❑ 如果这不是新的一轮，将从 stacked_frames 中移除最旧的一帧，并添加最新的一帧：

```
    else:
        # Append frame to deque,
```

```
        # automatically removes the #oldest frame
        stacked_frames.append(frame)
        # Build the stacked state
        # (first dimension specifies #different frames)
        stacked_state = np.stack(stacked_frames, \
                                 axis=2).transpose(2, 0, 1)
    return stacked_state, stacked_frames
```

5. 确定网络架构，即 `DQNetwork`：

```
class DQNetwork(nn.Module):
    def __init__(self, states, action_size):
        super(DQNetwork, self).__init__()
        self.conv1 = nn.Conv2d(4, 32, (8, 8), stride=4)
        self.conv2 = nn.Conv2d(32, 64, (4, 4), stride=2)
        self.conv3 = nn.Conv2d(64, 64, (3, 3), stride=1)
        self.flatten = nn.Flatten()
        self.fc1 = nn.Linear(2304, 512)
        self.fc2 = nn.Linear(512, action_size)
    def forward(self, state):
        x = F.relu(self.conv1(state))
        x = F.relu(self.conv2(x))
        x = F.relu(self.conv3(x))
        x = self.flatten(x)
        x = F.relu(self.fc1(x))
        x = self.fc2(x)
        return x
```

6. 像我们在上一节中所做的那样定义 Agent 类，如下所示：

❑ 定义 `__init__` 方法：

```
class Agent():
    def __init__(self, state_size, action_size):
        self.state_size = state_size
        self.action_size = action_size
        self.seed = random.seed(0)

        ## hyperparameters
        self.buffer_size = 10000
        self.batch_size = 32
        self.gamma = 0.99
        self.lr = 0.0001
        self.update_every = 4
        self.update_every_target = 1000
        self.learn_every_target_counter = 0
        # Q-Network
        self.local = DQNetwork(state_size, \
                               action_size).to(device)
        self.target = DQNetwork(state_size, \
                                action_size).to(device)
        self.optimizer=optim.Adam(self.local.parameters(), \
                                  lr=self.lr)

        # Replay memory
        self.memory = deque(maxlen=self.buffer_size)
        self.experience = namedtuple("Experience", \
```

```
                              field_names=["state", "action", \
                                   "reward", "next_state", "done"])
            # Initialize time step (for updating every few steps)
            self.t_step = 0
```

请注意，与上一节中提供的代码相比，这里的代码对 `__init__` 方法所做的唯一添加是 `target` 网络及其更新的频率（加粗显示的代码行）。

❑ 定义更新权重（`step`）的方法，就像我们在上一节中所做的那样：

```
def step(self, state, action, reward, next_state, done):
    # Save experience in replay memory
    self.memory.append(self.experience(state[None], \
                                   action, reward, \
                                   next_state[None], done))
    # Learn every update_every time steps.
    self.t_step = (self.t_step + 1) % self.update_every
    if self.t_step == 0:
# If enough samples are available in memory, get random
# subset and learn
        if len(self.memory) > self.batch_size:
            experiences = self.sample_experiences()
            self.learn(experiences, self.gamma)
```

❑ 定义 `act` 方法，它将获取在给定状态下要执行的行为：

```
def act(self, state, eps=0.):
    # Epsilon-greedy action selection
    if random.random() > eps:
        state = torch.from_numpy(state).float()\
                        .unsqueeze(0).to(device)
        self.local.eval()
        with torch.no_grad():
            action_values = self.local(state)
        self.local.train()
        return np.argmax(action_values.cpu()\
                                        .data.numpy())
    else:
        return random.choice(np.arange(self.action_size))
```

❑ 定义 `learn` 函数，用于训练本地网络模型：

```
def learn(self, experiences, gamma):
    self.learn_every_target_counter+=1
    states,actions,rewards,next_states,dones = experiences
    # Get expected Q values from local model
    Q_expected = self.local(states).gather(1, actions)

    # Get max predicted Q values (for next states)
    # from target model
    Q_targets_next = self.target(next_states).detach()\
                            .max(1)[0].unsqueeze(1)
    # Compute Q targets for current state
    Q_targets = rewards+(gamma*Q_targets_next*(1-dones))
    # Compute loss
    loss = F.mse_loss(Q_expected, Q_targets)
```

```
# Minimize the loss
self.optimizer.zero_grad()
loss.backward()
self.optimizer.step()
# ------------ update target network ------------- #
if self.learn_every_target_counter%1000 ==0:
    self.target_update()
```

注意，在上述代码中，使用目标模型而不是上一节中使用的本地模型来预测 Q_targets_ next。我们还在每 1000 步之后更新目标网络模型的参数，其中 learn_every_target_ counter 是帮助确定是否应该更新目标模型参数的计数器。

❑ 定义用于更新目标网络模型的函数（target_update）：

```
def target_update(self):
    print('target updating')
    self.target.load_state_dict(self.local.state_dict())
```

❑ 定义用于从记忆中采样经验的函数：

```
def sample_experiences(self):
    experiences = random.sample(self.memory, \
                                k=self.batch_size)
    states = torch.from_numpy(np.vstack([e.state \
                for e in experiences if e is not None]))\
                            .float().to(device)
    actions = torch.from_numpy(np.vstack([e.action \
                for e in experiences if e is not None]))\
                            .long().to(device)
    rewards = torch.from_numpy(np.vstack([e.reward \
                for e in experiences if e is not None]))\
                            .float().to(device)
    next_states=torch.from_numpy(np.vstack([e.next_state \
                for e in experiences if e is not None]))\
                            .float().to(device)
    dones = torch.from_numpy(np.vstack([e.done \
                for e in experiences if e is not None])\
                        .astype(np.uint8)).float().to(device)
    return (states, actions, rewards, next_states, dones)
```

7. 定义 Agent 对象：

```
agent = Agent(state_size, action_size)
```

8. 定义用于训练智能体的参数：

```
n_episodes=5000
max_t=5000
eps_start=1.0
eps_end=0.02
eps_decay=0.995
scores = [] # list containing scores from each episode
scores_window = deque(maxlen=100) # last 100 scores
eps = eps_start
stack_size = 4
```

```
stacked_frames = deque([np.zeros((80,80), dtype=np.int) \
                        for i in range(stack_size)], \
                        maxlen=stack_size)
```

9. 就像我们在上一节中所做的那样，通过不断增加轮数进行智能体训练：

```
for i_episode in range(1, n_episodes+1):
    state = env.reset()
    state, frames = stack_frames(stacked_frames, \
                                 state, True)
    score = 0
    for i in range(max_t):
        action = agent.act(state, eps)
        next_state, reward, done, _ = env.step(action)
        next_state, frames = stack_frames(frames, \
                                          next_state, False)
        agent.step(state, action, reward, next_state, done)
        state = next_state
        score += reward
        if done:
            break
    scores_window.append(score) # save most recent score
    scores.append(score) # save most recent score
    eps = max(eps_end, eps_decay*eps) # decrease epsilon
    print('\rEpisode {}\tReward {} \tAverage Score: {:.2f} \
    \tEpsilon: {}'.format(i_episode,score,\
                          np.mean(scores_window),eps),end="")
    if i_episode % 100 == 0:
        print('\rEpisode {}\tAverage Score: {:.2f} \
        \tEpsilon: {}'.format(i_episode, \
                              np.mean(scores_window), eps))
```

图 16-10 给出了不同轮数下的得分变化曲线。

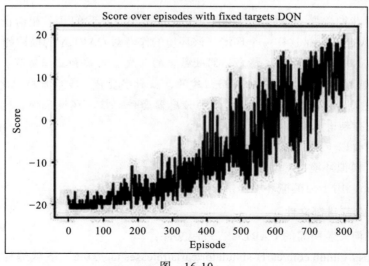

图　16-10

从图 16-10 中可以看出，智能体逐渐学会了玩 Pong 游戏，并且在 800 轮结束时获得了很高的奖励。

　　现在我们训练完成了一个能够玩 Pong 游戏的智能体，我们将在下一节中训练一个能够在模拟环境中自动驾驶汽车的智能体。

16.5　实现自动驾驶智能体

　　现在，你已经逐步看到 RL 可以在具有挑战性的环境中工作，作为本章最后一个应用实例，我们将实现可以自动驾驶汽车的智能体。要求智能体在真实环境中进行自动驾驶目前是一个不切实际的想法，因此，我们将在一个模拟环境中实现这个应用实例。模拟环境是一个成熟的交通城市，道路图像中包含汽车和一些额外的细节。行动者（智能体）是一辆汽车。汽车的输入数据是各种传感器输入，如行车记录仪、激光探测（LIDAR）传感器和 GPS 坐标。输出数据是汽车移动的快慢，以及转向幅度。这个模拟环境试图准确地反映现实世界的物理现象。因此，无论是模拟汽车还是真实汽车，它们的基本原理都是相同的。

> ⓘ 注意，这里的安装环境需要一个图形用户界面（GUI）来显示模拟效果。此外，模型训练至少需要一天的时间。由于可视化设置的不可用性和 Google-Colab 的时间使用限制，我们不会像之前那样使用 Google-Colab notebook。这是本书中唯一需要使用 Linux 操作系统的一节，最好使用 GPU 完成历时几天的模型训练，以便可以获得一种可以接受的训练结果。

16.5.1　安装 CARLA 环境

　　如前所述，我们需要一个能够模拟复杂交互的环境，让我们几乎相信正在处理的是一个现实场景。CARLA 就是这样一个环境。该环境的作者对 CARLA 的描述如下：

　　"CARLA 从头开始开发，支持自动驾驶系统的开发、训练和验证环节。除了开放源代码和协议，CARLA 还提供了为此目的而创建的开放数字资产（城市布局、建筑物和车辆），用户可以自由使用。该模拟平台支持灵活的传感器套件规格、环境条件、地图生成，以及所有静态和动态行动者的全面控制等。"

　　环境安装需要以下两个基本步骤：

　　1. 安装用于模拟环境的 CARLA 二进制文件。

　　2. 安装 Gym，用于为模拟环境提供 Python 连接。

安装 CARLA 二进制文件

　　下面介绍如何安装所需的 CARLA 二进制文件：

　　1. 访问 https://github.com/carla-simulator/carla/releases/tag/0.9.6，下载编译后的 CARLA_0.9.6.tar.gz 版本文件。

2. 将它移动到你希望 CARLA 驻留在系统中的位置，并将其解压。这里下载并解压 CARLA 到 `Documents` 文件夹：

```
$ mv CARLA_0.9.6.tar.gz ~/Documents/
$ cd ~/Documents/
$ tar -xf CARLA_0.9.6.tar.gz
$ cd CARLA_0.9.6/
```

3. 将 CARLA 添加到 `PYTHONPATH` 中，这样机器上的任何模块都可以导入 CARLA：

```
$ echo "export
PYTHONPATH=$PYTHONPATH:/home/$(whoami)/Documents/CARLA_0.9.6/P
ythonAPI/carla/dist/carla-0.9.6-py3.5-linux-x86_64.egg" >>
~/.bashrc
```

在上述代码中，我们将包含 CARLA 的目录添加到一个名为 `PYTHONPATH` 的全局变量中，该变量是一个用于访问所有 Python 模块的环境变量。把它添加到 `~/.bashrc` 将确保每次打开终端时，它都可以访问这个新文件夹。运行上述代码后，重新启动终端并运行 `ipython -c "import carla;carla.__spec__"` 后，你应该会得到图 16-11 所示的输出。

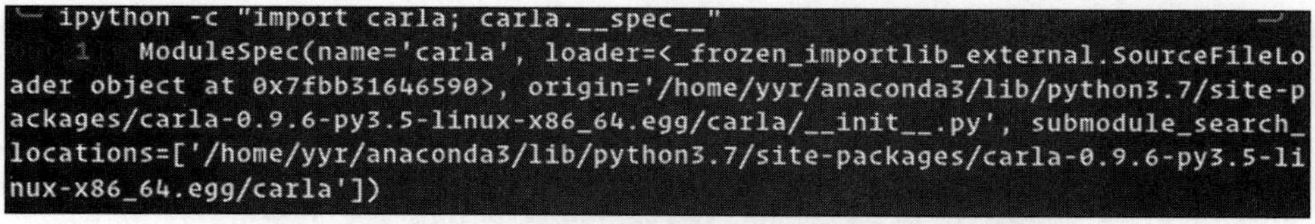

```
⌐ ipython -c "import carla; carla.__spec__"
   1   ModuleSpec(name='carla', loader=<_frozen_importlib_external.SourceFileLo
ader object at 0x7fbb31646590>, origin='/home/yyr/anaconda3/lib/python3.7/site-p
ackages/carla-0.9.6-py3.5-linux-x86_64.egg/carla/__init__.py', submodule_search_
locations=['/home/yyr/anaconda3/lib/python3.7/site-packages/carla-0.9.6-py3.5-li
nux-x86_64.egg/carla'])
```

图 16-11

4. 最后，提供必要的权限并执行 CARLA，如下所示：

```
$ chmod +x /home/$(whoami)/Documents/CARLA_0.9.6/CarlaUE4.sh
$ ./home/$(whoami)/Documents/CARLA_0.9.6/CarlaUE4.sh
```

在一两分钟后，你应该看到如图 16-12 所示的窗口，显示 CARLA 正在作为模拟程序运行，准备接受输入。

图 16-12

我们已经验证了 CARLA 是一个模拟环境，它的二进制文件正在按预期工作。下面为它安装 Gym 环境。让终端保持原样运行，因为在整个练习中，我们都需要在后台运行这个二进制文件。

安装 CARLA Gym 环境

由于没有官方的 Gym 环境，我们将使用用户实现的 GitHub 存储库，并从那里为 CARLA 安装 Gym 环境。可以按照以下步骤安装 CARLA 的 Gym 环境。

1. 复制 Gym 库到你选择的位置并安装库：

```
$ cd /location/to/clone/repo/to
$ git clone https://github.com/cjy1992/gym-carla
$ cd gym-carla
$ pip install -r requirements.txt
$ pip install -e .
```

2. 运行下面的命令来测试你的设置：

```
$ python test.py
```

此时，系统应该会打开一个类似于图 16-13 所示的窗口，显示我们向环境中添加了一辆虚拟的汽车。从这里，我们可以查看俯视图、激光雷达传感器点云数据和行车记录仪数据。

图　16-13（彩插）

我们可以观察到以下几点：

- 第一个画面包含的视图与车辆 GPS 系统在汽车中显示的视图非常相似，主要是车辆、各种航路点和车道。然而，我们不应该将其用作模型训练输入数据，因为它还会在视图中显示其他的车辆，这是不现实的。
- 第二种画面更有趣。有人认为它是汽车自动驾驶系统的眼睛。激光雷达向周围环境（各个方向）发射脉冲激光，每秒多次。系统通过捕捉反射激光来确定在某个方向上最近的障碍物有多远。车载计算机将整理最近的障碍物信息，重建一个三维点云，使其对周围环境有一个三维的了解。
- 在第一个和第二个视图中，我们都可以看到汽车上面有一条狭长地带。这是一个路标，指示汽车应该去哪里。
- 第三个画面是一个简单的仪表板摄像头拍摄画面。

除了这三项，CARLA 还提供了一些额外的传感器数据，例如：

❑ lateral-distance（车道偏离）；

❑ delta-yaw（相对于前方道路的偏角）；

❑ speed；

❑ 如果车辆前方有危险障碍物；

❑ 以及更多……

我们将使用上面提到的前 4 个传感器数据，以及激光雷达数据和行车记录仪数据进行网络模型的训练。

我们现在已经理解了 CARLA 组件，下面为自动驾驶汽车智能体创建一个 DQN 模型。

16.5.2　训练自动驾驶智能体

在模型训练开始之前，我们会在 notebook 上创建如下两个文件：model.py 和 actor.py。它们分别包含网络模型架构和 Agent 类。Agent 类包含了将用于训练智能体的各种方法。

 本小节的代码说明在本书 GitHub 库（https://tinyurl.com/mcvp-packt）的 Chapter16 文件夹的 Carla.md 中。

model.py

这是一个 PyTorch 模型，它将接受提供给它的图像，以及其他传感器输入。我们期望它返回最有可能的行为：

```python
from torch_snippets import *

class DQNetworkImageSensor(nn.Module):
    def __init__(self):
        super().__init__()
        self.n_outputs = 9
        self.image_branch = nn.Sequential(
                            nn.Conv2d(3, 32, (8, 8), stride=4),
                            nn.ReLU(inplace=True),
                            nn.Conv2d(32, 64, (4, 4), stride=2),
                            nn.ReLU(inplace=True),
                            nn.Conv2d(64,128,(3, 3),stride=1),
                            nn.ReLU(inplace=True),
                            nn.AvgPool2d(8),
                            nn.ReLU(inplace=True),
                            nn.Flatten(),
                            nn.Linear(1152, 512),
                            nn.ReLU(inplace=True),
                            nn.Linear(512, self.n_outputs)
                            )
        self.lidar_branch = nn.Sequential(
                            nn.Conv2d(3, 32, (8, 8), stride=4),
                            nn.ReLU(inplace=True),
```

```
                        nn.Conv2d(32,64,(4, 4),stride=2),
                        nn.ReLU(inplace=True),
                        nn.Conv2d(64,128,(3, 3),stride=1),
                        nn.ReLU(inplace=True),
                        nn.AvgPool2d(8),
                        nn.ReLU(inplace=True),
                        nn.Flatten(),
                        nn.Linear(1152, 512),
                        nn.ReLU(inplace=True),
                        nn.Linear(512, self.n_outputs)
                )

        self.sensor_branch = nn.Sequential(
                        nn.Linear(4, 64),
                        nn.ReLU(inplace=True),
                        nn.Linear(64, self.n_outputs)
                )

    def forward(self, image, lidar=None, sensor=None):
        x = self.image_branch(image)
        if lidar is None:
            y = 0
        else:
            y = self.lidar_branch(lidar)
        z = self.sensor_branch(sensor)

        return x + y + z
```

如你所见，前向传播方法中输入的数据类型比前几节中要多，在前几节的模型只接受图像作为输入。self.Image_branch 期望图像来自汽车的行车记录仪，self.lidar_branch 则接受由 LIDAR 传感器生成的图像。最后，self.sensor_branch 接受 NumPy 数组形式的 4 个传感器输入。这 4 项分别是横向距离（偏离预期车道）、偏航角度（与前方道路的角度）、速度和车辆前方是否有危险障碍物。请参阅第 543 行 gym_carla/envs/carla_env.py（已被 git 复制的存储库）获得相同的输出。在神经网络中使用不同的分支可以让模块为每个传感器提供不同级别的重要性，并将各个输出汇总为最终输出。注意这里有 9 个输出，稍后将讨论这些问题。

actor.py

像前几节一样，我们使用一些代码来存储回放信息，并在模型训练需要时回放这些信息：

1. 准备好导入模块和超参数：

```
import numpy as np
import random
from collections import namedtuple, deque
import torch
import torch.nn.functional as F
import torch.optim as optim
from model1 import DQNetworkImageSensor

BUFFER_SIZE = int(1e3) # replay buffer size
```

```
BATCH_SIZE = 256 # minibatch size
GAMMA = 0.99 # discount factor
TAU = 1e-2 # for soft update of target parameters
LR = 5e-4 # learning rate
UPDATE_EVERY = 50 # how often to update the network
ACTION_SIZE = 2

device = 'cuda' if torch.cuda.is_available() else 'cpu'
```

2. 接下来初始化目标网络和本地网络。除了被导入的模块之外，没有对前文的代码做任何更改：

```
class Actor():
    def __init__(self):
        # Q-Network
        self.qnetwork_local=DQNetworkImageSensor().to(device)
        self.qnetwork_target=DQNetworkImageSensor().to(device)
        self.optimizer = optim.Adam(self.qnetwork_local\
                                    .parameters(),lr=LR)

        # Replay memory
        self.memory= ReplayBuffer(ACTION_SIZE,BUFFER_SIZE, \
                                  BATCH_SIZE, 10)
        # Initialize time step
        # (for updating every UPDATE_EVERY steps)
        self.t_step = 0
    def step(self, state, action, reward, next_state, done):
        # Save experience in replay memory
        self.memory.add(state, action, reward, \
                        next_state, done)
        # Learn every UPDATE_EVERY time steps.
        self.t_step = (self.t_step + 1) % UPDATE_EVERY
        if self.t_step == 0:
    # If enough samples are available in memory,
    # get random subset and learn
            if len(self.memory) > BATCH_SIZE:
                experiences = self.memory.sample()
                self.learn(experiences, GAMMA)
```

3. 因为需要处理更多的传感器，我们将它们作为状态字典进行传输。状态包含我们在前文介绍过的 'image''lidar' 和 'sensor' 数据。我们在将它们输入到神经网络之前进行预处理，如下列代码所示：

```
def act(self, state, eps=0.):
    images,lidars sensors=state['image'], \
                          state['lidar'],state['sensor']
    images = torch.from_numpy(images).float()\
                .unsqueeze(0).to(device)
    lidars = torch.from_numpy(lidars).float()\
                .unsqueeze(0).to(device)
    sensors = torch.from_numpy(sensors).float()\
                .unsqueeze(0).to(device)
    self.qnetwork_local.eval()
    with torch.no_grad():
        action_values = self.qnetwork_local(images, \
```

```
                            lidar=lidars, sensor=sensors)
    self.qnetwork_local.train()
    # Epsilon-greedy action selection
    if random.random() > eps:
        return np.argmax(action_values.cpu().data.numpy())
    else:
        return random.choice(np.arange(\
                    self.qnetwork_local.n_outputs))
```

4. 现在，我们需要从回放记忆单元中获取回放信息。下列代码执行下面的指令：

1）获取当前批次数据和下一个状态信息。

2）如果网络在当前状态下执行行为，则计算预期奖励 Q_expected。

3）将它与目标奖励 Q_targets 进行比较，在下一个状态输入网络时可以获得后者的取值。

5. 使用本地网络的权重定期更新目标网络的权重：

```
def learn(self, experiences, gamma):
    states,actions,rewards,next_states,dones= experiences
    images, lidars, sensors = states
    next_images, next_lidars, next_sensors = next_states
    # Get max predicted Q values (for next states)
    # from target model
    Q_targets_next = self.qnetwork_target(next_images, \
                    lidar=next_lidars,sensor=next_sensors)\
                        .detach().max(1)[0].unsqueeze(1)
    # Compute Q targets for current states
    Q_targets = rewards +(gamma*Q_targets_next*(1-dones))

    # Get expected Q values from local model
    # import pdb; pdb.set_trace()
    Q_expected=self.qnetwork_local(images,lidar=lidars, \
                sensor=sensors).gather(1,actions.long())
    # Compute loss
    loss = F.mse_loss(Q_expected, Q_targets)
    # Minimize the loss
    self.optimizer.zero_grad()
    loss.backward()
    self.optimizer.step()

    # ------------ update target network ------------- #
    self.soft_update(self.qnetwork_local, \
                    self.qnetwork_target, TAU)

def soft_update(self, local_model, target_model, tau):
    for target_param, local_param in \
        zip(target_model.parameters(), \
        local_model.parameters()):
        target_param.data.copy_(tau*local_param.data + \
                        (1.0-tau)*target_param.data)
```

6. ReplayBuffer 类的唯一主要变化是数据的存储方式。由于我们有多个传感器，每个记忆单元（states 和 next_states）都存储为一个三元组，也就是说，states=[images,lidars,sensors]：

```python
class ReplayBuffer:
    """Fixed-size buffer to store experience tuples."""
    def __init__(self, action_size, buffer_size, \
                 batch_size, seed):
        self.action_size = action_size
        self.memory = deque(maxlen=buffer_size)
        self.batch_size = batch_size
        self.experience = namedtuple("Experience", \
                         field_names=["state", "action", \
                                      "reward","next_state", \
                                      "done"])
        self.seed = random.seed(seed)
    def add(self, state, action, reward, next_state, done):
        """Add a new experience to memory."""
        e = self.experience(state, action, reward, \
                            next_state, done)
        self.memory.append(e)
    def sample(self):
        experiences = random.sample(self.memory, \
                                    k=self.batch_size)
        images = torch.from_numpy(np.vstack(\
                    [e.state['image'][None] \
                 for e in experiences if e is not None]))\
                    .float().to(device)
        lidars = torch.from_numpy(np.vstack(\
                    [e.state['lidar'][None] \
                 for e in experiences if e is not None]))\
                    .float().to(device)
        sensors = torch.from_numpy(np.vstack(\
                    [e.state['sensor'] \
                 for e in experiences if e is not None]))\
                    .float().to(device)
        states = [images, lidars, sensors]
        actions = torch.from_numpy(np.vstack(\
                    [e.action for e in experiences \
                     if e is not None])).long().to(device)
        rewards = torch.from_numpy(np.vstack(\
                    [e.reward for e in experiences \
                     if e is not None])).float().to(device)
        next_images = torch.from_numpy(np.vstack(\
                    [e.next_state['image'][None] \
                     for e in experiences if e is not None]))\
                    .float().to(device)
        next_lidars = torch.from_numpy(np.vstack(\
                    [e.next_state['lidar'][None] \
                     for e in experiences if e is not None]))\
                    .float().to(device)
        next_sensors = torch.from_numpy(np.vstack(\
                    [e.next_state['sensor'] \
                     for e in experiences if e is not None]))\
                    .float().to(device)
        next_states = [next_images, next_lidars, next_sensors]
        dones = torch.from_numpy(np.vstack([e.done \
                    for e in experiences if e is not None])\
                    .astype(np.uint8)).float().to(device)

        return (states, actions, rewards, next_states, dones)
```

```
def __len__(self):
    """Return the current size of internal memory."""
    return len(self.memory)
```

注意,加粗代码行获取当前状态、行为、奖励和下一个状态的信息。

现在关键组件已经就绪,让我们将 Gym 环境加载到 Python notebook 中并开始训练网络模型。

训练目标固定 DQN

这里我们不需要学习其他理论。基本要素没有变化,只需要改变 Gym 的环境、神经网络架构以及智能体需要采取的行为。

1. 首先,加载与环境相关的超参数。请参考下列代码的 params 字典中每个键值对旁边的每条注释。由于我们模拟的是一个复杂的环境,因此需要选择环境参数,例如,城市中的车辆数量、行人数量、要模拟哪个城镇、行车摄像头图像的分辨率以及激光雷达传感器:

```
import gym
import gym_carla
import carla
from model import DQNetworkState
from actor import Actor
from torch_snippets import *

params = {
    'number_of_vehicles': 10,
    'number_of_walkers': 0,
    'display_size': 256, # screen size of bird-eye render
    'max_past_step': 1, # the number of past steps to draw
    'dt': 0.1, # time interval between two frames
    'discrete': True, # whether to use discrete control space
    # discrete value of accelerations
    'discrete_acc': [-1, 0, 1],
    # discrete value of steering angles
    'discrete_steer': [-0.3, 0.0, 0.3],
    # define the vehicle
    'ego_vehicle_filter': 'vehicle.lincoln*',
    'port': 2000, # connection port
    'town': 'Town03', # which town to simulate
    'task_mode': 'random', # mode of the task
    'max_time_episode': 1000, # maximum timesteps per episode
    'max_waypt': 12, # maximum number of waypoints
    'obs_range': 32, # observation range (meter)
    'lidar_bin': 0.125, # bin size of lidar sensor (meter)
    'd_behind': 12, # distance behind the ego vehicle (meter)
    'out_lane_thres': 2.0, # threshold for out of lane
    'desired_speed': 8, # desired speed (m/s)
    'max_ego_spawn_times': 200, # max times to spawn vehicle
    'display_route': True, # whether to render desired route
    'pixor_size': 64, # size of the pixor labels
    'pixor': False, # whether to output PIXOR observation
}

# Set gym-carla environment
env = gym.make('carla-v0', params=params)
```

在上述 `params` 字典中，以下内容对于我们模拟行为空间非常重要：

❏ `'discrete':True`：行为位于离散空间。

❏ `'discrete_acc':[-1,0,1]`：在模拟过程中，允许自动驾驶汽车进行所有可能的加速。

❏ `'discrete_steer':[-0.3,0,0.3]`：在模拟过程中，允许自动驾驶汽车进行所有可能的转向幅度。

> ℹ️ 如你所见，`discrete_acc` 和 `discrete_steer` 列表分别包含三个条目。这意味着汽车可以采取 3×3 种可能的行为。这意味着 `model.py` 文件中的网络有 9 个独立的状态。

在阅读了官方文档之后，你可以随意更改参数。

2. 这样，我们就拥有了模型训练所需的所有组件。如果有预训练模型，就加载：

```
load_path = None # 'car-v1.pth'
# continue training from an existing model
save_path = 'car-v2.pth'

actor = Actor()
if load_path is not None:
    actor.qnetwork_local.load_state_dict(\
                         torch.load(load_path))
    actor.qnetwork_target.load_state_dict(\
                         torch.load(load_path))
else:
    pass
```

3. 固定轮数，定义 `dqn` 函数以训练智能体，如下所示：

❏ 重置状态：

```
n_episodes = 100000
def dqn(n_episodes=n_episodes, max_t=1000, eps_start=1, \
        eps_end=0.01, eps_decay=0.995):
    scores = [] # list containing scores from each episode
    scores_window = deque(maxlen=100) # last 100 scores
    eps = eps_start # Initialize epsilon
    for i_episode in range(1, n_episodes+1):
        state = env.reset()
```

❏ 将状态封装到字典中（如 `actor.py:Actor` 类中所讨论的），并对其进行 `act`：

```
image, lidar, sensor = state['camera'], \
                       state['lidar'], \
                       state['state']
image, lidar = preprocess(image), preprocess(lidar)
state_dict = {'image': image, 'lidar': lidar, \
              'sensor': sensor}
score = 0
for t in range(max_t):
    action = actor.act(state_dict, eps)
```

❏ 存储从环境中获得的下一个状态信息，然后存储 state、next_state 对（连同奖励和其他状态信息）用于训练 DQN 智能体：

```
next_state, reward, done, _ = env.step(action)
image, lidar, sensor = next_state['camera'], \
                       next_state['lidar'], \
                       next_state['state']
image,lidar = preprocess(image), preprocess(lidar)
next_state_dict = {'image':image,'lidar':lidar, \
                   'sensor': sensor}
actor.step(state_dict, action, reward, \
           next_state_dict, done)
state_dict = next_state_dict
score += reward
if done:
    break
scores_window.append(score) # save most recent score
scores.append(score) # save most recent score
eps = max(eps_end, eps_decay*eps) # decrease epsilon
if i_episode % 100 == 0:
    log.record(i_episode, \
               mean_score=np.mean(scores_window))
    torch.save(actor.qnetwork_local.state_dict(), \
               save_path)
```

我们必须重复这个循环，直到获得 done 信号，之后我们重置环境并再次开始存储行为。每 100 轮保存一个模型版本。

4. 调用 dqn 函数进行模型训练：

```
dqn()
```

由于这是一个更加复杂的环境，模型训练过程可能需要几天的时间，所以要有耐心，使用 load_path 和 save_path 参数一次训练几个小时。经过足够的训练后，车辆可以启动并学习如何自动驾驶。

16.6 小结

在本章中，我们学习了如何计算给定状态下各种行为的价值。然后，我们了解了智能体如何使用在给定状态下行为的折现价值来更新 Q 表。在这个过程中，我们了解到 Q 表在状态数很多的情况下变得不可行，还学习了如何使用深度 Q 网络来解决可能状态数量很多的情形。接下来，继续使用基于 CNN 的神经网络构建智能体，学习如何使用基于固定目标的 DQN 玩 Pong 游戏。最后，我们学习了如何使用固定目标 DQN 通过 CARLA 模拟器实现汽车自动驾驶。正如我们在本章中反复看到的，你可以使用深度 Q 学习方法学习一些非同寻常的任务——比如 CartPole 平衡、Pong 游戏和汽车自动驾驶，使用的代码几乎相同。虽然至此我们还没有完全了解 RL，但是应该能够理解如何综合使用 CNN 模型和强化学习算法构建可以学习的智能体并解决复杂的问题。

到目前为止，我们已经学习了如何将计算机视觉与其他领域突出的技术相结合，包括元学习、自然语言处理和强化学习。除此之外，我们还学习了如何使用 GAN 进行目标分类、检测、分割和图像生成。在下一章中，我们将介绍如何将深度学习模型部署到实际的生产环境中。

16.7 课后习题

1. 如何计算给定状态的价值？
2. 如何填充 Q 表？
3. 为什么状态 – 行为价值的计算有一个折现因子？
4. 什么是我们需要的探索 – 利用机制？
5. 为什么需要使用深度 Q 学习？
6. 如何使用深度 Q 学习计算给定状态 – 行为组合的价值？
7. 在 CARLA 环境中可能采取的行为是什么？

第 **17** 章

模型的实际应用部署

将模型部署到实际应用场景是模型向实际应用迈出的一步。我们应该向现实世界展示模型，并使用模型以前未见过的真实输入数据进行预测。

目前，仅有一个已训练的 PyTorch 模型还不足以用来部署。我们需要使用额外的服务器组件来创建从现实世界到 PyTorch 模型，然后再从 PyTorch 模型回到现实世界的通信通道。重要的是，我们需要知道如何创建一个 API（用户可以通过它与模型进行交互），并将其封装为一个自包含的应用程序（以便它可以部署在任何计算机系统上），并可以将其发送到云端——以便任何具有所需 URL 和使用资格的人都可以与模型交互。要成功地将模型部署到实际应用场景中，所有这些步骤都是必要的。在本章中，我们将部署一个简单的应用程序，使得它可以从互联网上任何地方进行访问。我们还将学习部署 Fashion MNIST(FMNIST) 模型，让任何用户都可以上传他们想要分类的图片并获取分类结果。

17.1 API 基础知识

到目前为止，我们已经知道如何为各种任务创建深度学习模型。它接受 / 返回张量作为输入 / 输出。但是，像客户端 / 终端这样的普通用户只会使用图像和类别这样的概念与模型进行交互。此外，他们希望尽可能使用与 Python 无关的通道发送和接收输入 / 输出信息。互联网是一种最简单的沟通渠道。因此，对于客户端来说，最好的部署方案是设置一个公开可用的 URL，并要求普通用户在那里上传图像。应用程序编程接口（API）是上述目标的一种具体实现方式，它具有一套接受输入并在互联网上发布输出的标准协议，可以将用户从输入处理或输出生成的方式中抽象出来。

POST、GET、PUT 和 DELETE 是 API 中的一些常见协议，它们将与客户端指令和相关数据集中在一起作为**请求**发送到主机服务器。根据请求和数据，服务器执行相关任务，并以**响应**的形式返回适当的数据——客户机可以在其下游任务中使用这些数据。在这里的示例中，客户端将发送一个 POST 请求，其中包含一个服装图像作为文件附件。我们应该保存文件、对其进行处理，并返回适当的 FMNIST 类作为对请求的响应，这样我们的工作就完成了。

请求是通过互联网发送的与 API 服务器通信的有组织的数据包。请求中包含的组件通常有如下几个：

- **端点 URL**：这是 API 服务的地址。例如，https://www.packtpub.com/ 是连接到 Packt 出版服务并浏览其最新图书目录的端点。
- **头集合**：该信息帮助 API 服务器返回输出。如果头集合包含客户端在移动设备上的信息，那么 API 可以返回一个适合于移动端的 HTML 页面。
- **查询集合**：只提取服务器数据库中的相关项。例如，在前面的示例中，PyTorch 的搜索字符串将只返回与 PyTorch 相关的书籍（本章不处理查询，因为图像预测不需要查询，只需要文件名）。
- 可以上传到服务器的**文件列表**，这里是用于进行深度学习预测的文件列表。

cURL 是一个计算机软件项目，提供了一个库和命令行工具，用于调用各种网络协议传输数据。它是调用 API 请求和获取响应的最轻量级、最常用和最简单的应用程序之一。

这里使用一个名为 Fast-API 的现成 Python 模块执行以下操作：

1. 设置一个通信 URL。
2. 当输入被发送到 URL 时，可以接受来自各种环境 / 格式的输入信息。
3. 将每种形式的输入信息转换为机器学习模型所需的输入格式。
4. 使用已训练的深度学习模型进行预测。
5. 将预测结果转换为正确的格式，并响应客户的预测需求。

我们将使用 FMNIST 分类器作为演示示例来介绍这些概念。

在理解了基本设置和代码之后，你可以为任何类型的深度学习任务创建 API，并通过本地机器上的 URL 提供预测。虽然这是创建应用程序的逻辑终端（logical end），但同样重要的是，我们可以将它部署到不能访问我们的计算机或模型的人都可以访问的地方。

下面我们将介绍如何将应用程序封装在一个自包含的 Docker 镜像中，该镜像可以在云端的任何地方发布和部署。一旦准备好 Docker 镜像，就可以通过它创建一个容器，并部署在任何运营商提供的云服务端，因为这些云服务端都接受 Docker 作为标准输入。我们将在本章最后一节详细介绍在 Amazon Web Services (AWS) 的弹性计算云（EC2）实例上部署 FMNIST 分类器。在下一节中，我们将使用一个名为 FastAPI 的 Python 库来创建 API，并验证我们可以直接从终端（不需要使用 Jupyter notebook）进行模型预测。

17.2　在本地服务器上创建 API 并进行预测

在本节中，我们将学习如何在本地服务器上进行预测（这与云无关）。总的来说，主要包含以下基本步骤：

1. 安装 FastAPI。

2. 创建用于接受请求的路由。

3. 将传入的请求保存在磁盘上。

4. 加载需要处理的图像，并使用已训练模型对该图像进行预处理和预测。

5. 对预测结果进行后处理，并将处理结果作为对请求的响应发送回去。

下面从安装 FastAPI 开始介绍。

17.2.1   安装 API 模块和依赖项

因为 FastAPI 是一个 Python 模块，故可以使用 pip 进行安装，并可以编写一个 API。现在打开一个新的终端并运行以下命令：

```
$pip install fastapi uvicorn aiofiles jinja2
```

我们已经安装了一些 FastAPI 所需要的依赖项。uvicorn 是一个最小的底层服务器 / 应用程序接口，用于设置 API。aiofiles 使服务器能够异步处理请求，例如，同时接受和响应多个独立的并行请求。这两个模块是 FastAPI 的依赖项，我们不会直接与它们交互。

我们将在下一小节中创建所需的文件并对其进行编码。

17.2.2   图像分类器的支持组件

第一步是建立一个如图 17-1 所示的文件夹结构。

图   17-1

设置非常简单，如下所示：

❑ files 文件夹将作为传入请求的下载位置；

❑ fmnist.weights.pth 包含已训练 FMNIST 模型的权重；

❑ fmnist.py 包含如下处理逻辑：加载权重、接受传入图像、对预测图像的预处理、预测和预测结果后处理；

❑ server.py 包含 FastAPI 功能，它可以设置一个 URL，接受来自该 URL 的客户端请求，发送 / 接收来自 fmnist.py 的输入 / 输出，并将输出作为对客户端请求的响应进行发送。

> ⓘ 请注意以下几点：files 文件夹为空，并仅用于存放上传的文件；我们假设训练模型的权重为 fmnist.weights.pth。

下面了解一下 fmnist.py 和 server.py 的构成，然后编写代码。

fmnist.py

如前所述，fmnist.py 文件应该具有加载模型并返回图像预测结果的逻辑。

我们已经熟悉了如何创建 PyTorch 模型。该类唯一的附加组件是 predict 方法，用于对图像进行任何必要的预处理和对预测结果的后处理。

在下面的代码中，我们首先创建构成模型架构的模型类，通过 torch.load 使用最优权重初始化模型类：

```
from torch_snippets import *

device = 'cuda' if torch.cuda.is_available() else 'cpu'

class FMNIST(nn.Module):
    classes = ['T-shirt/top', 'Trouser', 'Pullover', 'Dress',
    'Coat', 'Sandal', 'Shirt', 'Sneaker', 'Bag', 'Ankle boot']
    def __init__(self, fpath='fmnist.weights.pth'):
        super().__init__()
        self.model = nn.Sequential(
            nn.Linear(28 * 28, 1000),
            nn.ReLU(),
            nn.Linear(1000, 10)
        ).to(device)
        self.model.load_state_dict(torch.load(fpath))
        logger.info('Loaded FMNIST Model')
```

下面的代码块强调了 forward 方法：

```
@torch.no_grad()
def forward(self, x):
    x = x.view(1, -1).to(device)
    pred = self.model(x)
    pred = F.softmax(pred, -1)[0]
    conf, clss = pred.max(-1)
    clss = self.classes[clss.cpu().item()]
    return conf.item(), clss
```

下面的代码块强调了使用 predict 方法完成必要的预处理和后处理：

```
def predict(self, path):
    image = cv2.imread(path,0)
    x = np.array(image)
    x = cv2.resize(x, (28,28))
    x = torch.Tensor(255 - x)/255.
    conf, clss = self.forward(x)
    return {'class': clss, 'confidence': f'{conf:.4f}'}
```

在 __init__ 方法中，我们对模型进行初始化处理并加载预先训练好的权重。在 forward 方法中，我们将图像数据传递给模型并获取预测结果。在 predict 方法中，我们从预定义的路径加载图像，在将图像传递给模型的 forward 方法之前对图像进行预处理，并将返回的图像类别预测结果及其置信度信息作为输出结果封装在一个字典中。

server.py

这是 API 中连接用户请求和 PyTorch 模型的代码。下面一步步地创建文件：

1. 加载库：

```
import os, io
from fmnist import FMNIST
from PIL import Image
from fastapi import FastAPI, Request, File, UploadFile
```

FastAPI 是用于创建 API 的基本服务器类。

Request、File 和 UploadFile 分别是客户端请求、被上传的文件的代理占位符。要了解更多细节，建议你阅读官方 FastAPI 文档。

2. 加载模型：

```
# Load the model from fmnist.py
model = FMNIST()
```

3. 创建一个 app 模型，为我们提供一个用于上传和显示数据的 URL：

```
app = FastAPI()
```

4. 在 "/predict" 中创建一个 URL，这样客户端就可以向 "<hosturl>/predict" 发送 POST 请求（稍后将学习 <hosturl>，它是服务器）并接收响应：

```
@app.post("/predict")
def predict(request: Request, file:UploadFile=File(...)):
    content = file.file.read()
    image = Image.open(io.BytesIO(content)).convert('L')
    output = model.predict(image)
    return output
```

就是这样！我们就拥有了所有支持图像分类器在本地服务器上进行预测的组件。下面设置服务器并在本地服务器上进行一些图像分类预测。

运行服务器

现在设置好了所有组件，可以运行服务器了。打开一个新的终端和包含 fmnist.py、server.py 的 cd 文件夹。

1. 运行服务器：

$ uvicorn server:app

你会看到如图 17-2 所示的消息。

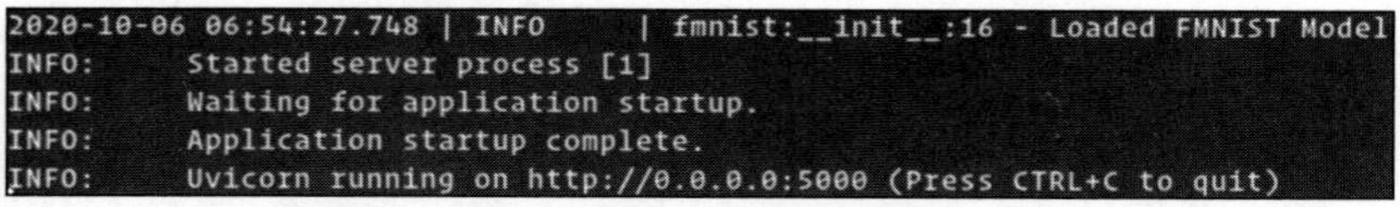

```
2020-10-06 06:54:27.748 | INFO     | fmnist:__init__:16 - Loaded FMNIST Model
INFO:     Started server process [1]
INFO:     Waiting for application startup.
INFO:     Application startup complete.
INFO:     Uvicorn running on http://0.0.0.0:5000 (Press CTRL+C to quit)
```

图　17-2

Uvicorn running on……的消息表示服务器已启动并正在运行。

2. 为了获取预测结果，我们将在终端中运行以下命令来获取对位于 /home/me/ Pictures/shirt.png 中的样本图像的预测结果：

```
$ curl -X POST "http://127.0.0.1:8000/predict" -H "accept:
application/json" -H "Content-Type: multipart/form-data" -F
"file=@/home/me/Pictures/shirt.png;type=image/png"
```

上述代码行的主要组成部分如下：

- ❑ **API 协议**：正在调用的协议是 POST，表明希望将自己的数据发送到服务器。
- ❑ **URL——服务器地址**：服务器主机的 URL 是 http://127.0.0.1:8000/（这是本地服务器，8000 是默认端口），/predict/ 是给客户端创建 POST 请求的路由。未来的客户必须上传他们的数据到 http://127.0.0.1:8000/predict 这个 URL。
- ❑ **头**：请求包含 -H 标志的组件。这些头用于解释以下额外的信息，例如，输入内容类型是什么——multipart/form-data——这是 API 术语，表示以文件的形式输入数据；期望的输出类型是什么——application/json——这意味着 JSON 格式，还有其他格式，如 XML、文本和八进制流，可根据输出数据的特点进行选用。
- ❑ **Files**：最后一个 -F 标志指向被上传文件的位置及其类型。

运行上述代码之后，就会在终端中显示输出字典，如图 17-3 所示。

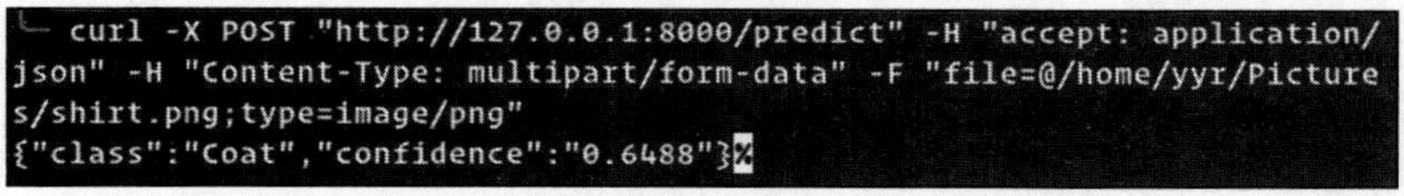

```
└ curl -X POST "http://127.0.0.1:8000/predict" -H "accept: application/
json" -H "Content-Type: multipart/form-data" -F "file=@/home/yyr/Picture
s/shirt.png;type=image/png"
{"class":"Coat","confidence":"0.6488"}
```

图　17-3

现在可以在本地服务器上获取模型预测结果了。在下一节中，我们将介绍如何从云端获取模型预测结果，以便任何用户都能使用模型进行预测。

17.3　将 API 部署到云端

目前，我们已经知道如何在本地服务器上进行模型预测（http://127.0.0.1 是本地服务器的一个 URL，不能在 Web 上访问，因此，只有本地机器的所有者才可以使用该模型）。在本节中，我们将学习如何将这个模型部署到云端，以便任何人都可以使用模型镜像进行图像类别预测。

公司通常会在冗余机器环境中部署服务系统，以确保系统的可靠性，而且对云供应商提供的硬件几乎没有限制。跟踪所有文件夹及其代码，或者复制粘贴所有代码，然后安装所有的依赖项，确保代码在新环境中能够按预期进行工作，并转发所有云服务器上的端口，这样做并不方便。对于每台新机器上的相同代码，需要遵循的步骤太多了。重复执行这些步骤对开发人员来说不仅浪费时间，而且在这样的操作过程中很容易出错。

我们宁愿安装一个包含所有内容的包，也不愿安装多个单独的包（比如运行应用程序所需的单个模块和代码）并连接它们。因此，重要的是如何将整个代码库和模块封装到单个包中（类似于 Windows 中的 .exe 文件），以便使用一个命令就可以部署整个包，并且能够确保它在所有硬件上做完全相同的工作。为此，我们需要学习如何使用 Docker，它本质上是一个带代码的浓缩操作系统。创建的 Docker 容器是轻量级的，它只会执行我们希望它执行的任务。这里将创建 Docker 镜像，用于运行预测 FMNIST 图像类别的 API。首先了解一些 Docker 术语。

17.3.1 Docker 镜像与 Docker 容器

Docker 镜像是一个标准的软件单元，它将代码及其所有依赖项打包在一起。这样，应用程序就可以快速、可靠地从某个计算环境迁移到另一个计算环境。Docker 镜像是一个轻量级、独立、可执行的软件包，包含了运行应用程序所需的全部资源，包括代码、运行时间、系统工具、系统库和设置。

Docker 容器是 Docker 镜像的一个快照，可以被实例化到需要部署的任何地方。我们可以从一个镜像创建任意数量的 Docker 镜像副本，它们被期望执行相同的任务。可以将镜像视为父副本，将容器视为子副本。

总的来说，我们将完成以下工作：

1. 创建一个 Docker 镜像。创建一个 Docker 容器并进行测试。
2. 将 Docker 镜像推送到云端。
3. 在云端构建 Docker 容器。
4. 在云端部署 Docker 容器。

17.3.2 创建 Docker 容器

在前文中，我们构建了一个 API，它获取本地服务器上的图像并将图像类别及其概率返回到本地服务器。现在，我们将 API 封装在一个包中，可以在任何地方发布和部署这个包。

 确保 Docker 已安装在你的机器上。可以从 `https://docs.docker.com/get-docker/` 获取 docker/ 的安装说明。

创建 Docker 容器的过程分为以下 4 个步骤：

1. 创建一个 `requirements.txt` 文件。
2. 创建一个 Dockerfile。
3. 构建一个 Docker 镜像。
4. 通过 Docker 镜像创建一个 Docker 容器并对其进行测试。

现在，我们将了解并理解这 4 个步骤，在下一节中，我们将学习如何将镜像发送到 AWS 服务器。

创建 requirements.txt 文件

我们要告诉 Docker 镜像需要安装哪些 Python 模块以确保应用程序能够正常运行。requirements.txt 文件包含了所有需要安装的 Python 模块列表：

1. 打开一个终端，进入包含 fmnist.py、server.py 的文件夹。然后，创建一个空白的虚拟环境，并在本地终端的根文件夹中将其激活：

```
$ python3 -m venv fastapi-venv
$ source fastapi-env/bin/activate
```

创建空白虚拟环境的原因是为了确保只在环境中安装所需的模块，这样在系统交付时就不会浪费宝贵的空间。

2. 安装所需的软件包（fastapi、uvicorn、aiofiles、torch 和 torch_snippets）以运行 FMNIST 应用程序：

```
$ pip install fastapi uvicorn aiofiles torch torch_snippets
```

3. 在同一终端中，执行以下命令安装所需的所有 Python 模块：

```
$ pip freeze > requirements.txt
```

上述代码将所有 Python 模块及其对应的版本号提取到 requirements.txt 文件中，该文件将用于在 Docker 镜像中安装依赖项，如图 17-4 所示。

图　17-4

我们可以打开这个文本文件，它看起来与上面截图很类似。现在我们已经具备了所有先决条件，下一小节将创建 Dockerfile。

创建一个 Dockerfile

正如前文所介绍的，Docker 镜像是一个自包含的应用程序，拥有自己的操作系统和依赖项。对于某个给定的计算平台（例如 EC2 实例），Docker 镜像可以独立地工作并执行为它设计的任务。为此，我们需要为 Docker 应用程序提供必要的指令——依赖项、代码和命令——来启动应用程序。可以在一个名为 Dockerfile 的文本文件中创建这些指令，该文件位于 FMINST 项目的根目录下，其中包含 server.py 和 fmnist.py（我们已经在创建项目文件夹时创建了这些文件）。作为约定，该文件需要命名为 Dockerfile（没有扩展名）。该文本文件的内容如下：

```
FROM tiangolo/uvicorn-gunicorn-fastapi:python3.7
COPY ./requirements.txt /app/requirements.txt
RUN pip install --no-cache-dir -r requirements.txt
WORKDIR /app
COPY . /app
EXPOSE 5000
CMD ["uvicorn", "server:app", "--host", "0.0.0.0"]
```

下面一步步地理解上述代码：

1. FROM 指示使用哪个操作系统。tiangolo/uvicorn-gunicorn-fastapi:python3.7 位置是 Docker 从互联网解析出来的地址，用于获取一个已经安装 Python 和其他 FastAPI 模块的基本 Docker 镜像。

2. 然后，复制我们创建的 requirements.txt 文件，它提供了需要安装的包。在下一行中，要求镜像 pip install 包。

3. WORKDIR 是应用程序将要运行的文件夹。因此，我们在 Docker 镜像中创建了一个名为 /app 的新文件夹，并将根文件夹的内容复制到镜像的 /app 文件夹中。

4. 最后，像前文那样运行服务器。

这样就建立了一个蓝图，可以从头开始创建一个全新的操作系统和文件系统（可以将其看作一个可安装新 Windows 的 CD），它只包含我们指定的代码，并且只运行一个应用程序，即 FastAPI。

构建 Docker 镜像并创建 Docker 容器

注意，目前我们只为 Docker 镜像创建了一个蓝图。下面构建 Docker 镜像并创建 Docker 容器。

在同一个终端（在包含应用程序文件的根目录）运行以下命令：

1. 构建 Docker 镜像并将其标记为 fmnist:latest：

```
$ docker build -t fmnist:latest .
```

在一长串输出之后，可以得到图 17-5 所示的结果，Docker 镜像已经构建完成。

```
Step 11/12 : EXPOSE 5000
---> Running in 8b3bec49d6ea
Removing intermediate container 8b3bec49d6ea
---> 862971ca0081
Step 12/12 : CMD ["uvicorn", "main:app", "--host", "0.0.0.0", "--port", "5000"]
---> Running in 4c94059a61ac
Removing intermediate container 4c94059a61ac
---> 94fc46d82744
Successfully built 94fc46d82744
Successfully tagged fmnist:latest
```

图　17-5

现在已经成功创建了一个名为 `fmnist:latest` 的 Docker 镜像（其中 `fmnist` 是镜像名，`latest` 是给出的一个标记，表示其版本号）。Docker 在系统中维护了一个注册表，所有这些镜像都可以通过这个注册表进行访问。这个 Docker 注册表现在包含一个独立的 Docker 镜像，包含了运行 FMNIST API 的所有代码和逻辑。

可以在命令提示符中输入 $ `docker image ls` 来检查 Docker 注册表，如图 17-6 所示。

```
docker image ls
REPOSITORY        TAG        IMAGE ID       CREATED         SIZE
fmnist            latest     be6e6a4cdc99   8 minutes ago   6.38GB
```

图　17-6

2. 运行构建的镜像，使用 `-p 5000:5000` 将镜像内部的端口 5000 转发到本地机器上的端口 5000。最后一个参数是使用 Docker 镜像所创建的 Docker 容器的名称：

$ docker run -p 5000:5000 fmnist:latest

> 端口转发很重要。我们通常对云端暴露的端口没有发言权。因此，作为演示，即使 uvicorn 模型为 POST 操作创建了一个 5000 端口，我们仍然使用 Docker 的功能将外部请求从 5000 路由到 5000，这是 uvicorn 正在监听的地方。

最后几行给出的提示信息如图 17-7 所示。

```
docker run -p 5000:5000 fmnist:latest
2020-11-08 14:13:50.095 | WARNING  | torch_snippets:<module>:5 - torch library is not found. Skipping to
rch imports and loading only utilities
2020-11-08 14:13:50.216 | INFO     | fmnist:__init__:16 - Loaded FMNIST Model
INFO:      Started server process [1]
INFO:      Waiting for application startup.
INFO:      Application startup complete.
INFO:      Uvicorn running on http://0.0.0.0:5000 (Press CTRL+C to quit)
INFO:      172.17.0.1:51788 - "POST /predict HTTP/1.1" 200 OK
```

图　17-7

3. 现在从一个新的终端运行一个 curl 请求，并像上一节描述的那样访问 API，但是，这次由 Docker 提供应用程序，如图 17-8 所示。

```
└ curl -X POST "http://127.0.0.1:5000/predict" -H "accept: application/json" -H "Content-Type: multipar
t/form-data" -F "file=@/home/yyr/Pictures/boot.png;type=image/png"
{"class":"Ankle boot","confidence":"0.7668"}▯
```

图 17-8

尽管到目前为止我们还没有将任何东西移动到云端，但在 Docker 中封装的 API 使我们不必再担心 pip install 或代码的复制粘贴。接下来，我们将把它发送给云供应商，让全世界任何人都可以使用这个应用程序。

现在我们可以将这个 Docker 镜像发送到任何一台也安装 Docker 系统的计算机上。无论将它发送到哪种类型的计算机上，通过调用 docker run，总是可以创建一个能够完全按照我们期望的方式进行工作的 Docker 容器。我们不需要再担心 pip install 或代码的复制粘贴问题。

17.3.3 在云端发布并运行 Docker 容器

我们将基于 AWS 实现云端需求。这里使用 AWS 提供的两种免费服务：

❏ **弹性容器注册表 (ECR)**：用于存储我们的 Docker 镜像。

❏ **EC2**：用于创建一个 Linux 系统来运行 API Docker 镜像。

本小节主要关注 ECR 部分。将 Docker 镜像推送到云端的基本步骤如下：

1. 在本地机器上配置 AWS。

2. 在 AWS ECR 上创建一个 Docker 库，并推送 fmnist:latest 镜像。

3. 创建一个 EC2 实例。

4. 在 EC2 实例上安装依赖项。

5. 在 EC2 实例上创建并运行 Docker 镜像。

让我们从配置 AWS 开始实现上述步骤。

配置 AWS

从命令提示符登录到 AWS，并推送我们的 Docker 镜像。下面一步步地完成：

1. 在 https://aws.amazon.com/ 创建一个 AWS 账户，并登录。

2. 在本地机器上安装 AWS CLI（它包含 Docker 镜像）。

> ℹ️ AWS CLI 是一个可以用于所有 Amazon 服务的命令行接口应用程序。首先应该从你的操作系统的官方网站进行安装。更多细节请访问 https://docs.aws.amazon.com/cli/latest/userguide/install-cliv2.html。

3. 通过在本地终端运行 aws--version 来验证是否已经安装 AWS CLI。

4. 配置 AWS CLI。从 https://aws.amazon.com/ 获取以下令牌：

❏ aws_account_id；

❏ 访问密钥 ID；

❑ 访问密钥；

❑ 区域。

我们可以在 AWS 中的身份和访问管理（IAM）部分找到上述所有变量。在终端运行 aws configure，并在被询问时给出适当的凭据：

```
$ aws configure
AWS Access Key ID [None]: AKIAIOSFODNN7EXAMPLE
AWS Secret Access Key [None]:wJalrXUtnFEMI/K7MDENG/bPxRfiCYEXAMPLEKEY
Default region name [None]: region
Default output format [None]:json
```

我们现在已经登录到亚马逊的服务。从原则上讲，我们可以直接从终端访问亚马逊的任何服务。下面连接到 ECR 并推送 Docker 镜像。

在 AWS ECR 上创建 Docker 库并推送 Docker 镜像

现在创建 Docker 库，如下所示：

1. 完成配置后，使用以下命令登录 AWS ECR（以下代码都是一行），以下代码中的粗体部分提供关于上述区域和账户 ID 的详细信息：

```
$ aws ecr get-login-password --region region | docker login --
username AWS --password-stdin
aws_account_id.dkr.ecr.region.amazonaws.com
```

上述代码行创建并连接到你自己在 Amazon 云中的 Docker 注册表。类似于像本地系统中的 Docker 注册表，这是 Docker 镜像驻留的地方，还过是在云端。

2. 在 CLI 中创建一个存储库，运行如下命令：

```
$ aws ecr create-repository --repository-name fmnist_app
```

通过上述代码，目前在云端创建了一个用于存放 Docker 镜像的位置。

3. 通过运行以下命令标记本地 Docker 镜像，以便将 Docker 镜像推送到已标记的存储库。在下面粗体部分给出你自己的 aws_account_id 和 region 值：

```
$ docker tag fmnist:latest
aws_account_id.dkr.ecr.region.amazonaws.com/fmnist_app
```

4. 执行如下命令将本地 Docker 镜像推送到云端的 AWS 存储库：

```
$ docker push
aws_account_id.dkr.ecr.region.amazonaws.com/fmnist_app
```

目前，我们已经成功地在云端为 API 创建了一个位置，并将 Docker 镜像推送到这个位置。这个 Docker 镜像已经拥有运行 API 的所有组件。唯一剩下的就是要在云端创建一个 Docker 容器，以便将应用程序部署到实际应用环境中。

创建 EC2 实例

将 Docker 镜像推送到 AWS ECR 就像将代码推送到 GitHub 存储库一样。它只存在于某个地方，仍然需要在它的基础上构建应用程序。

为此，必须创建一个 Amazon EC2 实例来服务你的 Web 应用程序：

1. 进入"AWS 管理控制台"的搜索栏，搜索 EC2。

2. 选择"启动实例"（Launch Instance）。

3. 你将得到一个关于可用实例的列表。AWS 在免费层提供了许多实例。我们选择了 Amazon Linux 2 AMI -t2.micro 实例，这里有 20 GB 的空间（你也可以使用其他实例，但配置需要进行相应的更改）。

4. 在配置实例创建时，在"配置安全组"（Configure Security Group）部分，添加一个"自定义 TCP"（Custom TCP）集的规则，并将"端口范围"（Port Range）设置为 5000（我们在 Docker 镜像中暴露了端口 5000），如图 17-9 所示。

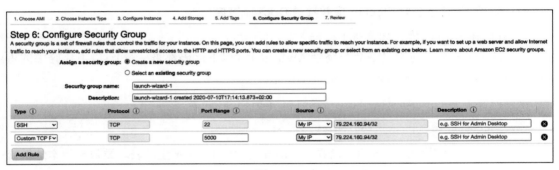

图　17-9

5. 最后一步，在"启动实例"弹出窗口（参见图 17-10）中，创建一个新的密钥对（下载登录到实例所需的 .pem 文件）。这个密钥对就像密码一样，所以不要丢失这个文件。

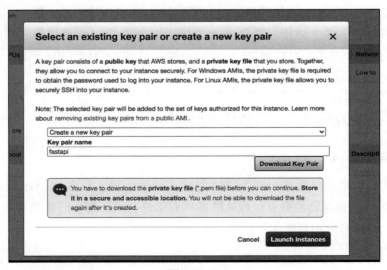

图　17-10

6. 将 .pem 文件移动到安全的地方，通过执行 chmod 400 fastapi.pem 命令修改其权限。

此时，你应该会看到一个在 EC2 仪表板中运行的实例，如图 17-11 所示。

图 17-11

7. 复制 EC2 实例名，如下所示：

ec2-18-221-11-226.us-east-2.compute.amazonaws.com

8. 在本地终端使用以下命令登录 EC2 实例：

```
$ ssh -i fastapi.pem ec2-user@ec2-18-221-11-226.us-east-2.compute.amazonaws.com
```

我们已经创建了一个拥有必要空间和操作系统的 EC2 机器实例。我们能够通过该机器实例公开端口 8000，并且还可以记录该机器实例的公共 URL（该 URL 将被客户端用于发送 POST 请求）。最后，我们能够通过成功地使用下载的 .pem 文件登录到该 EC2 机器，并将 EC2 机器视为可以安装软件的任何其他机器。

提取镜像并构建 Docker 容器

下面在 EC2 机器上安装运行 Docker 镜像的依赖项，然后就可以运行 API 了。以下命令都需要在（上文的第 8 步）登录的 EC2 控制台运行：

1. 在 Linux 机器上安装和配置 Docker 镜像：

```
$ sudo yum install -y docker
$ sudo groupadd docker
$ sudo gpasswd -a ${USER} docker
$ sudo service docker restart
```

groupadd 和 gpasswd 确保 Docker 拥有运行所需的所有权限。

2. 在 EC2 实例中配置 AWS，与前面所做的一样，然后重启机器：

```
$ aws configure
AWS Access Key ID [None]: AKIAIOSFODNN7EXAMPLE
AWS Secret Access Key
[None]: wJalrXUtnFEMI/K7MDENG/bPxRfiCYEXAMPLEKEY
Default region name [None]: us-west-2
Default output format [None]: json
$ reboot
```

3. 使用以下命令从本地终端重新登录实例：

```
$ ssh -i fastapi.pem ec2-user@ec2-18-221-11-226.us-east-2.compute.amazonaws.com
```

4. 现在，从 EC2 登录控制台（安装了 Docker），登录到 AWS ECR（更改下面代码中粗体显示的区域）：

```
$ aws ecr get-login --region region --no-include-email
```

5. 从上述代码复制输出，然后在命令行中粘贴并运行它。成功登录到 AWS ECR 之后，你将在控制台中看到 Login Succeeded。

6. 从 AWS ECR 中提取 Docker 镜像：

```
$ docker pull
aws_account_id.dkr.ecr.region.amazonaws.com/fmnist_app:latest
```

7. 最后，在 EC2 机器上运行提取的 Docker 镜像：

```
docker run -p 5000:5000
aws_account_id.dkr.ecr.region.amazonaws.com/fmnist_app
```

在 EC2 上运行我们的 API。我们要做的就是获取机器的公共 IP 地址，并用这个地址代替 127.0.0.1 运行 curl 请求。你可以在页面右侧的 EC2 仪表板上找到这个地址，如图 17-12 所示。

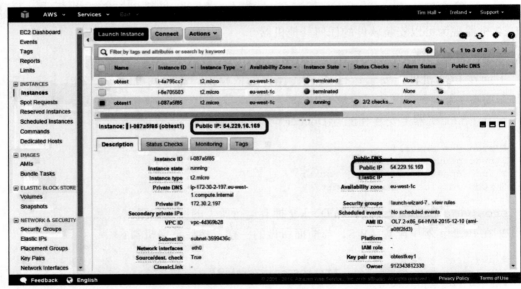

图 17-12

8. 你现在可以从任何计算机调用 POST 请求，EC2 实例将响应这个请求，为我们预测上传了什么类别的服装图像：

```
$ curl -X POST "http://54.229.16.169:5000/predict" -H "accept:
application/json" -H "Content-Type: multipart/form-data" -F
"file=@/home/me/Pictures/shirt.png;type=image/png"
```

上述代码的输出结果如下：

```
{"class":"Coat","confidence":"0.6488"}
```

在这一节中，我们能够安装 EC2 的依赖项，提取了 Docker 镜像，并运行 Docker 容器，让任何有 URL 的用户都能对新图像进行预测。

17.4　小结

在本章中，我们学习了将网络模型部署到实际应用环境中需要的一些额外步骤。我们学习了什么是 API 及其组件。在使用 FastAPI 创建 API 之后，我们介绍了创建 API 的 Docker 镜像的核心步骤。通过使用 AWS，我们在云端创建了自己的 Docker 注册表，并将我们的 Docker 镜像推送到那里。我们学习了如何创建 EC2 实例和安装所需的库来从 ECR 中提取 Docker 镜像，从而构建和部署 Docker 容器，供任何有 URL 的用户使用。

在下一章，也是最后一章，我们将学习 OpenCV 的基本知识。OpenCV 包含了一些实用程序，可以用于解决受限环境中一些与图像相关的问题。我们将结合 5 个不同的用例来了解如何使用 OpenCV 进行图像分析。学习 OpenCV 的功能将会进一步提升你在计算机视觉方面的技能。

第18章

使用 OpenCV 实用程序进行图像分析

在前面的章节中，我们学习了利用各种技术实现目标分类、定位和分割，以及图像生成。虽然所有这些技术都基于深度学习，但是对于那些相对简单和定义明确的任务，我们可以使用 OpenCV 包中提供的特定功能进行实现。例如，如果被检测目标总是具有相同的背景，那么就不需要 YOLO。在一些自受限环境下，OpenCV 实用程序可以在很大程度上帮助解决图像分析问题。

在这一章中，我们将只讨论几个实际用例，因为需要讨论的 OpenCV 实用程序实在太多了，足以专门写一本 OpenCV 著作。通过介绍单词检测用例，你将了解图像膨胀、侵蚀和提取连续组件周围轮廓的相关知识。然后，你将学习用于识别图像中目标边缘的 Canny 边缘检测方法，还将了解在对图像执行按位操作以识别感兴趣颜色空间的时候，绿幕技术带来的好处。接下来，你将了解一种将两个图像缝合在一起构成全景视图的技术。最后，学习如何使用预训练级联滤波器来识别诸如车牌之类的目标。

18.1　图像中的单词检测

想象一下你正在构建一个模型，该模型用于转录文本图像中的单词。第一步应该是确定图像中单词的位置。主要有两种方法用于检测图像中的单词目标：

❑ 使用深度学习技术，如 CRAFT、EAST 等；
❑ 使用基于 OpenCV 的技术。

在本节中，我们将学习如何在不使用深度学习技术的情况下在纯净背景图像中识别机器输出的单词。由于背景和前景之间的对比度很高，因此不需要使用 YOLO 之类的复杂解决方案确定单词的位置。在这些场景中使用 OpenCV 会特别方便，因为可以通过非常有限的计算资源得出一个高效的解决方案。唯一的缺点是准确度可能不是 100%，但这也取决于扫描图像的清晰度。如果能够保证扫描图像的清晰度，那么你可以期待获得接近 100% 的准确度。

下面主要从宏观的层面上了解如何检测 / 分割图像中的单词：

1. 将图像转换为灰度图，因为颜色不影响图像中的单词检测。

2. 膨胀图像内容。膨胀将黑色像素流进相邻区域，从而将同一个单词的字符间黑色像素连接起来。这有助于确保属于同一个单词的字符是连接的。但是，不要扩展得太大，避免将属于相邻单词的字符连接起来。

3. 字符被连接后，使用 `cv2.findContours` 方法在每个单词周围绘制边界框。

下面编程实现上述步骤。

> ⓘ 以下代码可从本书 GitHub 库（`https://tinyurl.com/mcvp-packt`）的 Chapter18 文件夹中的 `Drawing_bounding_boxes_around_words_in_an_image.ipynb` 获得。请确保你从 GitHub 的 notebook 中复制 URL，以避免在重现结果时出现任何问题。

1. 首先下载一个样本图像：

```
!wget https://www.dropbox.com/s/3jkwy16m6xdlktb/18_5.JPG
```

2. 使用下列代码行查看下载的图像：

```
import cv2, numpy as np
img = cv2.imread('18_5.JPG')
img1 = cv2.cvtColor(img, cv2.COLOR_RGB2BGR)
import matplotlib.pyplot as plt,cv2
%matplotlib inline
plt.imshow(img1)
```

上述代码返回的输出结果如图 18-1 所示。

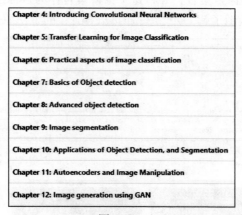

图　18-1

3. 将输入图像转换为灰度图像：

```
img_gray = cv2.cvtColor(img1, cv2.COLOR_BGR2GRAY)
```

4. 获取对原始图像的随机裁剪结果：

```
crop = img_gray[250:300,50:100]
plt.imshow(crop,cmap='gray')
```

上述代码的输出结果如图 18-2 所示。可以看出图像中包含噪声，下面去除原始图像中的噪声。

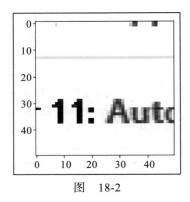

图　18-2

5. 将输入灰度图像进行二值化处理：

```
_img_gray = np.uint8(img_gray < 200)*255
```

上述代码令取值小于 200 的像素值为 0，取值大于 200 的像素值为 255。

6. 找出图像中各个字符的轮廓：

```
contours,hierarchy=cv2.findContours(_img_gray, \
                    cv2.RETR_EXTERNAL,cv2.CHAIN_APPROX_SIMPLE)
```

cv2 创建一个连续的像素集合，并将这个像素集合作为目标的单个斑点用于查找轮廓。可以参考图 18-3 所示的截图了解 cv2.findContours 的工作原理。

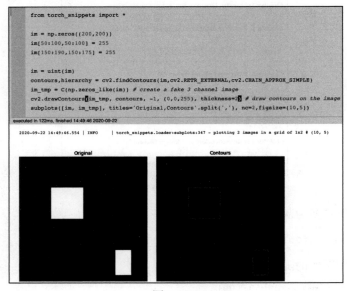

图　18-3

7. 将之前得到的二值图像转换为三通道图像，以便在字符周围绘制彩色边界框：

```
thresh1 = np.stack([_img_gray]*3,axis=2)
```

8. 创建一个空白图像，用于将相关内容从 thresh1 复制到这个新图像中：

```
thresh2 = np.zeros((thresh1.shape[0],thresh1.shape[1]))
```

9. 获取在上一步中获得的字符轮廓，并绘制一个包含该轮廓的矩形边界框。同时，将边界矩形对应的内容从 thresh1 图像复制到 thresh2：

```
for cnt in contours:
    if cv2.contourArea(cnt)>0:
        [x,y,w,h] = cv2.boundingRect(cnt)
        if ((h>5) & (h<100)):
            thresh2[y:(y+h),x:(x+w)] = thresh1[y:(y+h), \
                                       x:(x+w),0].copy()
            cv2.rectangle(thresh1,(x,y),(x+w,y+h),(255,0,0),2)
```

在上述代码中，我们只获取面积大于 5 像素的轮廓，并且也只获取边界框高度在 5 ~ 100 像素的轮廓（通过这种方式，我们消除了太小的边界框，因为它们很可能是噪声，以及较大的边界框，因为它们可能包含整个图像）。

10. 绘制结果图像：

```
fig = plt.figure()
fig.set_size_inches(20,20)
plt.imshow(thresh1)
```

上述代码的输出结果如图 18-4 所示。

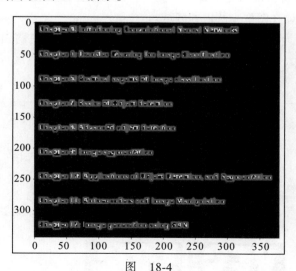

图　18-4

目前，我们已经能够在字符周围绘制边界框。然而，如果要在单词周围绘制边界框，则需要将单词内的像素组合成一个单独的连续单元。接下来，我们将介绍如何使用单词膨胀技术在单词周围绘制边界框。

11. 检查填充的图像 thresh2：

```
fig = plt.figure()
fig.set_size_inches(20,20)
plt.imshow(thresh2)
```

得到如图 18-5 所示的图像。

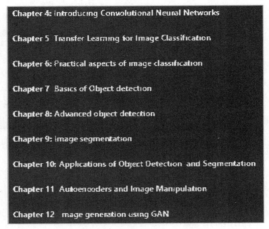

图　18-5

现在，要解决的问题是如何将属于不同字符的像素连成一个整体，使得每个连续像素集合分别表示一个单词在图像中所占的区域。

我们使用一种名为"膨胀"的技术（使用 cv2.dilate），它将白色像素注入周围的像素中。流出量由内核大小决定。如果内核大小是 5，那么所有白色区域的边界向外移动 5 像素。可以参考图 18-6 所示的截图进行直观理解：

图　18-6

12. 以 1 行 2 列的内核大小进行膨胀：

```
dilated = cv2.dilate(thresh2, np.ones((1,2),np.uint8), \
                     iterations=1)
```

注意，我们指定了一个大小为 1 行 2 列的内核（np.ones((1,2), np.uint8)），这样相邻的字符之间很可能有一些交集。cv2.findContours 这种方式现在可以包含彼此非常接近的字符。

但是，如果我们使用更大的内核，那么膨胀的单词之间可能会有一些交集，这样会导致被组合的单词被框在一个边界框中。

13. 获取图像的轮廓：

```
contours,hierarchy = cv2.findContours(np.uint8(dilated), \
                     cv2.RETR_EXTERNAL,cv2.CHAIN_APPROX_SIMPLE)
```

14. 在原始图像上绘制膨胀后的图像的轮廓：

```
for cnt in contours:
    if cv2.contourArea(cnt)>5:
        [x,y,w,h] = cv2.boundingRect(cnt)
        if ((h>5) & (h<100)):
            cv2.rectangle(img1,(x,y),(x+w,y+h),(255,0,0),2)
```

15. 将轮廓绘制到原始图像：

```
fig = plt.figure()
fig.set_size_inches(20,20)
plt.imshow(img1)
```

上述代码的输出结果如图 18-7 所示。从这里可以看到，我们获得了关于每个单词对应的边界框。

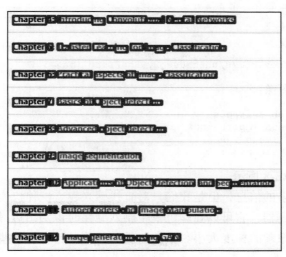

图　18-7

这里的关键要点是如何通过对一组像素的识别形成一个独立的连通单元，以及如果一组像素没有形成一个连通单元，如何使用膨胀方法进行处理。虽然膨胀会使黑色像素流失，但有一种名为侵蚀的类似功能，它会使白色像素流失。我们建议你执行侵蚀功能并理解它的工作原理。

目前，我们已经了解了如何在图像中寻找字符（目标）周围的轮廓。在下一节中，我们将学习如何在图像中检测车道线。

18.2　图像中的车道线检测

想象一下这样的场景：你需要检测出道路图像中的车道线。解决这个问题的一种方法是使用基于深度学习的语义分割技术。使用 OpenCV 解决这个问题的一种传统方法是使用边缘检测器和直线检测器。在本节中，我们将学习使用边缘检测器和直线检测器检测道路图像中的车道线。

道路图像中车道线检测的基本步骤如下：

1. 检测图像中各种目标的边缘。

2. 识别出沿直线而连接的目标边缘。

3. 将标识出的线条从图像的一端延伸到另一端。

下面编程实现上述步骤。

> ℹ️ 下面的代码可从本书 GitHub 库（https://tinyurl.com/mcvp-packt）的 Chapter18 文件夹中的 detecting_lanes_in_the_image_of_a_road.ipynb 获得。请确保你从 GitHub 的 notebook 中复制 URL，以避免在重现结果时出现任何问题。

1. 下载样本图像：

```
!wget
https://www.dropbox.com/s/0n5cs04sb2y98hx/road_image3.JPG
```

2. 导入包并检查图像：

```
!pip install torch_snippets
from torch_snippets import show, read, subplots, cv2, np
IMG = read('road_image3.JPG',1)
img = np.uint8(IMG.copy())
```

导入的图像如图 18-8 所示。

图像中包含了太多的信息，但是我们只对直线感兴趣。一种快速获取图像边缘的方法是使用 Canny 边缘检测器，它可以在颜色发生剧烈变化时识别出边缘信息。颜色的变化在技术上取决于图像内像素的梯度大小。像素值之间的差异越大，这些像素表示目标边缘的可能性就越大。

图　18-8

3. 使用 `cv2.Canny` 边缘检测技术获取图像中的边缘信息：

```
blur_img = cv2.blur(img, (5,5))
edges = cv2.Canny(blur_img,150,255)
edges_org = cv2.Canny(img,150,255)
subplots([img,edges_org,blur_img,edges],nc=4, \
        titles=['Original image','Edges of original image', \
        'Blurred image','Edges of blurred image'],sz=15)
```

在上述代码中，我们首先使用 `cv2.blur` 对原始图像进行模糊化处理。模糊方法如下：对于一个 5×5 的滑动窗口，取该窗口中像素值的平均值，对于每个像素，取以其为中心的 5×5 滑动窗口平均值作为像素值。

在使用 `cv2.Canny` 方法计算边缘的过程中，值 150 和值 255 分别表示边缘梯度值的最小值和最大值。请注意，如果某像素的两个不同侧面具有差异相当大的像素值，则表明该像素可能为边缘。

原始图像和模糊图像及其边缘信息如图 18-9 所示。

图　18-9

可以看出，在对原始图像进行模糊处理时，边缘信息更加符合逻辑。现在边缘已经确定，下面只需要从图像中获得线条信息。可以使用 HoughLines 技术完成这项工作。

4. 使用 `cv2.HoughLines` 方法识别长度至少为 100 像素的线条：

```
lines = cv2.HoughLines(edges,1,np.pi/180,100)
```

注意，参数值 100 指定所标识线条的长度应该至少为 100 像素。

在这种情况下，得到的线条形状是 $9 \times 1 \times 2$，也就是说，图像中有 9 条线，每条线都有自己到图像左下角的距离和角度（在极坐标中通常称为 [rho,theta]）。

5. 绘制不太水平的线条：

```
lines = lines[:,0,:]
for rho,theta in lines:
    a = np.cos(theta)
    b = np.sin(theta)
    x0 = a*rho
    y0 = b*rho
    x1 = int(x0 + 10000*(-b))
    y1 = int(y0 + 10000*(a))
    x2 = int(x0 - 10000*(-b))
    y2 = int(y0 - 10000*(a))
    if theta < 75*3.141/180 or theta > 105*3.141/180:
        cv2.line(blur_img,(x1,y1),(x2,y2),(255,0,0),1)

show(blur_img,sz=10, grid=True)
```

上述代码得到的输出结果如图 18-10 所示。

图　18-10

综上所述，我们首先通过图像模糊化和边缘检测从图像中过滤掉所有可能的噪声，保留可能构成车道线的少数像素。然后，使用 HoughLines 进一步检测出长度不少于 100 像素的直线。虽然在这个图像中，道路上的车道线被检测得相当好，但不能保证上述逻辑适用于每一个道路图像。作为练习，可以在几个不同的道路图像上尝试上述过程。在这里，你将看到深度学习的车道线检测能力优于基于 OpenCV 的方法，其中深度学习模型可以对各种各样的道路图像进行准确的车道线预测（前提是我们能够使用各种各样的道路图像样本进行模型训练）。

18.3　基于颜色的目标检测

绿幕是一种经典的视频编辑技术，我们可以让某人看起来位于一个完全不同的背景前面。这项技术在天气预报领域中得到了广泛应用，可以很方便地让播报员随时处于移动的云层和地图背景的前面。这个技术的诀窍在于，播报员不穿某种颜色（绿色）的衣服，站在只有绿色的背景前。然后，通过识别绿色像素获得背景信息，并且可以将这些作为背景的绿色像素替换为其他内容，达到快速替换背景的效果。

在本节中，我们将学习如何使用 cv2.inRange 和 cv2.Bitwise_and 方法检测任意给定图像中的绿色。

基本步骤如下：

1. 将图像从 RGB 转换到 HSV 空间。

2. 指定与绿色相对应的 HSV 空间的上限和下限。

3. 识别出绿色像素——这将是掩码。

4. 在原始图像和掩码图像之间执行 bitwise_and 操作。

上述步骤代码实现如下所示：

> ℹ 以下代码可从本书 GitHub 库（https://tinyurl.com/mcvp-packt）的 Chapter18 文件夹中的 Detecting_objects_based_on_color.ipynb 获得。确保你从 GitHub 的 notebook 复制 URL，以避免在重现结果时出现任何问题。

1. 获取图像并安装所需的软件包：

```
!wget https://www.dropbox.com/s/utrkdooh08y9mvm/uno_card.png
!pip install torch_snippets
from torch_snippets import *
import cv2, numpy as np
```

2. 读取图像并将其转换为 HSV（色调 – 饱和度 – 值）空间。从 RGB 转换到 HSV 空间可以让我们从颜色中解耦亮度，这样就可以轻松地提取每个像素的颜色信息：

```
img = read('uno_card.png', 1)
show(img)
hsv = cv2.cvtColor(img, cv2.COLOR_RGB2HSV)
```

图 18-11 是 RGB 空间的图像。

图　18-11

3. 在 HSV 空间中定义绿色的上下阈值：

```
lower_green = np.array([45,100,100])
upper_green = np.array([80,255,255])
```

4. 生成掩码，只激活在定义的上限和下限阈值内的像素。`cv2.inRange` 是一个比较运算，在 HSV 尺度上检查像素值是否在最小值和最大值之间：

```
mask = cv2.inRange(hsv, lower_green, upper_green)
```

5. 在原始图像和掩码之间进行 `cv2.bitwise_and` 运算，获取输出结果图像：

```
res = cv2.bitwise_and(img, img, mask=mask)
subplots([img, mask, res], nc=3, figsize=(10,5), \
        titles=['Original image','Mask on image', \
                'Resulting image'])
```

原始图像、掩码和得到的结果图像如图 18-12 所示。

图　18-12（彩插）

可以看出，该算法忽略了图像中的其余内容，只关注感兴趣的颜色。我们可以将这种方法进行逻辑扩展，使用 `cv2.bitwise_not` 运算得到一个完全非绿色的前景掩码并执行绿幕技术。

总之，我们可以识别出图像中的颜色空间，如果想将另一个图像投影 / 叠加到已识别的绿幕上，那么可以从另一个图像中选择与原始图像中绿色像素相对应的像素进行投影 / 叠加。

下面学习如何使用关键点检测技术实现两个图像之间的特征匹配。

18.4　构建全景图像

在本节中，我们将学习一种通过组合多个图像创建全景视图的技术。

想象一个场景：你正在用相机拍摄一个地方的全景。从本质上讲，你正在拍摄多张照片，算法在后台将图像中呈现的公共元素（从最左边移动到最右边）映射到单个图像。

我们将使用 cv2 中可用的 ORB(定向 FAST 和旋转 BRIEF) 方法实现图像拼接。深入了解这些算法的工作细节超出了本书的范围，我们推荐你浏览 https://opencv-python-tutroals.

readthedocs.io/en/latest/py_tutorials/py_feature2d/py_ orb/py_ orb.html 上的文档和论文。

概括地说，这种方法识别查询图像（image1）中的关键点，并将它们与训练图像（image2）中识别出的关键点关联起来（如果关键点之间能够匹配的话）。

图像拼接的基本步骤如下：

1. 计算并提取两个图像中的关键点。

2. 使用蛮力法识别两个图像之间的共同特征。

3. 使用 cv2.findHomoGraphy 方法对训练图像进行变换，使其与查询图像的方向相匹配。

4. 使用 cv2.warpPerspective 方法来获取标准视图。

下面编码实现上述步骤。

> ⓘ 以下代码可从本书 GitHub 库（https://tinyurl.com/mcvp-packt）的 Chapter18 文件夹中的 Building_a_panoramic_view_of_images.ipynb 获得。请确保你从 GitHub 的 notebook 中复制 URL，以避免在重现结果时出现任何问题。

1. 获取图像并导入相关的包：

```
!pip install torch_snippets
from torch_snippets import *
!wget https://www.dropbox.com/s/mfg1codtc2rue84/g1.png
!wget https://www.dropbox.com/s/4yhui8s1xjndavm/g2.png
```

2. 加载查询图像和训练图像，并将它们转换为灰度图像：

```
queryImg = read('g1.png', 1)
queryImg_gray = read('g1.png')

trainImg = read('g2.png', 1)
trainImg_gray = read('g2.png')

subplots([trainImg, queryImg], nc=2, figsize=(10,5), \
        titles = ['Query image', \
    'Training image (Image to be stitched to Query image)'])
```

查询图像和训练图像如图 18-13 所示。

图 18-13

3. 使用 ORB 特征检测器提取这两个图像中的关键点和特征：

```
# Fetch the keypoints and features corresponding to the images
descriptor = cv2.ORB_create()
kpsA, featuresA = descriptor.detectAndCompute(trainImg_gray, \
                                              None)
kpsB, featuresB = descriptor.detectAndCompute(queryImg_gray, \
                                              None)
# Draw the keypoints obtained on images
img_kpsA = cv2.drawKeypoints(trainImg_gray,kpsA,None, \
                             color=(0,255,0))
img_kpsB = cv2.drawKeypoints(queryImg_gray,kpsB,None, \
                             color=(0,255,0))
subplots([img_kpsB, img_kpsA], nc=2, figsize=(10,5), \
         titles=['Query image with keypoints', \
                 'Training image with keypoints'])
```

从两个图像中提取的关键点图如图 18-14 所示。

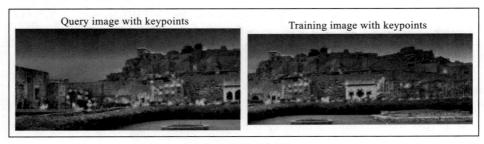

图   18-14（彩插）

ORB 或任何其他特征检测器的工作主要分为如下两个基本步骤：

1）识别出两个图像中感兴趣的关键点。哈里斯角检测器（Harris Corner Detector）是一种标准的关键点检测器，它可以识别线的交点，可以用于对角点的判断和检测。

2）将两个图像中所有关键点对进行比较，判断关键点附近的图像斑块是否存在高相关性。如果具有很高的匹配度，就意味着这两个关键点都指向图像中的相同位置。

要深入了解 ORB，请参阅 "ORB: An efficient alternative to SIFT or SURF"（https://ieeexplore.ieee.org/document/6126544）。

4. 使用 `cv2.BFMatcher` 方法在两个图像的特征中找到最佳匹配：

```
bf = cv2.BFMatcher(cv2.NORM_HAMMING)
best_matches = bf.match(featuresA,featuresB)
matches = sorted(best_matches, key = lambda x:x.distance)
```

匹配的输出是一个 DMatch 对象列表。DMatch 对象具有以下属性：

❑ DMatch.distance：表示特征描述符之间的距离，值越小越好；

❑ DMatch.trainIdx：表示训练特征描述符的索引；

❑ DMatch.queryIdx：查询特征描述符的索引；

❑ DMatch.imgIdx：训练图像的索引。

注意，我们已经根据两个图像特征之间的距离对匹配程度进行排序。

5. 使用以下代码绘制匹配效果：

```
img3 = cv2.drawMatches(trainImg,kpsA,queryImg,kpsB, \
                       matches[:100],None, \
        flags=cv2.DrawMatchesFlags_NOT_DRAW_SINGLE_POINTS)
show(img3)
```

上述代码的输出结果如图 18-15 所示。

图　18-15（彩插）

现在，我们需要找到正确的平移、旋转和缩放变换，以便将第二个图像正确地叠加到第一个图像上。这组变换可以通过一个单应性矩阵获得。

6. 获取两个图像之间对应的单应性：

```
kpsA = np.float32([kp.pt for kp in kpsA])
kpsB = np.float32([kp.pt for kp in kpsB])
ptsA = np.float32([kpsA[m.queryIdx] for m in matches])
ptsB = np.float32([kpsB[m.trainIdx] for m in matches])

(H, status) = cv2.findHomography(ptsA, ptsB, cv2.RANSAC,4)
```

请注意，我们只考虑那些被标识为两个图像之间能够相匹配的关键点。此外，通过执行单应性变换，我们已经得到了一个矩阵 H，它能够通过下列方程在 ptsB 上变换 ptsA 及其相关的点：

$$\begin{bmatrix} x_1 \\ y_1 \\ 1 \end{bmatrix} = \boldsymbol{H} \begin{bmatrix} x_2 \\ y_2 \\ 1 \end{bmatrix} = \begin{bmatrix} h_{00} & h_{01} & h_{02} \\ h_{10} & h_{11} & h_{12} \\ h_{20} & h_{21} & h_{22} \end{bmatrix} \begin{bmatrix} x_2 \\ y_2 \\ 1 \end{bmatrix}$$

7. 实现图像拼接：

对于给定的 H 矩阵，可以使用 cv2.warpPerspective 函数进行实际的平移、旋转和缩放变换。通过上述变换，就可以将 trainImg 叠加到 queryImg 上，从而获得全景图像！

```
width = trainImg.shape[1] + queryImg.shape[1]
height = trainImg.shape[0] + queryImg.shape[0]

result = cv2.warpPerspective(trainImg, H, (width, height))
result[0:queryImg.shape[0], 0:queryImg.shape[1]] = queryImg

_x = np.nonzero(result.sum(0).sum(-1) == 0)[0][0]
```

```
_y = np.nonzero(result.sum(1).sum(-1) == 0)[0][0]

show(result[:_y,:_x])
```

上述代码得到的输出结果如图 18-16 所示。

图　18-16

可以看到，我们使用检测到的关键点完成了两个图像之间的正确匹配，并成功地拼接了这两个图像。本节的重点在于，有几种关键点匹配技术可用于识别两个不同图像之间的局部特征是否相同。

一旦确定了公共关键点，我们就可以使用单应性确定需要执行的变换。最后，我们对图像执行变换，并使用 cv2.warpPerspective 技术实现这两个图像之间的对齐，将它们拼接在一起。除了图像拼接之外，这种技术流程（关键点识别、识别两个图像之间的匹配关键点、识别要执行的变换，以及执行变换）在图像配准等应用领域非常有用，其中需要将一个图像叠加在另一个图像上。

下面我们将学习如何使用预训练级联分类器识别汽车车牌位置。

18.5 图像中的车牌检测

想象这样一个场景：我们要求你在汽车图像中识别车牌的位置。在第 7 章和第 8 章中，我们介绍了一种实现方法，这种方法使用基于锚盒的技术来识别车牌的位置。这要求我们在使用模型之前用几百个汽车图像完成对模型的训练。

然而，这里的级联分类器则是一个现成的预训练模型，我们可以使用它识别汽车图像中的车牌位置。如果某个分类器由几个更简单的分类器（阶段）组成，分别将这些分类器应用到对候选区域进行判别的各个阶段，候选区域要么在某个阶段被拒绝，要么通过所有的阶段，那么这种分类器就是级联分类器。这有点类似于学过的卷积核。这不是一个从其他核中学习核的深度神经网络，而是一个核列表，当所有的分类都被投票支持时，这些核列表就会给出一个很好的分类评分。

例如，一个面部级联可以有多达 6000 个核来处理面部的某些部分。其中一些核看起来可能像图 18-17 这样。

这些级联也被称为哈尔级联（Haar Cascade）。

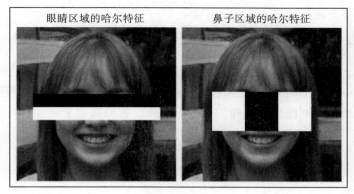

图　18-17

基于这样的概要性理解，下面给出使用预先训练的级联分类器实现车牌位置检测的基本步骤：

1. 导入相关的级联分类器。

2. 将图像转换为灰度图像。

3. 指定图像中感兴趣目标缩放的最小值和最大值。

4. 从级联分类器中获取区域建议。

5. 在区域建议周围画出边界框。

下面编码实现上述步骤。

> 以下代码可从本书 GitHub 库（https://tinyurl.com/mcvp-packt）的 Chapter18 文件夹中的 Detecting_the_number_plate_of_a_car.ipynb 获得。请确保从 GitHub 的 notebook 中复制 URL，以避免在重现结果时出现任何问题。

1. 获取用于车牌检测的级联分类器：

```
!wget
https://raw.githubusercontent.com/zeusees/HyperLPR/master/mode
l/cascade.xml
```

2. 获取图像：

```
!wget https://www.dropbox.com/s/4hbem2kxzqcwo0y/car1.jpg
```

3. 加载图像和级联分类器：

```
!pip install torch_snippets
from torch_snippets import *
plate_cascade = cv2.CascadeClassifier('cascade.xml')
image = read("car1.jpg", 1)
```

4. 将图像转换为灰度图并进行绘制：

```
image_gray = cv2.cvtColor(image,cv2.COLOR_RGB2GRAY)
```

5. 使用级联分类器检测多个尺度的车牌：

```
plates = plate_cascade.detectMultiScale(image_gray, 1.08, \
                                        2, minSize=(40, 40), \
                                        maxSize=(1000, 100))
```

plate_cascade.detectMultiScale 返回与级联核具有高卷积匹配的所有可能的矩形区域，这有助于识别图像中车牌的位置。此外，我们指定了宽度和高度的最小值和最大值。

6. 遍历所有区域建议（plates），取比区域建议稍大的区域：

```
image2 = image.astype('uint8')
for (x, y, w, h) in plates:
    print(x,y,w,h)
    x -= w * 0.14
    w += w * 0.75
    y -= h * 0.15
    h += h * 0.3
    cv2.rectangle(image2, (int(x), int(y)), \
                  (int(x + w), int(y + h)), (0, 255, 0), 10)
show(image2, grid=True)
```

上述代码得到的输出结果如图 18-18 所示。

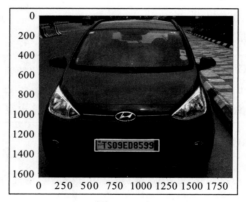

图　18-18

可以看到，预训练级联分类器可以准确地识别出车牌的位置。与车道线检测练习类似，这里的车牌检测方法在其他图像集上不一定能够取得很好的效果。我们建议你在不同的自定义图像上尝试前面的步骤。

18.6　小结

在本章中，我们学习了如何使用一些基于 OpenCV 的技术来识别轮廓、边缘和线条，并跟踪有色目标。虽然我们在本章讨论了一些用例，但这些技术在很多领域都有着更加广泛的应用。然后，我们学习如何拼接两个相关图像，使用关键点和特征提取技术来识别两个图像之间的相似性。最后，我们学习了级联分类器，并使用预训练分类器来获得最优解决方案，实时生成预测结果。

总的来说，我们想通过这一章表明，并不是所有的问题都需要用神经网络来解决，特别是对于一些受限的环境，我们可以使用大量的传统知识和技术快速解决这些问题。对于那些不宜使用 OpenCV 技术解决的问题，我们已经深入研究了神经网络解决方法。

图像是一种非常迷人的存在。存储图像是人类最早的努力之一，也是一种最强大的内容捕捉方式。在 21 世纪，图像信息获取的便利性带来了许多问题，这些问题可以通过人工干预或不需要人工干预来解决。我们介绍了一些基于 PyTorch 的最常见现代任务——图像分类、目标检测、图像分割、图像嵌入、图像生成、生成图像的处理、小样本训练、计算机视觉与 NLP 技术的结合、计算机视觉与强化学习的结合。我们从头开始介绍了各种算法的工作细节。我们还学会了如何形式化表示一个问题、获取数据、创建网络模型并使用已训练模型进行推断，以及如何训练模型和验证模型。我们了解了如何获取代码库 / 预训练模型并根据具体任务对它们进行定制。最后，我们了解了如何部署模型。

我们希望你已经熟练地掌握了图像处理技能，并用于解决自己感兴趣的任务。

最重要的是，我们希望这对你来说是一个愉快的旅程，希望你就像我们喜欢写这本书一样喜欢阅读这本书！

附　录

课后习题答案

第 1 章

1. 输入层、隐藏层和输出层。

2. 用于计算损失值的预测结果。

3. 对于连续因变量，通常使用 MSE 作为损失函数；对于二元因变量，其损失函数是二元交叉熵；分类交叉熵用作分类因变量的损失函数。

4. 随机梯度下降是一个在梯度下降方向调整权重来减少损失的过程。

5. 使用链式法则计算所有权重关于损失的梯度。

6. 使用公式 $\mathrm{d}W = W - \mathrm{alpha} \times (\mathrm{d}W / \mathrm{d}L)$。

7. 对于一轮中的每个批次，执行前向传播 -> 反向传播 -> 权重更新 -> 在下一批次上重复，直到所有轮结束。

8. 可以在 GPU 硬件上并行执行更多的矩阵运算。

9. 过大的学习率会导致权重爆炸，过小的学习率则根本不会改变权重。

10. 从 1e-2 到 1e-5。

第 2 章

1. 因为 nn.Linear（和几乎所有的 torch 层）只接受浮点数作为输入。

2. reshape 和 view。

3. 在 GPU 上并行运行的能力只在张量对象上可用。

4. 调用 super().__init__() 并指定神经网络层。

5. 确保清除以前计算的梯度。

6. __len__ 和 __getitem__。

7. 通过在张量上调用模型，就像它是一个函数（model(x)）一样。

8. 通过创建一个自定义方法。

9. 可以通过连接一系列网络层来避免创建 __init__ 和 forward 方法。

第 3 章

1. 将权重调整到最优值需要更长的时间，因为输入值在未缩放时变化非常大。

2. 神经网络必须学会忽略大部分不太有用的白色像素。

3. 批规模越大，收敛时间就越长，要达到较高的准确度需要更多的迭代次数。

4. 如果输入值没有缩放到一定的范围，某些权重可能导致过拟合。

5. 就像缩放输入以更好地收敛神经网络一样，批归一化缩放激活函数可以使得下一网络层的收敛性更好。

6. 当验证损失保持恒定或随着轮数的增加而不断增加，训练损失则随着轮数的增加而不断减少。

7. 正则化技术有助于在受限环境中训练模型，使得人工神经网络以一种较少偏差的方式调整其权重。

8. 除典型损失外，L1 包含权重绝对值的和，L2 包含权重平方和。

9. 通过删除人工神经网络中的一些网络连接，让网络从较少的数据中学习，迫使模型更具有一般性。

第 4 章

1. 原始数据集中的所有图像信息都中心化了，因此人工神经网络只对中心化的图像比较有效。

2. 卷积是两个矩阵之间的乘法。

3. 通过反向传播。

4. 卷积给出了重要的图像特征，池化则是图像中某个窗口中最突出的特征。这使得池化成为对邻域的一种健壮运算，也就是说，即使改变了几个像素值，池化运算仍然能够返回预期的输出结果。

5. 如边缘之类的底层特征。

6. 通过减小特征映射的大小来减少输入的大小，并使模型具有平移不变性。

7. 如果图像尺寸稍微大一点，连接两层的参数数量将达到数百万。

8. 数据增强可以通过对图像像素进行转换创建图像副本。因此，即使图像中的对象偏离中心，模型也可以学习正确的类别。

9. 当需要执行批处理级别的变换时，在 __getitem__ 中执行这些变换是困难且缓慢的。

10. 一般来说，训练数据集的规模越大，模型的准确度越高。

第 5 章

1. 基于 Imagenet 数据集中的图像训练的。

2. 与 VGG16 相比，VGG11 的层数较少。

3. 11 层。

4. 除了层的转换数据之外，网络层还返回输入数据。

5. 它有助于避免出现梯度消失，也有助于增加模型的深度。

6. VGG、ResNet、Inception、AlexNet。

7. 对模型进行训练，使得输入图像以特定的均值和标准差进行归一化。

8. 冻结某些参数，以便参数在反向传播期间不会得到更新。不更新它们是因为它们已经得到良好的训练。

9. print(model)。

10. 通过多个预测头，并且每个头都使用单独的损失进行模型训练。

11. 模型对于与训练数据分布不相似的图像，可能会给出意想不到的结果。

12. 可以在训练过程中添加颜色信息和进行几何校准。

第 6 章

1. 参考 6.1 节提供的 8 个步骤。

2. 有助于减少过拟合的发生。

3. 没有进行批归一化、数据增强和 dropout 操作。

4. 现实世界的数据可能与用于训练和验证模型的数据具有不同的分布。此外，该模型可能对训练数据进行过拟合。

5. 在限定环境下工作，而且要求非常快的推断速度。

第 7 章

1. 区域建议技术主要识别在颜色、纹理、大小和形状上相似的区域。

2. IoU 使用 Intersection Over Union 度量计算每个对象的真实值。

3. 因为有多少个区域建议，就要创建多少次前向传播。

4. 对于所有的区域建议，可以从 VGG 主干中提取常见的特征图。相比于 R-CNN，Fast R-CNN 几乎减少了 90% 的计算量。

5. 所有使用 selectivesearch 获得的结果都被传递到自适应池化核，使得最终的输出结果具有相同的大小。

6. 你可能没有注意到，该模型没有学会准确地预测边界框。

7. 分类损失是交叉熵，通常是 $\log(n)$ 阶计算复杂度，导致输出可以有一个很大的范围。然而，边界框回归损失在 0 和 1 之间。因此，必须扩大回归损失的取值范围。

8. 通过将相同类和高 IoU 的框组合在一起，消除冗余的预测边界框。

第 8 章

1. 使用 selectivesearch 技术，不需要每次都输入大量不必要的区域建议。相反，Faster R-CNN 使用区域建议网络自动找到区域建议。

2. 不需要依赖新的区域建议网络。该网络可以直接一次性找到所有区域建议。

3. 网络模型可以一次性预测所有的区域建议并获得预测结果。

4. 目标得分标识是否存在一个目标。类别得分预测目标非零锚盒的类别是什么。

第 9 章

1. 图像放大可以帮助增加特征图的大小，以便最终输出图像的大小与输入图像的大小相同。

2. 由于模型输出也是图像，使用线性层很难预测图像张量的形状。

3. RoI 对齐使用预测的区域建议的偏移量来精确对齐特征图。

4. U-Net 是全卷积模型，并且只是单个端对端的网络，Mask R-CNN 则使用小型网络，如主干网、RPN 等来完成不同的任务。Mask R-CNN 能够识别和分离几个相同类别的目标，U-Net 则只能进行识别（不能将它们分离成单独实例）。

5. 如果在同一个图像中有相同类别的不同目标，那么每个这样的目标称为一个实例。在像素级上对所有实例分别进行图像分割的预测称为实例分割。

第 11 章

1. 一种较小的神经网络，可将图像转换为向量表示形式。

2. 通过直接比较预测结果与输入图像得到的像素级均方误差。

3. 相似图像将返回相似的编码，这样更容易进行聚类。

4. 当输入数据是图像时。

5. 编码器中的值范围是不受限制的，因此正确的输出高度依赖于正确的取值范围。随机采样通常假定样本均值为 0，标准差为 1。

6. 像素级的 MSE，以及从编码器获取的均值与标准差分布的 KL 散度。

7. 通过约束预测编码为正态分布，所有编码都落在便于采样的均值为 0、标准差为 1 的区域。

8. 在对抗性攻击中，无法控制神经网络模型。

9. 生成图像与原始图像之间的（VGG）感知损失，以及来自生成图像与风格图像的 Gram 矩阵的风格损失。

10. 使用更多的中间层可以确保生成的图像保留更加精细的图像细节。此外，使用更多的损失可以使梯度的上升更加稳定。

11. Gram 矩阵给出了图像风格的信息，即纹理形状和颜色的排列方式，并忽略图像的实际内容。因此，更便于用作风格损失。

12. 变形图像有助于对模型的正则化处理。此外，它还有助于生成所需的任意数量的图像。

第 12 章

1. 从经验上看，模型的稳定性较低。

2. 0.5。

3. 不能使用线性层放大或生成图像。

4. 给模型更多的参数，使模型以更高的自由度来学习每个类别的重要特征。

5. 使用条件 GAN。就像男性和女性图像一样，可以使用有胡子男性和其他类似的类别进行模型训练。

6. 需要将图像像素范围归一化为 [-1, 1]，因此使用 Tanh。

7. 即使像素值不在 [0, 255]，相对值也足以让 make_grid 实用程序对输入数据进行反归一化。

8. 如果背景信息太多，GAN 可能会得到判断什么是脸或不是脸的错误信号。所以它可能会专注于生成更加真实的背景。

9. 这是一个循序渐进的过程。当更新生成器时，假设判别器能够做到最好。

10. 因为生成器生成的都是虚拟图像。

第 13 章

1. U-Net 只在模型训练过程中使用像素级损失。需要 Pix2Pix，因为当 U-Net 生成图像时，不存在实际的损失。

2. 答案见 13.2 节提供的 7 点。

3. ProgressiveGAN 可以帮助网络模型每次学习几个上采样网络层，这样当必须增加图像尺寸时，使用负责生成当前尺寸图像的这个网络层是一个最佳的选择。

4. 通过如下方式调整随机生成的噪声：使生成的图像与感兴趣的图像之间的 MSE 损失尽可能小。

第 14 章

1. 从现有的数据库（如 GLOVE 或 word2vec）获得。

2. 通过创建一个合适的神经网络，返回一个与单词嵌入相同形状的向量，并使用 mse-loss 进行模型训练（将预测与实际单词嵌入进行比较）。

3. 因为总是产生并比较两个输出的身份。Siamese 表示双胞胎。

4. 损失函数迫使网络按如下规则进行预测：如果图像相似，则输出有一个较小的距离。

第 15 章

1. 获取图像特征需要使用 CNN 模型，创建语言输出则需要 RNN 模型。

2. CTC 损失函数不需要这样的标记，OCR 则可以一次性生成所有时间步标记。

3. 我们不能描绘图像中的时间步。CTC 负责将关键图像特征与时间步对齐。

4. 通过将锚盒作为 transformer 解码器的嵌入输入，DETR 学习动态锚盒，从而有助于实现目标检测功能。

第 16 章

1. 通过计算该状态下的期望奖励。

2. 通过计算所有状态的期望奖励。

3. 由于不确定性，不能确定未来可能如何运作。因此，可以通过折现的方式降低未来奖励的权重。

4. 只有利用才会使模型停滞不前并具有可预见性，因此模型应该能够探索和发现那些未见过的步骤，这些步骤甚至比模型已经学到的更有价值。

5. 让神经网络学习可能的奖励系统，而不需要可能会花费较多训练时间或要求整个环境具有可见性的昂贵算法。

6. 它只是神经网络的输出。输入是状态，网络模型预测给定状态下每个行为的期望奖励。

7. 加速——[-1，0，1]（刹车，无加速，加速）；转向——[-1，0，1]（左，无转向，右）。